水处理工程系列教材

水与废水物化处理的原理与工艺

张晓健　黄霞　编著

清华大学出版社
北京

内 容 简 介

本教材系统论述了水处理的各种物理方法和化学方法的原理、基本计算、处理工艺和技术发展。在课程内容体系上,该教材以技术原理为主线,打破按处理对象(给水、废水)划分的传统课程体系,便于教学,避免重复。教材突出基本理论、技术原理和工艺发展,充分反映了水处理的新技术、新工艺,与当前我国水污染控制任务和技术发展紧密结合。该教材是清华大学建设国家级精品课程《水处理工程》系列课程的重要教学成果,是一本高质量的环境工程和给水排水工程专业本科生专业课程教材。

版权所有,侵权必究。举报: 010-62782989, beiqinquan@tup.tsinghua.edu.cn。

图书在版编目(CIP)数据

水与废水物化处理的原理与工艺/张晓健,黄霞编著. --北京: 清华大学出版社,2011.3(2025.3重印)
(水处理工程系列教材)
ISBN 978-7-302-24675-6

Ⅰ. ①水… Ⅱ. ①张… ②黄… Ⅲ. ①废水处理: 物理化学处理—教材
Ⅳ. ①X703.1

中国版本图书馆 CIP 数据核字(2011)第 014828 号

责任编辑: 柳 萍
责任校对: 赵丽敏
责任印制: 沈 露

出版发行: 清华大学出版社
网　　址: https://www.tup.com.cn, https://www.wqxuetang.com
地　　址: 北京清华大学学研大厦 A 座　　　邮　编: 100084
社 总 机: 010-83470000　　　　　　　　　邮　购: 010-62786544
投稿与读者服务: 010-62776969, c-service@tup.tsinghua.edu.cn
质量反馈: 010-62772015, zhiliang@tup.tsinghua.edu.cn

印 装 者: 三河市君旺印务有限公司
经　　销: 全国新华书店
开　　本: 170mm×230mm　　　印　张: 29.25　　　字　数: 570 千字
版　　次: 2011 年 3 月第 1 版　　　印　次: 2025 年 3 月第 13 次印刷
定　　价: 89.00 元

产品编号: 041112-05

前　言

自然界中的水在太阳的照射和地心引力的影响下不停地流动和转化,通过降水、径流、渗透、蒸发等方式循环不止,构成了水的自然循环。人类活动与水密切相连,人类的生活、工业生产和农业灌溉等都需要水。随着社会生产的发展,特别是人类社会的城市化和工业化的进程,形成了由对水的开采、处理、使用和排放等构成的水的社会循环。

水的社会循环的组成部分包括:
- 给水工程——包括取水工程、给水处理工程、输配水管道工程、给水泵站等;
- 用户——包括居民生活和工业用户;
- 排水工程——包括废水处理工程、排水管道工程、排水泵站等。

图 0-1 表示了水的社会循环的总体情况。在水的社会循环中,还存在着许多小的水循环利用的子系统,例如工厂内部的工业用水循环系统、废水处理与再利用系统等。

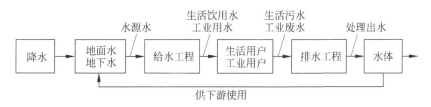

图 0-1　水的社会循环示意图

给水处理和废水处理在水的社会循环中起着极为重要的作用,是保障用水水质和环境水质的重要环节。给水处理的目的是对水源水进行适当的水质处理,去除水源水中的有害杂质,使之满足不同用户对其用水的水质要求。给水处理按不同用户要求主要分为生活饮用水处理和工业给水处理。废水处理的目的是对用户所产生的废水在排入水体之前进行处理,去除水中的污染物质,满足保护环境的要求。废水处理按原废水性质主要分为城市污水处理和工业废水处理。

水处理的基本方法按照其工艺原理划分,可分为物理处理方法、化学处理方法、生物处理方法:

- 物理处理方法——利用物理作用分离去除水中杂质和污染物的方法,包括筛滤、沉淀、气浮、过滤、吸附、萃取、吹脱、膜分离等方法。
- 化学处理方法——利用化学反应,分离、去除或回收水中杂质和污染物的方法,包括混凝、中和、化学沉淀、氧化还原、离子交换、消毒、水质稳定处理等方法。
- 生物处理方法——利用微生物的代谢作用去除水中污染物的方法,去处对象主要是溶解状和胶体状的有机污染物和氮、磷营养物质。生物处理方法可分为利用好氧微生物的好氧生物处理法、利用厌氧微生物的厌氧生物处理法和利用与强化自然环境对污染物质净化能力的自然生物处理法(如稳定塘、土地处理系统等)。

在水处理的理论和教学中,一般把物理处理方法和化学处理方法归为一大类处理方法来论述,把生物处理方法归为另一大类方法论述。本书《水与废水物化处理的原理与工艺》主要论述水的物理、化学处理方法。水的生物处理方法见本系列教材的另一册《废水生物处理的原理与工艺》。

本书共14章,其中第1~3、8、9、12~14章由张晓健编写,第4~7、10、11章由黄霞编写。书中论述了水处理的各种物理化学方法的原理、基本计算、处理工艺、工程应用和技术发展,并归纳介绍了有关的水质标准和对处理的要求。通过对本书的学习,可以掌握有关的水处理基本理论与技术,为从事相关的设计、运行、管理、研究等工作打下坚实的基础。

目 录

第1章 水质与水质标准 ·· 1

1.1 水质指标 ··· 1
1.1.1 物理指标 ·· 1
1.1.2 化学指标 ·· 3
1.2 天然水源水和废水的性质 ··· 5
1.2.1 天然水源水的性质 ··· 5
1.2.2 废水水质 ·· 6
1.3 水质标准 ··· 10
1.3.1 生活饮用水水质标准 ·· 10
1.3.2 工业用水水质标准 ··· 17
1.3.3 水环境质量标准 ·· 17
1.3.4 水污染物排放标准 ··· 20
习题 ··· 30

第2章 水处理的基本方法与工艺 ··· 32

2.1 水处理的基本方法 ··· 32
2.2 水处理的基本工艺 ··· 33
2.2.1 给水处理工艺 ··· 33
2.2.2 废水处理工艺 ··· 37
习题 ··· 41

第3章 初步处理 ·· 43

3.1 格栅 ··· 43
3.1.1 格栅分类 ·· 43
3.1.2 格栅设置 ·· 50
3.1.3 栅渣 ·· 52
3.2 筛网 ··· 52

       3.2.1　作用与设置 ……………………………………………………… 52
       3.2.2　筛网设备 ………………………………………………………… 53
   3.3　沉砂 …………………………………………………………………………… 56
       3.3.1　概述 ……………………………………………………………… 56
       3.3.2　沉砂池 ……………………………………………………………… 57
   3.4　均化 …………………………………………………………………………… 59
       3.4.1　分类 ………………………………………………………………… 60
       3.4.2　设置位置 …………………………………………………………… 60
       3.4.3　调节池容积计算 …………………………………………………… 61
   习题 ……………………………………………………………………………………… 61

第4章　混凝 …………………………………………………………………………… 63
   4.1　胶体的特性与结构 …………………………………………………………… 63
       4.1.1　胶体的特性 ………………………………………………………… 63
       4.1.2　胶体的结构 ………………………………………………………… 64
       4.1.3　胶体的稳定性 ……………………………………………………… 67
       4.1.4　胶体的凝聚 ………………………………………………………… 68
   4.2　水的混凝机理与过程 ………………………………………………………… 69
       4.2.1　铝盐在水中的化学反应 …………………………………………… 69
       4.2.2　水的混凝机理 ……………………………………………………… 70
   4.3　混凝剂与助凝剂 ……………………………………………………………… 76
       4.3.1　混凝剂 ……………………………………………………………… 76
       4.3.2　助凝剂 ……………………………………………………………… 80
   4.4　混凝动力学 …………………………………………………………………… 81
       4.4.1　碰撞速率与混凝速率 ……………………………………………… 81
       4.4.2　速度梯度的计算 …………………………………………………… 83
       4.4.3　混凝控制指标 ……………………………………………………… 85
   4.5　混凝影响因素 ………………………………………………………………… 86
       4.5.1　水温 ………………………………………………………………… 86
       4.5.2　水的pH值和碱度 ………………………………………………… 86
       4.5.3　水中杂质的成分、性质和浓度 …………………………………… 87
       4.5.4　混凝试验 …………………………………………………………… 88
   4.6　混凝设备 ……………………………………………………………………… 88
       4.6.1　混凝剂的配制与投配 ……………………………………………… 88
       4.6.2　混合设备 …………………………………………………………… 90

        4.6.3 絮凝反应设备 …………………………………………… 91
　4.7　混凝的应用 …………………………………………………… 97
        4.7.1 给水处理 ……………………………………………… 97
        4.7.2 废水处理 ……………………………………………… 98
　习题 ……………………………………………………………… 99

第5章　沉淀与澄清 ………………………………………………… 102
　5.1　沉淀原理与分类 ……………………………………………… 102
　5.2　颗粒的沉淀特性 ……………………………………………… 103
        5.2.1 自由沉淀 ……………………………………………… 103
        5.2.2 絮凝沉淀 ……………………………………………… 108
        5.2.3 拥挤沉淀 ……………………………………………… 110
　5.3　沉淀池的颗粒去除特性 ……………………………………… 113
        5.3.1 理想沉淀池工作模型 ………………………………… 113
        5.3.2 影响沉淀池沉淀效果的因素 ………………………… 114
　5.4　沉淀池 ………………………………………………………… 116
        5.4.1 平流式沉淀池 ………………………………………… 116
        5.4.2 竖流式沉淀池 ………………………………………… 124
        5.4.3 辐流式沉淀池 ………………………………………… 128
        5.4.4 斜板(管)沉淀池 ……………………………………… 130
　5.5　隔油池 ………………………………………………………… 136
        5.5.1 隔油池分离对象 ……………………………………… 136
        5.5.2 隔油池的形式与构造 ………………………………… 137
　5.6　澄清池 ………………………………………………………… 138
        5.6.1 澄清池的特点与类型 ………………………………… 138
        5.6.2 澄清池的构造与运行 ………………………………… 139
　习题 ……………………………………………………………… 141

第6章　气浮 ………………………………………………………… 144
　6.1　气浮的理论基础 ……………………………………………… 144
        6.1.1 气浮过程与去除对象 ………………………………… 144
        6.1.2 悬浮物与气泡的附着条件 …………………………… 144
        6.1.3 气泡的分散度和稳定性 ……………………………… 146
        6.1.4 乳化现象与脱乳 ……………………………………… 147
　6.2　加压溶气气浮法 ……………………………………………… 148

6.2.1 加压溶气气浮法的工艺组成及特点 148
6.2.2 加压溶气气浮法的主要设备构成 150
6.2.3 加压溶气气浮法的工艺计算 155
6.3 其他气浮法 158
6.3.1 电解气浮法 158
6.3.2 散气气浮法 159
6.4 气浮法的应用 160
6.4.1 气浮法在废水处理中的应用 160
6.4.2 气浮法在给水处理中的应用 161
习题 162

第7章 过滤 164

7.1 过滤的基本概念 164
7.1.1 过滤概述 164
7.1.2 快速过滤的机理 164
7.1.3 过滤在水处理中的应用 166
7.2 快滤池的结构与工作过程 166
7.2.1 普通快滤池的结构 166
7.2.2 快滤池的工作过程与周期 167
7.2.3 滤池的水头损失 168
7.2.4 滤池的过滤方式 171
7.2.5 滤层内杂质分布情况 173
7.3 滤料及承托层 174
7.3.1 滤料 174
7.3.2 承托层 178
7.4 配水系统与滤池冲洗 179
7.4.1 滤池配水系统 179
7.4.2 滤池的冲洗方式 184
7.4.3 影响滤池冲洗的有关因素 185
7.4.4 滤池冲洗水的排除与供给 189
7.5 普通快滤池设计计算 192
7.5.1 滤速选择与滤池总面积计算 192
7.5.2 单池面积和滤池深度 193
7.5.3 管廊布置 194
7.6 其他过滤设备 195

  7.6.1 虹吸滤池 ··· 195
  7.6.2 重力式无阀滤池 ··· 198
  7.6.3 移动罩滤池 ··· 199
  7.6.4 V型滤池 ·· 202
  7.6.5 压力滤池 ·· 204
习题 ·· 204

第8章 消毒 ·· 207

 8.1 消毒概论 ··· 207
  8.1.1 消毒目的 ·· 207
  8.1.2 消毒方法 ·· 207
  8.1.3 消毒剂投加点 ·· 209
  8.1.4 消毒机理 ·· 210
  8.1.5 消毒影响因素 ·· 211
 8.2 氯消毒 ·· 217
  8.2.1 氯消毒的化学反应 ·· 217
  8.2.2 加氯量 ··· 219
  8.2.3 氯消毒工艺 ··· 221
  8.2.4 加氯设备 ·· 223
 8.3 二氧化氯消毒 ··· 226
  8.3.1 二氧化氯消毒要求 ·· 226
  8.3.2 二氧化氯制备 ·· 227
  8.3.3 二氧化氯的投加 ··· 229
 8.4 紫外线消毒 ·· 229
  8.4.1 紫外线消毒原理 ··· 230
  8.4.2 紫外线消毒装置 ··· 231
  8.4.3 紫外线消毒设计 ··· 233
 8.5 消毒副产物 ·· 237
  8.5.1 消毒副产物的种类和控制标准 ····································· 237
  8.5.2 消毒副产物的控制措施 ·· 239
 8.6 管网水二次污染控制 ··· 240
  8.6.1 饮用水生物稳定性的概念 ··· 240
  8.6.2 生物稳定性的评价指标及方法 ····································· 241
  8.6.3 细菌再生长的影响因素和控制对策 ······························· 241
习题 ·· 242

第9章 离子交换 245

9.1 软化与除盐概述 245
9.1.1 软化与除盐的目的与基本处理方法 245
9.1.2 水中常见溶解离子与软化除盐浓度表示方法 245

9.2 离子交换剂与离子交换原理 249
9.2.1 离子交换树脂 249
9.2.2 离子交换反应特性 252
9.2.3 离子交换软化除盐基本原理 254

9.3 离子交换法软化除盐工艺 256
9.3.1 软化工艺流程 256
9.3.2 除盐工艺流程 258

9.4 离子交换法软化除盐设备 260
9.4.1 离子交换器 260
9.4.2 再生液系统 263
9.4.3 除二氧化碳器 265

9.5 离子交换法处理工业废水 266
9.5.1 离子交换法处理工业废水的特点 266
9.5.2 离子交换法处理工业废水的应用 267

习题 268

第10章 膜分离 271

10.1 概述 271
10.1.1 膜的定义和分类 271
10.1.2 膜分离过程的定义和分类 271
10.1.3 膜分离特点 273
10.1.4 膜分离的表征参数 273
10.1.5 膜组件型式 274

10.2 电渗析 275
10.2.1 电渗析的原理与过程 275
10.2.2 离子交换膜及其作用机理 277
10.2.3 电渗析器的构造与组装 279
10.2.4 浓差极化与极限电流密度 282
10.2.5 电渗析器工艺设计与计算 283
10.2.6 电渗析的应用 286

10.3 扩散渗析 287
10.3.1 扩散渗析的原理 287
10.3.2 扩散渗析的应用 288
10.4 反渗透与纳滤 289
10.4.1 渗透压和反渗透原理 289
10.4.2 反渗透膜与膜组件 292
10.4.3 反渗透工艺设计与计算 295
10.4.4 反渗透膜污染及其防治 297
10.4.5 反渗透和纳滤膜的应用 299
10.5 超滤与微滤 304
10.5.1 超滤与微滤分离原理 304
10.5.2 超滤与微滤膜 304
10.5.3 超滤与微滤膜的操作工艺 305
10.5.4 超滤与微滤膜的应用 309
习题 311

第 11 章 氧化还原 313

11.1 概述 313
11.1.1 氧化还原基础 313
11.1.2 氧化还原法分类 317
11.2 空气氧化 317
11.2.1 空气氧化的特点 317
11.2.2 空气氧化除铁和锰 318
11.2.3 空气氧化除硫 319
11.3 氯氧化 320
11.3.1 氯氧化的特点 320
11.3.2 含氰废水处理 321
11.3.3 含硫废水处理 323
11.3.4 含酚废水处理 323
11.4 臭氧氧化 323
11.4.1 臭氧的理化性质 323
11.4.2 臭氧制备 324
11.4.3 臭氧接触反应器 327
11.4.4 臭氧在水处理中的应用 329
11.5 光化学氧化与光化学催化氧化 331
11.5.1 概述 331

11.5.2　光化学氧化 331
　　11.5.3　均相光催化氧化 337
　　11.5.4　非均相光催化氧化 338
11.6　湿式氧化与催化湿式氧化 342
　　11.6.1　概述 342
　　11.6.2　湿式氧化法 343
　　11.6.3　催化湿式氧化 347
　　11.6.4　超临界水氧化法 348
11.7　化学还原 353
　　11.7.1　还原法除铬 353
　　11.7.2　还原法除汞 355
　　11.7.3　还原法除镉 356
11.8　电解 357
　　11.8.1　概述 357
　　11.8.2　电解槽构造 359
　　11.8.3　电解法在水处理中的应用 360
习题 363

第12章　活性炭吸附 364

12.1　活性炭吸附原理 364
　　12.1.1　活性炭的制造与规格 364
　　12.1.2　可以被活性炭吸附的物质 366
　　12.1.3　活性炭吸附的影响因素 366
　　12.1.4　吸附容量与吸附等温线 367
12.2　粉末活性炭预处理与应急处理 370
　　12.2.1　应用工艺 370
　　12.2.2　投加点与投加量 370
　　12.2.3　投加设备 371
12.3　颗粒活性炭处理 371
　　12.3.1　应用工艺 371
　　12.3.2　处理设备 373
　　12.3.3　活性炭再生 375
习题 377

第13章　其他物化处理方法 379

13.1　离心分离 379

13.1.1　原理 ··· 379
　　　13.1.2　悬浮颗粒离心分离径向运动速度 ············· 380
　　　13.1.3　设备 ··· 381
　13.2　中和 ··· 384
　　　13.2.1　酸性废水与碱性废水 ································ 384
　　　13.2.2　酸性废水中和方法 ···································· 384
　　　13.2.3　碱性废水中和方法 ···································· 386
　13.3　吹脱 ··· 386
　　　13.3.1　原理 ··· 386
　　　13.3.2　吹脱设备 ··· 387
　　　13.3.3　影响因素 ··· 388
　　　13.3.4　吹脱尾气的最终处置 ································ 389
　13.4　化学沉淀 ·· 389
　　　13.4.1　基本原理 ··· 389
　　　13.4.2　化学沉淀方法 ··· 391
　13.5　其他 ··· 395
　　　13.5.1　萃取 ··· 395
　　　13.5.2　磁分离技术 ·· 397
　　　13.5.3　超声波技术 ·· 398
　习题 ··· 399

第14章　循环水的冷却与处理 ································· 401

　14.1　水的冷却 ·· 401
　　　14.1.1　冷却构筑物类型 ·· 401
　　　14.1.2　湿式冷却塔的工作原理及构造 ··················· 404
　　　14.1.3　干式冷却塔的工作原理及构造 ··················· 414
　　　14.1.4　水冷却的原理及冷却塔热力计算的基本方法 ··· 416
　　　14.1.5　循环冷却水系统的设计 ····························· 431
　14.2　循环冷却水水质处理 ·· 435
　　　14.2.1　循环冷却水水质特点和处理要求 ··············· 435
　　　14.2.2　循环冷却水水质处理 ································ 439
　　　14.2.3　循环冷却水的水量损失与补充 ··················· 447
　习题 ··· 451

参考文献 ·· 452

第1章 水质与水质标准

1.1 水质指标

水质是指水与水中杂质或污染物共同表现的综合特性。水质指标表示水中特定杂质或污染物的种类和数量,是判断水质好坏、污染程度的具体衡量尺度。为了满足水的特定目的或用途,对水中所含杂质或污染物的种类与浓度的限制和要求即为水质标准。

水质指标及其测定方法在环境监测或水质监测类的课程中已有详细论述,本书中仅对常用的水质指标及其分类、主要项目和含义做简要阐述。

1.1.1 物理指标

水的物理指标主要有水温、浑浊度、悬浮物、臭和味、色度、电导率等。其中,前五项可以归于水的感观性状类指标。

对于水处理与水污染控制,物理指标中较为重要的是以下指标。

1. 水温

温度是水的一个重要指标,水的许多物理性质、水中进行的化学反应和生物反应等都与温度有密切关系,例如水中饱和溶解氧的含量、水的粘度、水中碳酸盐的平衡、化学反应与生物反应的速度等。

对于水温过高的含热工业废水,直接排放将可能产生水环境的热污染问题,对水体生态环境产生不利影响,应采取适当的热污染防止措施,例如提高热能利用率,改进冷却方式以提高冷却效果,充分利用余热等。水温过高的工业污水对污水生物处理也有不利影响,应在处理前采取冷却降温措施,把水温降至适宜的温度范围内。

2. 浑浊度

浑浊度简称浊度,表示水中含有胶体状态和悬浮状态(较小颗粒的悬浮物)的杂质引起水的浑浊的程度。浊度测定方法有散射比浊法、分光光度法和目视比浊法等。目前在饮用水测定中主要采用散射比浊法,单位为散射浊度单位(NTU)。原来的透射光法和浊度单位"度"在饮用水测定中已不再采用。

浊度是饮用水的一项重要水质指标。如果饮用水中含有较高的浊度，表示除了含有较多的直接产生浊度的无机胶体（粘土胶体）颗粒外，还有可能含有较多的吸附在胶体颗粒上的有机污染物（如腐殖酸、富里酸、其他有机污染物等）和直接产生浊度的高分子有机污染物。更重要的是，包埋在胶体颗粒内部的病原微生物，由于颗粒物质的保护能够增强这些微生物抵御消毒剂的能力，使饮用水消毒的效果难以保证，产生较高的微生物学风险。因此，控制饮用水的浊度，不仅对于水的感观性状，而且在毒理学和微生物学上都有重要的意义。

对于污水处理，一般不使用浊度作为水质控制指标。

3. 悬浮物

悬浮物在水质指标中又称为悬浮固体，符号为 SS，其确切含义是总不可滤残渣，为水样中 $0.45~\mu m$ 滤膜截留物质的质量（105℃烘干）。

需要注意的是，在水质测定中，水中固体分为溶解固体和悬浮固体两部分，$0.45~\mu m$ 滤膜截留的部分为悬浮固体，通过 $0.45~\mu m$ 滤膜的水经烘干称重的部分为溶解固体，在溶解固体中包括了水中溶解离子和粒径小于 $0.45~\mu m$ 的胶体颗粒。

对于污水，悬浮物主要用于表示水中非溶解性污染物的含量，是污水水质和污水处理的一项重要指标。

在给水处理中，悬浮物项目一般只用于高浊度水源水中泥砂含量的测定。对于给水处理，由于水源水和处理后的饮用水中的颗粒物的质量较低，特别是处理后的饮用水，一般都只用浊度表示，不使用悬浮物指标。对于一般性质的水源水和给水处理过程中的水，悬浮物与浊度的关系大致上是 1NTU 的浊度对应于 1 mg/L 的悬浮物。注：按浊度的原始定义，1 mg/L 的纯 SiO_2（可用高岭土或漂白土代表）所产生的浊度为 1 度。

4. 臭和味

臭和味指用鼻子嗅到的气味和用口尝到的味道。这里"臭"的发音为 xiù，指气味，与"嗅"字的发音相同。清洁的水应是无臭无味的。水中存在异臭异味表示水质已受到污染，含有一定的污染物质。

臭（发音 xiù）的气味类型可以有很多种，如臭（发音 chòu）味、霉味、草味、氯味、农药味、芳香味等多种。由于汉字"臭"存在不同用法（专指与"香"相反难闻气味的 chòu 和泛指气味的 xiù），为避免引起歧义，在专业文献中，水的指标"臭"也被写作"嗅"，例如，对于饮用水存在气味和味道的"臭（发音 xiù）味问题"，一般写作"嗅味问题"。

饮用水标准中相关的项目是"臭和味"，我国《生活饮用水卫生标准》(GB 5749—2006) 对"臭和味"项目的要求是"无异臭、异味"。根据《生活饮用水标准检验方法》(GB/T 5750—2006)，采用嗅气和尝味的方法检测，对原水样和煮沸水样(稍冷后)分别进行嗅气味和尝味道的判别,用适当语句描述,并按六级记录其强度;0级——强度"无",无任何臭和味;1级——强度"微弱",一般饮用者甚难察觉,但臭、味敏感者可以发觉;2级——强度"弱",一般饮用者刚能察觉;3级——强度"明显",已能明显察觉;4级——强度"强",已有很显著的臭或味;5级——强度"很强",有强烈的恶臭或异味。我国生活饮用水水质标准要求饮用水"不得有异臭、异味",此表述为定性描述,未采用上述六级强度的定量控制指标。

对于废水则只有臭的指标,一般以嗅阈值为单位,即用把水样稀释到不能闻出气味时的最低稀释倍数来表示。

饮用水中的异臭异味是由水源水、水处理或输水过程中的化学污染和微生物污染所引起的。水中的某些无机成分会产生一定的臭和味,如硫化氢,过量的铁、锰等。但是大多数饮用水中的异臭异味是由水源水中的污染物所造成的。水源水中的异臭异味可以分为两类:一类是由水中藻类引起的,如蓝藻、硅藻、放线菌、霉菌等微生物的生长产生的污染物质,已查明的有2-甲基异莰醇、土臭素等十余种,是地表水中异臭异味的主要来源;另一类是由工业废水和生活污水中的污染物直接产生的臭味。对于此种由于水源被污染(直接污染或间接污染,如水体富营养化)所造成的含有一定异臭异味的饮用水,应当给予充分重视,这种水不仅感观性状不佳,同时给出了水中可能含有较多污染物的信号。饮用水处理消毒中投加的消毒剂,如氯,本身会产生一定的氯味,并可以同水中的一些污染物质(例如酚)反应,产生致臭物质(例如氯酚)。

地表水和污水的水质标准中目前未包括臭和味的项目。

1.1.2 化学指标

1. 杂质或污染物质的单项指标

水中化学物质的指标,如各种无机离子、有机物的含量等,多以所含这些物质的各单项质量浓度为指标,单位多采用 mg/L,如铁、锰、硫酸盐、氯化物、砷、镉、铬(六价)、挥发酚、四氯化碳、苯、六六六等。除了使用单项物质指标外,还需要使用一些综合性指标。

2. 无机特性的综合指标

反映水的无机特性的一些常用指标有 pH、碱度、酸度、硬度、总含盐量、氧化还原电势等。

3. 有机污染物的综合指标

反映水中有机物含量的综合性指标有高锰酸盐指数(又称耗氧量,符号 COD_{Mn} 或 OC)、化学需氧量(COD)、生化需氧量(常用5天20℃的生化需氧量,符号 BOD_5)、总有机碳(TOC)等,前三个项目以 O_2 计,最后一个以 C 计,单位均为 mg/L。

COD 和 BOD_5 测定项目适合于较高浓度有机物的度量，多用于废水的测定。对于饮用水中有机物含量很低的情况，采用 COD 和 BOD_5 进行测定的误差较大，已不适用。高锰酸盐指数的测定方法简单易行，可以用于测定较低浓度的水样，因此适用于饮用水和天然水体的测定。不足之处是由于高锰酸钾的氧化能力较弱，只能与水中的部分有机物反应，且反应不完全，因此所测得的数值较低，天然水的高锰酸盐指数测定值一般只有 COD 测定值的 1/3 左右。TOC 为仪器测定法，结果能够较好地反映水中有机物的总量，但是由于仪器较贵，在目前条件下国内尚未普及使用。

4. 微生物指标

由于水中致病微生物种类多、检测方法复杂、检出率低、所需检测时间长，对水中可能存在的所有致病微生物都进行检测是不现实的。在实际的水处理及其卫生监测中，通过测定指示菌来判断水中是否可能含有致病微生物，以确定能否保证水的微生物学安全性要求。

常用的水中微生物指示菌测定项目有总大肠菌群、耐热大肠菌群（又称为粪大肠菌群）、埃希氏大肠菌、细菌总数等。采用这些指标并非它们都是致病菌，而是用来作为指示菌。总大肠菌群、耐热大肠菌群和埃希氏大肠菌是用来判断水体受到粪便污染程度的直接指标，再加上水中细菌总数的指标，除了可以指示微生物的污染状况外，还可以用来判定水处理的净化消毒效果。近年来，国际上对可以通过饮用水传播的包囊类病原微生物给予了高度重视，例如隐孢子虫、贾第鞭毛虫等，这类包囊类病原微生物可以引起人的腹泻。我国新版的《生活饮用水卫生标准》(GB 5749—2006)中已经把隐孢子虫和贾第鞭毛虫列入控制指标。

国外在饮用水水质标准和研究中采用的其他微生物指标还有军团菌、肠球菌、假单孢菌、亚硫酸盐还原梭状芽孢杆菌、大肠杆菌噬菌体等。

为了保证水的消毒处理效果，在水的微生物指标中还增加了水中剩余消毒剂的控制指标。消毒处理后，水中仍含有一定量的剩余消毒剂可以保证良好的微生物灭活效果。由于水中剩余消毒剂的测试比直接测定微生物更为简便快捷，因此也作为水的微生物控制指标。水中剩余消毒剂的控制指标有剩余氯（氯消毒法）、剩余二氧化氯（二氧化氯消毒法）等。

5. 放射性指标

水的放射性指标测试项目有总 α 放射性和总 β 放射性。单位为 Bq/L(Bq 是放射性活度的计量单位，单位名称是"贝可[勒尔]"，其定义为每秒 1 个核衰变)。

1.2 天然水源水和废水的性质

1.2.1 天然水源水的性质

人类生活与生产用水绝大部分取自天然水源,天然水源的水质特性是确定给水处理工艺的一个重要依据。以下分别叙述各种天然水源的主要水质特性。

1. 地下水

水在地层的渗滤过程中,悬浮物和胶体颗粒已基本或大部去除,水质清澈,水温稳定。未受到污染的地下水一般不含有对人体有害的污染物,适宜作为生活饮用水和工业用水的水源。

由于地下水在水流的渗滤过程中溶解进了土壤和岩石中的可溶性矿物质,地下水的含盐量通常高于地表水。我国各地的地下水含盐量一般在 300~600 mg/L,硬度也高于地表水。地下水含盐量存在地区差异,一般干旱地区地下水含盐量高,多雨地区和受地面水直接补给的浅层地下水含盐量较低。

个别地区地下水中含铁、锰较多,对生活生产使用有害,在给水处理中要给予特别处理。由于人类活动的污染、地下水的过量开采等原因,一些地方的地下水受到一定程度污染,造成硝酸盐、硬度等项目超标。

2. 江河水

江河水随地表径流带入了大量的杂质和污染物,水中悬浮物和胶体颗粒物较多,存在一定的浑浊度,含有一定量的有机物,包括天然的腐殖质类有机物和人类活动产生的污染物,并含有一定的微生物,包括病原微生物。

不同江河水的浑浊度差异较大。一般江河水的浑浊度在十几、几十至上百 NTU 的范围,雨季中较高,暴雨或洪水期内更高,浊度或含沙量可达上千 NTU 或 mg/L。我国黄土高原流域内因水土流失现象严重和土质颗粒较细,河水的含沙量高达几十至数百 kg/m^3,构成高浊度水源水。

江河水的含盐量和硬度一般低于地下水,我国大部分水系的含盐量在 100~200 mg/L,东南沿海地区小于 100 mg/L。西北地区因干旱,河水的含盐量较高,在 300~500 mg/L,个别地区高达上千 mg/L。

人口密集地区的江河水易受到人为污染,包括工业污染、生活污染和农业污染,水中含有的主要污染物包括有机物、氨氮、病原微生物等。

3. 湖泊和水库水

湖泊、水库主要由河流补给而成,它的水质与补给水水质、气候、地质、生物和湖库中水的更换周期有关。

由于湖库内水的流动极为缓慢,水的储存时间长,水中的泥沙颗粒物大多已自然沉淀,除暴雨洪水期外,湖库水的浑浊度一般较低,在几个 NTU。但是由于水的流动性小和透明度高,为水中浮游生物,特别是藻类的生长繁殖创造了良好条件,因此,湖库水的藻含量一般远高于江河水。湖库水,特别是富营养化的湖库水中常含有过量的藻类、腐殖质等污染物质。对于更换周期较长的封闭、半封闭水体,人为污染对水质的影响更为显著。由于水的蒸发浓缩作用,湖库水的含盐量一般高于其补给水的含盐量。

1.2.2 废水水质

废水是指人类生产或生活过程中废弃排出的水及径流雨水的总称,包括生活污水、工业废水和流入排水管渠的径流雨水等。

1. 生活污水和城市污水

1) 生活污水和城市污水水质

生活污水主要来自家庭、商业、机关、学校、旅游服务业及其他城市公用设施。城市污水是城市中的生活污水和排入城市下水道的工业废水的总称,包括生活污水、工业废水和降水产生的部分城市地表径流。因城市功能、工业规模与类型的差异,在不同城市的城市污水中工业废水的比重会有所不同,对于一般性质的城市,其工业废水在城市污水中的比重大约在 10%~50%。由于城市污水中工业废水只占一定比例,并且工业废水需要达到《污水排入城市下水道水质标准》后才能排入城市下水道(超过标准的工业废水需要在工厂内经过适当的预处理,除去对城市污水处理厂运行有害或城市污水处理厂处理工艺难以去除的污染物,如酸、碱、高浓度悬浮物、高浓度有机物、重金属等),因此,城市污水的主要水质指标有着和生活污水相似的特征。

生活污水和城市污水水质浑浊,新鲜污水的颜色为黄色,随着在下水道中发生厌氧分解,污水的颜色逐渐加深,最终呈黑褐色,水中夹带的部分固体杂质,如卫生纸、粪便等,也分解或液化成细小的悬浮物或溶解物。

生活污水和城市污水中含有一定量的悬浮杂质,悬浮物浓度一般在 100~350 mg/L 范围,常见浓度为 200~250 mg/L。悬浮物成分包括漂浮杂物、无机泥沙和有机污泥等。悬浮物中所含有机物大约占生活污水和城市污水中总有机物总量的 30%~50%。

生活污水中所含有机污染物的主要来源是人类的食物消化分解产物和日用化学品,包括纤维素、油脂、蛋白质及其分解产物、氨氮、洗涤剂成分(表面活性剂、磷)等,生活与城市活动中所使用的各种物质几乎都可以在污水中找到其相关成分。生活污水和城市污水所含有机污染物的生物降解性较好,适于生物处理。生活污水和城市污水的有机物含量为：一般浓度范围为 $BOD_5=100\sim300$ mg/L，$COD=250\sim600$ mg/L；常见浓度范围为 $BOD_5=180\sim250$ mg/L，$COD=300\sim500$ mg/L。由于工业废水中污染物的含量一般都高于生活污水，工业废水在城市污水中所占比例越大，有机物的浓度，特别是 COD 的浓度也越高。

生活污水中含有氮、磷等植物生长的营养元素。新鲜生活污水中氮的主要存在形式是氨氮和有机氮，其中以氨氮为主，主要来自食物消化分解产物。生活污水和城市污水的氨氮浓度（以 N 计）一般范围是 $15\sim50$ mg/L，常见浓度是 $30\sim40$ mg/L。生活污水中的磷主要来自合成洗涤剂（合成洗涤剂中所含的聚合磷酸盐助剂）和食物消化分解产物，主要以无机磷酸盐形式存在。生活污水和城市污水的总磷浓度（以 P 计）一般范围是 $4\sim10$ mg/L，常见浓度是 $5\sim8$ mg/L。

生活污水和城市污水中还含有多种微生物，包括病原微生物和寄生虫卵等。表 1-1 所示是典型的城市污水和生活污水的水质。

表 1-1 典型的城市污水和生活污水水质　　　　　mg/L

指　标	一般浓度范围	常见浓度范围
悬浮物	100～350	200～250
COD	250～600	300～500
BOD_5	100～300	180～250
氨氮（以 N 计）	15～50	30～40
总磷（以 P 计）	4～10	5～8

2）城市污水水质计算

在水处理设计计算中，城市污水的设计水质可以参照相似城市的水质情况，也可以根据规划人口、人均污染物负荷和工业废水的排放负荷进行计算。

生活污水总量可按综合生活污水定额乘以人口计算：

$$Q_d = \frac{q_w P}{1\,000} \tag{1-1}$$

式中：Q_d——生活污水总量，m^3/d；

q_w——综合生活污水定额，L/(人·d)，可按当地生活用水定额的 80%～90% 采用；

P——人口，人。

生活污水的污染负荷可以通过人口当量计算。《室外排水设计规范》(GB 50014—2006)给出的生活污水的人口排放当量数据为：BOD_5 人口排放当量=20～50 g/(人·d)，SS=40～65 g/(人·d)，总氮人口排放当量=5～11 g/(人·d)，总磷人口排放当量=0.7～1.4 g/(人·d)。

排入城市污水的工业废水的污染负荷或水质水量可参照已有同类型工业的相关数据。

城市污水中污染物的浓度可按下式计算：

$$C = \frac{aP + 1\,000F}{Q_d + Q_i} \tag{1-2}$$

式中：C——污染物浓度，mg/L；

a——污染物人口排放当量，g/(人·d)；

F——工业废水的污染物排放负荷，kg/d；

Q_i——工业废水水量，m³/d。

【例1-1】 计算某城市污水的水量和 BOD_5 浓度。已知：人口 80 万，生活污水 BOD_5 人口排放当量 35 g/(人·d)，综合生活污水定额 170 L/(人·d)，工业废水 4 万 m³/d，工业污染物 BOD_5 排放负荷 10 000 kg/d。

【解】 生活污水量：

$$Q_d = \frac{q_w P}{1\,000} = \frac{170 \times 800\,000}{1\,000} = 136\,000 \text{ m}^3/\text{d}$$

城市污水量：

$$Q = Q_d + Q_i = 136\,000 + 40\,000 = 176\,000 \text{ m}^3/\text{d}$$

城市污水中的 BOD_5 浓度：

$$BOD_5 = \frac{aP + 1\,000F}{Q_d + Q_i} = \frac{35 \times 800\,000 + 1\,000 \times 10\,000}{136\,000 + 40\,000}$$
$$= 216 \text{ mg/L}$$

2. 工业废水水质

工业废水是指工厂厂区生产活动中产生的废弃水的总称，包括生产污水、厂区生活污水、厂区初期雨水和洁净废水等。设有露天设备的厂区初期雨水中往往含有较多的工业污染物，应纳入污水处理系统接受处理。工厂的洁净废水（也称生产净废水）主要是间接冷却水的排水，所含污染物很少，一般可以直接排放。上述工业废水中的前三项（生产污水、厂区生活污水和厂区初期雨水）统称为工业污水。在一般情况下，"工业废水"和"工业污水"这两个术语经常混用，在本书中主要采用"工业废水"这一术语。

工业废水的性质差异很大，不同行业产生的废水的性质不同，即使对于生产相同产品的同类工厂，由于所用原料、生产工艺、设备条件、管理水平等的差别，废水的性质也可能有所差异。几种主要工业行业废水的污染物和水质特点见表1-2。

表 1-2　几种主要工业行业废水的主要污染物和水质特点

行业	工厂性质	主要污染物	水质特点
冶金	选矿、采矿、烧结、炼焦、金属冶炼、电解、精炼	酚、氰、硫化物、氟化物、多环芳烃、吡啶、焦油、煤粉、As、Pb、Cd、Mn、Cu、Zn、Cr、酸性洗涤水	COD较高,含重金属,毒性大
化工	化肥、纤维、橡胶、染料、塑料、农药、油漆涂料、洗涤剂、树脂	酸、碱、盐类、氰化物、酚、苯、醇、醛、酮、氯仿、氯苯、农药、洗涤剂、多氯联苯、硝基化合物、胺类化合物、Hg、Cd、Cr、As、Pb	BOD高,COD高,pH变化大,含盐高,毒性强,成分复杂,难降解
石油化工	炼油、蒸馏、裂解、催化、合成	油、酚、硫、砷、芳烃、酮	COD高,含油量大,成分复杂
纺织	棉毛加工、纺织印染、漂洗	染料、酸碱、纤维物、洗涤剂、硫化物、硝基化合物	带色,毒性强,pH变化大,难降解
造纸	制浆、造纸	黑液、碱、木质素、悬浮物、硫化物、As	污染物含量高,碱性大,恶臭
食品、酿造	屠宰、肉类加工、油品加工、乳制品加工、蔬菜水果加工、酿酒、饮料生产	有机物、油脂、悬浮物、病原微生物	BOD高,易生物处理,恶臭
机械制造	机械加工、热处理、电镀、喷漆	酸、油类、氰化物、Cr、Cd、Ni、Cu、Zn、Pb、苯	重金属含量高,酸性强
电子仪表	电子器件原料、电信器材、仪器仪表	酸、氰化物、Hg、Cd、Cr、Ni、Cu	重金属含量高,酸性强,水量小
动力	火力发电、核电站	冷却水热污染、火电厂冲灰、水中粉煤灰、酸性废水、放射性污染物	水温高,悬浮物高,酸性,放射性

对工业废水也可以按其中所含主要污染物或主要性质分类,如酸性废水、碱性废水、含酚废水、含油废水等。对于不同特性的废水,可以有针对性地选择处理方法与处理工艺。

工业废水的总体特点是:

(1) 水量大——特别是一些耗水量大的行业,如造纸、纺织、酿造、化工等;

(2) 水中污染物的浓度高——许多工业废水所含污染物的浓度都超过了生活污水,个别废水,例如造纸黑液、酿造废液等,有机物的浓度达到了几万、几十万 mg/L;

(3) 成分复杂,不易处理——有的废水含有重金属、酸碱、对生物处理有毒性的物质、难生物降解有机物等;

(4) 带有颜色和异味;

(5) 水温偏高。

1.3 水质标准

水质标准是用水对象所要求的各项水质参数应达到的指标和限值。在学习水处理技术与工艺中必须学习了解相关的水质标准。本章将介绍一些重要的水质标准，包括制定依据和主要控制指标。随着科学技术的发展和对水质的深入了解，水质标准总是需要定期修订，不断完善，这就要求专业工作者应及时了解和学习最新的水质标准。

1.3.1 生活饮用水水质标准

生活饮用水水质标准是规范饮用水卫生和安全的法规，对于保证人民健康起着重要的作用。

1. 制定生活饮用水水质标准的依据

制定生活饮用水水质标准的主要依据是：

（1）从终生饮用考虑。生活饮用水包括人的日常饮水和日常生活用水，生活饮用水是人们在一生中都需使用的，在确定健康防护要求时必须基于饮用者终生用水来考虑健康防护要求。

（2）为了确保生活饮用水卫生安全，饮用水必须从以下几方面满足要求：

① 不应含有致病微生物（细菌、病毒、原虫、寄生虫等），在流行病学上安全可靠；

② 所含的无机物和有机物在毒理学上安全，对人体健康不产生毒害和不良影响；

③ 感官性状和一般化学指标良好，无不良刺激或不愉快的感觉；

④ 放射性指标满足健康要求。

（3）水质标准要与当时的社会经济发展水平相适应。

2.《生活饮用水卫生标准》

我国的生活饮用水卫生标准始于1955年5月卫生部发布的《自来水暂行标准》（修订稿）。1956年国家建设委员会和卫生部共同审查批准了《饮用水水质标准》（草案），共15项。1959年建筑工程部和卫生部批准发布了《生活饮用水卫生规程》，其中的生活饮用水水质指标由15项增至17项，其中首次设置了浑浊度的指标，浑浊度不超过5 mg/L，特殊情况下个别水样的浑浊度可允许到10 mg/L。1976年国家建设委员会和卫生部共同批准了《生活饮用水卫生标准》（试行）（TJ 20—76），其中的生活饮用水水质指标由17项增至23项。1985年8月16日卫生部批准并发布了国家标准《生活饮用水卫生标准》（GB 5749—85），自1986年10月1日起实施，对水质的控制指标共35项。1985年制定的《生活饮用水卫生标准》（GB 5749—85）是在1976年制定的《生活饮用水卫生标准》（试行）（TJ 20—76）实施10年的基础上，根据供水行业的科技发展，并参考当时的国外标准（主要为世界卫生组织 WHO)进行修订的,水质指标从 TJ 20—76 的 23 项增加到 35 项,主要指标浊度从 1976 年标准的"不超过 5 度"提高到"不超过 3 度,特殊情况不超过 5 度"("度"是当时的浊度单位,后改为"NTU")。

现行的《生活饮用水卫生标准》(GB 5749—2006)由卫生部和国家标准化管理委员会 2006 年 12 月 29 日发布,2007 年 7 月 1 日实施。该标准规定了生活饮用水水质卫生要求、生活饮用水水源水质卫生要求、集中式供水单位卫生要求、二次供水卫生要求、涉及生活饮用水卫生安全产品卫生要求、水质监测和水质检验方法,适用于城乡各类集中式供水的生活饮用水,也适用于分散式供水的生活饮用水。标准中生活饮用水的水质指标共 106 项,包括水质常规指标 38 项(表 1-3)、消毒剂常规指标 4 项(表 1-4)和水质非常规指标 64 项(表 1-5)。生活饮用水水质应符合表 1-3 和表 1-5 的卫生要求,其中水质非常规指标(表 1-5)的实施项目和日期由省级人民政府根据当地实际情况确定,全部指标最迟于 2012 年 7 月 1 日实施。集中式供水出厂水中消毒剂限值、出厂水和管网末梢水中消毒剂余量均应符合表 1-4 的要求。农村小型集中式供水和分散式供水的水质因条件限制,其中 14 项指标可暂按照放宽的标准执行,其余指标仍按原规定执行。标准中还在资料性附录中列出了 30 种其他污染物的参考限值,如在生活饮用水中检出有关污染物,可参考限值进行水质评价。

表 1-3 《生活饮用水卫生标准》(GB 5749—2006)中的水质常规指标及限值

指　　标	限　　值
1. 微生物指标[①]	
总大肠菌群(MPN/100 mL 或 CFU/100 mL)	不得检出
耐热大肠菌群(MPN/100 mL 或 CFU/100 mL)	不得检出
大肠埃希氏菌(MPN/100 mL 或 CFU/100 mL)	不得检出
菌落总数(CFU/mL)	100
2. 毒理指标	
砷(mg/L)	0.01
镉(mg/L)	0.005
铬(六价,mg/L)	0.05
铅(mg/L)	0.01
汞(mg/L)	0.001
硒(mg/L)	0.01
氰化物(mg/L)	0.05
氟化物(mg/L)	1.0

续表

指　　标	限　　值
硝酸盐(以 N 计,mg/L)	10 地下水源限制时为 20
三氯甲烷(mg/L)	0.06
四氯化碳(mg/L)	0.002
溴酸盐(使用臭氧时,mg/L)	0.01
甲醛(使用臭氧时,mg/L)	0.9
亚氯酸盐(使用二氧化氯消毒时,mg/L)	0.7
氯酸盐(使用复合二氧化氯消毒时,mg/L)	0.7
3. 感官性状和一般化学指标	
色度(铂钴色度单位)	15
浑浊度(散射浊度单位,NTU)	1 水源与净水技术条件限制时为 3
臭和味	无异臭、异味
肉眼可见物	无
pH	不小于6.5且不大于8.5
铝(mg/L)	0.2
铁(mg/L)	0.3
锰(mg/L)	0.1
铜(mg/L)	1.0
锌(mg/L)	1.0
氯化物(mg/L)	250
硫酸盐(mg/L)	250
溶解性总固体(mg/L)	1 000
总硬度(以 $CaCO_3$ 计,mg/L)	450
耗氧量(COD_{Mn}法,以 O_2 计,mg/L)	3 水源限制,原水耗氧量>6 mg/L 时为 5
挥发酚类(以苯酚计,mg/L)	0.002
阴离子合成洗涤剂(mg/L)	0.3
4. 放射性指标[②]	指导值
总 α 放射性(Bq/L)	0.5
总 β 放射性(Bq/L)	1

　① MPN 表示最可能数;CFU 表示菌落形成单位。当水样检出总大肠菌群时,应进一步检验大肠埃希氏菌或耐热大肠菌群;水样未检出总大肠菌群,不必检验大肠埃希氏菌或耐热大肠菌群。
　② 放射性指标超过指导值,应进行核素分析和评价,判定能否饮用。

表 1-4 《生活饮用水卫生标准》(GB 5749—2006)中的饮用水中消毒剂常规指标及要求

消毒剂名称	与水接触时间	出厂水中限值(mg/L)	出厂水中余量(mg/L)	管网末梢水中余量(mg/L)
氯气及游离氯制剂(游离氯)	≥30 min	4	≥0.3	≥0.05
一氯胺(总氯)	≥120 min	3	≥0.5	≥0.05
臭氧(O_3)	≥12 min	0.3	—	0.02 如加氯,总氯≥0.05
二氧化氯(ClO_2)	≥30 min	0.8	≥0.1	≥0.02

表 1-5 《生活饮用水卫生标准》(GB 5749—2006)中的水质非常规指标及限值

指 标	限 值
1. 微生物指标	
贾第鞭毛虫(个/10 L)	<1
隐孢子虫(个/10 L)	<1
2. 毒理指标	
锑(mg/L)	0.005
钡(mg/L)	0.7
铍(mg/L)	0.002
硼(mg/L)	0.5
钼(mg/L)	0.07
镍(mg/L)	0.02
银(mg/L)	0.05
铊(mg/L)	0.0001
氯化氰(以 CN^- 计,mg/L)	0.07
一氯二溴甲烷(mg/L)	0.1
二氯一溴甲烷(mg/L)	0.06
二氯乙酸(mg/L)	0.05
1,2-二氯乙烷(mg/L)	0.03
二氯甲烷(mg/L)	0.02
三卤甲烷(三氯甲烷、一氯二溴甲烷、二氯一溴甲烷、三溴甲烷的总和)	该类化合物中各种化合物的实测浓度与其各自限值的比值之和不超过 1

续表

指　　标	限　　值
1,1,1-三氯乙烷(mg/L)	2
三氯乙酸(mg/L)	0.1
三氯乙醛(mg/L)	0.01
2,4,6-三氯酚(mg/L)	0.2
三溴甲烷(mg/L)	0.1
七氯(mg/L)	0.000 4
马拉硫磷(mg/L)	0.25
五氯酚(mg/L)	0.009
六六六(总量,mg/L)	0.005
六氯苯(mg/L)	0.001
乐果(mg/L)	0.08
对硫磷(mg/L)	0.003
灭草松(mg/L)	0.3
甲基对硫磷(mg/L)	0.02
百菌清(mg/L)	0.01
呋喃丹(mg/L)	0.007
林丹(mg/L)	0.002
毒死蜱(mg/L)	0.03
草甘膦(mg/L)	0.7
敌敌畏(mg/L)	0.001
莠去津(mg/L)	0.002
溴氰菊酯(mg/L)	0.02
2,4-滴(mg/L)	0.03
滴滴涕(mg/L)	0.001
乙苯(mg/L)	0.3
二甲苯(mg/L)	0.5
1,1-二氯乙烯(mg/L)	0.03
1,2-二氯乙烯(mg/L)	0.05

续表

指　标	限　值
1,2-二氯苯(mg/L)	1
1,4-二氯苯(mg/L)	0.3
三氯乙烯(mg/L)	0.07
三氯苯(总量,mg/L)	0.02
六氯丁二烯(mg/L)	0.000 6
丙烯酰胺(mg/L)	0.000 5
四氯乙烯(mg/L)	0.04
甲苯(mg/L)	0.7
邻苯二甲酸二(2-乙基己基)酯(mg/L)	0.008
环氧氯丙烷(mg/L)	0.000 4
苯(mg/L)	0.01
苯乙烯(mg/L)	0.02
苯并(a)芘(mg/L)	0.000 01
氯乙烯(mg/L)	0.005
氯苯(mg/L)	0.3
微囊藻毒素-LR(mg/L)	0.001
3. 感官性状和一般化学指标	
氨氮(以 N 计,mg/L)	0.5
硫化物(mg/L)	0.02
钠(mg/L)	200

3.《生活饮用水卫生规范》和《城市供水水质标准》

卫生部及其所属各级卫生监督部门是生活饮用水的质量监督部门。卫生部在《生活饮用水卫生标准》(GB 5749—85)已经不能满足要求,而新国标又尚未完成修订的情况下,曾于 2001 年 6 月 7 日发布了《生活饮用水卫生规范》(卫生部,2001)(卫法监发[2001]161 号文),自 2001 年 9 月 1 日起实施。《生活饮用水卫生规范》适用于城市(指国家按行政建制设立的直辖市、市、镇)生活饮用集中式供水(包括自建集中式供水)及二次供水。该规范对生活饮用水及其水源水水质卫生要求做出了规定。其中饮用水的水质指标共 96 项,包括常规检测指标 34 项,非常规检测项目 62 项。规范中还增加了饮用水源水中有害物质的限值,共 64 项,供选择水源时使用。

建设部是隶属城市公用事业的各城市自来水公司的行政主管部门。建设部于 2005 年 2 月 7 日发布了部颁行业标准《城市供水水质标准》(CJ/T 206—2005),自 2005 年 6 月 1 日起实施。《城市供水水质标准》适用于城市(指国家按行政建制设立的直辖市、市、镇)公共集中式供水、自建集中式供水和二次供水。该标准对城市供水水质做出了规定,共 93 项指标,包括常规检测项目 42 项,非常规检测项目 51 项,由于其中部分项目为综合性指标,总的检测物质实际上共 103 项。

4. 我国饮用水水质标准的新进展

近年来我国生活饮用水水质标准有了较大发展,在卫生部 2001 年规范和建设部 2005 年行业标准的基础上,又制定了新的国家标准。这些标准所做的改进主要是:

(1) 饮用水水质指标大为增加。从 1985 年国标的 35 项,增加到新国标的 106 项、卫生部规范的 96 项和建设部行标的 93 项,反映了对水质安全的重视和对更多水质污染物的关注。此点与国际上饮用水水质标准指标项目增加的趋势相一致。

(2) 把检测项目分为常规检测指标和非常规检测指标。充分考虑了检测技术的难易、所需测定的频率、不同地方的特殊要求(重点污染物)和地区经济技术水平的差异等因素,不需经常检测的指标列为非常规检测指标,增强了可操作性。

(3) 提高了部分指标的要求,如浑浊度、铅、镉、砷等。其中对浑浊度的要求,从原国标的"不超过 3 度,特殊情况不超过 5 度",提高到"不超过 1 NTU,特殊情况不超过 3 NTU(新国标和建设部行标)或 5 NTU(卫生部)"。出水浑浊度反映了水厂常规处理工艺的技术水平与运行管理的优劣,我国大中型水厂出厂水浑浊度现已普遍达到低于 1 NTU 的水平,此项改进符合国内常规处理水平的实际发展状况。但与国际先进水平相比,仍有一定差距,美国对浑浊度的标准(1998 年 12 月颁布,适用于服务人口大于 1 万人的地表水厂)是:每月 95% 的测定值不大于 0.3 NTU,任何时刻不大于 1 NTU。

(4) 大量增加了有机物指标,包括有机污染物、藻毒素、农药、消毒副产物等。特别是在常规检测指标中增加了"耗氧量"这一有机物的综合指标,"耗氧量(以 O_2 计)不超过 3 mg/L,当水源限制,原水耗氧量>6 mg/L 时为 5 mg/L"。此项目的增加反映了部分水源被污染,必须对饮用水有机物综合指标进行控制的要求。耗氧量本身无毒理学意义,但它是反映有机污染的综合指标,清洁的水源水和安全的饮用水中有机物含量应很低。目前一些水厂的水源受到严重污染,尽管水厂出水检测的原有常规四项指标(浊度、色度、余氯和微生物)均可达标,但饮用水中含污染物高,有怪味,用户反应强烈。饮用水耗氧量标准的确定,必将推动我国受污染水源水饮用水处理水平的提高。

(5) 重视消毒剂和消毒副产物的危害。消毒副产物从原有的一项,增加到十多项,基本上与国际标准(美国、欧盟、WHO)相一致。

(6) 微生物学指标与国际标准相一致,增加了耐热大肠菌群(粪性大肠菌群)、埃希氏大肠菌,并增加了国际上关注的病原原虫——贾第鞭毛虫和隐孢子虫。

(7) 新的国标与行业标准包含了饮用水水质保障的各环节,比单纯的水质标准更全面,包括水质标准、水源选择及水源水质要求、水质检测方法、检测点规定(包括居民用户的用水点)、检测频率等。

新版的国标《生活饮用水卫生标准》、卫生部的《生活饮用水卫生规范》和建设部的《城市供水水质标准》基本实现了与国际标准的接轨,满足这些标准的饮用水将对饮用者的健康给予充分的保障。有关标准的颁布对于我国城市供水行业的科技发展起到了极大的推进作用。目前,国内部分水源受到污染的城市自来水厂正在加紧进行技术改造,增加水的深度处理设施,以全面满足新标准的要求。

5. 其他饮用水水质标准

《饮用净水水质标准》(CJ 94—2005),适用于以自来水或符合生活饮用水水源水水质标准的水为原水,经深度净化后可直接供给用户饮用的管道直饮供水和灌装水。该标准为城镇建设行业标准,由建设部于2005年5月16日发布,自2005年10月1日起实施,原《饮用净水水质标准》(CJ 94—1999)同时废止。

1.3.2 工业用水水质标准

工业用水通常可分为工艺用水、锅炉用水、洗涤用水、冷却用水等。工业种类繁多,对其工艺用水的要求也不尽相同。

食品、酿造及饮料工业的原料用水,水质要求应等于或高于生活饮用水的要求。制造业的工艺用水应不含有对产品质量有害的杂质。如纺织印染行业在生产中要使用大量的软水,锅炉补给水要根据要求进行软化或除盐处理,电子工业的元件清洗水需要采用纯水或超纯水等,循环冷取水的水质也有其特殊要求。

工业用水的水质要求可以参见各工业用水水质标准。例如:

(1)《工业循环冷却水处理设计规范》(GB 50050—2005)中的循环冷却水水质标准;

(2)《低压锅炉水质标准》(GB 1576—1996);

(3)《火力发电机组及蒸汽动力设备水汽质量标准》(GB 12145—89)等。

1.3.3 水环境质量标准

环境质量标准是为保护人民身体健康和生态环境而制定的水、空气等环境要素中所含污染物或其他有害因素的最高允许值,是环境保护的目标值,也是制定污染物排放标准的重要依据。水环境质量标准是指大环境的水质标准,是根据各类水体的不同用途,保证水体能够满足相应的生活饮用、生态、农业、渔业、工业、娱乐和美学等功能的水质要求。

在我国的水环境质量标准中,《地表水环境质量标准》是其中最重要的一项综合性水环境质量标准。

1.《地表水环境质量标准》

我国的地表水环境质量标准于1983年首次发布,名称为《地面水环境质量标准》(GB 3838—83),1988年第一次修订(GB 3838—88),1999年第二次修订(GHZB 1—1999)。现行标准为《地表水环境质量标准》(GB 3838—2002),2002年4月26日由国家环保总局批准,国家环保总局和国家质量监督检验检疫总局联合发布,自2002年6月1日起实施,代替原《地面水环境质量标准》GB 3838—88和GHZB 1—1999。

《地表水环境质量标准》按照地表水环境功能分类和保护目标,规定了水环境质量应控制的项目及限值,以及水质评价、水质项目的分析方法和标准的实施与监督。

依据地表水水域环境功能和保护目标,按功能高低依次划分为五类:

- Ⅰ类　主要适用于源头水、国家自然保护区;
- Ⅱ类　主要适用于集中式生活饮用水地表水源地一级保护区、珍稀水生生物栖息地、鱼虾类产卵场、仔稚幼鱼的索饵场等;
- Ⅲ类　适用于集中式生活饮用水地表水源地二级保护区、鱼虾类越冬场、洄游通道、水产养殖区等渔业水域及游泳区;
- Ⅳ类　主要适用于一般工业用水区及人体非直接接触的娱乐用水区;
- Ⅴ类　主要适用于农业用水区及一般景观用水水域。

对应地表水的上述五类水域功能,将地表水环境质量标准基本项目标准值分为五类,不同功能类别执行相应类别的标准值。水域功能类别高的标准值严于水域功能类别低的标准值。同一水域兼有多类使用功能的,执行最高功能类别对应的标准值。

地表水环境质量标准基本项目标准限值见表1-6,共24项。在《地表水环境质量标准》中还含有集中式生活饮用水地表水源地补充项目标准限值表(5项)和集中式生活饮用水地表水源地特定项目标准限值表(80项),并给出了有关测定项目的分析方法。

与1999年的《地表水环境质量标准》(GHZB 1—1999)相比,《地表水环境质量标准》(GB 3838—2002)主要做出了如下修改:

(1) 对湖库富营养化有关的特定项目进行了修订,1999年标准中按水域功能分类给出的标准值偏严,制定的科学依据尚不充足,并与实际水体富营养化情况不相符合。新标准中只保留了对湖库总磷的项目(限值放宽),并删除了原湖泊水库特定项目表。

表 1-6 《地表水环境质量标准》(GB 3838—2002)中的
地表水环境质量标准基本项目标准限值　　　单位：mg/L

序号	项目	分类标准值				
		Ⅰ类	Ⅱ类	Ⅲ类	Ⅳ类	Ⅴ类
1	水温(℃)	人为造成的环境水温变化应限制在：周平均最大温升≤1　周平均最大温降≤2				
2	pH 值	6～9				
3	溶解氧≥	饱和率 90% (或 7.5)	6	5	3	2
4	高锰酸盐指数≤	2	4	6	10	15
5	化学需氧量(COD)≤	15	15	20	30	40
6	五日生化需氧量(BOD_5)≤	3	3	4	6	10
7	氨氮(NH_3-N)≤	0.15	0.5	1.0	1.5	2.0
8	总磷(以 P 计)≤	0.02(湖、库 0.01)	0.1(湖、库 0.025)	0.2(湖、库 0.05)	0.3(湖、库 0.1)	0.4(湖、库 0.2)
9	总氮(湖、库,以 N 计)≤	0.2	0.5	1.0	1.5	2.0
10	铜≤	0.01	1.0	1.0	1.0	1.0
11	锌≤	0.05	1.0	1.0	2.0	2.0
12	氟化物(以 F^- 计)≤	1.0	1.0	1.0	1.5	1.5
13	硒≤	0.01	0.01	0.01	0.02	0.02
14	砷≤	0.05	0.05	0.05	0.1	0.1
15	汞≤	0.000 05	0.000 05	0.000 1	0.001	0.001
16	镉≤	0.001	0.005	0.005	0.005	0.01
17	铬(六价)≤	0.01	0.05	0.05	0.05	0.1
18	铅≤	0.01	0.01	0.05	0.05	0.1
19	氰化物≤	0.005	0.05	0.2	0.2	0.2
20	挥发酚≤	0.002	0.002	0.005	0.01	0.1
21	石油类≤	0.05	0.05	0.05	0.5	1.0
22	阴离子表面活性剂≤	0.2	0.2	0.2	0.3	0.3
23	硫化物≤	0.05	0.1	0.2	0.5	1.0
24	粪大肠菌群(个/L)≤	200	2 000	10 000	20 000	40 000

注：除 pH 外，其余项目标准的单位均为 mg/L。

(2) 原标准中对营养物氮的指标有6项(氨氮、总氮、亚硝酸盐、硝酸盐、非离子氨和凯氏氮),项目过多且部分项目有重叠,不利于标准的使用。修改后在基本项目中只设置了氨氮和总氮两项。

(3) 原标准中Ⅱ、Ⅲ类水体均涉及集中式生活饮用水的水源地,其标准值与其他功能的标准值有交叉,造成个别项目的标准值偏严或偏宽,不利于水源地水质管理和保护。因此在新标准中单设了集中式生活饮用水地表水源地的项目表。

(4) 对地表水环境质量标准基本项目表,调整了pH、溶解氧、氨氮、总磷、高锰酸盐指数、铅、粪大肠菌群7个项目的限值,将硫酸盐、氯化物、硝酸盐、铁、锰5个项目调整到集中式生活饮用水地表水源地补充项目中。

2. 其他水环境质量标准

其他重要的水环境质量标准有:

(1)《海水水质标准》(GB 3097—1997),用于近海水域水质管理。

(2)《渔业水质标准》(GB 11607—89),用于渔业水域水质管理。

(3)《农田灌溉水质标准》(GB 5084—92),用于农业用水水质管理。废水处理后出水用于农业灌溉,其水质必须符合该标准。

(4)《地下水质量标准》(GB/T 14848—93),用于地下水的质量分类、水质监测、评价和地下水质量保护。该标准将地下水质量划分为五类,其中的Ⅰ、Ⅱ、Ⅲ类适用于集中式生活饮用水水源,水质指标共39项。

1.3.4 水污染物排放标准

1. 水污染物排放标准的分类与制定原则

污染物排放标准是指为了实现环境质量标准和环境目标,结合环境特点和技术经济条件而制定的污染源所排放污染物的最高允许限值。

我国的水污染物排放标准可分为国家污水综合排放标准、国家行业水污染物排放标准和地方水污染物排放标准三大类。

污水综合排放标准是一项最重要的水污染物排放标准,它是为了加强对污染源的监督管理而制定和发布的。现行的《污水综合排放标准》中已包括了对许多行业的水污染物排放要求。根据综合排放标准与行业排放标准不交叉执行的原则,除了一些特定行业(目前有12个)执行相应的国家行业排放标准外,其他一切排放污水的单位一律执行国家污水综合排放标准。

在国家标准的基础上,地方还可以根据当地的地理、气候、生态特点,并结合地方的社会经济情况,制定地方排放标准。在执行国家标准不能保证达到地方水体环境质量目标时,地方(省、自治区、直辖市人民政府)可以制定严于国家排放标准的地方水污染物排放标准。地方标准不得与国家标准相抵触，即地方标准必须严于国家标准。

制定水污染物排放标准的原则是：

（1）根据受纳水体的功能分类，按功能区制定宽严不同的标准，密切了环境质量标准与排放标准的关系。

（2）根据各行业的生产和排污特点，根据工艺技术水平和现有污染治理的最佳实用技术，实行宽严不同的标准，对技术上难以治理的行业污水，适当放宽了排放标准。

（3）对于不同时期的污染源区别对待，对标准颁发一定时期后新建设项目的污染源要求从严。

（4）按污染物的毒性区分污染物，不同污染物执行宽严程度不同的标准值。对于具有毒性并且易在环境中或动植物体内蓄积的污染物，列为第一类污染物，从严要求。对于其他易在环境中降解或其长远影响小于第一类的污染物，列为第二类污染物。

（5）根据污染负荷总量控制和清洁生产的原则，对部分行业还规定了单位产品的最高允许排水量或最低允许水重复利用率。

2.《污水综合排放标准》

我国的第一部水污染物排放标准是1973年建设部发布的《工业"三废"排放试行标准》（GB J7—73，"废水"部分）。1988年国家环保局发布了《污水综合排放标准》（GB 8978—88）。现行的《污水综合排放标准》（GB 8978—1996）于1996年修订，1996年10月4日由国家环境保护局和国家技术监督局联合发布，自1998年1月1日起实施，代替GB 8978—88和原17个行业的行业水污染物排放标准。

《污水综合排放标准》（GB 8978—1996）按照污水排放去向，分年限（1997年12月31日之前建设的单位和1998年1月1日后建设的单位）规定了69种污染物（其中第一类污染物13种，第二类污染物56种）的最高允许排放浓度及部分行业最高允许排水量。

第一类污染物的种类共13种，主要为重金属、砷、苯并(a)芘、放射性等，不分行业和污水排放方式，也不分受纳水体的类别，一律在车间或车间处理设施排放口处要求达标。第一类污染物的最高允许排放浓度见表1-7。

第二类污染物的最高允许排放浓度按照污水排入的水域，分成三个不同级别的标准：

- 排入《地表水环境质量标准》GB 3838中Ⅲ类水域（划定的保护区和游泳区除外）和排入《海水水质标准》GB 3097中二类海域的污水，执行一级标准。

表 1-7 《污水综合排放标准》(GB 8978—1996)中的
第一类污染物的最高允许排放浓度　　　　单位：mg/L

序号	污染物	最高允许排放浓度	序号	污染物	最高允许排放浓度
1	总汞	0.05	8	总镍	1.0
2	烷基汞	不得检出	9	苯并(a)芘	0.000 03
3	总镉	0.1	10	总铍	0.005
4	总铬	1.5	11	总银	0.5
5	六价铬	0.5	12	总α放射性	1 Bq/L
6	总砷	0.5	13	总β放射性	10 Bq/L
7	总铅	1.0			

- 排入《地表水环境质量标准》GB 3838 中Ⅳ、Ⅴ类水域和排入 GB 3097 中三类海域的污水,执行二级标准。
- 排入设置二级污水处理厂的城镇排水系统的污水,执行三级标准。
- 排入未设置二级污水处理厂的城镇排水系统的污水,必须根据排水系统出水受纳水域的功能要求,分别执行一级或二级标准。
- 《地表水环境质量标准》GB 3838 中的Ⅰ、Ⅱ类水域和Ⅲ类水域中划定的保护区,《海水水质标准》GB 3097 中一类海域,禁止新建排污口,现有排污口应按水体功能要求,实施污染物总量控制,以保证受纳水体水质符合规定用途的水质标准。

第二类污染物的种类共 56 种,要求排污单位的排放口处达标。第二类污染物的最高允许排放浓度(1998 年 1 月 1 日后建设的单位)见表 1-8。

表 1-8 《污水综合排放标准》(GB 8978—1996)中的第二类污染物的
最高允许排放浓度(1998 年 1 月 1 日后建设的单位)　　　　单位：mg/L

序号	污染物	适用范围	一级标准	二级标准	三级标准
1	pH	一切排污单位	6~9	6~9	6~9
2	色度(稀释倍数)	一切排污单位	50	80	—
3	悬浮物(SS)	采矿、选矿、选煤工业	70	300	
		脉金选矿	70	400	
		边远地区砂金选矿	70	800	
		城镇二级污水处理厂	20	30	
		其他排污单位	70	150	400

续表

序号	污染物	适用范围	一级标准	二级标准	三级标准
4	五日生化需氧量（BOD$_5$）	甘蔗制糖、苎麻脱胶、湿法纤维板、染料、洗毛工业	20	60	600
		甜菜制糖、酒精、味精、皮革、化纤浆粕工业	20	100	600
		城镇二级污水处理厂	20	30	—
		其他排污单位	20	30	300
5	化学需氧量（COD）	甜菜制糖、合成脂肪酸、湿法纤维板、染料、洗毛、有机磷农药工业	100	200	1 000
		味精、酒精、医药原料药、生物制药、苎麻脱胶、皮革、化纤浆粕工业	100	300	1 000
		石油化工工业（包括石油炼制）	60	120	—
		城镇二级污水处理厂	60	120	500
		其他排污单位	100	150	500
6	石油类	一切排污单位	5	10	20
7	动植物油	一切排污单位	10	15	100
8	挥发酚	一切排污单位	0.5	0.5	2.0
9	总氰化合物	一切排污单位	0.5	0.5	1.0
10	硫化物	一切排污单位	1.0	1.0	1.0
11	氨氮	医药原料药、染料、石油化工工业	15	50	
		其他排污单位	15	25	
12	氟化物	黄磷工业	10	15	20
		低氟地区（水体含氟量<0.5 mg/L）	10	20	30
		其他排污单位	10	10	20
13	磷酸盐（以P计）	一切排污单位	0.5	1.0	—
14	甲醛	一切排污单位	1.0	2.0	5.0
15	苯胺类	一切排污单位	1.0	2.0	5.0
16	硝基苯类	一切排污单位	2.0	3.0	5.0
17	阴离子表面活性剂（LAS）	一切排污单位	5.0	10	20
18	总铜	一切排污单位	0.5	1.0	2.0

续表

序号	污染物	适用范围	一级标准	二级标准	三级标准
19	总锌	一切排污单位	2.0	5.0	5.0
20	总锰	合成脂肪酸工业	2.0	5.0	5.0
		其他排污单位	2.0	2.0	5.0
21	彩色显影剂	电影洗片	1.0	2.0	3.0
22	显影剂及氧化物总量	电影洗片	3.0	3.0	6.0
23	元素磷	一切排污单位	0.1	0.1	0.3
24	有机磷农药（以P计）	一切排污单位	不得检出	0.5	0.5
25	乐果	一切排污单位	不得检出	1.0	2.0
26	对硫磷	一切排污单位	不得检出	1.0	2.0
27	甲基对硫磷	一切排污单位	不得检出	1.0	2.0
28	马拉硫磷	一切排污单位	不得检出	5.0	10
29	五氯酚及五氯酚钠（以五氯酚计）	一切排污单位	5.0	8.0	10
30	可吸附有机卤化物（AOX）（以Cl计）	一切排污单位	1.0	5.0	8.0
31	三氯甲烷	一切排污单位	0.3	0.6	1.0
32	四氯化碳	一切排污单位	0.03	0.06	0.5
33	三氯乙烯	一切排污单位	0.3	0.6	1.0
34	四氯乙烯	一切排污单位	0.1	0.2	0.5
35	苯	一切排污单位	0.1	0.2	0.5
36	甲苯	一切排污单位	0.1	0.2	0.5
37	乙苯	一切排污单位	0.4	0.6	1.0
38	邻二甲苯	一切排污单位	0.4	0.6	1.0
39	对二甲苯	一切排污单位	0.4	0.6	1.0
40	间二甲苯	一切排污单位	0.4	0.6	1.0
41	氯苯	一切排污单位	0.2	0.4	1.0
42	邻二氯苯	一切排污单位	0.4	0.6	1.0

续表

序号	污染物	适用范围	一级标准	二级标准	三级标准
43	对二氯苯	一切排污单位	0.4	0.6	1.0
44	对硝基氯苯	一切排污单位	0.5	1.0	5.0
45	2,4-二硝基氯苯	一切排污单位	0.5	1.0	5.0
46	苯酚	一切排污单位	0.3	0.4	1.0
47	间甲酚	一切排污单位	0.1	0.2	0.5
48	2,4-二氯酚	一切排污单位	0.6	0.8	1.0
49	2,4,6-三氯酚	一切排污单位	0.6	0.8	1.0
50	邻苯二甲酸二丁酯	一切排污单位	0.2	0.4	2.0
51	邻苯二甲酸二辛酯	一切排污单位	0.3	0.6	2.0
52	丙烯腈	一切排污单位	2.0	5.0	5.0
53	总硒	一切排污单位	0.1	0.2	0.5
54	粪大肠菌群数	医院*、兽医院及医疗机构含病原体污水	500 个/L	1 000 个/L	5 000 个/L
		传染病、结核病医院污水	100 个/L	500 个/L	1 000 个/L
55	总余氯(采用氯化消毒的医院污水)	医院*、兽医院及医疗机构含病原体污水	<0.5**	≥3(接触时间≥1 h)	≥2(接触时间≥1 h)
		传染病、结核病医院污水	<0.5**	≥6.5(接触时间≥1.5 h)	≥5(接触时间≥1.5 h)
56	总有机碳(TOC)	合成脂肪酸工业	20	40	—
		苎麻脱胶工业	20	60	—
		其他排污单位	20	30	—

注：其他排污单位指除在该控制项目以外所列的一切排污单位。
* 指50个床位以上的医院。
** 加氯消毒后须进行脱氯处理，达到本标准。

3. 行业水污染物排放标准

为了加强对污染源的监督管理，综合并简化国家行业排放标准，大部分行业的水污染物排放标准已经纳入了《污水综合排放标准》(GB 8978—1996)。目前仍单独执行国家行业水污染物排放标准的有12个行业见表1-9。

表 1-9　行业水污染物排放标准

序号	行　业	标　　准
1	造纸工业	《造纸工业水污染物排放标准》(GB 3544—2001)
2	船舶	《船舶污染物排放标准》(GB 3552—83)
3	船舶工业	《船舶工业污染物排放标准》(GB 4286—84)
4	海洋石油开发工业	《海洋石油开发工业含油污水排放标准》(GB 4914—85)
5	纺织染整工业	《纺织染整工业水污染物排放标准》(GB 4287—92)
6	肉类加工工业	《肉类加工工业水污染物排放标准》(GB 13457—2001)
7	合成氨工业	《合成氨工业水污染物排放标准》(GB 13458—92)
8	钢铁工业	《钢铁工业水污染物排放标准》(GB 13456—92)
9	航天推进剂	《航天推进剂水污染物排放标准》(GB 14373—93)
10	兵器工业	《兵器工业水污染物排放标准》(GB 14470.1～14470.3—2002 和 GB 4274～4279—84)
11	磷肥工业	《磷肥工业水污染物排放标准》(GB 15580—95)
12	烧碱、聚氯乙烯工业	《烧碱、聚氯乙烯工业水污染物排放标准》(GB 15581—95)

4.《污水排入城市下水道水质标准》

除了以上污水综合排放标准和行业水污染物排放标准外,对于排入城市下水道的生产废水和生活污水,为了保护下水道设施,尽量减轻工业废水对城市污水水质的干扰,保障城市污水处理厂的正常运行,并为了防止没有城市污水处理厂的城市下水道系统的排水对水体的污染,建设部还制定了《污水排入城市下水道水质标准》。该标准于 1986 年首次制定,1999 年修订,现行标准的标准号为 CJ 3082—99。

该标准规定:严禁向城市下水道排放腐蚀性污水、剧毒物质、易燃易爆物质和有害气体;严禁向城市下水道倾倒垃圾、积雪、粪便、工业废渣和排入易于凝集造成下水道堵塞的物质;医疗卫生、生物制品、科学研究、肉类加工等含有病原体的污水必须经过严格消毒,以上污水以及放射性污水,除了执行该标准外,还必须按有关专业标准执行;对于超过标准的污水,应按有关规定和要求进行预处理,不得用稀释法降低浓度后排入下水道。

《污水排入城市下水道水质标准》(CJ 3082—99)规定了排入城市下水道污水中 35 种有害物质的最高允许浓度,见表 1-10。其中适用于设有城市污水处理厂的城市下水道的几项重要指标是:SS≤400 mg/L,BOD_5≤300 mg/L,COD≤500 mg/L,氨氮(以 N 计)≤35 mg/L,磷酸盐(以 P 计)≤8 mg/L。以上限值的前三项与《污水综合排放标准》(GB 8978—1996)中三级标准的要求相同。

表 1-10 污水排入城市下水道水质标准(CJ 3082—99)

序号	项目名称	单位	最高允许浓度
1	pH 值		6.0~9.0
2	悬浮物	mg/L,15 min	150(400)
3	易沉固体	mg/L	10
4	油脂	mg/L	100
5	矿物油类	mg/L	20
6	苯系物	mg/L	2.5
7	氰化物	mg/L	0.5
8	硫化物	mg/L	1
9	挥发性酚	mg/L	1
10	温度	℃	35
11	生化需氧量(BOD_5)	mg/L	100(300)
12	化学需氧量(COD_{Cr})	mg/L	150(500)
13	溶解性固体	mg/L	2 000
14	有机磷	mg/L	0.5
15	苯胺	mg/L	5
16	氟化物	mg/L	20
17	总汞	mg/L	0.05
18	总镉	mg/L	0.1
19	总铅	mg/L	1
20	总铜	mg/L	2
21	总锌	mg/L	5
22	总镍	mg/L	1
23	总锰	mg/L	2.0(5.0)
24	总铁	mg/L	10
25	总锑	mg/L	1
26	六价铬	mg/L	0.5
27	总铬	mg/L	1.5

续表

序号	项目名称	单位	最高允许浓度
28	总硒	mg/L	2
29	总砷	mg/L	0.5
30	硫酸盐	mg/L	600
31	硝基苯类	mg/L	5
32	阴离子表面活性剂(LAS)	mg/L	10.0(20.0)
33	氨氮	mg/L	25.0(35.0)
34	磷酸盐(以P计)	mg/L	1.0(8.0)
35	色度	倍	80

注：括号内数值适用于有城市污水处理厂的城市下水道系统。

5.《城镇污水处理厂污染物排放标准》

城市污水处理厂在水污染控制中发挥着重大作用。为了促进城市污水处理厂的建设与管理，加强对污水处理厂污染物的排放控制和污水资源化利用，国家环境保护总局和国家质量监督检验检疫总局于2002年12月24日发布了《城镇污水处理厂污染物排放标准》(GB 18918—2002)，自2003年7月1日起实施。原在《污水综合排放标准》(GB 8978—1996)中对城镇二级污水处理厂的限定指标不再执行。

该标准规定了城镇污水处理厂出水、废气排放和污泥处置中污染物的控制项目和标准值，适用于城镇污水处理厂污染物的排放管理，居民小区和工业企业内独立的生活污水处理设施污染物的排放管理，也按该标准执行。

在水污染物的控制项目中，将污染物分为基本控制项目和选择控制项目两类。基本控制项目主要包括影响水环境和污水处理厂一般处理工艺可以去除的常规污染物(12项)和部分第一类污染物(7项)。选择控制项目共43项，由地方环境保护行政主管部门根据污水处理厂接纳的工业污染物的类别和水环境质量要求选择控制。

根据城镇污水处理厂排入地表水域环境功能和保护目标，以及污水处理厂的处理工艺，将基本控制项目的常规污染物标准值分为一级标准、二级标准、三级标准，一级标准又分为A标准和B标准。第一类重金属污染物和选择控制项目不分级。标准执行条件如下：

(1) 当污水处理厂出水引入稀释能力较小的河流作为城镇景观用水和一般回用水等用途时，执行一级标准的A标准。

(2) 当出水排入GB 3838地表水Ⅲ类功能水域(划定的饮用水水源保护区和游泳区除外)、GB 3079海水二类功能水域和湖、库等封闭或半封闭水域时，执行一级标准的B标准。

（3）当城镇污水处理厂出水排入 GB 3838 地表水 Ⅳ、Ⅴ 类功能水域或 GB 3079 海水三、四类功能海域时,执行二级标准。

（4）非重点控制流域和非水源保护区的建制镇的污水处理厂,根据当地经济条件和水污染控制要求,采用一级强化处理工艺时,执行三级标准。但必须预留二级处理设施的位置,分期达到二级标准。

《城镇污水处理厂污染物排放标准》基本控制项目最高允许排放浓度见表 1-11。与《污水综合排放标准》（GB 8978—1996）中原对城镇二级污水处理厂的排放要求相比,二级标准对总磷的浓度限值有所放宽,更为符合水处理技术现状和水环境要求的实际情况。

表 1-11 《城镇污水处理厂污染物排放标准》（GB 18918—2002）
基本控制项目最高允许排放浓度（日均值）   单位：mg/L

序号	基本控制项目		一级标准		二级标准	三级标准
			A 标准	B 标准		
1	化学需氧量（COD）		50	60	100	120[1]
2	生化需氧量（BOD_5）		10	20	30	60[1]
3	悬浮量（SS）		10	20	30	50
4	动植物油		1	3	5	20
5	石油类		1	3	5	15
6	阴离子表面活性剂		0.5	1	2	5
7	总氮（以 N 计）		15	20		
8	氨氮（以 N 计）[2]		5(8)	8(15)	25(30)	
9	总磷（以 P 计）	2005 年 12 月 31 日前建设的	1	1.5	3	5
		2006 年 1 月 1 日起建设的	0.5	1	3	5
10	色度（稀释倍数）		30	30	40	50
11	pH		6～9			
12	粪大肠菌群数（个/L）		10^3	10^4	10^4	

注：[1] 下列情况下按去除率指标执行：当进水 COD 大于 350 mg/L 时,去除率应大于 60%；
当进水 BOD_5 大于 160 mg/L 时,去除率应大于 50%。
[2] 括号外数值为水温＞12℃时的控制指标,括号内数值为水温≤12℃时的控制指标。

6. 《城市污水再生利用》系列标准

为了贯彻水污染防治和水资源开发利用的方针,提高城市污水利用率,做好城市节约用水工作,合理利用水资源,实现城市污水资源化,促进城市建设和经济建设可持续发展,建设部于 2002 年 12 月 20 日发布了《城市污水再生利用》系列标准,自 2003 年 5 月 1 日起实施。

《城市污水再生利用》系列标准包括:
(1)《城市污水再生利用　分类》(GB/T 18919—2002);
(2)《城市污水再生利用　城市杂用水水质》(GB/T 18920—2002);
(3)《城市污水再生利用　景观环境用水》(GB/T 18921—2002);
(4)《城市污水再生利用　补充水源水质》(尚未发布);
(5)《城市污水再生利用　工业用水水质》(尚未发布)。

1-1　什么是水质指标?水质指标包含哪几类?
1-2　控制饮用水的浑浊度有什么意义?
1-3　悬浮物指标在给水处理和废水处理中如何使用?
1-4　一般人刚能察觉到的臭和味用感官分析法属于几级强度?我国的生活饮用水水质标准对水的臭和味有什么要求?
1-5　水源水中异臭异味的来源是什么?
1-6　水质指标中的化学指标分为哪几类?其中反映水中有机物含量的综合性指标有哪些?各项指标分别适用于什么样水质的监测?
1-7　哪些指标可以用来确定水的微生物安全性?
1-8　试比较地下水、江河水、湖泊和水库水的含盐量。
1-9　湖泊和水库水的水质有什么特点?
1-10　简述生活污水和城市污水的水质特征。
1-11　典型城市污水中的悬浮物和 COD 的数值在什么范围?
1-12　计算城市污水的水量和 BOD_5 的含量。已知:人口 30 万,生活污水 BOD_5 人口排放当量 30 g/(人·d),综合生活污水定额 130 L/(人·d),工业废水 3 万 m^3/d,工业污染物 BOD_5 排放负荷 9 000 kg/d。
1-13　工业废水的水质有什么特点?
1-14　制定生活饮用水水质标准的依据是什么?
1-15　新版国标《生活饮用水水质标准》(GB 5749—2006)适用于什么规模的供水单位?其中的检测项目有多少项?
1-16　简述生活饮用水水质标准中设置耗氧量控制指标的意义。
1-17　工业用水通常分为哪几类?对用水各有什么要求?
1-18　水污染物排放标准分为哪几类?"有的地方因技术、地理等原因,污水处理效果达不到国家排放标准时可以制定相应的地方排放标准,放松对个别指标的要求。"此论述正确吗？

1-19 制定水污染排放标准的原则是什么？

1-20 单独执行国家行业水污染物排放标准的是哪 12 个行业？

1-21 某城市污水处理厂，处理后出水排入城市景观河道，问应执行什么排放标准，主要污染物 COD、BOD_5、SS、总 N、总 P 的限制浓度是多少？

1-22 《城镇污水处理厂污染物排放标准》(GB 18918—2002)的适用对象是什么？其中的污染控制项目有哪些？列出城镇污水处理厂污染物排放的二级标准中对主要污染物 COD、BOD_5、SS、NH_3-N、总 N、总 P 的控制限值。

1-23 某机械厂在其生产过程中产生工业废水，该废水经处理后要直接排入地表水 Ⅳ 类水体，问该废水排放应该执行什么标准？

1-24 某塑料厂的废水中主要有二甲苯、油脂、二甘醇、三甘醇、乙二醇及少量生物难降解的联苯物质，具体指标如下表所示。废水经处理后排入城市下水道，再进行集中处理。问厂内预处理中对以下各项指标所需的处理程度如何？

COD/(mg/L)	BOD_5/(mg/L)	SS/(mg/L)	pH	色度/倍	石油类/(mg/L)	NH_3-N/(mg/L)(以 N 计)
8 937	3 787	34	4.8	350	33	43

第 2 章 水处理的基本方法与工艺

2.1 水处理的基本方法

根据水中杂质和污染物质的性质和各种水处理方法的适用对象与特点,可在给水处理和废水处理中选择使用或组合使用下列水处理方法(括号内所示为本书中对应章节)。

1. 去除颗粒物(包括悬浮物和胶体颗粒)的处理方法

去除水中颗粒物(包括胶体颗粒和悬浮颗粒)的处理方法有:
- 混凝(第 4 章)
- 沉淀(第 5 章)
- 气浮(第 6 章)
- 过滤(第 7 章)
- 膜分离(微滤、超滤)(第 10 章)
- 筛滤(格栅、筛网、微滤机等)(第 3 章)
- 沉砂(第 3 章)
- 离心分离(13.1 节)
- 磁分离(13.5 节)等

2. 去除或调整水中溶解离子、溶解气体的处理方法

去除、调整水中溶解的无机离子、溶解气体的处理方法有:
- 氧化还原(第 11 章)
- 离子交换(第 9 章)
- 化学沉淀(13.4 节)
- 中和(13.2 节)
- 吹脱(13.3 节)
- 膜分离(反渗透、纳滤、电渗析、浓差扩散等方法)(第 10 章)
- 循环冷却水的水质稳定处理(第 14 章)等

3. 去除溶解性有机物的处理方法

去除溶解性有机物的方法有:

- 生物处理(详见《废水生物处理的原理与工艺》)
- 活性炭吸附(第12章)
- 氧化(第11章)
- 萃取(13.5节)
- 膜分离(第10章)等

4. 杀灭病原微生物的处理方法

水处理中杀灭病原微生物的处理称为水的消毒(第8章)。

5. 降低水温的处理方法

降低水温的处理主要用于工业循环冷却水的冷却处理(第14章)。

2.2 水处理的基本工艺

2.2.1 给水处理工艺

给水处理可以分为两大类,即生活饮用水处理和工业给水处理,其处理工艺可以分成:

(1) 生活饮用水常规处理工艺;

(2) 在生活饮用水常规处理工艺的基础上,增加预处理和(或)深度处理的生活饮用水处理工艺;

(3) 其他饮用水特殊处理工艺和工业给水处理工艺。

1. 饮用水常规处理工艺

饮用水常规处理技术及其工艺在20世纪初期就已形成雏形,并在饮用水处理的实践中不断得以完善。

在以地表水为水源时,饮用水常规处理的主要去除对象是水中的悬浮物质、胶体物质和病原微生物,所需采用的技术包括:混凝、沉淀、过滤、消毒。典型的以地表水为水源的饮用水常规处理工艺如图2-1所示。

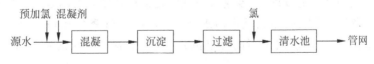

图2-1 典型的以地表水为水源的饮用水常规处理工艺

在常规处理工艺中,混凝是向原水中投加混凝剂,使水中难以自然沉淀分离的悬浮物和胶体颗粒相互聚合,形成大颗粒絮体(俗称矾花)。沉淀将混凝形成的大颗粒絮体通过重力沉降作用从水中分离。也可以采用澄清替代混凝和沉淀,把这两个过程集中在同一个处理构筑物中进行。过滤是利用颗粒状滤料(如石英砂等)截留经过沉淀后水中残留的颗粒物,进一步去除水中的杂质,降低水的浑浊度。消毒是饮用水处理的最后一步,向水中加入消毒剂(一般用液氯)来灭活水中的病原微生物。

在以地下水为水源时,饮用水常规处理的主要去除对象是水中可能存在的病原微生物。对于不含有特殊有害物质(如过量铁、锰等)的地下水,饮用水处理只需进行消毒处理就可以达到饮用水水质要求。处理工艺流程见图2-2。

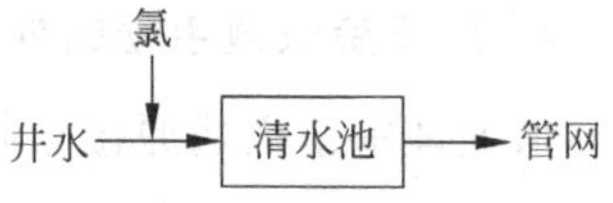

饮用水常规处理工艺对水中的悬浮物、胶体物和病原微生物有很好的去除效果,对水中的一些无机污染物,如某些重金属离子及少量的有机物也有一定的去除效果。地表水水源水经过常规处理工艺处理后,可以去除水中的悬浮物和胶体物,出厂水的浊度可以降到1 NTU以下(运行良好的出厂水浊度可在0.3 NTU以下)。对于未受到污染的水源水,处理后能够达到生活饮用水的水质标准,其一般化学指标和毒理学指标可以满足使用和对健康的要求,经过良好消毒的自来水还可以满足直接生饮对微生物学指标的要求。饮用水常规处理技术及其工艺在过去的百年中在保护人类饮水安全、促进社会经济发展方面发挥了巨大的作用。

图2-2 典型的以地下水为水源的自来水厂工艺流程

饮用水常规处理工艺目前仍为世界上大多数水厂所采用,在我国目前90%以上的自来水厂都采用常规处理工艺,因此常规处理工艺是饮用水处理系统的主要工艺。

2. 增加预处理和(或)深度处理的饮用水处理工艺

在工业化和城市化尚不发达的时期,天然水体很少受到人类大规模活动的污染,饮用水处理的主要对象是水体中的泥沙和胶体物质,以及少量的病原微生物。水源水经过常规处理后就可以得到透明、无色、无臭、味道可口的饮用水,那时饮用水处理的任务主要是去除水的浊度和保证饮用者免受水传播疾病的危害。

随着工业和城市的发展,以及现代农业大量使用化肥和农药等,越来越多的污染物随着工业废水、生活污水、城市污水、农田径流、大气降尘和降水、垃圾渗滤液等进入了水体,对水体形成了不同程度的污染,水中有害物质的种类和含量越来越多。

目前饮用水处理面临的问题,除了原有的泥沙、胶体物质和病原微生物外,主要有有机污染物、氨氮、消毒副产物、水质生物稳定性等。

有机污染是受污染水源水饮用水处理面临的首要问题。人类合成的有机物种类已经有数万种,这些合成有机物中的相当大的一部分会通过工业废水和生活污水进入水体；未经处理的生活污水中也含有大量的人体排泄的有机污染物；农田径流中含有化肥、农药；近年来引起人们普遍关注的二噁英、内分泌干扰物质（环境激素）等污染物质有可能存在于饮用水中。这些人工合成的和天然的有机物中有许多对人体健康有着毒理学影响，一些有机物（例如腐殖酸、富里酸等）还会在饮用水的处理过程中与所加入的消毒剂（例如氯）反应，生成具有"致突变、致畸形、致癌"三致作用的消毒副产物，如三卤甲烷、卤乙酸等。现有的水质检测技术已经从水体中测出数千种有机物，从饮用水中检测出的有机物也不在少数，甚至个别地方自来水的致突变活性检测呈阳性结果。对于有机污染物，常规水处理技术及其工艺的去除作用十分有限，国内外的研究结果和实际生产结果表明，以去除水中泥沙和胶体物质而发展起来的混凝、沉淀、过滤的常规处理工艺只能去除水中有机物的20%左右，特别是对于水中溶解状的有机物，除了极少量的有机物会被吸附在矾花和滤料表面上，常规处理工艺基本上没有去除效果。

未受到污染的水体中氨氮的含量本来是很低的，但是近年来由于水体被污染，不少地方地表水水源水中氨氮的浓度超过或经常超过饮用水水源水对氨氮的水质要求（≤0.5 mg/L）。我国许多水厂都采用折点氯化法进行消毒，对于氨氮过高的水源水，在加氯消毒时为了获得自由性余氯必须投加大量的氯来分解氨氮，使水的加氯量大大增加。高的加氯量更加重了产生消毒副产物的问题。

饮用水的水质生物稳定性问题是20世纪90年代提出的。传统的消毒理论认为，在已消毒的水中保持有一定浓度的剩余消毒剂的条件下，水中微生物无法再繁殖，从而可保证自来水在自来水配水管网系统中的生物稳定性。但是近年来的研究表明，如果自来水中含有一定量的可以被异养微生物作为基质利用的有机物，则此种自来水为生物不稳定的水，即使在水中保持一定浓度的剩余消毒剂，仍然存在着较高的微生物再繁殖的风险。特别是对于超大型城市配水管网和高位水箱，由于存在水的停留时间过长、剩余消毒剂被完全分解的可能性，生物稳定性差的饮用水更容易出现管网或水箱中微生物再繁殖的问题。

水源受到不同程度的污染是困扰大多数自来水厂的普遍问题。目前我国水污染的状况仍然十分严重。根据国家环境保护部2010年6月3日发布的《2009年中国环境状况公报》，2009年，全国废水排放总量为589.2亿t，比上年增加3.0%；化学需氧量排放量为1277.5万t，比上年下降3.3%；氨氮排放量为122.6万t，比上年下降3.5%。全国地表水污染依然较重。我国主要河流七大水系（长江、黄河、珠江、松花江、淮河、海河和辽河）的水质总体为轻度污染，其中，珠江、长江水质良好，松花江、淮河为轻度污染，黄河、辽河为中度污染，海河为重度污染，在203条河流的408个断面中，Ⅰ～Ⅲ类、Ⅳ～Ⅴ类和劣Ⅴ类水质的断面比例分别为57.3%、24.3%和18.4%。主要污染指标为高锰酸盐指数、五日生化需氧量和氨氮。湖泊（水库）富营养化问题突出，在26个国控重点湖（库）中，满足Ⅱ类水质的

1个,占3.9%;Ⅲ类的5个,占19.2%;Ⅳ类的6个,占23.1%;Ⅴ类的5个,占19.2%;劣Ⅴ类的9个,占34.6%。主要污染指标为总氮和总磷。营养状态为重度富营养的1个,占3.8%;中度富营养的2个,占7.7%;轻度富营养的8个,占30.8%;其他均为中营养,占57.7%。其中,太湖和滇池的水质总体为劣Ⅴ类,巢湖水质总体为Ⅴ类。2009年全国重点城市共监测397个集中式水源地,其中地表水源地244个,地下水源地153个。监测结果表明,重点城市2009年取水总量为217.6亿t,达标水量为158.8亿t,占73.0%;不达标水量为58.8亿t,占27.0%。

另一方面,随着对饮水与健康关系的研究的不断深入和生活水平的提高,人们对饮用水水质的要求也在不断提高。在新的饮用水水质标准中,检测项目增加了很多,特别是增加了对水中有机物含量的综合控制指标,部分原有项目也更加严格。

对于许多水源受到污染的水厂,常规处理工艺已经无法解决水源不断恶化、而饮用水水质标准不断提高的矛盾。根据饮用水水质标准的要求,当供水水源水水质不符合国家生活饮用水水源水水质规定时,该水源不宜作为生活饮用水水源。若限于条件需要加以利用时,应采用相应的净化工艺进行处理,处理后的水质应符合规定,并取得当地卫生行政部门的批准。

受到一定污染的水源水(微污染水源水)的饮用水净化处理工艺有:

(1) 在常规处理的基础上,增加生物预处理、加强预氧化(高锰酸钾、臭氧等)、投加粉末活性炭等预处理措施;

(2) 对常规处理进行强化,如采用高效混凝剂,改用气浮、强化过滤等;

(3) 在常规处理的基础上,增加臭氧氧化、活性炭吸附或生物活性炭等深度处理措施;

(4) 综合采用上述加强预处理、强化常规处理和增加深度处理的措施等。

以常规处理工艺为基础,增加预处理和深度处理的微污染水源水饮用水处理的工艺组合如图2-3所示。具体净水工艺流程应根据水质情况和经济承受能力研究确定。

3. 其他饮用水特殊处理工艺和工业给水处理工艺

用于饮用水特殊处理和工业给水处理的工艺有:

(1) 含铁含锰地下水的饮用水处理工艺;

(2) 高浊度水源水的预沉处理+常规处理的生活饮用水处理工艺;

(3) 过硬原水的软化、苦咸水淡化、海水淡化处理工艺;

(4) 工业用水软化处理工艺;

(5) 工业纯水、高纯水除盐处理工艺;

(6) 循环冷却水水质稳定处理工艺;

(7) 饮用净水、饮用纯水处理工艺,等。

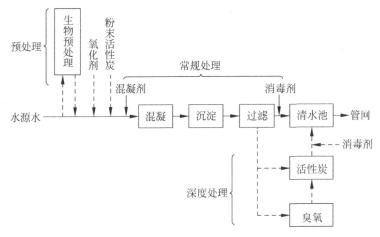

图 2-3 微污染水源水饮用水处理的工艺组合示意图

2.2.2 废水处理工艺

1. 废水处理程度的分级

在论述废水处理的程度时,常对处理程度进行分级表示。根据所去除污染物的种类和所使用处理方法的类别,废水处理程度的分级可以分为:

(1) 预处理

预处理一般指工业废水在排入城市下水道之前在工厂内部的预先处理。

(2) 一级处理

废水(包括城市污水和工业废水)的一级处理,通常是采用较为经济的物理处理方法,包括格栅、沉砂、沉淀等,去除水中悬浮状固体颗粒污染物质。由于以上处理方法对水中溶解状和胶体状的有机物去除作用极为有限,废水的一级处理不能达到直接排放入水体的水质要求。

(3) 二级处理

废水的二级处理通常是指在一级处理的基础上,采用生物处理方法去除水中以溶解状和胶体状存在的有机污染物质。对于城市污水和与城市污水性质相近的工业废水,经过二级处理一般可以达到排入水体的水质要求。

(4) 三级处理、深度处理或再生处理

这些处理是在二级处理的基础上继续进行的处理,一般采用物理处理方法和化学处理方法。对于二级处理仍未能达到排放水质要求的难于处理的废水的继续处理,一般称为三级处理。对于排入敏感水体或进行废水回用所需进行的处理,一般称为深度处理或再生处理。

2. 城市污水和生活污水处理工艺

城市污水由生活污水和排入城市污水收集系统的工业废水组成。城市污水处理和生活污水处理的典型处理工艺流程如图 2-4 所示。

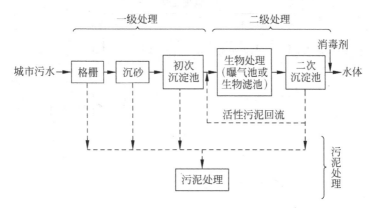

图 2-4 城市污水处理和生活污水处理的典型工艺流程

城市污水的一级处理包括了格栅、沉砂和初次沉淀池,其中城市污水处理厂内初次沉淀池之前的格栅、沉砂等处理又称为初步处理(见第 3 章)。生物处理是城市污水二级处理的主体部分,可采用的方法包括活性污泥法、生物膜法等。在污水处理过程中所截留分离的固体污染物,如格栅的栅渣、沉砂池的沉砂、初次沉淀池的污泥和生物处理的剩余污泥(剩余活性污泥或脱落的生物膜)等,需要在污水处理厂中进行稳定化和无害化处理,再送出厂外做最终处置,如填埋、焚烧、制农肥等。

近年来,废水生物处理技术有了很大发展,产生了一系列新的处理工艺,例如厌氧—缺氧—好氧活性污泥法、序批式活性污泥法、氧化沟活性污泥法等(详见《废水生物处理的原理与工艺》),使城市污水处理的工艺流程更为多样化。

3. 工业废水处理工艺

1) 工业废水的处理方式

根据工业废水的水量规模和工厂所在位置,工业废水的处理方式有单独处理和与城市污水合并处理两大方式:

(1) 工业废水单独处理方式

在工厂内把工业废水处理到直接排放入天然水体的污水排放标准,处理后出水直接排入天然水体。这种方式需要在工厂内设置完整的工业废水处理设施,属于在工业企业内进行处理的工业废水分散处理方式。

(2) 工业废水与城市污水合并处理方式

在工厂内只对工业废水进行适当的预处理,达到排入城市下水道的水质标准。预处理后的出水排入城市下水道,在城市污水处理厂中与生活污水共同集中处理,处理后出水再排入天然水体。

在上述两大处理方式中,工业废水与城市生活污水集中处理的方式能够节省基建投资和运行费用,占地省,便于管理,并且可以取得比工业废水单独处理更好的处理效果,是我国水污染防治工作中积极推行的技术政策。

对于已经建有城市污水处理厂的城市,城市中产生污水量较小的工业企业应争取获得环保和城建管理部门的批准,在交纳排污费用的基础上,将工业废水排入城市下水道,与城市生活污水合并处理。对于不符合排入城市下水道水质标准的工业废水,在工厂内也只需做适当的预处理,在达到《污水排入城市下水道水质标准》后,再排入城市下水道。

为达到排入城市下水道水质标准要求,工业废水的厂内处理主要有:
(1) 酸性或碱性废水的中和预处理;
(2) 含有挥发性溶解气体的吹脱预处理;
(3) 重金属和无机离子的预处理,如氧化还原、离子交换、化学沉淀等;
(4) 对高浓度有机废水的预处理,如萃取、厌氧生物处理等;
(5) 对高浓度悬浮物的一级处理,如沉淀、隔油、气浮等;
(6) 对溶解性有机污染物的二级生物处理(必要时)等。

对于尚未设立城市污水处理厂的城市中的工业企业和排放废水水量过大或远离城市的工业企业,一般需要设置完整独立的工业废水处理系统,处理后废水直接排放或进行再利用。

根据工业废水的水质水量情况、工厂的客观环境以及有关的各种标准,工业废水的排放处理方式有多种方案可供选择,见图 2-5。

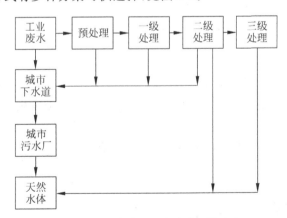

图 2-5 工业废水处理方式的可能方案

2) 工业废水典型处理工艺

工业废水的成分十分复杂,随工业性质、原料、生产工艺、技术水平等不同而不同,具体处理方法和工艺流程应根据处理对象的特性而确定。

以下列举几种工业废水的典型处理工艺供参考,其处理程度均按照排入天然水体的污染物排放标准考虑。

(1) 炼油与石油化工废水处理工艺

炼油与石油化工废水是在石油炼制和化工生产中产生的含有污染物的废水,所含主要污染物是石油类和有机物。图 2-6 所示为一个较完整的炼油与石油化工废水处理流程。该流程采用了三级处理。第一级是沉砂池、隔油池和气浮池,主要去除油颗粒和乳化油;其中的气浮池采用了两级气浮,以解决水中乳化油含量很高、去除难度大的问题。第二级是曝气池和二次沉淀池,用生物处理方法去除水中大部分有机污染物。第三级是砂滤和活性炭吸附,进一步去除水中剩余的颗粒状与溶解状污染物,出水回用于生产,多余部分排放。处理流程中还设有调节池、污泥处理等设施。此外,炼油与石油化工生产中还会产生少量特殊性质的其他废水,如含硫废水、碱性废水等,对这些废水需先进行单独的预处理,如脱硫、中和等(图中未表示),去除有害成分后,再与其他废水共同处理。

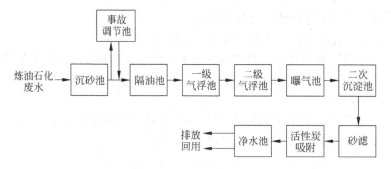

图 2-6　炼油与石油化工废水处理流程

(2) 焦化废水处理工艺

焦化废水是在焦炉生产焦炭、净化煤气、生产化工产品的过程中产生的废水,主要含有挥发酚、氨、焦油、多环与杂环有机物等。图 2-7 是焦化废水的处理流程,其中对水量较小但酚、氨浓度极高的废水先进行萃取脱酚和蒸氨,回收化工产品,再与其他废水汇合,进行处理。对于水温较高的焦化废水,在生物处理前还需要进行冷却塔降温处理。

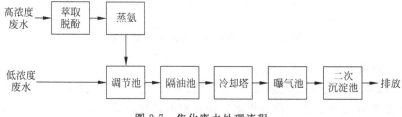

图 2-7　焦化废水处理流程

(3) 纺织工业废水处理工艺

纺织工业废水包括毛纺、化纤、针织、印染等生产过程中产生的废水,含有纤维、染料、浆料等污染物质。图 2-8 是典型的纺织工业废水处理流程。其中,调节池不设搅拌,可兼起沉淀作用,筛网用于除去纤维物,生物处理采用生物接触氧化法。为了去除非生物降解性的染料和浆料,最后采用混凝与气浮,做进一步脱色处理。

图 2-8 纺织工业废水处理流程

(4) 食品酿造工业废水处理工艺

食品酿造工业废水的特点是所含有机物的生物降解性较好,可以采用与生活污水和城市污水处理相类似的处理工艺。

对于屠宰、油脂加工等废水,应先采用筛网、隔油、气浮(对油脂工业)等方法,加强对毛发和油脂的去除,再进行生物处理。

对于有机物浓度极高的废水,如酿酒工业废水,为节省处理费用,一般先采用厌氧生物处理,降解大部分有机物,并产生沼气能源,再进行好氧生物处理,达标排放。酿酒工业废水典型工艺流程见图 2-9。

图 2-9 酿酒工业废水处理流程

2-1 水中溶解性有机物能否用气浮法处理?为什么?
2-2 生活饮用水常规处理有什么重要作用?主要去除对象是什么?
2-3 以地表水和地下水为水源的水处理工艺有何不同?
2-4 有机物是如何进入水源水的?常规处理对有机污染物的去除效果如何?
2-5 受污染水源水的生活饮用水净化处理的工艺有哪些?
2-6 典型的城市污水处理流程主要包括哪些工艺?
2-7 焦化废水中所含的主要污染物是什么?应该如何处理?
2-8 简述工业废水与城市污水合并处理方式的优点。
2-9 去除水中颗粒物的处理方法有哪些?
2-10 哪些方法可以去除溶解性有机物?

2-11 简述生活饮用水常规处理工艺的去除对象和所包括的处理单元技术。

2-12 什么样的水源水在作为饮用水时需要预处理或深度处理？常见的预处理和深度处理的工艺有哪些？

2-13 根据污染物的种类和使用的处理方法，废水处理可以分为几级？其中的一级处理工艺包括哪些？

2-14 简述工业废水处理的两种基本方式。它们各适用于什么情况？

2-15 炼油与石油化工废水中所含的主要污染物是什么？应该如何处理？

第3章 初步处理

水的初步处理通常是指在污水处理厂或给水处理厂的进口处,通过一些专用处理设备或构筑物所进行的简单处理,去除水中所含的较大的杂质,如漂浮物、砂粒、果壳、纤维物等,所涉及的技术包括格栅、筛网、沉砂等。对于水量和水质变化较大的工业废水,在处理之前一般还需要进行水量和水质的均化。

城市污水初步处理的典型流程如图 3-1 所示。

图 3-1 城市污水初步处理典型流程

3.1 格 栅

生活污水、工业废水、河流湖泊水中常含有一些大块的固体悬浮物和漂浮物,如塑料瓶、塑料袋、破布、棉纱、木棍、树枝、水草等。设置格栅的目的是去除此类物质,以防止它们堵塞水泵叶轮,妨碍管道渠道闸阀的正常操作,堵塞沉淀池排泥管等。

格栅的基本结构是一组平行设置的栅条所组成的框架,故此得名。近年来格栅在材料、设置形式和清渣机械方面有许多新的发展。

根据工艺要求,格栅需设置在污水处理厂或给水厂的一泵房之前,是污水处理厂或给水厂的第一道水处理工序。

3.1.1 格栅分类

1. 格栅栅距

根据格栅的栅距(栅条之间的净距),可以把格栅细分为粗格栅、中格栅、细格栅三类。一般采用粗细格栅结合使用。

1) 粗格栅

粗格栅的栅距(栅条之间的净距)范围为 40~150 mm,常采用 100 mm。栅条结构采用金属直栅条,垂直排列,一般不设清渣机械,必要时人工清渣,主要用于隔除粗大的漂浮物。

此类格栅主要用于地表水取水构筑物、城市排水合流制管道的提升泵房、大型污水处理厂等,隔除水中粗大的漂浮物,如树干等。在此类粗格栅后一般需再设置栅距较小的格栅,进一步拦截杂物。

2) 中格栅

在污水处理中,有时中格栅也被称为粗格栅,栅距范围10~40 mm,常用栅距16~25 mm,用于城市污水处理和工业废水处理,除个别小型工业废水处理采用人工清渣外,一般都为机械清渣。在早期的设计中,格栅的栅距以不堵塞水泵叶轮为选择依据,较大水泵可以选用较大的栅距;近年来,城市污水处理厂设计中均采用较小的栅距,以尽可能多地去除漂浮杂物。

3) 细格栅

栅距范围1.5~10 mm,常用栅距5~8 mm。近年来,细格栅设备较好地解决了栅缝易堵塞的难题,可以有效去除细小的杂物,如小塑料瓶、小塑料袋等。采用细格栅可以明显改善处理效果,减少初沉池水面的漂浮杂物。对于后续处理采用孔口布水处理设备(如生物滤池的旋转布水器)的污水处理厂,必须去除此类细小杂物,以免堵塞布水孔。

2. 格栅与格栅除污机

按照格栅栅条的形状,格栅可以分为平面格栅和曲面格栅。平面格栅是使用最广泛的格栅形式。曲面格栅只用于细格栅,且应用较少。

平面格栅一般由栅条、框架和清渣机构组成。栅条部分的基本形式见图3-2,图中正面为进水侧,平面格栅由金属材料焊接而成,材质有不锈钢、镀锌钢等。栅条截面形状为矩形,或圆角矩形(以减少水流阻力),见表3-1。

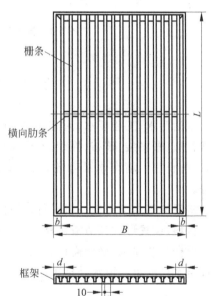

图3-2 平面格栅栅条部分示意图

按照格栅的清渣方式,清渣可以分为人工清渣和机械清渣两大类。机械清渣的格栅除污机又有多种类型。

1) 人工格栅

采用人工清捞栅渣的格栅较为简单,使用平面格栅,格栅倾斜角度50°~60°,格栅上部设立清捞平台,见图3-3,主要用于小型工业废水处理。

表 3-1 栅条断面形状及尺寸

栅条断面形式	一般采用尺寸/mm	栅条断面形式	一般采用尺寸/mm
正方形	20 20 20	迎水面为半圆形的矩形	10 10 10 / 50
圆形	20 20 20	迎水、背水面均为半圆形的矩形	10 10 10 / 50
锐边矩形	10 10 10 / 50		

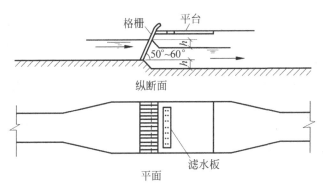

图 3-3 人工清渣的格栅

城市污水处理和大中型工业废水处理均采用机械清渣格栅,采用机械清渣方式的格栅机械主要有:
(1) 链条牵引式格栅除污机;
(2) 钢丝绳牵引式格栅除污机;
(3) 伸缩臂格栅除污机;
(4) 铲抓式移动格栅除污机;
(5) 自清式回转格栅机。

上述前四种格栅均采用如图 3-2 所示的固定栅条,清渣齿耙由机械机构带动,定期把截留在栅条前的杂物向上刮出,由皮带输送机运走。清渣齿耙的带动方式有链条牵引、移动式伸缩臂、钢丝绳牵引、铲斗等。

2) 链条牵引式格栅除污机

链条牵引式格栅除污机中有多种链条设置方式,其中较为成功的是高链式结构,其链条与链轮等传动均在水位以上,不易腐蚀和被杂物卡住。图 3-4 为高链式格栅除污机结构图,图 3-5 为动作示意图。

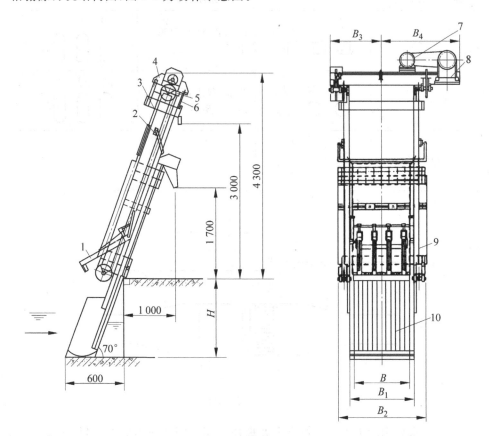

图 3-4 高链式格栅除污机结构图
1—齿耙;2—刮渣板;3—机架;4—驱动机构机架;5—行程开关;6—调整螺栓;
7—电动机;8—减速机;9—链条;10—格栅

3)钢丝绳牵引式格栅除污机

钢丝绳牵引式格栅除污机采用钢丝绳带动铲齿,可适应较大渠深,但在水下部分的钢丝绳易被杂物卡住,现较少采用。

4)伸缩臂式格栅除污机

采用机械臂带动铲齿,不清渣时清渣设备全部在水面以上,维护检修方便,工作可靠性高,但清渣设备较大,且渠深不宜过大。

5)铲抓式移动格栅除污机

铲抓式的铲斗一般尺寸较大,适用于水中大块杂物较多的场合,如大中型给排水工程、农灌站等渠宽较大的进水构筑物。铲抓式移动格栅除污机如图 3-6

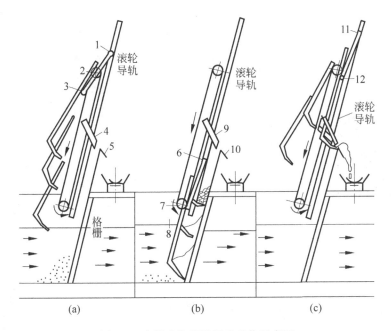

图 3-5　高链式格栅除污机动作示意图

1、6、11—滚轮；2、7、12—主滚轮；3、8—齿耙；4、9—刮渣板；5、10—滑板

所示。

6）自清式回转格栅机

自清式回转格栅机是近年来新流行的格栅机械。与传统的固定平面栅不同，在自清式回转格栅机械中，众多小耙齿组装在耙齿轴上，形成了封闭式耙齿链（图 3-7）。耙齿材料有工程塑料、尼龙、不锈钢等，其中以不锈钢最为耐用，工程塑料则价格便宜。格栅传动系统带动链轮旋转，使整个耙齿链上下转动（迎水面从下向上），把截留在栅齿上的杂物从上面转至格栅顶部，由于耙齿的特殊结构形状，当耙齿链携带杂物到达上端反向运动时，前后齿耙产生相互错位推移，把附在栅面上的污物外推，促使杂物依靠重力脱落。格栅设备后面还装有清除刷，在耙齿经过清洗刷时进一步刷净齿耙。图 3-8 为自清式回转格栅机的清渣示意图，格栅机的外形与安装见图 3-9。

回转式格栅机的栅距 2～10 mm，栅宽范围为 300～1 800 mm。回转式格栅机克服了平面格栅的许多缺点，如易于被棉丝、塑料袋等缠死，固定栅条处于水下不易清除等，但价格较高。回转式格栅机目前应用较为广泛。

7）曲面格栅

曲面格栅主要用于细格栅，如弧形栅等。

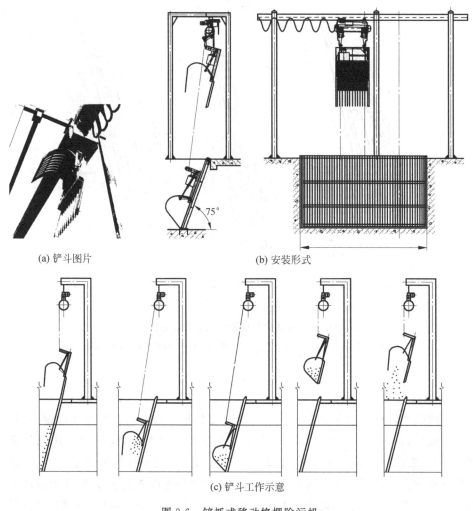

(a) 铲斗图片　　　　　　　　(b) 安装形式

(c) 铲斗工作示意

图 3-6　铲抓式移动格栅除污机

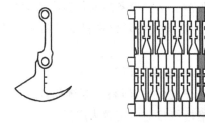

(a) 犁形耙齿　　　　(b) 叠合串接成截污栅面

图 3-7　自清式回转格栅机的齿耙和齿耙组装图

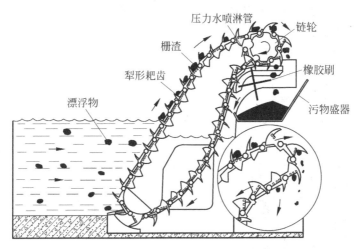

图 3-8 自清式回转格栅机的清渣示意图

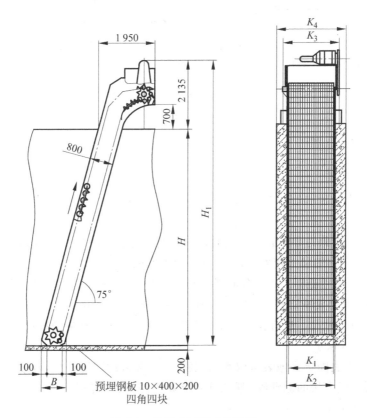

图 3-9 自清式回转式格栅机

图 3-10 所示为全回转型弧形格栅除污机的示意图。由图可见，挂渣臂（边缘部位齿耙）做旋转运动，把圆弧形栅条上截留的栅渣刮出水面，再通过清渣板把齿耙上的渣推出到外面的渣槽或传送带上。

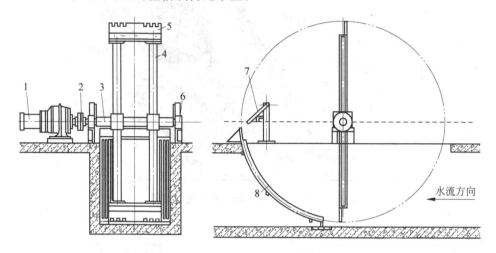

图 3-10　全回转型弧形格栅除污机示意图
1—电机和减速机；2—联轴器；3—传动轴；4—旋臂；5—耙齿；6—轴承座；7—除污器；8—弧形格栅

弧形栅的过栅深度和出渣高度有限，不便在泵前使用，只能用作污水水泵提升后的细格栅。

3.1.2　格栅设置

1. 工艺布置

根据水中杂物的特性和处理要求，格栅的工艺设置可分为以下三类。

1) 城市排水

城市排水又分为合流制和分流制两大系统。对于合流制排水系统的污水提升泵房，因所含杂物的尺寸较大（如树枝等），为了保证机械格栅的正常运行，常在中格栅前再设置一道粗格栅。对于分流制的城市污水系统，一般在污水处理厂提升泵前设置中格栅、细格栅两道格栅，例如第一道可采用栅距 25 mm 的中格栅，第二道可采用栅距 8 mm 细格栅。也有在泵前设置中格栅，泵后设置细格栅的布置方法。

2) 地表水取水

当采用岸边固定式地表水取水构筑物时，一般采用两道格栅，其中第一道为粗格栅，主要阻截大块的漂浮物；第二道多用旋转筛网（旋转筛网见 3.2 节），截留较小的杂物，如小鱼等。

3) 工业废水

对于普通的工业废水，泵前设置一道格栅即可，栅距可根据水质确定。对于含有较多纤维物的废水,如纺织废水、毛纺废水等,为了有效去除纤维物,常用的格栅工艺是:第一道为格栅,第二道为筛网或捞毛机(筛网和捞毛机见 3.2 节)。

2. 格栅设置要求

1)布置要求

格栅安装在泵前的格栅间中,格栅间与泵房的土建结构为一个整体。

机械格栅每道不宜少于 2 台,以便维修。

当来水接入管的埋深较小时,可选用较高的格栅机,把栅渣直接刮出地面以上。当接入管的埋深较大,受格栅机械所限,格栅机需设置在地面以下的工作平台上。格栅间地面下的工作平台应高出栅前最高设计水位 0.5 m 以上,并设有防止水淹(如前设速闭闸,以便在泵房断电时迅速关闭格栅间进水)、安全和冲洗措施等。

格栅间工作台两侧过道宽度不应小于 0.7 m,机械格栅工作台正面过道宽度不应小于 1.5 m,以便操作。

2)格栅设置

格栅前渠道内的水流速度一般采用 0.4～0.9 m/s,过栅流速一般采用 0.6～1.0 m/s。过栅流速过大时有些截留物可能穿过,流速过低时可能在渠道中产生沉淀。设计中应以最大设计流量时满足流速要求的上限为准,进行格栅设备的选型和格栅间渠道设计。

机械格栅的倾角一般为 60°～90°,多采用 75°。人工清捞的格栅倾角小时较省力,但占地面积大,一般采用 50°～60°。

3)运行

固定栅机械格栅机多采用间歇清渣方式,而回转式格栅机一般采用连续旋转方式运行。

格栅的水头损失很小,一般在 0.08～0.15 m,阻力主要由截留物阻塞栅条所造成。间歇清渣方式一般在格栅的水头损失达到设定的最大值(如 0.15 m)时进行清渣,水头损失可由分别设在格栅前后的超声波液位计进行探测,并控制格栅机的机械清渣装置。也可以采用定时清渣的方式,但此方式不能适应来水含渣量的变化,特别是合流制系统,降雨时与旱流量相比,栅渣量相差极大,如采用定时清渣易出现问题。

4)机电设备

格栅间的机电设备一般包括:进水闸、格栅机、栅渣传送带、无轴螺旋输送机、螺旋压榨机、栅渣储槽、维修吊车、液位探测仪、配电柜、仪表控制箱等。污水处理厂的原水水质在线监测仪表,如 pH 计等,一般也设置在格栅间中。

图 3-11 为某城市污水处理厂格栅间的总体布置照片。该格栅间的具体数据

是：设计水量3万 m^3/d；两道格栅，各两台格栅机；第一道格栅采用链条牵引式格栅除污机，栅距25 mm；第二道格栅采用回转式格栅机，栅距8 mm；设两套栅渣传送带、螺旋压榨机、栅渣槽；格栅机清渣按时间与超声波液位计双重控制。

图3-11 某城市污水处理厂格栅间

3.1.3 栅渣

格栅的栅渣量变化范围很大，与地区特点、格栅的栅距大小、污水流量、下水道系统的类型、季节等因素有关。对于城市排水，合流制的栅渣量大于分流制的栅渣量，降雨时大于旱天时，采用较小栅距的栅渣量大于采用较大的栅距的栅渣量，夏秋季大于冬春季。

对于分流制排水系统的污水处理厂，在无当地运行资料时，可采用以下数据：栅距间隙16～25 mm，栅渣0.10～0.05 $m^3/(10^3 m^3$ 污水$)$；栅距间隙30～50 mm，栅渣0.03～0.01 $m^3/(10^3 m^3$ 污水$)$；栅渣的含水率一般为80%，容重约为960 kg/m^3。

格栅产生的栅渣经栅渣压榨机压榨减小体积后，定期用车辆外运至垃圾处理场，采用填埋法或焚烧法进行处置。

3.2 筛 网

3.2.1 作用与设置

对于水中的某类悬浮物，如纤维（碎布、线头、羽毛、兽毛等）、纸浆、藻类等一些细固体杂质，一般格栅不能完全截除。为了避免给后续的处理构筑物或设备带来麻烦,需要在格栅之后再用筛网进行补充处理,去除水中大于筛网孔径的颗粒杂质。由于筛网的清渣设备不能承受较大的杂质,如漂木、树枝等,筛网前需设置格栅。

筛网可分为四大类:

(1) 固定筛,常用的设备为水力筛网;

(2) 板框型旋转筛,常用的设备为旋转筛网;

(3) 连续传送带型旋转筛网,常用的设备为带式旋转筛;

(4) 转筒型筛网,常用的设备为转鼓筛和微滤机。

造纸、纺织、毛纺、化纤、羽绒加工、制革等工业废水含有较多的纤维杂物,一般需要使用筛网进行处理,常用的筛网类型有水力筛、转鼓筛、带式旋转筛等。个别小型城市污水处理采用水力筛去除细小杂质。在地表水取水工程中,如自来水取水、冷却水取水等,常用旋转筛网去除水中的小鱼、小草等细小杂质。个别以高藻湖库水作为水源水的给水处理厂采用微滤机进行除藻预处理。

3.2.2 筛网设备

1. 水力筛网

水力筛网也称为固定筛网。水力筛网的筛面由筛条组成,筛条间距 0.25～1.5 mm。也有的在筛条上再覆以不锈钢网或尼龙网,筛网规格可小至 100 目。筛面倾斜设置,在竖向有一定弧度,从上到下筛面的倾斜角逐渐加大。筛面背后的上部为进水箱,进水由水箱的顶部向外溢流,分布在筛面上。水从筛条间隙流入筛面背后下部的水箱,再从下部的出水管排出。固体杂质在水冲和重力的作用下,沿筛面下滑,落入渣槽,然后由螺旋运输机移走。图 3-12 为水力筛网示意图。

水力筛网一般设在水泵提升之后,用于细小杂质的去除。其优点是:结构简单,设备费低,处理可靠,维护方便;不足之处是:单宽水力负荷有限(对城市污水的水力负荷约为 2 000 m³/(d•m)),单台设备处理能力有限(一般设备的筛宽在 2 m 以内),水头损失较大,在 1.2～2.1 m 之间。以上特点使水力筛网多用于工业废水处理,在城市污水中仅用于个别小型污水处理厂。

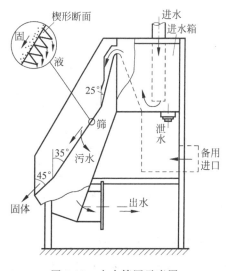

图 3-12 水力筛网示意图

2. 旋转筛网

大型地表水取水构筑物在取水口格栅后常设置旋转筛网。它由绕在上下两个旋转轴上的连续滤网板组成,网板由金属框架及金属网丝组成,网孔一般为1～10 mm。旋转筛网由电机带动,连续转动,转速3 m/min左右。筛网所拦截的杂物随筛网旋转到上部时,被冲洗管喷嘴的压力水冲入排渣槽带走。旋转筛网的结构见图3-13。

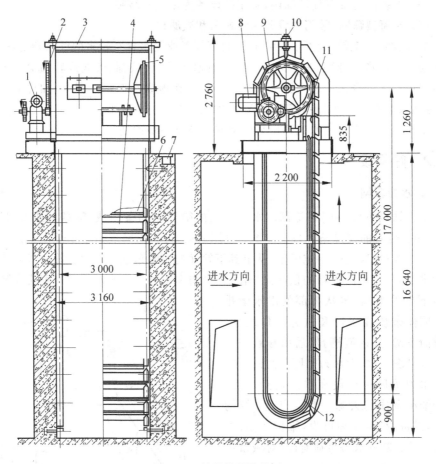

图 3-13 旋转筛网结构图

1—蜗轮蜗杆减速器;2—齿轮传动副;3—座架;4—筛网;5—传动大链轮;
6—板框;7—排渣槽;8—电动机;9—链板;10—调节杆;11—冲洗水干管;12—导轨

旋转筛网的平面布置形式有:正面进水、网内侧向进水和网外侧向进水三种,图3-14所示为网内侧向进水的布置方式。

第 3 章 初步处理

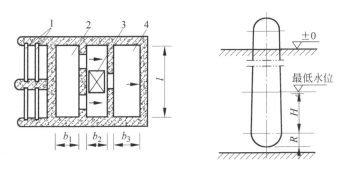

图 3-14 旋转筛网内侧向进水布置方式平面布置
1—格栅(或闸门)槽；2—进水室；3—旋转筛网；4—吸水室

3. 带式旋转筛

带式旋转筛(见图 3-15)的结构简单,通常倾斜设置在污水渠道中,带面自下向上旋转,网面上截留的杂物用刮渣板或冲洗喷嘴清除。

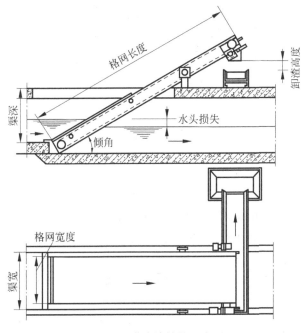

图 3-15 带式旋转筛示意图

4. 转鼓筛

转鼓筛采用旋转圆筒形外壳,其上覆有筛网,截留在筛网上的杂物用刮渣板或冲洗喷嘴清除。转鼓筛的水流方向有两种,从外向内或从内向外,前者因杂物截留在网的外面,便于清洗不易堵塞。转鼓筛多用于工业废水的除毛处理。

5. 微滤机

微滤机的结构与转鼓筛基本相同,只是筛网的孔眼更小,可以采用孔径 25～35 μm 的不锈钢丝筛网。水从内向外穿过滤网,滤速可采用 30～120 m/h(与原水水质和滤网孔径有关),水头损失 50～150 mm,滤筒直径 1～3 m,转速 1～4 r/min,在转鼓上部的外面设冲洗水嘴,里面设冲洗排渣槽,把截留在滤网内表面的杂物冲走,冲洗水量约占处理水量的 1%。微滤机构造见图 3-16。

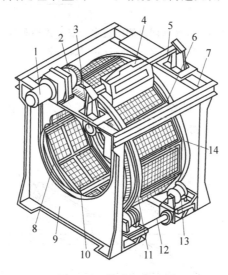

图 3-16 微滤机构造图

1—带有减速传动箱的变转速电机;2—驱动轮;3—冲洗水出口;4—冲洗水防护罩;
5—冲洗水管;6—滤网框架;7—机架;8—转鼓密封圈;9—进水端机架;10—滤网;
11—支撑和原动滚圈;12—底盘架;13—转鼓导轮;14—支撑和随动滚圈

微滤机在给水处理中可用于高藻水的除藻预处理。国外有个别城市污水处理厂对二沉池出水再用微滤机过滤,进一步降低出水中悬浮物的含量。

3.3 沉　　砂

3.3.1 概述

沉砂的目的是在城市污水处理中去除砂粒等粒径较大的重质颗粒物,以防止对后续处理构筑物与设备可能产生的不利影响,包括堵塞管道、造成过量的机械磨损、占据污泥消化池池容等。因城市污水的下水道系统会带入较多的砂粒等大颗粒物,城市污水处理在初次沉淀池前必须设置沉砂池。含砂粒较少的工业废水处理可以不设置沉砂池。

城市污水处理中沉砂池所去除的颗粒物包括砂粒、煤渣、果核等。沉砂池的设计要求是：对砂粒(密度 2.65 g/cm³)的去除粒径为 0.2 mm,并要求外运沉砂中尽量少含附着与夹带的有机物,以免在沉砂池废渣的处置过程中产生砂渣的过度腐败问题。

沉砂池设置与设计计算的一般规定有：

(1) 沉砂池的个数或分个数不应少于 2 个,并列设置,在污水量较少时可以只运行 1 个池。

(2) 对于合流制处理系统,应按降雨时的设计流量计算。

(3) 城市污水的沉砂量可按 0.03 L/(m³ 污水)计算,砂渣的含水率为 60%,容重 1 500 kg/m³；合流制污水的沉砂量需根据实际情况确定。

(4) 砂渣外运处置前宜用洗砂机处理,洗去砂上沾附的有机物。

3.3.2 沉砂池

沉砂池的形式,可分为平流式、旋流式和曝气沉砂池三大类。

1. 平流式沉砂池

平流式沉砂池属于早期使用的沉砂池形式,池型采用渠道式,底部设砂斗,定期排砂,如图 3-17 所示。

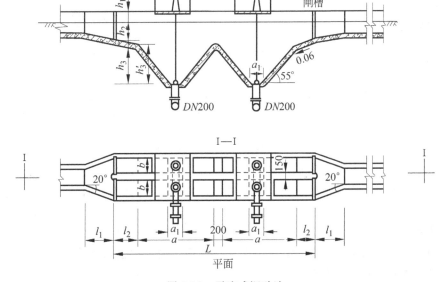

图 3-17　平流式沉砂池

平流式沉砂池的主要设计要求是：

(1) 最大流速 0.3 m/s，最小流速 0.15 m/s；

(2) 水力停留时间为 30～60 s，最大流量时的停留时间不小于 30 s；

(3) 有效水深（图中 h_2）不应大于 1.2 m，每格宽度不宜小于 0.6 m；

(4) 砂斗间歇排砂，排砂周期小于 2 d。

平流式沉砂池的沉砂效果不稳定，往往不适应城市污水水量波动较大的特性。水量大时，流速过快，许多砂粒未及沉下；水量小时，流速过慢，有机悬浮物也沉下来了，沉砂易腐败。平流式沉砂池目前只在个别小厂或老厂中使用。

国外城市污水处理厂在过去曾采用过多尔式沉砂池，它是一种方形平流式沉淀池，典型尺寸为 10 m×10 m×0.8 m，中心设旋转刮砂机，连续排砂。该池型因占地大，不能适应水量变化，在新设计中已极少采用。

2. 曝气沉砂池

曝气沉砂池采用矩形长池型，在沿池长一侧的底部设置曝气管，通过曝气在池的过水断面上产生旋流，水呈螺旋状通过沉砂池。重颗粒沉到底，并在旋流和重力的作用下流进集砂槽，再定期用排砂机械（刮板或螺旋推进器、移动吸砂泵等）排出池外；而较轻的有机颗粒则随旋流流出沉砂池。图 3-18 为曝气沉砂池断面图。

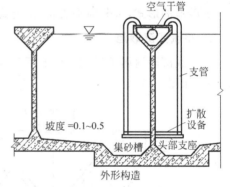

图 3-18 曝气沉砂池断面图

主要设计要求：

(1) 水力停留时间 3～5 min，最大流量时水力停留时间应大于 2 min；

(2) 水平流速 0.06～0.12 m/s；

(3) 有效水深 2～3 m，宽深比宜为 1～1.5，长宽比在 5 左右，并按此比例进行分格；

(4) 采用中孔或大孔曝气穿孔管曝气，曝气量约为 0.2 m³/(m³ 污水)，或 3～5 m³ 空气/(m²·h)，使水的旋流流速保持在 0.25～0.30 m/s 以上；

(5) 进水方向应与池中旋流方向一致，出水方向应与进水方向垂直，并宜设置挡板。

优点：

(1) 可在水力负荷变动较大的情况下保持稳定的砂粒去除效果；

(2) 沉砂中附着的有机物少，沉砂的性能稳定；

(3) 有对污水预曝气的作用，改善了原污水的厌氧状态；

(4) 还可被用于化学药剂的投加、混合、絮凝等。

缺点:
(1) 对污水的曝气产生了严重的臭气空气污染问题;
(2) 需要额外的曝气能耗。

曝气沉砂池在我国 20 世纪 80 年代和 90 年代初期设计的城市污水处理厂中被广泛采用。由于污水处理厂对空气的污染问题日益得到重视,从 90 年代中期开始,城市污水处理厂设计中沉砂池的池型多已改用旋流式沉砂池。

3. 旋流式沉砂池

旋流式沉砂池采用圆形浅池形,池壁上开有较大的进出水口,池底为平底(例如"比式(PISTA)沉砂池",美国 Smith & Loveness 公司专利)或向中心倾斜的斜底(例如"钟式(JETA)沉砂池",英国 Jenes & Attwood 公司专利),底部中心的下部是一个较大的砂斗,沉砂池中心设有搅拌与排砂设备,旋流式沉砂池的构造见图 3-19。进水从切线方向流进池中,在池中形成旋流,池中心的机械搅拌叶片进一步促进了水的旋流。在水流涡流和机械叶片的作用下,较重的砂粒从靠近池心的环形孔口落入下部的砂斗,再经排砂泵或空气提升器排出池外。

旋流式沉砂池的气味小,沉砂中夹带的有机物含量低,可在一定范围内适应水量变化,是当前的流行设计,有多种规格的定型设计可供选用。

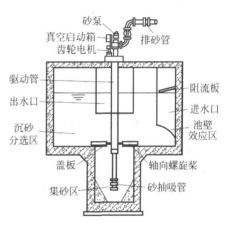

图 3-19 旋流式沉砂池

主要设计要求:
(1) 最高流量时的水力停留时间不应小于 30 s;
(2) 设计水力表面负荷为 $150\sim200$ m³/(m²·h);
(3) 有效水深宜为 $1.0\sim2.0$ m,池径与池深比宜为 $2.0\sim2.5$;
(4) 池中应设立式桨叶分离机。

3.4 均 化

工业废水水质水量的时变化往往极大,在进行主要的处理之前需要进行均化调节,对应的构筑物称为调节池。工业废水处理一般都设置调节池,调节池还可兼作沉淀池或隔油池。

城市污水也存在时变化问题,如白天水量大,夜晚水量小。但是由于城市污水的水量大,如设调节池则池容过大,并存在沉淀污泥的排泥问题,因此城市污水处理均不设调节池,污水处理厂中沉淀池等构筑物按最高时水量设计。

合流制雨污水排放系统在降雨时外排污水引起的污染问题,已在国外引起重视,部分发达国家已开始设置初期雨水储存池,降雨后再把所存雨污水引至污水处理厂处理。

3.4.1 分类

按照调节池的均化功能,可分为以下几种:

(1) 水量调节,如"变水位水池＋泵"的方式;
(2) 水质调节,如"恒水位水池＋搅拌"的方式,采用机械搅拌或空气搅拌;
(3) 水质水量调节,如"变水位水池＋搅拌＋泵"的方式、"多点进水变水位水池＋泵"的方式;
(4) 事故储水,如旁设事故池,储存瞬时排出的高浓度污水,事故排放后再缓慢加入到主流中。

3.4.2 设置位置

调节池的设置位置有多种,以下两种为常见布置。

1. 主流线设置

调节池设置在主流线上是最常见的布置方式,如图 3-20 所示。但是对于某些污水管道的埋深较大、而调节池深度受限的情况,有些工业废水处理站需设置二次提升,如图 3-20 中括号所示。

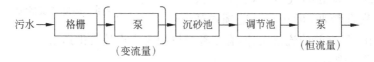

图 3-20 设在主流线上的调节池

2. 主流线外设置

采用如图 3-21 所示方式。该方式主要用于水量调节,调节池不受污水管道高程的限制,由于调节池后设置专用提升泵,调节池一般为半地上式,施工与维护方便,特别适合工厂生产为白班或两班制、水质波动不大、污水处理需 24 小时连续运行(如生物处理)的情况。

图 3-21 设在主流线外的调节池

3.4.3 调节池容积计算

对于进行水量调节的变水位调节池,调节容积的计算方法有逐时流量曲线作图法和小时累积水量曲线作图法。以下介绍后一种作图法,其示意图见图3-22。小时累积水量曲线调节容积作图求解步骤如下:

(1) 以时间(h)为横坐标,累积水量为纵坐标,绘制最大变化日的小时累积水量曲线;

(2) 图中对角线(原点与24 h处累积水量的连线)的斜率为平均小时流量,即水泵的恒定流量;

(3) 平行于对角线做累积水量曲线的切线,其上下两条切线的垂直距离即为所需调节容积。

由于实际中每天的小时流量变化都会有所不同,得不到规律性很强的时变化流量曲线,在设计中选用调节池容量时,应视实际情况留有余地。

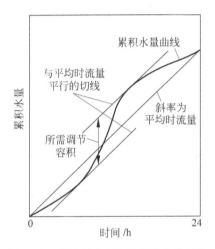

图 3-22 累积水量曲线调节容量作图法

3-1 格栅是污水处理厂或给水厂的第一道水处理工序,格栅的作用是什么?
3-2 简述格栅按照栅条间距的分类及其相应的适用对象。
3-3 平面格栅和曲面格栅各有何特点?
3-4 采用机械清渣方式的格栅机械主要有哪些类型?各有什么特点?
3-5 对于分流制和合流制的城市污水系统,分别应该如何设置格栅?
3-6 对于分流制排水系统的污水处理厂,栅渣量一般在什么范围?应该如何处理栅渣?

3-7 为什么有的工业废水处理站在格栅之后要设置筛网?
3-8 常见的筛网有哪几类?其常用的设备是什么?
3-9 水力筛网有何特点?其优缺点是什么?
3-10 试比较转鼓筛和微滤机的异同点。
3-11 沉砂池的设计应满足哪些要求?
3-12 沉砂池的作用是什么?工业废水处理中需要设置沉砂池吗?
3-13 沉砂池的形式有哪几类?各有何优缺点?
3-14 简述曝气沉砂池的原理。
3-15 简述旋流式沉砂池的外形和运行方式。
3-16 什么情况下需要设置调节池?为什么?
3-17 按照调节池的均化功能,调节池可分为哪几类?
3-18 调节池的主流线设置和主流线外设置有何特点?二者的适用情况有什么不同?
3-19 调节池的容积怎么计算?
3-20 调节池的容积计算:水厂的流量变化数据如下表所示,求在主流线设置的调节池的容积大小。

时 间 段	该时间段的平均流量/(m³/s)	时 间 段	该时间段的平均流量/(m³/s)
0:00~1:00	0.275	12:00~13:00	0.425
1:00~2:00	0.220	13:00~14:00	0.405
2:00~3:00	0.165	14:00~15:00	0.385
3:00~4:00	0.130	15:00~16:00	0.350
4:00~5:00	0.105	16:00~17:00	0.325
5:00~6:00	0.100	17:00~18:00	0.325
6:00~7:00	0.120	18:00~19:00	0.330
7:00~8:00	0.205	19:00~20:00	0.365
8:00~9:00	0.355	20:00~21:00	0.400
9:00~10:00	0.410	21:00~22:00	0.400
10:00~11:00	0.425	22:00~23:00	0.380
11:00~12:00	0.430	23:00~24:00	0.345

第4章 混　　凝

水和废水中含有各种各样的杂质,这些杂质按尺寸的大小可分为三类:悬浮颗粒($>0.1~\mu m$)、胶体($1~nm \sim 0.1~\mu m$)以及分子和离子($<1~nm$)。其中大部分悬浮杂质可通过自然沉淀的方法去除,而胶体和部分细小悬浮物则不能通过自然沉淀去除。

混凝的目的在于向水中投加一些药剂(常称为混凝剂)使水中难以沉淀的胶体和微小悬浮物能相互聚合,从而长大至能自然沉淀的程度。通常混凝与沉淀联合使用,称为混凝沉淀,在水处理中是常规的方法,主要用以去除各种杂质,如粘土颗粒($50~nm \sim 4~\mu m$)、细菌($0.2 \sim 80~\mu m$)、病毒($10 \sim 300~nm$)、蛋白质($1 \sim 50~nm$)、腐殖酸等。

混凝过程涉及三个方面的问题:水中胶体(包括微小悬浮物)的性质、混凝剂在水中的水解反应以及胶体颗粒与混凝剂之间的相互作用。

为了更好地理解混凝机理,本章首先介绍胶体颗粒的性质,然后介绍水的混凝机理和过程,最后介绍有关混凝工艺的相关设备和工艺计算。

4.1　胶体的特性与结构

4.1.1　胶体的特性

胶体的特性包括光学性质、力学性质、表面性质和电学性质。

1. 光学性质

胶体颗粒的尺寸微小,它往往由多个分子或一个大分子组成,能够透过普通滤纸,在水溶液中能引起光的反射。

2. 力学性质

胶体的力学性质主要是指胶体的布朗运动。布朗运动是用超显微镜观测到的胶体颗粒所做的不规则运动。这是由处于热运动状态的水分子不断运动,并撞击这些胶体颗粒而引发的。布朗运动的强弱与颗粒的大小有关。如颗粒大,则周围受水分子的撞击瞬间可达几万甚至几百万次,结果各方向的撞击可以平衡抵消,并且颗粒本身的质量较大,受重力作用后能自然下沉;当颗粒小时,来自周围水分子的撞击在瞬间不能完全抵消,粒子就朝合力方向不断改变位置,而产生布朗运动。胶体颗粒的布朗运动是胶体颗粒不能自然沉淀的一个原因。

3. 表面性质

由于胶体颗粒微小,比表面积大,因此具有巨大的表面自由能,从而使胶体颗粒具有特殊的吸附能力和溶解能力。

4. 电学性质

胶体的电学性质是指胶体在电场中产生的动电现象,包括电泳和电渗。二者都是由于外加电势差的作用引起的胶体溶液体系中固相与液相间产生的相对移动。

电泳现象是指将胶体溶液置于电场中,胶体微粒向某一个电极方向移动的现象。如图 4-1 所示,在一个 U 形立式管中放入一种胶体溶液,在两端插上电极通电后,即可看到胶体微粒逐渐向某一电极移动。电泳现象说明胶体微粒是带电的,移动方向与电荷正负有关。当胶体微粒向阴极移动时,说明胶体微粒带正电,如氢氧化铝胶体;相反,如向阳极移动,则说明胶体微粒带负电,如粘土、细菌或蛋白质等胶体。胶体微粒带电是保持其稳定性的重要原因之一。由于胶体微粒的带电性,当它们相互靠近时,就会产生排斥力,因此使它们不能聚合。

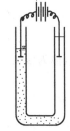

图 4-1　电泳现象示意图

在电泳现象发生的同时,也可以认为一部分液体渗透过了胶体微粒间的孔隙而移向相反的电极。在图 4-1 中,胶体微粒在阳极附近浓缩的同时,阴极处的液面升高,这种液体在电场中透过多孔性固体的现象称为电渗。

4.1.2　胶体的结构

1. 胶体的双电层结构

图 4-2 是胶体双电层结构示意图。粒子的中心是胶核,由数百乃至数千个分散相固体物质分子组成。在胶核表面,吸附了某种离子(电势形成离子)而带有电荷。由于静电引力的作用,势必吸引溶液中的异号离子(反离子)到微粒周围。这些异号离子同时受到两种力的作用:一种是微粒表面电势形成离子的静电引力,吸引异号离子贴近微粒;另一种是异号离子本身热运动的扩散作用及液体对这些异号离子的溶剂化作用力,它们使异号离子均匀散布到液相中去。这两种力综合的结果,使得靠近胶体微粒表面处这些异号离子的浓度大,而随着与胶体微粒表面

距离的增加浓度逐渐减小,直至等于溶液中离子的平均浓度。电势形成离子层和反离子层构成了胶体双电层结构。

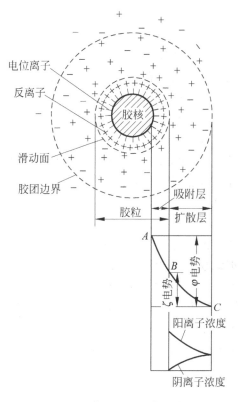

图 4-2　胶体双电层结构示意图

胶体微粒表面吸附了电势形成离子和部分反离子,这部分反离子紧附在胶体微粒表面随其移动,称为束缚反离子,组成吸附层。吸附层只有几个离子的大小,约一个分子的尺寸。其他反离子由于热运动和液体溶剂化作用而向外扩散,当微粒运动时,与固体表面脱开而与液体一起运动,它们包围着吸附层形成扩散层,称为自由反离子。

由于扩散层中的反离子与胶体微粒所吸附的离子间的吸附力很弱,所以微粒运动时,扩散层中大部分离子脱开微粒,这个脱开的界面称为滑动面。最紧的滑动面就是吸附层边界,一般情况下,滑动面在吸附层边界外,但在胶体化学中常将吸附层边界当做滑动面。

通常将胶核与吸附层合在一起称胶粒,胶粒再与扩散层组成胶团(即胶体粒子)。胶团的结构可表述如下:

由于胶核表面吸附的离子总比吸附层里的反离子多,所以胶粒是带电的,而胶团是电中性的。胶核表面上的离子和反离子之间形成的电势称总电势,即 φ 电势。而胶核在滑动时所具有的电势(在滑动面上)称为 ζ 电势(在水处理领域,习惯称 ζ 电位)。总电势 φ 对于某类胶体而言,是固定不变的,它无法测出,也没有实用意义。而 ζ 电势可以通过电泳或电渗的速度计算出来,它随温度、pH 及溶液中反离子浓度等外部条件而变化,在水处理研究中 ζ 电势具有重要的意义。

天然水中的胶体杂质通常是负电荷胶体,如粘土、细菌、病毒、藻类、腐殖质等。粘土胶体的 ζ 电势一般在 $-15\sim-40$ mV;细菌的 ζ 电势在 $-30\sim-70$ mV;藻类的 ζ 电势在 $-10\sim-15$ mV 范围内。

图 4-3 绘出了一个想象中的天然水中的粘土胶团组成。图中胶核的尺寸大大地缩小了,吸附层与扩散层的厚度也不成比例,只是示意。粘土的主要成分是 SiO_2,所以粘土微粒带负电荷。由于胶粒带负电,所以必然在其外围吸引了许多带正电的离子,而这些离子可能是水中常见的 Ca^{2+}、Mg^{2+}、Na^+、K^+ 等。在吸附层中,可能还有一层水分子,吸附层的厚度很薄,大约只有 $2\sim3$ Å(1 Å$=0.1$ nm)。在扩散层中不仅有正离子及正离子周围的水分子,而且还可能有比胶核更小的带

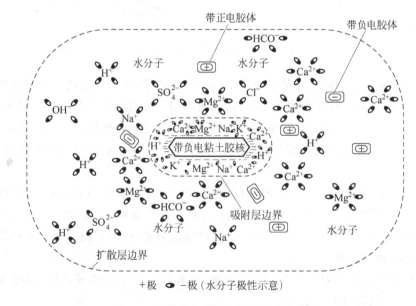

图 4-3　天然水中的粘土胶团组成示意图

正电荷的胶粒。扩散层比吸附层厚得多,有时可能是吸附层的几百倍厚,并随离子种类和浓度、水温、pH等因素而异。扩散层厚度约为胶核的 1/100~1/10。

2. 憎水胶体与亲水胶体

凡是在吸附层中离子直接与胶核接触,水分子不直接接触胶核的胶体称憎水胶体。一般无机物的胶体颗粒,如氢氧化铝、氢氧化铁、二氧化硅等都属于此类。

凡胶体微粒直接吸附水分子的称为亲水胶体。亲水胶体的颗粒绝大多数都是相对分子质量很大的高分子化合物或高聚合物,它们相对分子质量从几万到几十万,甚至达几百万。一个有机物高分子往往就是一个胶体颗粒,它们的分子结构具有复杂的形式,如线形、平面形、立体形等。亲水胶体直接吸附水分子是由于颗粒表面存在某些极性基团(如—OH、—COOH、—NH_2 等)而引起的。这些基团的电荷分布都是不均匀的,在一端带有较多的正电荷或负电荷,所以称极性基团,极性基团能吸引许多极性分子。以蛋白质为例,蛋白质相对分子质量可达 10 000~300 000 以上,它的一个分子就相当于一个胶体微粒。蛋白质分子上有许多—COOH 与—NH_2 的极性基团,由于溶解和吸附的作用也能产生带负电的—COO^- 的部位和带正电的—NH_3^+ 的部位,同样会吸引很多水分子,使蛋白质外围包上了一层水壳。这层水壳与蛋白质胶核组成蛋白质胶团,随胶体微粒一起移动,滑动面就是水壳的表面。蛋白质分子上带负电部位与带正电部位数目代数和的数值决定了胶体的带电符号,在一般 pH 值范围内,负电荷的数目多,所以蛋白质是带有负电荷的胶体。

由上所述,憎水胶体具有双电层,亲水胶体则有一层水壳。双电层和水壳都有一个厚度,这个厚度是决定胶体是否稳定的主要因素。

4.1.3 胶体的稳定性

所谓"胶体的稳定性",是指胶体颗粒在水中长期保持分散悬浮状态的特性。从胶体化学角度而言,胶体溶液并非真正的稳定系统。但从水处理工程的角度而言,由于胶体颗粒和微小悬浮物的沉降速度十分缓慢,因为均被认为是"稳定"的。例如,粒径为 1 μm 的粘土颗粒,沉降 10 cm 约需 20 h 之久,在停留时间有限的水处理构筑物中是不可能沉降下来的,因此它们的沉降性可以忽略不计。

胶体的稳定性与"动力学稳定性"和"聚集稳定性"两个方面有关。

1. 动力学稳定性

动力学稳定性是指胶体颗粒的布朗运动对抗重力影响的能力。大颗粒悬浮物如泥沙等,在水中的布朗运动很微弱甚至不存在,因此在重力作用下很快会下沉,这种大颗粒的动力学不稳定。而胶体颗粒很小,布朗运动剧烈,同时由于本身质量小所受重力作用小,布朗运动足以抵抗重力影响,因此能长期悬浮在水中,这种胶体颗粒动力学稳定。颗粒越小,动力学稳定性越高。

2. 聚集稳定性

聚集稳定性系指胶体颗粒之间不能相互聚集的特性。胶体颗粒很小,具有巨大的表面自由能,有较大的吸附能力,又具有布朗运动的特性,似乎颗粒间有相互碰撞的机会,可粘附聚合成大的颗粒,然后受重力作用而下沉。但由于胶体粒子表面同性电荷的静电斥力作用或水化膜的阻碍作用这种自发聚集不能发生。对于憎水胶体而言,聚集稳定性主要取决于胶体颗粒表面的动电势,即 ζ 电势。ζ 电势越高,同性电荷斥力越大,聚集稳定性就越高。不言而喻,如果胶体颗粒表面电荷或水化膜消除,便会失去聚集稳定性,小颗粒便可相互聚集成大的颗粒,从而动力学稳定性也就随之破坏,沉淀就会发生。因此,胶体稳定性的关键在于聚集稳定性。

4.1.4 胶体的凝聚

对于憎水胶体的稳定性可以从两个胶体粒子之间的相互作用力及其与两胶粒之间的距离关系来进行评价。德加根(Derjaguin)、兰道(Landon)、伏维(Verwey)和奥贝克(Overbeek)各自从胶粒之间的相互作用能的角度阐明胶粒相互作用理论,简称 DLVO 理论。该理论认为,当两个胶粒相互接近以至双电层发生重叠时,便产生静电斥力。该静电斥力与两胶粒表面间距离 x 有关,用排斥势能 E_R 表示。该排斥势能随 x 增大而按指数关系减少,见图 4-4。胶粒间越接近,斥力越大。另一方面,两胶粒间除静电斥力外,还存在范德华引力,用吸引势能 E_A 表示。吸引势能与胶粒间距离的 6 次方成反比。将排斥势能 E_R 和吸引势能 E_A 相加即为总势能 E。相互接近的两胶粒能否凝聚,取决于总势能 E 的大小。

由图 4-4 可知,总势能 E 随胶粒间距离 x 而变化。当两胶粒间距离很近,即 $x<oa$ 时,吸引势能占优势,两个颗粒可以相互吸引,胶体失去稳定性。当胶粒距离较远,如当 $oa<x<oc$ 时,排斥势能占优势,两个颗粒总是处在相斥状态。对于憎水性胶体颗粒而言,相碰时它们的胶核表面间隔着两个滑动面内的离子层厚度,使颗粒总处于相斥状态,这就是憎水胶体保持稳定性的根源。亲水胶体颗粒也是因为所吸附的大量分子构成的水壳,使它们不

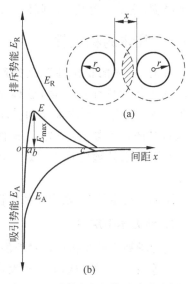

图 4-4 两胶体之间的作用关系示意图

能靠近而保持稳定。当 $x=ob$ 时,排斥势能最大,称排斥能峰,用 E_{max} 表示。一般情况下,胶体颗粒布朗运动的动能不足以克服这个排斥能峰,所以胶粒不能聚合。

从图 4-4 还可以看出,当 $x>oc$ 时,两胶粒表现出相互吸引的趋势,可以发生远距离的相互吸引。但由于存在排斥能峰这一屏障,两胶粒仍无法靠近。只有当 $x<oa$ 时,吸引势能随间距急剧增大,凝聚才会发生。

胶体的聚集稳定性并非都是由静电斥力引起的。胶体表面的水化作用往往也是重要的因素。某些胶体(如粘土胶体)的水化作用一般是由胶粒表面电荷引起的,且水化作用较弱,因而这些胶体的水化作用对聚集稳定性影响不大。但对于亲水性胶体而言,水化作用是胶体聚集稳定性的主要原因。它们的水化作用主要来源于粒子表面极性基团对水分子的强烈吸附,使粒子周围包裹一层较厚的水化膜阻碍胶粒相互靠近,因而使范德华引力不能发挥作用。实践证明,虽然亲水胶体也存在双电层结构,但 ζ 电势对胶体稳定性的影响远小于水化膜的影响。因此,亲水胶体的稳定性尚不能用 DLVO 理论予以描述。

4.2 水的混凝机理与过程

4.2.1 铝盐在水中的化学反应

水处理中常用的混凝剂有铝盐和铁盐。硫酸铝是使用历史最长、目前应用仍较广泛的一种无机混凝剂,它的作用机理具有相当的代表性。故在阐述混凝机理之前,有必要对硫酸铝在水中的化学反应先进行介绍。

硫酸铝($Al_2(SO_4)_3 \cdot 18H_2O$)溶于水后,立即离解出铝离子,且常以 $[Al(H_2O)_6]^{3+}$ 的水合形态存在。

当水溶液的 pH<3 时,在水中这种水合铝离子是主要形态。如 pH 值升高,水合铝离子就会发生配位水分子离解(即水解过程),生成各种羟基铝离子。pH 值再升高,水解逐级进行,从单核单羟基水解成单核三羟基,最终将产生氢氧化铝化学沉淀物而析出。这个过程反应如下:

$$Al(H_2O)_6^{+3} \rightleftharpoons [Al(OH)(H_2O)_5]^{2+} + H^+ \quad (4-1)$$

$$[Al(OH)(H_2O)_5]^{2+} \rightleftharpoons [Al(OH)_2(H_2O)_4]^+ + H^+ \quad (4-2)$$

$$[Al(OH)_2(H_2O)_4]^+ \rightleftharpoons Al(OH)_3(H_2O)_3 + H^+ \quad (4-3)$$

实际上铝盐在水中的反应比上面的反应要复杂得多。当 pH>4 时,羟基离子增加,各离子的羟基之间可发生架桥连接(羟基架桥)产生多核羟基络合物,也即发生高分子缩聚反应,例如:

$$2[Al(OH)(H_2O)_5]^{2+} \rightleftharpoons [(H_2O)_4Al\underset{OH}{\overset{OH}{<}}Al(H_2O)_4]^{4+} + 2H_2O \quad (4-4)$$

上式中的生成物$[Al_2(OH)_2(H_2O)_8]^{4+}$还可进一步被羟基架桥成$[Al_3(OH)_4(H_2O)_{10}]^{5+}$。与此同时,生成的多核聚合物还会继续水解:

$$[Al_3(OH)_4(H_2O)_{10}]^{5+} \rightleftharpoons [Al_3(OH)_5(H_2O)_9]^{4+} + H^+ \tag{4-5}$$

所以水解与缩聚两种反应交错进行,最终产生聚合度极大的中性氢氧化铝。当其浓度超过其溶解度时,即析出氢氧化铝沉淀物。

在上述反应过程中,铝离子通过水解、聚合产生的物质分为四类:未水解的水合铝离子、单核羟基络合物、多核羟基络合物或聚合物、氢氧化铝沉淀物。各种水解产物的相对含量与水的pH值和铝盐投加量有关。

图4-5为一组试验曲线,给出在水中无其他复杂离子干扰的情况下,投入高氯酸铝$Al(ClO_4)_3$,控制浓度为10^{-4} mol/L(相当于325.5 mg/L,其中含铝27 mg/L),在达到化学平衡状态时,每一pH值下相应的各种水解产物所占的比例。图中只绘出了各种单核形态的水解产物,其多核形态的水解产物可能主要包括在$Al(OH)_3$部分中。由图可知,当pH<3时,水中的铝离子以$[Al(H_2O)_6]^{3+}$形态存在,即不发生水解反应;当pH=4~5时,水中将出现$[Al(OH)(H_2O)_5]^{2+}$、$[Al(OH)_2(H_2O)_4]^+$以及少量的$[Al(OH)_3(H_2O)_3]$;当pH=7~8时,水中主要是中性的$[Al(OH)_3(H_2O)_3]$沉淀物。当pH>8.5时,由于氢氧化铝是典型的两性化合物,它又重新溶解为$[Al(OH)_4(H_2O)_4]^-$,反应如下:

$$[Al(OH)_3(H_2O)_3] + H_2O \rightleftharpoons [Al(OH)_4(H_2O)_2]^- + H_3O^+ \tag{4-6}$$

综上所述,铝离子的主要存在形态随溶液pH值的变化呈一定的变化规律。在一定的pH范围内各种不同形态的化合物都存在,只是所占比例不一,每个pH值下都以一种形态为主,其他形态为辅。

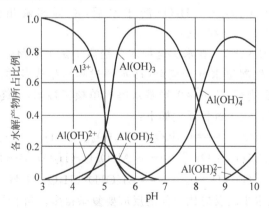

图4-5 pH对铝盐水解形态的影响

4.2.2 水的混凝机理

与胶体化学的单一胶体体系相比,水与废水中的胶体体系要复杂得多。水中杂质大小相差悬殊，几乎达几百万倍，成分也非常复杂。如天然水中除含有粘土颗粒外，还含有微生物和其他有机物等。废水中的成分就更加复杂，含有大量无机杂质与有机物杂质，甚至含有大量合成高分子有机物。

水处理中的混凝机理比较复杂，迄今还没有一个统一的认识。关于"混凝"一词，目前尚无统一规范化的定义。在化学和工程的词汇中，对"混凝"、"凝聚"和"絮凝"三个词常有不同解释，有时又含混相同。本书中，凝聚（coagulation）是指胶体被压缩双电层而失去稳定性，发生相互聚集的过程；絮凝（flocculation）则指脱稳胶体聚结成大颗粒絮体的过程；混凝则是凝聚和絮凝的总称。

凝聚是瞬时的，只需将化学药剂全部分散到水中即可。絮凝则与凝聚作用不同，它需要一定的时间去完成，但一般情况下两者不好决然分开。因此我们把能起凝聚与絮凝作用的药剂统称为混凝剂。

混凝机理涉及的因素很多，如水中杂质成分与浓度、水温、水的 pH 值、碱度以及混凝剂的性质和混凝条件等。许多年来，水处理专家从铝盐和铁盐的混凝现象开始，对混凝剂作用机理进行了不断研究，理论也获得不断发展。下面介绍一些目前看法比较一致的混凝机理。

1. 双电层压缩机理

如前所述，憎水胶体的聚集稳定性主要取决于胶粒的 ζ 电势。根据 DLVO 理论，要使胶粒通过布朗运动相撞聚集，必须降低 ζ 电势，以降低或消除排斥能峰。在水中投加电解质——混凝剂——可达此目的。

例如对天然水中带负电荷的粘土胶体，在投入铝盐或铁盐等混凝剂后，混凝剂提供的大量正离子会涌入胶体扩散层甚至吸附层。因为胶核表面的总电势不变，增加扩散层及吸附层中的正离子浓度，等于压缩双电层，使扩散层减薄，从而使胶体滑动面上的 ζ 电势降低（如图 4-6(a)）。当大量正离子涌入吸附层以致扩散层完全消失时，ζ 电势为零，此时称为等电状态。理论上等电状态时排斥势能消失，胶粒最易发生凝聚。但实际上，ζ 电势只要降低到一定程度（如 $\zeta=\zeta_k$）（见图 4-6(b)）而使胶粒间的排斥能峰 $E_{max}=0$ 时，胶粒就开始产生明显的聚集，此时的 ζ 电势称为临界电势。胶粒因 ζ 电势降低或消除以致失去稳定的过程，称为胶体脱稳。脱稳的胶体相互聚结，称为凝聚。

双电层压缩是阐明胶体凝聚的一个重要理论。该理论是在 20 世纪 60 年代以前提出的，成功地解释了胶体的稳定性及其凝聚作用，特别适用于无机盐混凝剂所提供的简单离子的情况。利用该理论可以较好地解释港湾处的沉积现象，因淡水进入海水时，盐类增加，离子浓度增高，淡水夹带的胶体的稳定性降低，所以在港湾处粘土和其他胶体颗粒易沉积。

压缩双电层混凝机理与叔采-哈代（Schulze-Hardy）法则是一致的，即电解质的凝聚能力与电解质离子价数的 6 次方成正比。表 4-1 为不同电解质的凝聚能力

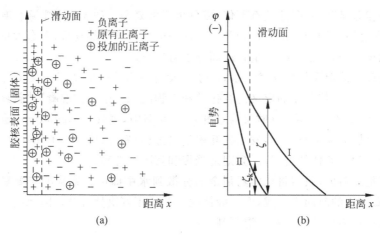

图 4-6 双电层压缩机理

的试验结果,从表中数据可见,凝聚能力随离子价的增大而增强很快。高价电解质压缩胶体双电层的效果远比低价电解质有效。对负电荷胶体而言,为使胶体失去稳定性即脱稳,所需不同价数的正离子浓度之比为: $[M^+]:[M^{2+}]:[M^{3+}]=1:\left(\dfrac{1}{2}\right)^6:\left(\dfrac{1}{3}\right)^6$。

表 4-1 不同电解质的凝聚能力

电解质	在浓度相同条件下对胶体的相对凝聚能力	
	带正电胶体	带负电胶体
NaCl	1	1
Na_2SO_4	30	1
Na_3PO_4	1 000	1
$BaCl_2$	1	30
$MgSO_4$	30	30
$AlCl_3$	1	1 000
$Al_2(SO_4)_3$	30	>1 000
$FeCl_3$	1	1 000
$Fe_2(SO_4)_3$	30	>1 000

但是双电层压缩理论不能解释水处理中的一些混凝现象,如混凝剂投量过多时胶体会重新稳定。因为根据该理论,当溶液中外加电解质很多时,至多达到 $\zeta=0$ 状态,而不可能出现胶粒电荷改变的情况。实际上,三价铝盐或铁盐混凝剂投加过多时凝聚效果反而下降,胶粒甚至重新稳定;又如在等电状态,混凝效果应

该最好,但生产实践却表明,混凝效果最佳时的 ζ 电势常大于零;与胶粒带同电号的聚合物或高分子有机物可能有好的凝聚效果等。这些复杂的现象与胶粒的吸附能力有关,基于单纯的静电现象的双电层压缩理论就难以解释。

2. 吸附电中和作用机理

吸附电中和作用是指胶核表面直接吸附异号离子、异号胶粒或链状高分子带异号电荷的部位等,来降低 ζ 电势。这种吸附力,绝非单纯的静电力,一般认为还存在范德华引力、氢键及共价键等。混凝剂投量适中时,通过胶核表面直接吸附带相反电荷的聚合离子或高分子物质,ζ 电势可达到临界电势 $ζ_k$。但当混凝剂投量过多时,胶核表面吸附过多的相反电荷的聚合离子,导致胶核表面电荷变号(见图 4-7)。该理论是在对传统铝、铁盐混凝剂的特点进行系统分析的基础上发展而来的。以铝盐为例,当 pH>3 时,水中便会出现聚合离子及多核羟基络合物。这些物质往往会吸附在胶核表面,分子质量越大,吸附作用越强。

图 4-8 为吸附电中和作用的示意图,一种情况表示高分子的带电部位与胶核表面所带异号电荷的中和作用;另一种则表示小的带正电的胶粒被带负电的大胶粒表面所吸附。

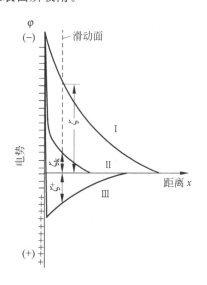

图 4-7 吸附电中和 ζ 电势变化

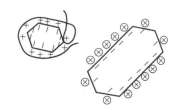

图 4-8 吸附电中和作用示意图

吸附电中和理论解释了压缩双电层理论所不能解释的现象,并已广泛用于解释金属盐混凝剂对胶体颗粒的脱稳凝聚作用。

3. 吸附架桥作用机理

吸附架桥作用主要是指高分子物质与胶粒的吸附架桥与桥连,还可理解成两个大的同号胶粒中间由于有一个异号胶粒而连结在一起,如图 4-9 所示。高分子絮凝剂具有线形结构,它们具有能与胶粒表面某些部位起作用的化学基团,当高分子聚合物与胶粒接触时,高分子链的一端由于基团能与胶粒表面产生特殊反应而吸附某一胶粒后,另一端又吸附另一胶粒,形成"胶粒-高分子-胶粒"的絮凝体。高分子聚合物在这里起了胶粒与胶粒之间相互结合的桥梁作用。高分子投量过少时,不足以形成吸附架桥。但当高分子物质投量过多,胶粒相对少时,吸附了某一胶粒的高分子物质的另一端粘结不到第二胶粒,而是被原先的胶粒吸附在其他部位,进而产生"胶体保护"作用(如图 4-10),使胶体又处于稳定状态。即当全部胶粒的吸附面均被高分子覆盖以后,两胶粒接近时,就会受到高分子的阻碍而不能聚集。这种阻碍来源于高分子之间的相互排斥。因此,只有在高分子投加量适中时,即胶粒只有部分表面被覆盖时,才能在胶粒间产生有效的吸附架桥作用并获得最佳絮凝效果。一般认为高分子在胶粒表面的覆盖率在 1/3～1/2 时絮凝效果最好。但在实际水处理中,胶粒表面覆盖率无法测定,故高分子混凝剂投加量通常由试验决定。已经架桥絮凝的胶粒,如受到剧烈的长时间搅拌,架桥聚合物可能从另一胶粒表面脱开,重又卷回原所在胶粒表面,造成再稳定状态。

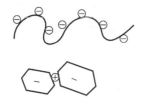

图 4-9 吸附架桥作用示意图

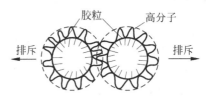

图 4-10 胶体保护示意图

起架桥作用的线性高分子一般需要一定的长度。长度不够不能起到胶粒间架桥作用,只能被单个分子吸附。聚合物在胶粒表面的吸附来源于各种物理化学作用,如范德华引力、静电引力、氢键、配位键等,取决于聚合物同胶粒表面二者化学结构的特点。

利用这个机理可解释非离子型或带同号电荷的离子型高分子絮凝剂能得到好的絮凝效果的现象。

高分子物质若为阳离子型聚合电解质,对带负电荷的粘土胶体而言,既具有电性中和作用又具有吸附架桥作用;若为非离子型(不带电荷)或阴离子型(带负电荷)聚合电解质,只能起吸附架桥作用。

4. 网捕或卷扫机理

当金属盐混凝剂投加量大得足以形成大量的氢氧化物沉淀时,水中的胶粒可被这些沉淀物在形成时所网捕或卷扫。水中胶粒本身可作为这些金属氢氧化物沉淀物形成的核心。所以混凝剂最佳投加量与被去除物质的浓度成反比,即胶粒越多,所需混凝剂投加量越少,反之亦然。

以上各种混凝机理,从不同角度解释了混凝剂与胶粒颗粒的相互作用。这些作用在水处理中常不是孤立的,混凝过程实际是以上几种机理综合作用的结果,只是在一定情况下以某种现象为主而已。混凝效果和作用机理不仅取决于所使用的混凝剂的物化特性,而且与所处理水的水质特性,如浊度、碱度、pH 值以及水中杂质等有关。

根据上述机理,对铝盐混凝剂在不同条件下的混凝机理分析如下。

当 pH<3 时,铝盐混凝剂在水中以简单的水合铝离子$[Al(H_2O)_6]^{3+}$为主,主要起压缩双电层的作用,但在水处理中,这种情况十分少见。pH 在 4.5~6.0 范围内,铝盐混凝剂的水解产物主要是多核羟基络合物,对负电荷胶体起吸附电中和作用,产生的凝聚体比较密实。pH 在 7~7.5 范围内,电中性氢氧化铝聚合物$[Al(OH)_3]_n$可起吸附架桥作用,同时也存在某些羟基络合物的电性中和作用。天然水的 pH 值一般在 6.5~7.8 之间,铝盐的混凝作用主要是吸附架桥和电性中和,两者以何为主,取决于铝盐投加量。当铝盐投加量超过一定量时,会产生"胶体保护"作用,使脱稳胶粒电荷变号或使胶粒被包卷而重新稳定。当铝盐投加量再次增大、超过氢氧化铝溶解度而产生大量氢氧化铝沉淀物时,则起网捕和卷扫作用。实际上,在一定的 pH 值下,几种混凝作用都可能同时存在,只是程度不同。这与铝盐投加量和水中胶粒含量有关。

根据铝盐投加量与 pH 条件划分的混凝区域如图 4-11 所示。由该图可知,最佳卷扫混凝区发生在 pH 为 7~8,铝盐投加量为 20~60 mg/L。

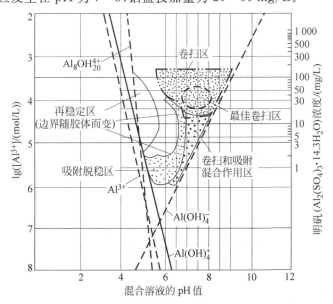

图 4-11 不同 pH 条件下铝盐的混凝区域

4.3 混凝剂与助凝剂

4.3.1 混凝剂

混凝剂种类很多,按化学成分可分为无机和有机两大类。无机混凝剂品种较少,主要是铁盐、铝盐及其聚合物,在水处理中应用最为广泛。有机混凝剂品种很多,主要是高分子物质,但在水处理中的应用比无机的少。在全国混凝剂销售中,传统无机混凝剂约占 20%,无机高分子混凝剂占 70%,有机高分子混凝剂约占 10%。

1. 无机混凝剂

常用的无机混凝剂列于表 4-2 中。

表 4-2 常用的无机及复合混凝剂

名 称		化 学 式
铝系	硫酸铝	$Al_2(SO_4)_3 \cdot 18H_2O$
	明矾	$Al_2(SO_4)_3 K_2SO_4 \cdot 24H_2O$
	聚合氯化铝(PAC)	$[Al_2(OH)_n Cl_{6-n}]_m$
	聚合硫酸铝(PAS)	$[Al_2(OH)_n(SO_4)_{3-n/2}]_m$
铁系	三氯化铁	$FeCl_3 \cdot 6H_2O$
	硫酸亚铁	$FeSO_4 \cdot 7H_2O$
	硫酸铁	$Fe_2(SO_4)_3$
	聚合硫酸铁	$[Fe_2(OH)_n(SO_4)_{3-n/2}]_m$
	聚合氯化铁	$[Fe_2(OH)_n Cl_{6-n}]_m$
无机复合	聚合硫酸铝铁(PFAS)	
	聚合氯化铝铁(PFAC)	
	聚合硫酸氯化铁(PFSC)	
	聚合硫酸氯化铝(PASC)	
	聚合铝硅(PASi)	
	聚合铁硅(PFSi)	
	聚合硅酸铝(PSA)	
	聚合硅酸铁(PSF)	
无机-有机复合	聚合铝/铁-聚丙烯酰胺	
	聚合铝/铁-甲壳素	
	聚合铝/铁-天然有机高分子	
	聚合铝/铁-其他合成有机高分子	

1) 铝盐

（1）硫酸铝

硫酸铝有固、液两种形态，固体产品为白色、淡绿色或淡黄色片状或块状，液体产品为无色透明至淡绿或淡黄色，常用的是固态硫酸铝。硫酸铝按用途分为两类：Ⅰ类，饮用水用；Ⅱ类，工业用水、废水和污水处理用。固态硫酸铝Ⅰ类和Ⅱ类产品的 Al_2O_3 含量均不小于 15.6%，不溶物含量均不大于 0.15%，铁含量不大于 0.5%。硫酸铝Ⅰ类产品对铅、砷、汞、铬和镉含量还有相应规定。

硫酸铝使用方便，混凝效果较好。但当水温低时硫酸铝水解困难，形成的絮体较松散。

硫酸铝可干式或湿式投加。湿式投加时一般采用 10%～20% 的浓度。硫酸铝使用时的有效 pH 范围较窄，约在 5.5～8 之间。

（2）聚合铝

聚合铝包括聚合氯化铝（PAC）（在水处理剂的相关国家标准中，2003 年以后"聚合氯化铝"更名为"聚氯化铝"）和聚合硫酸铝（PAS）等。目前使用最多的是聚合氯化铝。20 世纪 60 年代，日本开始研制聚合氯化铝。我国于 20 世纪 70 年代开始研制，目前已得到广泛应用。

聚合氯化铝的化学式表示为 $Al_n(OH)_mCl_{(3n-m)}$，式中 $0<m<3n$。从安全考虑，产品标准对生活饮用水用聚合氯化铝原料做了限制。产品分为固体和液体，其中有效成分以氯化铝的质量分数表示，用于生活饮用水的，液体中含量不小于 10%，固体中含量不小于 29%；用于工业给水、废水和污水及污泥处理的，液体中含量不小于 6%，固体中不小于 28%。

PAC 作为混凝剂处理水时，具有下列优点：

① 适应范围广，对污染严重或低浊度、高浊度、高色度的原水均可达到较好的混凝效果。

② 水温低时，仍可保持稳定的混凝效果。

③ 适宜的 pH 值范围较宽，在 5～9 之间。

④ 矾花形成快，颗粒大而重，沉淀性能好，投药量比硫酸铝低。

PAC 的作用机理与硫酸铝相似，但它的效能优于硫酸铝。实际上，聚合氯化铝可看成是氯化铝在一定条件下经水解、聚合后的产物。一般铝盐在投入水后才进行水解聚合反应，因此反应产物的形态受水的 pH 值及铝盐浓度影响。而聚合氯化铝在投入水中前的制备阶段即已发生水解聚合，投入水中后也可能发生新的变化，但聚合物成分基本确定。其成分主要决定于羟基（OH）和铝（Al）的物质的量之比，通常称为盐基度，以 B 表示：

$$B = \frac{[OH]}{3[Al]} \times 100\% \tag{4-7}$$

盐基度对混凝效果有很大影响。用于生活饮用水净化的聚合氯化铝的盐基度一般为40%～90%；用于工业给水、废水和污水及污泥处理的聚合氯化铝的盐基度一般为30%～95%。

PAS也是聚合铝类混凝剂之一。PAS中的硫酸根离子具有类似羟基的架桥作用，促进铝盐的水解聚合反应。

2) 铁盐

(1) 三氯化铁

三氯化铁($FeCl_3 \cdot 6H_2O$)是铁盐混凝剂中最常用的一种。和铝盐相似，三氯化铁溶于水后，铁离子Fe^{3+}通过水解聚合可形成多种成分的配合物或聚合物，其混凝机理也与铝盐相似，但混凝特性与铝盐略有区别。一般，铁盐适用的pH值范围较宽，在5～11之间；形成的絮凝体比铝盐絮凝体密实，沉淀性能好；处理低温或低浊水的效果比铝盐效果好。但缺点是溶液具有较强的腐蚀性，固体产品易吸水潮解，不易保存，处理后的水的色度比用铝盐的高。

三氯化铁有固、液两种形态。三氯化铁按用途分为两类：Ⅰ类，饮用水处理用；Ⅱ类，工业用水、废水和污水处理用。固体三氯化铁Ⅰ类和Ⅱ类产品中$FeCl_3$含量分别达96%和93%以上，不溶物含量分别小于1.5%和3%。液体三氯化铁Ⅰ类和Ⅱ类产品中$FeCl_3$含量分别为41%和38%以上，不溶物含量小于0.5%。

(2) 硫酸亚铁

硫酸亚铁$FeSO_4 \cdot 7H_2O$是半透明绿色结晶体，俗称绿矾，易溶于水。硫酸亚铁在水中离解出的Fe^{2+}只能生成简单的单核络合物，因此不具有Fe^{3+}的优良混凝效果。残留于水中的Fe^{2+}会使处理后的水带色，特别是与水中有色胶体作用后，将生成颜色更深的不易沉淀的物质。故采用硫酸亚铁作混凝剂时，应先将Fe^{2+}氧化成Fe^{3+}后使用。氧化方法有空气氧化、氯化等方法。

当水的pH值大于8.0时，加入的Fe^{2+}易被水中溶解氧氧化成Fe^{3+}：

$$4Fe(OH)_2 + 2H_2O + O_2 = 4Fe(OH)_3 \tag{4-8}$$

当水的pH值小于8.0时，可通过加入石灰去除水中的CO_2：

$$Ca(OH)_2 + CO_2 = CaCO_3 + H_2O \tag{4-9}$$

当水中没有足够的溶解氧时，可加氯或漂白粉予以氧化：

$$6FeSO_4 \cdot 7H_2O + 3Cl_2 = 2Fe_2(SO_4)_3 + 2FeCl_3 + 7H_2O \tag{4-10}$$

理论上1 mg/L $FeSO_4$需加氯0.234 mg/L。

(3) 聚合铁

聚合铁包括聚合硫酸铁(PFS)和聚合氯化铁(PFC)。

聚合硫酸铁是碱式硫酸铁的聚合物，其化学式为$[Fe_2(OH)_n(SO_4)_{3-n/2}]_m$，其中$n<2, m>10$。聚合硫酸铁有液、固两种形态，液体呈红褐色，固体呈淡黄色。

制备聚合硫酸铁的方法有好几种,但目前基本上都是以硫酸亚铁为原料,采用不同的氧化方法,将硫酸亚铁氧化成硫酸铁,同时控制总硫酸根和总铁的物质的量之比,使氧化过程中部分羟基(OH)取代部分硫酸根而形成碱式硫酸铁$Fe_2(OH)_n(SO_4)_{3-n/2}$。碱式硫酸铁易于聚合而产生聚合硫酸铁。聚合硫酸铁的盐基度需要控制在较低范围内,一般[OH]/[Fe]控制在8%～16%。

聚合硫酸铁具有优良的混凝效果,其腐蚀性远小于三氯化铁。

聚合氯化铁的研制始于20世纪90年代的日本。试验表明,聚合氯化铁的混凝效果一般高于聚合硫酸铁。但由于聚合氯化铁产品稳定性较差,在聚合后几小时至一周内即会发生沉淀,从而使混凝效果降低,因此目前尚未大规模商品化应用。

3) 其他无机聚合物/复合物

目前,新型无机混凝剂的研究趋向于聚合物及复合物。如铁-铝、铁-硅、铝-硅复合物,此外,无机与有机的复合物的研制也成为热点课题。与传统混凝剂相比,这些无机聚合物及复合物混凝剂的优点可概括为:①对于低浊水、高浊水、有色水、严重污染水、工业废水都有十分优良的混凝效果;②投加量少;③投加后原水pH和碱度降低程度低,药剂的腐蚀性减弱;④适宜pH范围较宽;⑤混凝效果稳定,适应各种条件的能力强。

2. 有机高分子混凝剂

有机高分子混凝剂又分天然和人工合成两类。天然有机高分子混凝剂有淀粉、动物胶、树胶、甲壳素等。在水处理中,人工合成的有机高分子混凝剂种类日益增多并居主要地位。有机高分子混凝剂一般都是线形高分子聚合物,分子呈链状,并由许多链节组成,每一链节为一化学单体,各单体以共价键结合。聚合物的相对分子质量为各单体的相对分子质量的总和,单体的总数称为聚合度。高分子混凝剂的聚合度即指链节数,约为1 000～5 000,低聚合度的相对分子质量从1 000至几万,高聚合度的相对分子质量从几千至几百万。

按高分子聚合物中含有的官能团的带电与离解情况,可分为以下四种:官能团离解后带正电的称为阳离子型高分子混凝剂;官能团离解后带负电的称为阴离子型;分子中既含正电基团又含负电基团的称为两性型;分子中不含离解基团的称为非离子型。水处理中常用的是阳离子型、阴离子型和非离子型,两性型使用极少。

非离子型聚合物的主要产品是聚丙烯酰胺(PAM)和聚氧化乙烯(PEO),前者是使用最为广泛的高分子混凝剂(其中包括水解产品),其结构式为

$$\mathrm{\underset{\underset{CONH_2}{|}}{(CH_2-CH)}_n}$$

聚丙烯酰胺的聚合度可高达20 000～90 000,相对分子质量可高达150万～600万。高分子混凝剂的混凝效果主要在于对胶体表面具有强烈的吸附作用,在

胶粒之间起到吸附架桥作用。为了使高分子混凝剂能更好地发挥吸附架桥作用，应尽可能使高分子的链条在水中伸展开。为此，通常将聚丙烯酰胺在碱性条件下（pH>10）使其部分水解，生成阴离子型水解聚合物（HPAM）：

$$\text{─(CH}_2\text{─CH)}_{\overline{n}} + m\text{H}_2\text{O} \xrightarrow{\text{NaOH}} \text{─(CH}_2\text{─CH)}_{n-m}\text{(CH}_2\text{─CH)}_m + m\text{NH}_3 \quad (4\text{-}11)$$
$$\quad\quad\quad\ \ |\quad\quad\quad\quad\quad\quad\quad\quad\quad\quad |\quad\quad\quad\quad\quad |$$
$$\quad\quad\ \ \text{CONH}_2\quad\quad\quad\quad\quad\quad\quad\quad \text{CONH}_2\quad\quad \text{COO}^-$$

聚丙烯酰胺经部分水解后，部分酰胺基转化为羧酸基，带负电荷，在静电斥力下，高分子链条得以在水中充分伸展开来。由酰胺基转化成羧酸基的百分数称为水解度。水解度过高或过低都不利于获得良好的混凝效果，一般水解度控制在30%～40%。通常将聚丙烯酰胺作为助凝剂配合铝盐或铁盐混凝剂使用，效果显著。

阳离子型聚合物通常带有氨基（—NH_3^+）、亚氨基（—CH_2—NH_2^+—CH_2—）等基团。由于水中的胶体一般带负电荷，因此阳离子型聚合物具有优良的混凝效果。阳离子型高分子混凝剂在国外的使用有日益增多的趋势，在我国也开始研制，但由于价格较昂贵，实际使用尚少。

有机高分子混凝剂使用中的毒性问题始终为人们关注。聚丙烯酰胺是由丙烯酰胺聚合而成的，在产品中含有少量未聚合的丙烯酰胺单体。丙烯酰胺对人体有危害，属于可能对人体有致癌性的物质，国内外对饮用水中的丙烯酰胺设立了严格要求。世界卫生组织《饮用水水质准则》（第3版）和我国现行《生活饮用水卫生标准》（GB 5749—2006）对其的浓度限值是 0.5 μg/L。对于聚丙烯酰胺产品，我国现行国家标准《水处理剂——聚丙烯酰胺》（GB 17514—2008）规定，饮用水处理中所用的聚丙烯酰胺产品中丙烯酰胺单体残留量不大于0.025%，用于污水处理的不大于0.05%。

4.3.2 助凝剂

从广义上而言，凡是能提高或改善混凝剂作用效果的化学药剂统称为助凝剂。助凝剂本身可以起混凝作用，也可不起混凝作用，但与混凝剂一起使用时，能促进混凝过程，产生大而结实的矾花。按其功能，助凝剂一般可分为以下三大类。

1. 酸碱类

当受处理的水的pH值不符合工艺要求，常需投加酸碱，如石灰、硫酸等，用以调整水的pH值，控制良好的反应条件。

2. 絮体结构改良剂

用以加大矾花的粒度和结实性，改善矾花的沉降性能。如活化硅酸（$SiO_2 \cdot nH_2O$）、骨胶、高分子絮凝剂等，均可以加快矾花的形成，改善矾花结构和沉降性。

3. 氧化剂类

可用来破坏干扰混凝的有机物。如投加Cl_2、O_3等氧化有机物，以提高混凝效果。

4.4 混凝动力学

在混凝过程中,投加混凝剂,压缩胶体颗粒的双电层,降低 ζ 电势,是实现胶体脱稳的必要条件,但要进一步使脱稳胶体形成大的絮凝体,关键在于保持颗粒间的相互碰撞。颗粒间的相互碰撞是颗粒之间或颗粒与混凝剂之间发生凝聚和絮凝的必要条件。颗粒间的碰撞速率和混凝速率问题属于混凝动力学范畴,以下介绍一些基本概念。

4.4.1 碰撞速率与混凝速率

造成水中颗粒相互碰撞的动力来自两方面:颗粒在水中的布朗运动;在水力或机械搅拌下所造成的流体流动。颗粒由布朗运动造成的碰撞聚集称为"异向絮凝"(perikinetic flocculation),由流体湍动造成的碰撞聚集称为"同向絮凝"(orthokinetic flocculation)。

1. 异向絮凝

在水分子热运动的撞击下颗粒所作的布朗运动是无规则的。这种无规则运动必然导致颗粒间发生相互碰撞。颗粒的絮凝速率决定于碰撞速率。假定颗粒为均匀球体,根据菲克(Fick)定律,可导出颗粒碰撞速率:

$$N_p = 8\pi d D_B n^2 \tag{4-12}$$

式中:N_p——单位体积中的颗粒在异向絮凝中碰撞速率,$1/(m^3 \cdot s)$;

n——颗粒数量浓度,个$/m^3$;

d——颗粒直径,m;

D_B——布朗运动扩散系数,m^2/s。

扩散系数 D_B 可用斯托克斯(Stokes)-爱因斯坦(Einstein)公式表示:

$$D_B = \frac{Kt}{3\pi d \nu \rho} \tag{4-13}$$

式中:K——波尔兹曼(Boltzmann)常数,1.38×10^{-23} kg·$m^2/(s^2 \cdot K)$;

t——水的热力学温度,K;

ν——水的运动粘度,m^2/s;

ρ——水的密度,kg/m^3。

将式(4-13)代入式(4-12)得:

$$N_p = \frac{8}{3\nu\rho} K t n^2 \tag{4-14}$$

由式(4-14)可知,由布朗运动引起的颗粒碰撞速率与颗粒的数量浓度平方和水温成正比,与颗粒尺寸无关。而布朗运动只在颗粒很小时才表现显著。随着颗粒粒径增大，布朗运动逐渐减弱。当颗粒粒径大于 1 μm 时，布朗运动基本消失。因此，由布朗运动造成的异向絮凝只有在脱稳胶体很小时才起作用。要使较大的颗粒进一步碰撞聚集，还要靠流体湍动来促使颗粒相互碰撞，即进行同向絮凝。

2. 同向絮凝

同向絮凝是由水流湍动造成的，在整个混凝过程中占有十分重要的地位。有关同向絮凝的理论，目前仍处于不断发展之中，至今尚无统一认识。最初描述同向絮凝的理论公式是基于水流层流状态导出的。

假设水中只有粒径为 d_1 和 d_2 的两种颗粒，初始浓度分别为 n_1 和 n_2。图 4-12 为两个颗粒所处水流的流速分布和碰撞示意图。图 4-12(a) 表示在 dy 长度内，流速 u 没有增量，即 du=0 的情况，两个颗粒继续前进时，仍然保持 dx 距离，因此不能相撞。图 4-12(b) 表示在 dy 长度内，流速 u 增量 du≠0 的情况，d_1 颗粒的速度为 u+du，du>0，因此当它们继续前进时，d_1 颗粒会追上 d_2 颗粒，但两个颗粒要发生相撞，还需满足 dy≤1/2(d_1+d_2) 的条件。

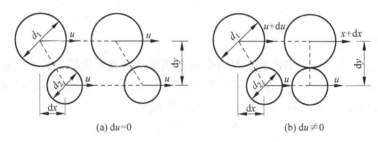

图 4-12 颗粒碰撞示意图

甘布(T. R. Camp)和斯泰因(P. C. Stein)的研究认为，两颗粒间的碰撞速率 N_0(推导从略)为

$$N_0 = \frac{1}{6}n_1 n_2 (d_1+d_2)^3 G \tag{4-15}$$

假设 $d_1=d_2$，则

$$N_0 = \frac{4}{3}n^2 d^3 G \tag{4-16}$$

$$G = \frac{du}{dy} \tag{4-17}$$

式中：G——速度梯度，1/s。

在实际水流中颗粒组成及水流的紊动情况十分复杂，颗粒间的碰撞速率不可能用简单的数学公式进行计算，但式(4-15)表明，在颗粒浓度和粒径一定的条件下，颗粒间碰撞速率与水流速度梯度有关。速度梯度作为控制混凝效果的重要水力条件，在混合、反应设备的设计和运行管理上具有实际意义。但应该指出，速度梯度基于层流的概念，在理论上存在缺陷。

4.4.2 速度梯度的计算

速度梯度是指两相邻水层的水流速度差和它们之间的距离之比。如图 4-13 所示,有一无穷小的立方体 $dxdydz$,设上层 $dxdz$ 界面上的流速为 $u+du$,下层 $dxdz$ 界面上流速为 u,则相距为 dy 的界面间水流速度梯度为 $G=\dfrac{du}{dy}$。

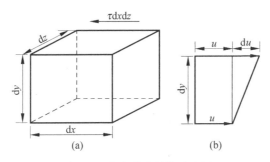

图 4-13 速度梯度计算示意图

速度梯度可由外加功率或水流本身势能的消耗所提供。根据水力学牛顿内摩擦定律,相邻两水层间由于速度梯度而产生的剪切力 τ 为

$$\tau = \mu \frac{du}{dy} = \mu G \tag{4-18}$$

以图 4-13(a)为例,上层界面相对于速度梯度而产生的内摩擦力亦即总剪切力为 $\tau dxdz$,该剪切力单位时间所做的功 P 等于剪切力与相对速度的乘积:

$$P = \tau dxdz du = \mu G^2 dxdydz \tag{4-19}$$

单位体积水流所耗功率为

$$p = \frac{P}{dxdydz} = \mu G^2 \tag{4-20}$$

$$G = \sqrt{\frac{p}{\mu}}$$

式中:p——单位体积水流所耗功率,亦即施于单位体积水流的外加功率,W/m^3;

μ——水的粘度,$Pa \cdot s$;

G——速度梯度,$1/s$。

设混凝设备(混合池或反应池)的有效容积为 V,则公式(4-20)可写成:

$$\bar{G} = \sqrt{\frac{P}{\mu V}} \tag{4-21}$$

式中:P——在混凝设备中水流所耗功率,W;

$\bar{G}$——混凝设备的平均速度梯度,$1/s$;

V——混凝设备有效容积,m^3。

当混凝设备采用机械搅拌时,式(4-20)中的 P 由机械搅拌器提供。当采用水力混凝设备时,P 应为水流本身能量消耗:

$$P = \rho g Q h \qquad (4-22)$$

$$V = QT \qquad (4-23)$$

式中:Q——混凝设备中流量,m³/s;

ρ——水的密度,kg/m³;

g——重力加速度,9.8 m/s²;

h——混凝设备中的水头损失,m;

T——水流在混凝设备中的停留时间,s。

将式(4-22)和式(4-23)代入式(4-21),得:

$$\bar{G} = \sqrt{\frac{\rho g h}{\mu T}} = \sqrt{\frac{gh}{\nu T}} \qquad (4-24)$$

式中:ν——水的运动粘度,m²/s。

公式(4-21)和式(4-24)就是著名的甘布公式。虽然甘布公式中的 G 值反映了能量消耗概念,但仍使用"速度梯度"这一名词,且一直沿用至今。

尽管甘布公式可用于湍流条件下 G 值的计算,但将甘布公式用于公式(4-18)计算颗粒碰撞速度,仍未避开层流概念。因此,近年来,不少专家学者试图直接从湍流理论出发来探讨颗粒碰撞速率的计算。列维奇(Levich)等根据科尔摩哥罗夫(Kolmogoroff)局部各向同性湍流理论来推求湍流条件下的同向絮凝动力学方程。各向同性湍流理论认为,存在各种尺度不等的涡旋。外部施加的能量(如搅拌)造成大涡旋的形成,其主要起两个作用:一是使流体各部分相互掺混,使颗粒均匀扩散于流体中;二是将从外界获得的能量输送给小涡旋。小涡旋又将一部分能量传输给更小的涡旋。随着小涡旋的产生和逐渐增多,水的粘性影响开始增强,从而产生能量损耗。在这些不同尺度的涡旋中,大涡旋往往使颗粒作整体移动而不会使颗粒产生相互碰撞,而涡旋尺度过小则往往不足以推动颗粒碰撞。因此只有尺度与颗粒尺寸相近(或碰撞半径相近)的涡旋才会引起颗粒间的相互碰撞。由于小涡旋在流体中也是作无规则的脉动,因此由这些小涡旋造成的颗粒相互碰撞可按类似异向絮凝中布朗扩散所造成的颗粒碰撞来考虑,即由公式(4-12)形式,可导出各向同性湍流条件下颗粒碰撞速率 N_0:

$$N_0 = 8\pi d D n^2 \qquad (4-25)$$

式中:D 表示湍流扩散和布朗扩散系数之和。但在湍流中,布朗扩散远小于湍流扩散,故 D 可近似作为湍流扩散系数,可用下式表示:

$$D = \lambda u_\lambda \qquad (4-26)$$

式中:λ 为涡旋尺度(或脉动尺度);u_λ 相应于 λ 尺度的脉动速度,可用下式表示:

$$u_\lambda = \frac{1}{\sqrt{15}} \sqrt{\frac{\varepsilon}{\nu}} \lambda \tag{4-27}$$

式中：ε——单位时间、单位体积流体的有效能耗，$W/(m^3 \cdot s)$；

ν——水的运动粘度，m^2/s；

λ——涡旋尺度，m。

设涡旋尺度与颗粒直径相等，即 $\lambda = d$，将公式(4-26)和式(4-27)代入式(4-25)得：

$$N_0 = \frac{8\pi}{\sqrt{15}} \sqrt{\frac{\varepsilon}{\nu}} d^3 n^2 \tag{4-28}$$

如果令 $G = (\varepsilon/\nu)^{1/2}$，对比式(4-28)和式(4-16)，发现两式仅是系数不同。$(\varepsilon/\nu)^{1/2}$ 与公式 $G = (p/\mu)^{1/2}$ 相似，只不过 p 表示单位体积流体所耗总功率，包括平均流速和脉动流速所耗功率；而 ε 表示脉动流速所耗功率，即造成颗粒碰撞的小涡旋所耗的有效功率。

虽然公式(4-28)是按湍流条件导出的，理论上更趋合理，但有效功率消耗 ε 很难确定。另外从理论上而言，水中颗粒尺寸大小不等且在混凝过程中不断增大，而涡旋尺度也大小不等且随机变化，这就使公式(4-28)的应用受到局限。近年来，水处理专家学者们为此还在做进一步的探讨。

根据公式(4-16)或式(4-28)，在混凝过程中，所施功率或 G 值越大，颗粒碰撞速率越大，絮凝效果越好。但 G 值增大时，水流剪力也随之增大，已形成的絮凝体有被破碎的可能。絮凝体的破碎涉及絮凝体的形状、尺寸和结构密度以及破裂机理等。许多学者进行了专门研究，但鉴于问题的复杂性，至今尚无法用数学公式描述。理论上，最佳 G 值——既达到充分絮凝效果又不致使絮凝体破裂的 G 值，仍有待研究。

4.4.3 混凝控制指标

混凝过程包括自混凝剂投加到水中与水均匀混合起直至大颗粒絮凝体形成为止，相应的混凝设备包括混合设备和絮凝反应设备，详见后述。

在混合阶段，水中杂质颗粒微小，存在颗粒间异向絮凝。对水流进行剧烈搅拌的目的，主要是使投加的混凝剂快速均匀地分散于水中以利于混凝剂快速水解、聚合及颗粒脱稳。由于上述过程进行很快（特别对铝盐和铁盐混凝剂而言），因此混合要求快速剧烈，通常要求在 $10 \sim 30$ s 至多不超过 2 min 完成。搅拌强度按速度梯度计，一般 G 值在 $500 \sim 1\,000$ s^{-1} 之间。

在絮凝阶段，脱稳胶体相互碰撞形成大的絮凝体。在此阶段，以同向絮凝为主，由机械或水力搅拌提供颗粒碰撞凝聚的动力。同向絮凝的效果不仅与 G 值有关，而且还与絮凝时间 T 有关。因此，通常以 G 值和 GT 值作为控制指标。在絮凝过程中，絮凝体尺寸逐渐增大，粒径变化可从微米级增到毫米级，变化幅度达几个数量级。

由于大的絮凝体容易破碎,故 G 值应随絮凝体的逐渐长大而渐次减小。采用机械搅拌时,搅拌强度应逐渐减弱;采用水力絮凝池时,水流速度应逐渐减小。絮凝阶段,平均 G 在 $20\sim70\ s^{-1}$ 范围内,平均 GT 在 $1\times10^4\sim1\times10^5$ 范围内。

4.5 混凝影响因素

影响混凝效果的因素比较复杂,包括水温、水化学特性、水中杂质性质和浓度以及水力条件等。有关水力条件在 4.4 节已有介绍。

4.5.1 水温

水温对混凝效果有明显影响。通常在低温时,絮凝体形成缓慢,絮凝颗粒细小、松散。其主要原因有:

(1) 混凝剂水解多是吸热反应,水温低时,水解困难。特别是硫酸铝,水温降低 10℃,水解速度常数约降低 2~4 倍;当水温低于 5℃ 时,水解速度非常缓慢。

(2) 低温时,水的粘度大,致使水中杂质颗粒的布朗运动减弱,颗粒间的碰撞机会减少,不利于脱稳胶粒的凝聚。同时,水粘度大时,水流剪力增大,不利于絮凝体的成长。

(3) 水温低时,胶体颗粒的水化作用增强,妨碍胶体凝聚。

低温水的混凝是水处理中的难题之一。常用的改善办法是增加混凝剂投加量或投加助凝剂。常用的助凝剂有活化硅酸等。也可以采用气浮法或过滤法代替沉淀法作为混凝的后续处理。

4.5.2 水的 pH 值和碱度

水的 pH 值对混凝效果的影响程度视混凝剂品种而异。对于无机盐类混凝剂,水的 pH 值直接影响其在水中的水解和聚合,亦即影响无机盐水解产物的存在形态。不同的混凝剂,最佳的 pH 值范围不同。对硫酸铝而言,用以去除浊度时,最佳 pH 值在 6.5~7.5 之间,絮凝作用主要是氢氧化铝聚合物的吸附架桥和羟基络合物的电性中和作用;用以去除水的色度时,pH 值宜在 4.5~5.5 之间。采用三价铁盐混凝剂时,用以去除水的浊度时,pH 在 6.0~8.4 之间;用以去除水的色度时,pH 值在 3.5~5.0 之间。

如果采用高分子混凝剂,由于其聚合物形态在投入水中前已基本确定,故其混凝效果受水的 pH 值影响较小。

对于无机盐类混凝剂的水解,由于不断产生 H^+,从而导致水的 pH 值下降。要使 pH 值保持在最佳范围内,水中应有足够的碱性物质与 H^+ 中和:

$$H^+ + OH^- = H_2O \tag{4-29}$$

$$H^+ + HCO_3^- = H_2CO_3 \tag{4-30}$$

当原水碱度不足或混凝剂投量甚高时,水的 pH 值将大幅度下降,以致影响混凝剂继续水解。为此,应投加碱剂(如石灰)以中和混凝剂水解过程中产生的氢离子 H^+,反应如下:

$$Al_2(SO_4)_3 + 3H_2O + 3CaO = 2Al(OH)_3 + 3CaSO_4 \qquad (4-31)$$

$$2FeCl_3 + 3H_2O + 3CaO = 2Fe(OH)_3 + 3CaSO_4 \qquad (4-32)$$

将水中原有碱度考虑在内,石灰投量按下式估算:

$$[CaO] = 3a - x + \delta \qquad (4-33)$$

式中:$[CaO]$——纯石灰 CaO 投量,mmol/L;

a——混凝剂投量,mmol/L;

x——原水碱度,按 mmol/L,CaO 计;

δ——保证反应顺利进行的剩余碱度,一般取 $0.25\sim0.5$ mmol/L(CaO)。

应当注意,石灰投加不可过量,否则形成的 $Al(OH)_3$ 会溶解为负离子 $Al(OH)_4^-$ 而使混凝效果恶化。一般情况下,石灰投量最好通过试验决定。

【例 4-1】 某河水的总碱度为 0.2 mmol/L。采用市售精制硫酸铝(含 Al_2O_3 约 16%)进行混凝,混凝剂投量 40 mg/L。试估算石灰(市售品纯度为 50%)投量为多少 mg/L。

【解】 混凝剂投加量折合 Al_2O_3 为

$$40 \text{ mg/L} \times 16\% = 6.4 \text{ mg/L}$$

Al_2O_3 摩尔质量为 102 g/mol,故投药量相当于

$$\frac{6.4}{102} = 0.063 \text{ mmol/L}$$

剩余碱度取 0.31 mmol/L,则得:

$$[CaO] = 3 \times 0.063 - 0.2 + 0.31 = 0.3 \text{ mmol/L}$$

CaO 摩尔质量为 56 g/mol,则市售石灰投量为

$$0.3 \times 56/0.5 = 33 \text{ mg/L}$$

4.5.3 水中杂质的成分、性质和浓度

水中杂质的成分、性质和浓度对混凝效果有明显的影响。水中含有二价以上的正离子时,对天然水中粘土颗粒的双电层压缩有利。杂质颗粒级配越单一均匀、越细越不利于混凝,大小不一的颗粒将有利于混凝。水中含有大量的有机物时,对胶体会产生保护作用,需要投加较多的混凝剂才能产生混凝效果。杂质颗粒浓度过低,将不利于颗粒间碰撞而影响混凝,低浊水的混凝效果不佳,是水处理领域的难题之一。总之,水中杂质浓度和成分不一样,混凝效果不同,适宜的混凝剂种类

和投加量也是不一样的。从理论上只能做些定性分析,在实际生产中,可以通过混凝试验来进行评价。

4.5.4 混凝试验

针对不同的原水水质,选择适宜的混凝剂品种并确定最佳的混凝工艺条件,可以通过混凝烧杯试验来确定。混凝烧杯试验所用的主要设备是六联搅拌机(见图4-14)。试验方法分为单因素试验和多因素试验。一般应在单因素试验的基础上采用正交设计等数学统计法进行多因素重复试验。

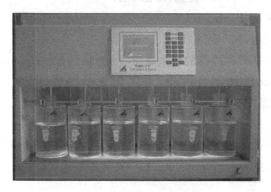

图 4-14 六联混凝搅拌机

4.6 混凝设备

混凝设备包括:混凝剂的配制与投加设备、混合设备和反应絮凝设备。

4.6.1 混凝剂的配制与投配

混凝剂投加到水中可以采用干投法和湿投法。干投法是将固体混凝剂磨成粉末后直接投加到水中。由于投配量难以控制,对机械设备要求高,劳动强度也大,这种方法目前使用较少。湿投法是将混凝剂配制成一定的浓度后再定量投加到水中,是目前最常用的方法。整个投加过程如图 4-15 所示。

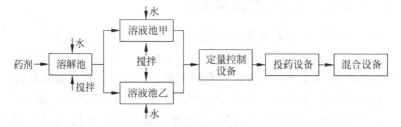

图 4-15 混凝剂的溶解和投加过程

1. 混凝剂的溶解和配制

混凝剂是在溶解池中进行溶解。为加速混凝剂的溶解,溶解池应有搅拌设备。常用的搅拌方式有机械搅拌、压缩空气搅拌和水泵搅拌。对无机盐类混凝剂的溶解池、搅拌设备和管配件,均应考虑防腐措施或用防腐材料。当使用硫酸铁混凝剂时,由于腐蚀性较强,尤其需要注意。

溶解池一般建于地面以下以便操作,池顶一般高出地面 0.2 m 左右,其容积 W_1 按下式计算:

$$W_1 = (0.2 \sim 0.3) W_2 \tag{4-34}$$

式中:W_2——溶液池容积。

将在溶解池完全溶解后的浓药液送入溶液池,用清水稀释到一定浓度以备投加。溶液池的容积 W_2 按下式计算:

$$W_2 = \frac{24 \times 100 aQ}{1\,000 \times 1\,000 cn'} = \frac{aQ}{417 cn'} \tag{4-35}$$

式中:Q——处理水量,m³/h;

a——混凝剂最大投加量,kg/m³;

c——混凝剂质量分数,无机混凝剂溶液一般用 10%~20%,有机高分子混凝剂溶液一般用 0.5%~1.0%;

n'——每日调制次数,一般为 2~6 次。

2. 混凝剂溶液的投加

混凝剂溶液的投加设备包括计量设备、注入设备、投药箱、药液提升设备等。

计量设备多种多样,应根据具体情况选用,如转子流量计、电磁流量计、计量泵、孔口计量设备等。孔口计量设备是常用的简单计量设备,如图 4-16 所示。箱中的水位靠浮球阀保持恒定。在恒定液位 h 下药液从出液管恒定流出。出液管管端装有苗嘴或孔板,分别如图 4-17 的(a)和(b)所示。通过更换苗嘴或改变孔板的出口断面,可以调节加药量。

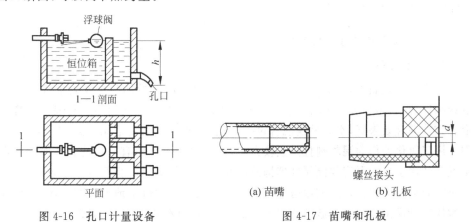

图 4-16 孔口计量设备　　图 4-17 苗嘴和孔板

混凝剂溶液的投加方式可以采用泵前重力投加(图 4-18)、水射器投加(图 4-19)和计量泵直接投加(图 4-20)等。

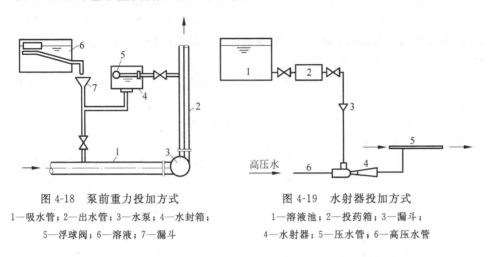

图 4-18 泵前重力投加方式
1—吸水管；2—出水管；3—水泵；4—水封箱；
5—浮球阀；6—溶液；7—漏斗

图 4-19 水射器投加方式
1—溶液池；2—投药箱；3—漏斗；
4—水射器；5—压水管；6—高压水管

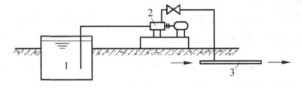

图 4-20 计量泵投加方式
1—溶液池；2—计量泵；3—压水管

泵前重力投加安全可靠,操作简单。水射器投加设备简单,使用方便,但效率较低。计量泵直接投加可不必另设计量设备,灵活方便,运行可靠,一般适用于大型水厂。

4.6.2 混合设备

常用的混合方式有水泵混合、管式混合和机械混合。

1. 水泵混合

水泵混合是我国常用的一种混合方式。混凝剂溶液投加到水泵吸水管上或吸水喇叭口处,利用水泵叶轮的高速转动来达到混凝剂与水快速而剧烈的混合。这种混合方式混合效果好,不需另建混合设备,节省投资和动力。适用于大、中、小水厂。但使用三氯化铁作为混凝剂且投量较大时,药剂对水泵叶轮有一定的腐蚀作用。水泵混合适用于取水泵房与混凝处理构筑物相距不远的场合。当两者相距较远时,经水泵混合后的原水在长距离输送过程中可能会在管道中过早地形成絮凝体,已形成的絮体在管道出口处一旦破碎往往难于重新聚集,而不利于后续的絮凝。

2. 管式混合

目前广泛使用的管道混合器是管式静态混合器,见图 4-21。在该混合器内,按要求安装若干固定混合单元,每一个混合单元由若干固定叶片按一定的角度交叉组成。当水流和混凝剂流过混合器时,被单元体多次分隔、转向并形成涡旋,以达到充分混合的目的。静态混合器的特点是构造简单,安装方便,混凝快速而均匀。

图 4-21 管式静态混合器

3. 机械混合

在混合池内安装搅拌装置,由电动机驱动进行强烈搅拌。电动机的功率按照混合阶段对速度梯度的要求进行选配。搅拌装置可以是桨板式、螺旋桨式或透平式。机械混合的优点是混合效果好,搅拌强度随时可调,使用灵活方便,适用于各种规模的处理厂。缺点是机械设备存在维修问题。

4.6.3 絮凝反应设备

絮凝反应设备的主要功能是使经混合后的原水中的微小颗粒逐渐形成大的絮凝体。絮凝设备的形式多种多样,主要有水力隔板絮凝池和机械絮凝池两大类。

1. 水力隔板絮凝池

水力隔板絮凝池的应用历史很长,目前仍是一种常用的絮凝池。根据构造,有往复式和回转式两种,见图 4-22 和图 4-23。在往复式隔板絮凝池内,水流做 180°转弯,局部水头损失较大,能量利用效率不高,急剧的转弯会使絮凝体有破碎的可能。回转式隔板絮凝池是在往复式隔板絮凝池的基础上改进产生的。水流在池内做 90°转弯,局部水头损失减少,絮凝效果也有所提高。

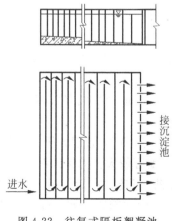

图 4-22 往复式隔板絮凝池

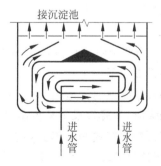

图 4-23 回转式隔板絮凝池

隔板絮凝池中的总水头损失主要由水流转弯处的水头损失和廊道沿程水头损失组成。为避免在隔板絮凝池内生长的絮凝体破碎，廊道内的流速及水流转弯处的流速应沿程逐渐减小。由于各廊道流速不同，因此水头损失的计算应按廊道分段进行。总水头损失为各段沿程和局部水头损失之和，近似按下式计算：

$$h = \sum_{i=1}^{n} \left(\xi m_i \frac{v_{ic}^2}{2g} + \frac{v_i^2}{C_i^2 R_i} l_i \right) \qquad (4\text{-}36)$$

式中：v_i——第 i 廊道内的水流速度，m/s；

v_{ic}——第 i 廊道内转弯处的水流速度，m/s；

m_i——第 i 廊道内水流转弯次数；

ξ——隔板转弯处局部阻力系数，往复式隔板（180°转弯）$\xi=3$，回转式隔板（90°转弯）$\xi=1$；

l_i——第 i 廊道总长度，m；

R_i——第 i 廊道过水断面水力半径，m；

C_i——流速系数，随水力半径 R_i 和池底及池壁粗糙系数 σ 而定，通常按满宁公式 $C_i = \dfrac{1}{\sigma} R^{1/6}$ 计算或直接查水力计算表。

根据絮凝池容积的大小，往复式絮凝池的总水头损失一般在 0.3~0.5 m，回转式总水头损失比往复式小 40％左右。

隔板絮凝池的主要设计参数如下：

(1) 池数一般不少于 2 个，絮凝时间一般为 20~30 min。

(2) 絮凝池隔板间的流速应沿程递减，起端部分为 0.5~0.6 m/s，末端部分为 0.2~0.3 m/s。廊道的分段数一般为 4~6，根据分段数确定各段流速。为达到流速递减的目的，有两种措施：一是将隔板间距从起端至末端逐段放宽，池底相平；二是保持隔板间距不变，池底从起端至末端逐渐降低。因施工方便，一般采用前者较多。

(3) 为减少水流转弯处水头损失，转弯处过水断面应为廊道过水断面的 1.2~1.5 倍。

(4) 为便于施工和检修，隔板净间距一般大于 0.5 m，池底应有 0.02~0.03 的坡度并设直径不小于 0.15 m 的排泥管。

隔板絮凝池通常适用于大、中水厂。其优点是构造简单，管理方便。缺点是流量变动大时，絮凝效果不易控制，需较长絮凝时间，池容较大。为保证絮凝效果，可把往复式和回转式两种形式组合使用，往复式在前，回转式在后。因为在絮凝初期，絮凝体尺寸较小，无破碎之虑，采用往复式较好；而在絮凝后期，絮凝体尺寸较大，易破碎，采用回转式较好。

【例 4-2】 某水厂采用往复式隔板絮凝池,设计流量为 80 000 m³/d;絮凝时间取 20 min;为配合平流式沉淀池的宽度和深度,絮凝池宽 22 m,平均水深 2.8 m。试设计隔板絮凝池各廊道宽度并计算絮凝池长度(水厂自用水量按 5% 计)。

【解】

(1) 絮凝池净长度

考虑水厂自用水量,絮凝池设计流量 $Q = \dfrac{80\,000}{24} \times 1.05 = 3\,500 \text{ m}^3/\text{h} = 0.97 \text{ m}^3/\text{s}$

絮凝池净长度 $L' = \dfrac{QT}{BH} = \dfrac{3\,500}{22 \times 2.8} \times \dfrac{20}{60} = 18.94 \text{ m}$

(2) 絮凝池廊道宽度设计

取絮凝池起端流速 0.55 m/s,末端流速 0.25 m/s。首先根据起、末端流速和平均水深计算起、末端廊道宽度:

起端廊道宽度 $b = \dfrac{Q}{Hv} = \dfrac{0.97}{2.8 \times 0.55} = 0.63 \approx 0.6 \text{ m}$,相应地起端流速为 0.58 m/s。

末端廊道宽度 $b = \dfrac{Q}{Hv} = \dfrac{0.97}{2.8 \times 0.25} = 1.38 \approx 1.4 \text{ m}$,末端流速仍为 0.25 m/s。

廊道宽度分成 5 段,各段廊道宽度和流速见表 4-3。应注意,表中所求廊道内流速均是按平均水深计算的,故只是廊道真实流速的近似值,因为廊道水深是递减的。

表 4-3 廊道宽度和流速计算表

廊道分段号	1	2	3	4	5
各段廊道宽度/m	0.6	0.8	1.0	1.2	1.4
各段廊道流速/(m/s)	0.58	0.43	0.35	0.29	0.25
各段廊道数	4	4	4	4	3
各段廊道总净宽/m	2.4	3.2	4.0	4.8	4.2

五段廊道宽度之和 $\sum b = 2.4 + 3.2 + 4.0 + 4.8 + 4.2 = 18.6 \text{ m}$

取隔板厚度 $\delta = 0.1 \text{ m}$,共 18 块隔板,则絮凝池总长度 L 为

$$L = 18.6 + 18 \times 0.1 = 20.4 \text{ m}$$

2. 机械絮凝池

在机械絮凝池中,采用机械搅拌装置对水流进行搅拌,水流能量消耗来源于搅拌机功率的输入。搅拌速度可以通过使用变速电动机或变速箱进行调节。根据搅拌轴的安装位置,机械絮凝池分为水平轴式和垂直轴式两种,见图 4-24 中的(a)和

(b)。水平轴式常用于大型水厂,垂直轴式一般用于中、小水厂。搅拌器有桨板式和叶轮式等,目前我国常用前者。

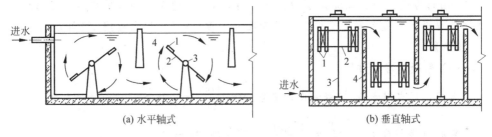

(a) 水平轴式　　　　　　　　　(b) 垂直轴式

图 4-24　机械絮凝池
1—桨板；2—叶轮；3—转轴；4—隔板

图 4-25 是我国常用的一种垂直轴式搅拌器。叶轮呈"十"字形安装,一根轴上共安装 8 块桨板。当桨板旋转时,水对桨板的阻力即为桨板施于水的推力。以图 4-25 中的一块桨板为例,在 dA 面积（图中阴影）上,水流阻力可用下式计算：

$$dF_i = C_D \rho \frac{v_b^2}{2} dA \qquad (4-37)$$

式中：dF_i——水流对面积为 dA 桨板的阻力,N；

　　　C_D——阻力系数,取决于桨板宽长比,见表 4-4；

　　　ρ——水的密度,kg/m³；

　　　v_b——相对于桨板的水流速度,亦即桨板旋转线速度,m/s。

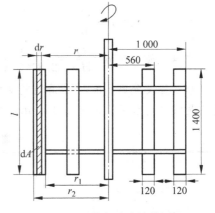

图 4-25　桨板功率计算图

表 4-4　阻力系数 C_D

宽长比(b/l)	<1	1~2	2.5~4	4.5~10	10.5~18	>18
C_D	1.10	1.15	1.19	1.29	1.40	2.00

阻力 dF_i 在单位时间内所做的功,即为桨板克服水的阻力所耗功率：

$$dP_i = dF_i v_b = C_D \rho \frac{v_b^3}{2} dA = \frac{C_D \rho}{2} \omega^3 r^3 l dr \qquad (4-38)$$

式中：l——桨板长度,m；

　　　ω——桨板相对于水的旋转角速度,rad/s；

　　　r——桨板旋转半径,m。

积分式(4-38),得一块板克服水的阻力所耗功率：

$$P_i = \int_{r_1}^{r_2} \frac{C_D \rho}{2} l \omega^3 r^3 \mathrm{d}r = \frac{C_D \rho}{8} l \omega^3 (r_2^4 - r_1^4) \tag{4-39}$$

设每根旋转轴上在不同旋转半径上装设相同数量的桨板,则每根旋转轴全部桨板所耗的功率为

$$P = \sum_1^{m'} \frac{m C_D \rho}{8} l \omega^3 (r_2^4 - r_1^4) \tag{4-40}$$

式中：P——桨板所耗总功率,W；

m'——不同旋转半径上桨板数；

m——同一旋转半径上桨板数；

r_2——桨板外缘旋转半径,m；

r_1——桨板内缘旋转半径,m。

每根旋转轴所需的电动机功率：

$$N = \frac{P}{1\,000 \eta_1 \eta_2} \tag{4-41}$$

式中：N——电动机功率,kW；

η_1——搅拌设备总机械效率,通常采用 0.75；

η_2——传动效率,可采用 0.6~0.95。

一般桨板"旋转线速度"是以池子为固定参照物。相对线速度为桨板相对于水流的运动线速度,其值约为旋转线速度的 0.5~0.75 倍,只有当桨板刚启动时,两者才相等。

机械絮凝池主要设计参数如下：

(1) 每台搅拌器上桨板总面积为水流截面积的 10%~20%,不宜超过 25%,以免池水随桨板同步旋转而减弱搅拌效果。桨板长度不大于叶轮直径的 75%,宽度为 0.1~0.3 m。

(2) 搅拌机转速按叶轮半径中心点线速度通过计算确定。絮凝池一般设 3~4 格,第一格叶轮中心点线速度为 0.4~0.5 m/s,逐渐减少至最末一格的 0.2 m/s。

(3) 絮凝时间通常为 15~20 min。

机械絮凝池的优点是效果好,能适应水质、水量的变化,能应用于任何规模的水厂,但需专门的机械设备并增加机械维修工作。

【例 4-3】 某机械絮凝池分成 3 格。每格有效容积为 30 m³。每格设 1 台垂直轴桨板搅拌器且尺寸均相同,见图 4-25。试对机械搅拌器进行设计并核算 $\bar{G}$ 值。

【解】 叶轮桨板中心线速度采用：

第一格搅拌机　$v_1 = 0.5$ m/s

第二格搅拌机　$v_2 = 0.3$ m/s

第三格搅拌机　$v_3 = 0.2 \text{ m/s}$

设桨板相对于水流的线速度为桨板旋转线速度的 0.75 倍，则相对于水流的叶轮转速为

$$\omega_1 = \frac{0.75 v_1}{r_0} = \frac{0.75 \times 0.5}{0.5} = 0.75 \text{ rad/s}$$

$$\omega_2 = \frac{0.75 v_2}{r_0} = \frac{0.75 \times 0.3}{0.5} = 0.45 \text{ rad/s}$$

$$\omega_3 = \frac{0.75 v_3}{r_0} = \frac{0.75 \times 0.2}{0.5} = 0.30 \text{ rad/s}$$

(1) 桨板所需功率计算

外侧桨板 $r_1 = 1.0$ m, $r_2 = 0.88$ m；内侧桨板 $r_1 = 0.56$ m, $r_2 = 0.44$ m。内、外侧桨板各 4 块。桨板宽长比 $b/l = 0.12/1.4 < 1$，查表 4-4，得 $C_D = 1.10$。

根据式(4-40)得第一格电动机功率：

$$P_1 = \sum_1^2 \frac{m C_D \rho}{8} l \omega^3 (r_2^4 - r_1^4) = \frac{4 \times 1.1 \times 1\,000}{8} \times 1.4 \times 0.75^3$$
$$\times [(1.0^4 - 0.88^4) + (0.56^4 - 0.44^4)] = 150 \text{ W}$$

同样，求得第二格电动机功率：

$$P_2 = \sum_1^2 \frac{m C_D \rho}{8} l \omega^3 (r_2^4 - r_1^4) = \frac{4 \times 1.1 \times 1\,000}{8} \times 1.4 \times 0.45^3$$
$$\times [(1.0^4 - 0.88^4) + (0.56^4 - 0.44^4)] = 32.4 \text{ W}$$

第三格电动机功率：

$$P_3 = \sum_1^2 \frac{m C_D \rho}{8} l \omega^3 (r_2^4 - r_1^4) = \frac{4 \times 1.1 \times 1\,000}{8} \times 1.4 \times 0.3^3$$
$$\times [(1.0^4 - 0.88^4) + (0.56^4 - 0.44^4)] = 9.6 \text{ W}$$

(2) 平均速度梯度计算（水温按 15℃ 计，$\mu = 1.14 \times 10^{-3}$ Pa·s）

第一格　$G_1 = \sqrt{\dfrac{P_1}{\mu V}} = \sqrt{\dfrac{150}{1.14 \times 30} \times 10^3} = 66.2 \text{ s}^{-1}$

第二格　$G_2 = \sqrt{\dfrac{P_2}{\mu V}} = \sqrt{\dfrac{32.4}{1.14 \times 30} \times 10^3} = 30.7 \text{ s}^{-1}$

第三格　$G_3 = \sqrt{\dfrac{P_3}{\mu V}} = \sqrt{\dfrac{9.6}{1.14 \times 30} \times 10^3} = 16.8 \text{ s}^{-1}$

絮凝池总平均速度梯度：

$$\bar{G} = \sqrt{\frac{P_1 + P_2 + P_3}{\mu \times 3V}} = \sqrt{\frac{150 + 32.4 + 9.6}{1.14 \times 3 \times 30} \times 10^3} = 43 \text{ s}^{-1}$$

3. 其他形式絮凝池

絮凝池的形式还有多种,也有不同的使用组合。

图 4-26 为多级旋流絮凝池的示意图。它由若干个方格组成,方格四角抹圆。每一格为一级,一般可分为 6~12 级。水流沿池壁切线方向进入后形成旋流。进水孔口上、下交错布置。第一格孔口最小,流速最大,可为 2~3 m/s,而后逐级递减。末端孔口流速为 0.15 m/s 左右。絮凝时间 15~25 min。

多级旋流絮凝池的优点是结构简单,施工方便,造价低,可用于中、小水厂或与其他形式的絮凝池组合应用。缺点是受流量变化影响较大,故絮凝效果欠佳,池底易产生积泥现象。

各种形式的絮凝池都各有其优缺点。不同形式的絮凝池组合应用往往可以取长补短,其在生产中的应用日益增多。如往复式和回转式隔板絮凝池可以组合应用,多级旋流与隔板絮凝池也可以组合应用。图 4-27 是隔板絮凝池和机械絮凝池的组合。当水质、水量发生变化时,可以调节机械搅拌强度以弥补隔板絮凝池运行不灵活的不足。而一旦机械搅拌设备发生故障,停运检修时,隔板絮凝池仍可继续运行。实践证明,不同形式絮凝池组合使用,可保证絮凝效果良好稳定,但设备形式增多,需根据具体情况决定。

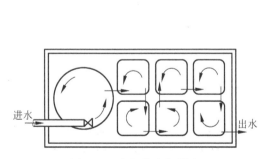

图 4-26　多级旋流絮凝池

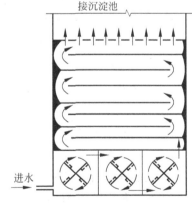

图 4-27　隔板絮凝池和机械絮凝池组合

4.7　混凝的应用

4.7.1　给水处理

天然水中含有大量的各类悬浮物、胶体、细菌等杂质,其水质距生活和工业用水水质要求还存在差距。因此需要采用适宜的方法对天然水进行处理,去除水中杂质,使之符合生活饮用或工业使用所要求的水质。

如前所述,以地表水为水源的生活饮用水的常规处理工艺是"混凝—沉淀—过滤—消毒",混凝是其中的重要单元,主要去除水中的胶体和部分微小悬浮物,从表观来看主要是去除产生浊度的物质。天然水经混凝沉淀后一般浊度可降低到10 NTU 以下。由于细菌也属于胶体类物质,经过混凝沉淀,大肠菌可以去除50%～90%。

4.7.2 废水处理

1. 混凝法处理废水的特点

混凝不仅可以去除废水中呈胶体和微小悬浮物状态的有机和无机污染物,还可以去除废水中的某些溶解性物质,如砷、汞等,以及导致水体富营养化的磷元素。因此,混凝在工业废水处理中应用非常广泛,既可作为独立的处理单元,也可以和其他处理法联合使用,进行预处理、中间处理或最终处理。近年来,由于污水回用的需要,混凝作为城市污水深度处理常用的一种技术得到了广泛应用。此外,混凝法还可以改善污泥的脱水性能,在污泥脱水工艺中是一种不可缺少的前处理手段。

与给水处理中的天然水相比,由于工业废水和生活污水的性质复杂,利用混凝法处理废水的情况更为复杂。有关混凝剂品质和混凝条件的确定因废水种类和性质而异,需要通过试验才能确定适宜的混凝剂种类和投加量。

混凝法处理废水的优点是设备简单,基建费用低,易于实施,处理效果好,但缺点是运行费用高,产生的污泥量大。

2. 应用举例

1) 印染废水处理

印染废水的特点是色度高、水质复杂多变,含有悬浮物、染料、颜料、化学助剂等污染物。对于在废水中呈胶体状态的染料、颜料等污染物,可用混凝法加以去除。混凝剂的选择与染料种类有关,需根据混凝试验确定。对于直接染料,一般可用硫酸铝和石灰作混凝剂;对于还原染料或硫化染料,可以采用酸将 pH 调节到 1～2 使还原染料析出。聚合氯化铝对直接染料、还原染料和硫化染料都有较好的混凝效果,但对活性染料、阳离子染料的效果则较差。

某针织厂染色废水,含直接染料、活性染料、酸性染料等。悬浮物(SS)浓度为 80～140 mg/L,COD 浓度为 64.9～88.3 mg/L。采用聚合氯化铝为混凝剂,投加量为 0.05%～0.1%。经混凝沉淀后,色度去除 90%,出水 SS 浓度为 2.5～3.5 mg/L,COD 浓度为 8.7～19.0 mg/L。

2) 含乳化油废水处理

石油炼厂、煤气发生站等产生的废水中含有大量的油类污染物、悬浮物等。其中乳化油颗粒小,表面带电荷,隔油池去除效果不佳,可以采用混凝法予以去除。通过投加混凝剂,改变胶体粒子表面的电荷,破坏乳化油的稳定体系,形成絮凝体。通常混凝法能够使废水的含油量从数百 mg/L 降至 5 mg/L 左右。

国内一些炼油污水处理厂采用混凝加气浮的方法处理含油废水,效果良好。如兰州某炼油厂废水原水含油浓度 50~100 mg/L,采用聚合氯化铝作为混凝剂,经混凝和一级气浮处理后,含油浓度降低到 20~30 mg/L,再经混凝和二级气浮后,含油浓度降低到 10 mg/L 以下。

3) 城市污水深度处理

城市污水经二级生物处理以后,出水 COD 浓度在 50~100 mg/L,SS<30 mg/L,尚不能满足污水回用的要求。可以采用混凝法对二级生物处理出水进行深度处理。经混凝沉淀后,出水一般可达到市政杂用水水质的要求。

4-1 简述胶体的动电现象、双电层与 ζ 电势。并试用胶粒间相互作用势能曲线说明胶体稳定性原因。

4-2 试比较憎水胶体和亲水胶体的特点。

4-3 混凝过程中,压缩双电层和吸附—电中和作用有何区别?简述硫酸铝的混凝作用机理及其与水的 pH 值的关系。

4-4 概述影响混凝效果的几个因素。

4-5 目前我国常用的混凝剂有哪几种?各有何优缺点?今后的发展方向是什么?

4-6 高分子混凝剂投量过多时,为什么混凝效果反而不好?

4-7 "助凝"的作用是什么?什么物质可以作为助凝剂?

4-8 为什么有时需要将 PAM 在碱化条件下水解成 HPAM?PAM 水解度的含义是什么?一般要求水解度为多少?

4-9 同向絮凝和异向絮凝的差别何在?两者的凝聚速率(或碰撞速率)与哪些因素有关?

4-10 混凝控制指标有哪几种?你认为合理的控制指标应如何确定?

4-11 混凝过程中,G 值的真正含义是什么?沿用已久的 G 值和 GT 值的数值范围存在什么缺陷?请写出机械絮凝池和水力絮凝池的 G 值公式。

4-12 混合和絮凝反应同样都是解决搅拌问题,两者对搅拌的要求有何不同?为什么?

4-13 设计规范中对反应池只规定水流速度与停留时间,它们反映了什么本质问题？

4-14 采用机械絮凝池时，为什么要采用 3~4 档搅拌机且各档之间需用隔墙分开？

4-15 如何在工程设备上实现混凝混合阶段和絮凝阶段对水力条件的要求？

4-16 试述给水混凝与生活污水及工业废水混凝各自的特点。

4-17 何谓混凝剂"最佳剂量"？如何确定最佳剂量并实施自动控制？

4-18 某硫酸铝含 Al_2O_3 16%、不溶解杂物 0.15%。问：(1)商品里面 $Al_2(SO_4)_3$ 和溶解杂质各占的百分数；(2)如果水中加 1 g 这种商品，计算在水中产生的 $Al(OH)_3$、不溶解杂质和溶解的杂质分别重多少？

4-19 河水总碱度为 0.15 mmol/L（按 CaO 计）。硫酸铝（含 Al_2O_3 为 15%）投加量为 25 mg/L。问是否需要投加石灰以保证硫酸铝顺利水解？设水厂每日生产水量 60 000 m^3，试问水厂每天约需要多少千克石灰（石灰纯度按50%计）。

4-20 下表是某河水的水质分析结果。如果投加 30.00 mg/L 的 $FeCl_3$ 去除浊度，残留的碱度是多少？忽略磷的副反应，假设所有的碱度都是 HCO_3^-。

成分	计量标准	含量/(mg/L)	成分	计量标准	含量/(mg/L)
总硬度	$CaCO_3$	164.0	氯化物	Cl^-	32.0
钙硬度	$CaCO_3$	108.0	磷酸盐	PO_4^{3-}	3.0
镁硬度	$CaCO_3$	56.0	硅酸	SiO_2	10.0
总铁	Fe	0.9	悬浮固体	SS	29.9
铜	Cu	0.01	浊度	NTU	12.0
铬	Cr	0.03	pH		7.6
总碱度	$CaCO_3$	136.0			

4-21 某废水流量为 13 500 m^3/d，悬浮物浓度为 55 mg/L，采用硫酸铁作为混凝剂，投加量为 50 mg/L。

(1) 假设废水几乎无碱度，每日需要的石灰投加量为多少？

(2) 如果沉淀池去除进水中 90% 的悬浮物，从沉淀池中每日去除的固体量为多少？

4-22 隔板絮凝池设计流量 75 000 m^3/d。絮凝池有效容积为 1 100 m^3。絮凝池总水头损失为 0.26 m。求絮凝池总的平均速度梯度 $\overline{G}$ 值和 $\overline{G}T$ 值各为多少？（水厂自用水量按 5% 计）。

4-23 某机械絮凝池分成 3 格。每格有效尺寸为 2.6 m(宽)×2.6 m(长)×4.2 m (深)。每格设一台垂直轴桨板搅拌器,构造按图 4-25,设计各部分尺寸为: $r_2 = 1\,050$ mm;桨板长 1 400 mm,宽 120 mm;$r_0 = 525$ mm。叶轮中心点旋转线速度如下:

第一格　$v_1 = 0.5$ m/s

第二格　$v_2 = 0.32$ m/s

第三格　$v_3 = 0.2$ m/s

求 3 台搅拌器所需搅拌功率及相应的平均速度梯度 $\bar{G}$ 值(水温按 20℃ 计算)。

第5章　沉淀与澄清

5.1　沉淀原理与分类

水中悬浮颗粒的去除,可通过颗粒和水的密度差,在重力作用下进行分离。密度大于水的颗粒将下沉,小于水的则上浮。沉淀法即是利用悬浮颗粒与水的密度差,在重力作用下将重于水的悬浮颗粒从水中分离出去的一种水处理工艺。该工艺简单,在水处理中的应用极为广泛,一般适于去除 20～100 μm 以上的颗粒。胶体不能直接用沉淀法去除,需经混凝处理后,使颗粒尺寸变大,才能通过沉淀去除。

根据悬浮颗粒的浓度和性质,沉淀可分为四种基本类型。各类沉淀发生的水质条件如图 5-1 所示。

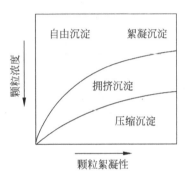

图 5-1　四种类型沉淀与颗粒浓度和絮凝性的关系

(1) 自由沉淀　颗粒在沉淀过程中呈离散状态,互不干扰,其形状、尺寸、密度等均在沉淀过程中不发生改变,下沉速度恒定。这种现象时常发生在废水处理工艺中的沉砂池和初沉池的前期。

(2) 絮凝沉淀　当水中悬浮颗粒浓度不高,但具有絮凝性时,在沉淀过程中,颗粒相互干扰,其尺寸、质量均会随沉淀深度的增加而增大,沉速亦随深度而增加。这种现象通常发生在废水处理工艺中的初沉池后期、二沉池前期以及给水处理工艺中的混凝沉淀单元。

(3) 拥挤沉淀　又称分层沉淀。当悬浮颗粒浓度较大时,每个颗粒在下沉过程中都要受到周围其他颗粒的干扰,在清水与浑水之间形成明显的交界面,并逐渐向下移动。这种现象主要发生在高浊水的沉淀单元、活性污泥的二沉池等。

(4) 压缩沉淀　当悬浮颗粒浓度很高时,颗粒相互接触,相互支撑,在上层颗粒的重力下,下层颗粒间的水被挤出,污泥层被压缩。这种现象发生在沉淀池底部。

5.2 颗粒的沉淀特性

5.2.1 自由沉淀

1. 颗粒沉速公式

对于低浓度的离散性颗粒，如砂砾、铁屑等，其在水中的沉淀过程不受相互间的干扰。假设：①颗粒外形为球形，不可压缩，也无凝聚性，沉淀过程中其大小、形状和质量等均不改变；②水处于静止状态。颗粒在水中开始沉淀时，受到重力 F_g、浮力 F_b 和流体阻力 F_D 的作用：

$$F_g = \frac{\pi}{6} d_p^3 \rho_p g \tag{5-1}$$

$$F_b = \frac{\pi}{6} d_p^3 \rho g \tag{5-2}$$

$$F_D = C_D A_p \frac{\rho u^2}{2} \tag{5-3}$$

式中：d_p——颗粒直径，m；

ρ_p——颗粒密度，kg/m³；

ρ——水的密度，kg/m³；

A_p——颗粒在垂直于运动方向水平面的投影面积，对于球形颗粒，$A_p = \frac{\pi}{4} d_p^2$，m²；

C_D——阻力系数；

u——颗粒与流体之间的相对运行速度，m/s；

g——重力加速度，m/s²。

在开始沉淀时，颗粒在重力作用下产生加速运动，但同时水的阻力也逐渐增大。经过一很短的时间后，作用于水中颗粒的重力、浮力和阻力达到平衡。此后，颗粒开始以匀速下沉。

$$\frac{\pi}{6} d_p^3 \rho_p g - \frac{\pi}{6} d_p^3 \rho g - C_D \frac{\pi}{4} d_p^2 \left(\frac{\rho u^2}{2} \right) = 0 \tag{5-4}$$

整理得

$$u = \sqrt{\frac{4}{3} \frac{g}{C_D} \frac{\rho_p - \rho}{\rho} d_p} \tag{5-5}$$

上式为颗粒沉速基本公式。

沉速计算公式中的阻力系数 C_D 与颗粒的雷诺数 $\left(Re = \frac{u d_p \rho}{\mu} \right)$ 有关，由实验确定。对于球形颗粒，阻力系数与雷诺数的关系曲线见图 5-2。

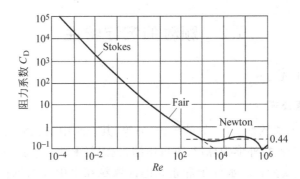

图 5-2　球形颗粒阻力系数与雷诺数的关系

当 $Re<1$，层流区：

$$C_D = 24/Re \tag{5-6}$$

颗粒沉速：

$$u = \frac{1}{18} \frac{\rho_p - \rho}{\mu} g d_p^2 \tag{5-7}$$

式中：μ 是水的粘度，Pa·s。式(5-7)称为斯托克斯(Stokes)公式。

当 $1<Re<10^3$，过渡区：

$$C_D = \frac{24}{Re} + \frac{3}{\sqrt{Re}} + 0.34 \quad \text{或} \quad C_D = \frac{18.5}{Re^{0.6}} \tag{5-8}$$

当 $10^3<Re<10^5$，紊流区：

$$C_D = 0.44 \tag{5-9}$$

颗粒沉速：

$$u = 1.74 \sqrt{\frac{(\rho_p - \rho) d_p g}{\rho}} \quad (\text{Newton 式}) \tag{5-10}$$

【例 5-1】　某颗粒的直径为 80 μm，密度为 1 200 kg/m³，水温 20℃，计算颗粒在水中的沉淀速度。

【解】　颗粒直径 $d_p = 8 \times 10^{-5}$ m，20℃时水的粘度 $\mu = 1.01 \times 10^{-3}$ Pa·s。代入式(5-7)计算颗粒沉速：

$$u = \frac{1}{18} \times \frac{1\,200 - 1\,000}{1.01 \times 10^{-3}} \times 9.8 \times (8 \times 10^{-5})^2 = 6.9 \times 10^{-4} \text{ m/s}$$

运动粘度 $\nu = 1.01 \times 10^{-6}$ m²/s，计算雷诺数：

$$Re = \frac{u d_p}{\nu} = \frac{6.9 \times 10^{-4} \times 8 \times 10^{-5}}{1.01 \times 10^{-6}} = 0.055 < 1$$

符合斯托克斯公式应用的条件。

应用斯托克斯公式计算颗粒的沉速,要求围绕颗粒的水流呈层流状态,因此该公式的应用有很大的局限性。但该公式有助于理解影响沉速的诸因素:①沉速与颗粒与水的密度差$(\rho_p-\rho)$成正比,密度差愈大,沉速愈快;②与颗粒直径二次方成正比,颗粒直径愈大,沉速愈快。一般地,沉淀只能去除$d>20\mu m$的颗粒。通过混凝处理可以增大颗粒粒径;③与水的粘度成反比关系,粘度愈小,沉速愈快。故提高水温有利于加速沉淀。

2. 颗粒沉淀实验

水中悬浮颗粒的沉淀性能,一般都通过沉淀实验测定。实验在沉淀柱中进行(图5-3)。

图5-3 沉淀柱

沉淀柱的有效水深为H,试验用水样须缓慢地搅拌均匀,水样中悬浮物的原始浓度为C_0(mg/L)。在时间为t_1时从水深为H处取一水样,测出其悬浮物浓度为C_1(mg/L),则沉速大于$u_1(=H/t_1)$的所有颗粒已通过取样点,而残余颗粒的沉速必然小于u_1。这样,具有沉速小于u_1的颗粒与全部颗粒的比例为$p_1=C_1/C_0$。在时间为$t_2,t_3,\cdots$时重复上述过程,则具有沉速小于$u_2,u_3,\cdots$的颗粒比例$p_2,p_3,\cdots$也可求得。将这些数据整理可绘出如图5-4所示的曲线。

对于指定的沉淀时间t_0可求得颗粒沉速u_0,沉速$\geqslant u_0$的颗粒在t_0时可全部去除,而沉速$u<u_0$的颗粒则只有一部分去除,其去除的比例为h_i/H,h_i代表在t_0时沉速小于u_0的颗粒i的沉降距离(图5-5)。

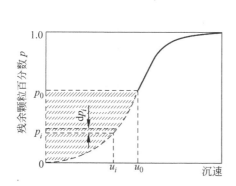

图5-4 颗粒沉速累计频率分配曲线

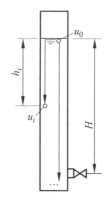

图5-5 不同尺寸颗粒的静置沉降

设p_0代表沉速$<u_0$的颗粒所占百分数,因此对于所有的悬浮颗粒,沉速$\geqslant u_0$的颗粒去除的百分数可用$(1-p_0)$表示。

由于

$$\frac{h_i}{H}=\frac{u_i t_0}{u_0 t_0}=\frac{u_i}{u_0} \tag{5-11}$$

所以沉速$<u_0$的各种粒径的颗粒在t_0时间内按u/u_0的比例被去除。考虑到颗粒粒径分布时,总去除率为

$$P = (1-p_0) + \frac{1}{u_0}\int_0^{p_0} u\mathrm{d}p \tag{5-12}$$

式中第二项可将沉淀实验曲线用图解积分法确定,如图5-4中的阴影部分。

【例5-2】 某废水静置沉淀实验数据如表5-1所示。实验有效水深$H=1.2$ m。试求各沉淀时间的颗粒去除率。

表5-1 沉淀实验数据

沉淀时间 t/min	0	15	30	45	60	90	180
$p_i = C_i/C_0$	1	0.96	0.81	0.62	0.46	0.23	0.06
$u = H/t$/(cm/min)		8	4	2.67	2	1.33	0.67
P		0.344	0.576	0.747	0.816	0.909	0.976

【解】

(1) 计算与各沉淀时间相应的颗粒沉速,如当沉淀时间为60 min,沉淀距离为1.2 m的颗粒沉速为$u = \frac{120}{60} = 2$ cm/min。颗粒沉速计算结果列于表5-1。

(2) 以u为横坐标,p为纵坐标,作图得沉淀曲线,如图5-6所示。

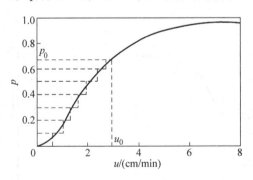

图5-6 图解积分

(3) 图解计算各沉速下的总去除率。以指定沉速$u_0 = 3.0$ cm/min为例,由图5-6可见小于此沉速的颗粒量与全部颗粒量之比$p_0 = 0.67$。式(5-12)中的积分项$\int_0^{p_0} u\mathrm{d}p$可由图解求出,等于图中各矩形面积之和,其值为

$$0.1 \times (0.5 + 1.0 + 1.3 + 1.6 + 2.0 + 2.4) + 0.07 \times 2.7 = 1.07$$

则悬浮颗粒总去除率为

$$P = (1-p_0) + \frac{1}{u_0}\int_0^{p_0} u\mathrm{d}p = (1-0.67) + \frac{1}{3}\times 1.07 = 68.7\%$$

也即沉淀时间为 40 min($=h/u_0$)的颗粒总去除率为 68.7%,其中沉速大于 u_0 的颗粒占 33%,小于 u_0 的颗粒占 35.7%。其他指定沉速下的总去除率的计算方法同此,结果如表 5-1 所示。

(4) 根据以上计算结果,可以绘制沉淀时间 t、颗粒沉速 u 与总去除率 P 的沉淀特性曲线,如图 5-7 和图 5-8 所示。

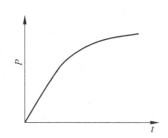
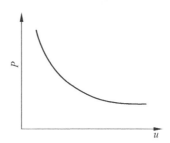

图 5-7　沉淀时间与总去除率关系曲线　　图 5-8　颗粒沉速与总去除率关系曲线

除采用式(5-12)确定沉淀特性曲线以外,另外介绍一种确定沉淀特性曲线的方法如下。

从上述实验可知,在 $t=0$ 时,沉淀柱中任何一点的悬浮物浓度是均匀一致的。随着沉淀历时的增加,由于不同粒度颗粒的下沉速度及下沉距离不同,因此沉淀柱中悬浮物浓度不再均匀,其浓度随水深而增加。严格地讲,经过沉淀时间 t 后,应将沉淀柱中有效水深内的水样全部取出,测出其剩余的悬浮物浓度 C,来计算沉淀时间为 t 时的沉淀效率:

$$P = \frac{C_0 - C}{C_0} \times 100\% \tag{5-13}$$

但由于这样做实验工作量太大,通常可以从有效水深的上、中、下部取相同数量的水样混合后求出有效水深内(污泥层以上)的平均悬浮物浓度。或者,为了简化,可以假设悬浮物浓度沿深度呈直线变化。因此,可以将取样口设在 $H/2$ 处,则该处水样的悬浮物浓度可近似地代表整个有效水深内的平均浓度。由此计算出沉淀时间为 t 时的沉淀效率。

依此类推,在不同的沉淀时间 $t_1,t_2,\cdots$ 分别从中部取样测出悬浮物浓度 $C_1,C_2,\cdots$,并同时测量水深的变化 $H,H_1,\cdots$(如沉淀柱直径足够大,例如 0.15 m 以上,则 $H,H_1,\cdots$ 相差很小),可计算出 $u_1,u_2,\cdots$,再绘制出沉淀特性曲线。这种采用中部取样的方法得出的沉淀特性曲线,与用式(5-12)计算得出的沉淀特性曲线是很相近的。

应当指出,实验用的沉淀柱的有效水深 H 应尽可能与拟采用的实际沉淀池的水深相同,否则 P-t 曲线不能反映实际沉淀过程。例如,有效水深 H 减少一半,达到相同沉淀效率的时间也可减少一半,因为沉速仍保持相等。因此,可以认为,对于自由沉降过程,P-u 曲线与实验水深无关。

5.2.2 絮凝沉淀

当原水中含有絮凝性悬浮物时(如投加混凝剂后形成的矾花、活性污泥等),在沉降过程中,絮凝体相互碰撞凝聚,使颗粒尺寸变大,因此沉速将随深度而增加,沉淀的轨迹呈曲线(如图 5-9 所示)。在絮凝沉淀过程中,由于颗粒的质量、形状和沉速是变化的,因此,颗粒的实际沉速很难用理论公式来描述,需通过沉淀实验来测定。

进行絮凝性颗粒的沉降实验,通常可以采用如图 5-10(a)所示的实验柱。

沉淀柱的高度应与拟采用的实际沉淀池的高度相同,而且要尽量避免水样剧烈搅动造成絮体破碎,影响沉淀效果。沉淀柱在不同的深度设有多个取样口。实验前,先将沉淀柱内水样充分搅拌并测定其初始浓度,然后开始实验。每隔一定时间,同时从不同深度的取样口取水样并测定悬浮物浓度,计算出相应的颗粒去除百分数。以沉淀柱取样口高度 h 为纵坐标,以沉降时间 t 为横坐标,将各个深度处的颗粒去除百分数 p 的数据绘于坐标纸上。在点出足够的数据后,把去除百分数 p 相同的各点连成光滑曲线,称为"去除百分数等值线",如图 5-10(b)所示。这些曲线代

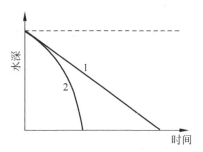

图 5-9 自由沉淀与絮凝沉淀的轨迹
1—离散颗粒;2—絮凝颗粒

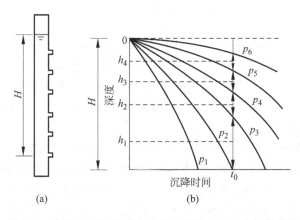

图 5-10 絮凝性颗粒沉淀实验柱及颗粒去除百分数等值线

表相等的去除百分数,也表示在一絮凝悬浮液中对应于指明的去除百分数时,颗粒沉淀路线的最远轨迹。深度与时间的比值则为指明去除百分数时的颗粒的最小平均沉速。

对于某一指定时间的悬浮物总去除率可以参照与自由沉淀相似的计算方法按如下方法求得。

例如,当沉降时间为 t_0 时,其相应的沉速 $u_0 = H/t_0$。为方便起见,时间 t_0 一般选在曲线与横坐标相交处。根据离散性颗粒的沉降特性,凡沉速 $\geqslant u_0$ 的颗粒能全部去除,而沉速小于 u_0 的颗粒则按照 u/u_0 比值仅部分去除。沉降时间 t_0 时,相邻两条曲线所表示的数值之间的差值,反映出同一时间不同深度的颗粒去除百分数的差异。说明有这样一部分颗粒,对上面一条曲线而言,被认为已沉降下去了,而对下面一条曲线来说,则被认为尚未沉降下去。介于两曲线之间的这一部分颗粒的数量为两曲线所表示的数值之差,其平均沉速等于其平均高度除以时间 t_0。根据上述分析,对于某一沉淀时间 t_0,由图 5-10(b)所示的凝聚性颗粒去除百分数等值线,可以得出总的颗粒去除率:

$$P = P_0 + \frac{u_1}{u_0}(p_3 - p_2) + \frac{u_2}{u_0}(p_4 - p_3) + \cdots + \frac{u_n}{u_0}(p_{n+2} - p_{n+1}) \quad (5-14)$$

式中:P_0——沉降高度为 H、沉降时间为 t_0 时的去除百分数(在图 5-10(b)等于 p_2),即是沉速 $\geqslant u_0$ 的颗粒的去除百分数;

$p_1, p_2, \cdots, p_n$——去除百分数;

$u_1, u_2, \cdots, u_n$——沉速小于 u_0 颗粒的沉速,分别为 $u_1 = h_1/t_0$,$u_2 = h_2/t_0$,$\cdots, u_n = h_n/t_0$。

【例 5-3】 由沉淀柱实验分析得到不同沉淀时间、不同深度的悬浮物去除百分数标示于图 5-11。去除百分数曲线是用这些数据以内插法绘制的。求沉淀时间为 60 min 时的悬浮物去除率。

【解】 由图 5-11 可以看出,60 min 时底部取样口的悬浮物去除百分数为 48%,也就是说有 48% 的颗粒具有 $\geqslant u_0$($= 1\,800\,\text{mm}/(60 \times 60) = 0.5\,\text{mm/s}$)的沉速,它们将被全部去除。小于该沉速的颗粒只有一部分沉到底部,而且按 u/u_0 的比例去除。在 50% 至 65% 去除率之间的颗粒将具有一个平均沉速,其值等于其平均高度除以时间 t_0,平均高度为去除率 50% 与 65% 曲线之间的中点高度。由图可知该中点高度为 1.3 m,则平均沉速为 $1\,300/(60 \times 60) = 0.36\,\text{mm/s}$。同样,在 65% 至 80% 去除率之间的颗粒将具有一个平均沉速为 $700/3\,600 = 0.2\,\text{mm/s}$。以下的增量的沉速很小,可以忽略不计。由式(5-14),计算悬浮物总去除率:

$$P = 48 + \frac{1.7}{1.8} \times (50 - 48) + \frac{1.3}{1.8} \times (65 - 50) + \frac{0.7}{1.8} \times (80 - 65) = 66.5\%$$

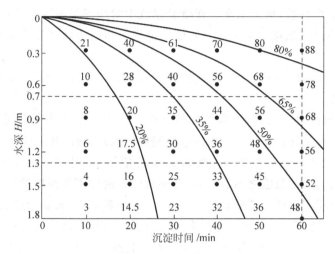

图 5-11 例 5-3 絮凝沉淀实验颗粒去除百分数等值线

同理可计算出不同沉淀历时的悬浮物总去除率,由此画出如图 5-7 和图 5-8 所示的沉淀特性曲线,作为设计沉淀池的依据。

应当指出,在絮凝沉淀过程中,对于一定的颗粒,不同水深将有不同的沉淀效率,水深增大,沉淀效率增高,这是因为絮凝后颗粒沉速加大。若水深增加 1 倍,沉淀时间并不需要增加 1 倍,因而某些沉速$<u_0$的颗粒也可沉到底部,也就是说可以去除更多的颗粒。所以 P-u 曲线与实验水深有关。这点不同于自由沉降过程。

5.2.3 拥挤沉淀

当原水中的悬浮物浓度较高时,在沉降过程中,会产生颗粒彼此干扰的拥挤沉淀现象。发生这种沉淀现象的颗粒可以是混凝后的矾花,或是曝气池的活性污泥,或是高浊度水中的泥砂。一般地,当矾花浓度达 2~3 g/L 以上,或活性污泥含量达 1 g/L 以上,或泥沙含量达 5 g/L 以上时,将会产生拥挤沉淀现象。拥挤沉淀的特点是:在水的沉淀过程中,会出现一个清水和浑水的交界面,沉淀过程也就是交界面的下沉过程,因此又称为分层沉淀(如图 5-12 所示)。

污泥开始沉淀时,沉淀柱内的污泥浓度是均匀一致的,浓度为 C_0(如图 5-12(a))。沉淀一段时间后,沉淀柱内出现 4 个区:清水区 A、等浓度区 B、变浓度区 C 和压实区 D(见图 5-12(b))。清水区下面的各区可以总称为悬浮物区或污泥区。等浓度区中的污泥浓度都是均匀的,这一区内的颗粒大小虽然不同,但由于相互干扰的结果,大的颗粒的沉速变慢,小的颗粒沉速变快,因而形成等速下沉的现象,整个区似乎都是由大小完全相等的颗粒组成。当最大粒度与最小粒度之比约为 6∶1 以

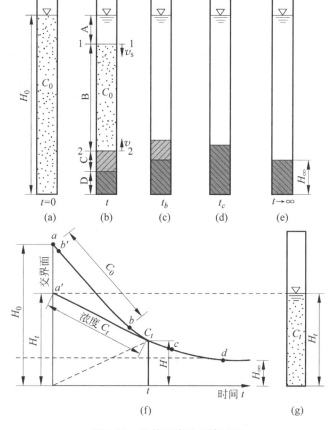

图 5-12 拥挤沉淀的沉降过程

下时,就会出现这种沉速均一化的现象。等浓度区又称为受阻沉降区。随着等浓度区的下沉,清水区和污泥区之间存在明显的分界面(界面 1—1)。颗粒间的絮凝过程越好,交界面就越清晰,清水区的悬浮物就越少。该界面沉降速度 v_s 等于等浓度区颗粒的平均沉降速度。与此同时,在沉淀柱底部由于悬浮固体的累积,出现压实区 D。压实区的悬浮物有两个特点:一是从压实区的上表面起至沉淀柱底止,颗粒沉降速度逐渐减小为零;另一个是,由于柱底的存在,压实区内悬浮物缓慢下沉的过程也就是这一区内悬浮物缓慢压实的过程。在压实区与等浓度区之间存在一个过渡,即从等浓度区的浓度逐渐变为压实区顶部浓度的变浓度区。变浓度区和压实区之间的分界面(界面 2—2),以一恒定的速度 v 上升。当沉淀时间继续增长,界面 1—1 以匀速下降,界面 2—2 以匀速上升,等浓度区的高度逐渐减小,而开始时变浓度区的高度基本不变。当等浓度区消失后(见图 5-12(c)),变浓度区也逐渐减小至消失时(见图 5-12(d)),只剩下 A 区和 D 区。此时称为临界沉降点。此后,压实区内的污泥进一步压实,高度逐渐减小,但很缓慢,因为被顶换出来的水必须通过不断减少的颗粒间空隙流出,最后直到完全压实为止(见图 5-12(e))。

如以交界面 1—1 的高度为纵坐标,沉淀时间为横坐标,可得交界面沉降过程曲线,如图 5-12(f)所示。各区的沉降速度可由沉降曲线上各点的切线斜率绘出。曲线 a-b' 段的上凸曲线可解释为沉淀初期由于颗粒间的絮凝导致颗粒凝聚变大,沉降速度逐渐变大。b'-b 段为直线,表明交界面等速下降。a-b' 段一般较短,有时不甚明显,可以作为 b'-b 直线段的延伸。曲线 b-c 段为下凹的曲线,表明交界面的下降速度逐渐减小。B区和C区消失的 c 点即为临界沉降点。c-d 段表示临界沉降点之后压实区沉淀物的压实过程。压实区最终高度为 H_∞。

由图 5-12(f)可知,曲线 a-b 段的悬浮物浓度为 C_0,b-d 段的悬浮物浓度均大于 C_0。在 b-d 段任何一点 $t(C_t > C_0)$ 作切线与纵坐标相交于 a' 点,得高度 H_t。根据肯奇(Kynch)沉淀理论可得:

$$C_t = \frac{C_0 H_0}{H_t} \tag{5-15}$$

上式的含义是:高度为 H_t、均匀浓度为 C_t 的沉淀柱中所含的悬浮物量和原高度为 H_0、均匀浓度为 C_0 的沉淀柱中所含悬浮物量相等。曲线 a'-C_t-c-d 为图 5-12(g)所虚拟的沉淀柱中悬浮物拥挤沉淀曲线。该曲线与图 5-12(a)所示沉淀柱中悬浮物沉淀曲线在 C_t 点前不一致,但之后两曲线重合。过 C_t 点切线的斜率表示浓度为 C_t 的悬浮液交界面下沉速度:

$$v_t = \frac{H_t - H}{t} \tag{5-16}$$

由实验可知,用同样的水样,不同水深的沉淀柱进行沉淀实验,其得到的拥挤沉淀过程曲线是相似的,等浓度区的浑液面的下沉速度完全相同,如图 5-13 所示。两条沉降过程曲线之间存在相似关系 $\dfrac{OP_1}{OP_2} = \dfrac{OQ_1}{OQ_2}$。因此当某一沉淀过程曲线已知时,就可以利用该关系画出任何沉淀高度的沉淀曲线。利用这种沉淀过程与沉淀高度无关的现象,就可以用较短的沉淀柱做实验,来推测实际水深的沉淀效果。

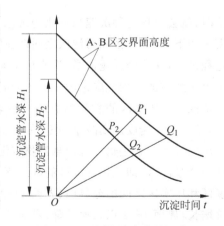

图 5-13 不同沉淀高度的沉降过程相似关系

5.3 沉淀池的颗粒去除特性

5.3.1 理想沉淀池工作模型

所谓理想沉淀池,应符合以下假设:

(1) 沉淀池的进出水均匀分布在整个横断面。沉淀池中各过水断面上各点的流速均相等;

(2) 颗粒处于自由沉淀状态。即在沉淀过程中,颗粒之间互不干扰,颗粒的大小、形状和密度不变。因此,颗粒沉速在沉淀过程中始终保持不变;

(3) 颗粒在沉淀过程中的水平分速等于水流速度;

(4) 颗粒沉淀到池底即认为已被去除,不再返回水流中。

按照上述假设,理想沉淀池的工作模型如图 5-14 所示。

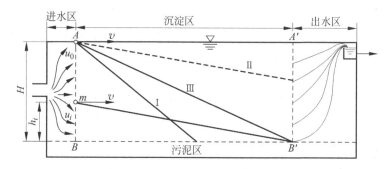

图 5-14 理想沉淀池的工作模型

图中沉淀池的有效长、宽和深分别为 L、B 和 H。原水进入沉淀池,在进水区被均匀分配在 $A—B$ 断面上,其水平流速为

$$v = \frac{Q}{HB} \tag{5-17}$$

式中:v——沉淀池的水平流速,m/s;

Q——沉淀池设计流量,m³/s;

H——沉淀池有效水深,m;

B——沉淀池宽度,m。

随原水进入沉淀池的颗粒一边随水流水平流动,一边向下沉,其运动轨迹是向下倾斜的直线。直线Ⅰ代表从池顶 A 点开始下沉在池底最远处 B' 点之前能够沉到池底的颗粒的轨迹;直线Ⅱ代表从池顶 A 开始下沉但不能沉到池底的颗粒的运动轨迹;直线Ⅲ则代表一类颗粒从池顶开始下沉而刚好沉到池底最远处 B' 点的轨迹。设按直线Ⅲ运动的颗粒的相应沉速为 u_0,沉速≥u_0 的颗粒可以全部去除,沉

速$<u_0$的颗粒只能部分去除,其去除比例为h_i/H,即u_i/u_0。直线Ⅲ代表的颗粒沉速u_0具有特殊意义,一般称为"截留沉速"。它反映了沉淀池所能全部去除的颗粒中的最小颗粒的沉速。

对于直线Ⅲ所代表的一类颗粒而言,流速v和沉速u_0都与沉淀时间t_0有关:

$$t_0 = \frac{L}{v} \quad \text{或} \quad t_0 = \frac{H}{u_0} \tag{5-18}$$

式中:t_0——水在沉淀区的停留时间,s。

令上述两式相等,并以式(5-17)代入,整理得:

$$u_0 = \frac{Q}{LB} = \frac{Q}{A} = q_0 \tag{5-19}$$

式中:L——沉淀区长度,m;

A——沉淀池水面的表面积,m^2;

q_0——沉淀池表面负荷,或称过流率,$m^3/(m^2 \cdot s)$。

表面负荷q_0在数值上等于截留沉速,但含义却不同。通过静置沉淀实验,根据要求达到的沉淀总效率,求出颗粒沉速后,也就确定了沉淀池的表面负荷。

5.3.2 影响沉淀池沉淀效果的因素

实际运行的沉淀池与理想沉淀池是有区别的。造成实际沉淀池偏离理想沉淀池状态的主要因素包括水流状态和颗粒的凝聚作用。

1. 水流状态对沉淀效果的影响

在理想沉淀池中,假定水流稳定,流速均匀分布,其理论水力停留时间为

$$t_0 = \frac{V}{Q} \tag{5-20}$$

式中:V——沉淀池容积,m^3;

Q——沉淀池设计流量,m^3/s。

但在实际沉淀池中,水力停留时间总是偏离理想沉淀池,表现在一部分水流通过沉淀区的时间小于t_0,而另一部分水流则大于t_0,这种现象称为短流。造成短流的主要原因有:

(1)由于沉淀池进口与出口构造的局限使水流在整个断面上分布不均匀,横向速度分布不均比竖向速度分布不均更使沉淀效率降低。沉淀池部分区域还存在死区。

(2)由于水温变化及悬浮物浓度的变化,进入的水可能在池内形成股流。如当进水温度比池内低,进水密度比池内大,则形成潜流;相反,则出现浮流。潜流和浮流都使池内容积未能被充分利用。

(3)此外,池内水流往往达不到层流状态,由于湍流扩散与脉动,使颗粒的沉

淀受到干扰。

衡量水流状态常常采用雷诺数(Re)、弗劳德数(Fr)及容积利用系数来表示。

雷诺数 Re 是水流紊乱状态的指标,表示水流的惯性力与粘滞力两者之间的对比:

$$Re = \frac{vR}{\nu} \tag{5-21}$$

式中:v——水平流速,m/s;

R——水力半径,m;

ν——水的运动粘度,m²/s。

一般认为,$Re<500$,水流处于层流状态。平流式沉淀池中水流的 Re 一般为 4 000~15 000,属湍流状态。水流的湍动一方面可在一定程度上使密度不同的水流能较好地混合,减弱分层现象,但另一方面不利于颗粒的沉淀。在沉淀池中,通常要求降低雷诺数以利于颗粒的沉降。

弗劳德数 Fr 是水流稳定性指标,反映水流的惯性力与重力两者之间的对比:

$$Fr = \frac{v^2}{gR} \tag{5-22}$$

增大弗劳德数,表明惯性力作用相对增加,重力作用相对减少,水流对温差、密度差异重流及风浪等影响的抵抗力增强,使沉淀池中的流态保持稳定。一般认为,平流式沉淀池的 Fr 宜大于 10^{-5}。

在平流式沉淀池中,降低 Re 和提高 Fr 的有效措施是减小水力半径。池中的纵向分格及斜板(管)沉淀池都能达到上述目的。在沉淀池中增大水平流速,一方面提高了雷诺数而不利于沉淀,但另一方面却提高了弗劳德数而加强了水的稳定性,从而提高沉淀效果。水平流速可以在很宽的范围内选用而不至于对沉淀效果有明显影响。

沉淀池的实际停留时间和理论停留时间的比值称为容积利用系数。实际沉淀池的停留时间可采用在进口处脉冲投加示踪剂,测定出口的响应曲线的方法求得。容积利用系数可作为考察沉淀池设计和运行好坏的指标。

由于实际沉淀池受各种因素的影响,采用沉淀实验数据时,应考虑相应的放大系数。一般可采取:

$$u = \frac{u_0}{1.25 \sim 1.75}, \quad q = \frac{q_0}{1.25 \sim 1.75}, \quad t = (1.5 \sim 2.0)t_0 \tag{5-23}$$

必须指出,上式中的 u_0 或 q_0,在絮凝沉降过程中沉淀柱水深与设计水深一致时才能采用。t_0 不论是自由沉降还是絮凝沉降,沉淀柱水深都应与实际水深一致才能采用。

2. 凝聚作用对沉淀效果的影响

对于絮凝性颗粒(如混凝反应生成的矾花、活性污泥絮体等),当进入沉淀池后,其絮凝过程仍可继续进行。如前所述,沉淀池内水流流速分布实际上是不均匀的,水流中存在的速度梯度将引起颗粒相互碰撞而促进絮凝。此外,水中絮凝颗粒的大小也是不均匀的,它们将具有不同的沉速,沉速大的颗粒在沉淀过程中能追上沉速小的颗粒而引起絮凝。水在池内的沉淀时间愈长,由速度梯度引起的絮凝便愈强烈;池中的水深愈大,因颗粒沉速不同而引起的絮凝也进行得愈完善。因此,实际沉淀池的沉淀时间和水深所产生的絮凝过程均对沉淀效果有影响。

5.4 沉 淀 池

沉淀池根据池内水流方向的不同,可分为平流式沉淀池、竖流式沉淀池、辐流式沉淀池和斜流式沉淀池。

5.4.1 平流式沉淀池

1. 构造

平流式沉淀池应用很广,特别是在城市给水处理厂和污水处理厂中被广泛采用。平流式沉淀池为矩形水池,如图 5-15 所示,原水从池的一端进入,在池内做水平流动,从池的另一端流出。基本组成包括:进水区、沉淀区、存泥区和出水区 4 部分。

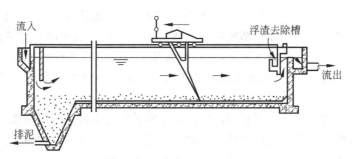

图 5-15 设刮泥车的平流式沉淀池

平流式沉淀池的优点是:沉淀效果好;对冲击负荷和温度变化的适应能力较强;施工简单;平面布置紧凑;排泥设备已定型化。但缺点是:配水不易均匀;采用多斗排泥时,每个泥斗需要单独设排泥管各自排泥,操作量大;采用机械排泥时,设备较复杂,对施工质量要求高。平流式沉淀池主要适用于大、中、小型水和污水处理厂。

1)进水区

进水区的作用是使水流均匀地分配在沉淀池的整个进水断面上,并尽量减少扰动。

在给水处理中,沉淀单元可以与混凝单元联合使用。但在经过反应后的矾花进入沉淀池时,要尽量避免被湍流打碎,否则将显著降低沉淀效果。因此,反应池与沉淀池之间不宜用管渠连接,应当使水流经过反应后缓慢、均匀地直接流入沉淀池。为防止来自絮凝池的原水中的絮凝体破碎,通常可采用如图 5-16 所示的穿孔花墙将水流均匀地分布于沉淀池的整个断面,孔口流速不宜大于 0.15~0.2 m/s;孔口断面形状宜沿水流方向逐渐扩大,以减少进口的射流。

在污水处理工艺中,进水可采用:溢流式入水方式,并设置多孔整流墙(穿孔墙,见图 5-17(a));底孔式入流方式,底部设有挡流板(大致在 1/2 池深处)(见图 5-17(b));浸没孔与挡流板的组合(见图 5-17(c));浸没孔与有孔整流墙的组合(见图 5-17(d))。原水流入沉淀池后应尽快地消能,防止在池内形成短流或股流。

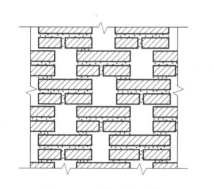

图 5-16 进水穿孔花墙

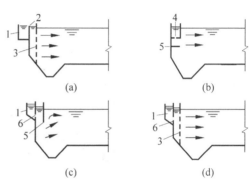

图 5-17 沉淀池进水方式
1—进水槽;2—溢流堰;3—有孔整流墙;
4—底孔;5—挡流板;6—淹没孔

2) 沉淀区

为创造一个有利颗粒沉降的水力条件,应降低沉淀池中水流的雷诺数和提高水流的弗劳德数。采用导流墙将平流式沉淀池进行纵向分隔可减小水力半径,改善沉淀池的水流条件。

沉淀区的高度与前后相关的处理构筑物的高程布置有关,一般约为 3~4 m。沉淀区的长度取决于水流的水平流速和停留时间。一般认为沉淀区长宽比不小于 4,长深比不小于 8。在给水处理中,水流的水平流速一般为 10~25 mm/s;在废水处理中对于初次沉淀池一般不大于 7 mm/s,对二次沉淀池一般不大于 5 mm/s。

3) 出水区

沉淀后的水应尽量地在出水区均匀流出,一般采用溢流出水堰,如自由堰(如图 5-18(a))和三角堰(如图 5-18(b)),或采用淹没式出水孔口(如图 5-18(c))。其中锯齿三角堰应用最普遍(照片见图 5-19),水面宜位于齿高的 1/2 处。为适应水流的变化或构筑物的不均匀沉降,在堰口处需要设置能使堰板上下移动的调节装置,使出口堰口尽可能水平。堰前应设置挡板,以阻拦漂浮物,或设置浮渣收集和排除装置。挡板应当高出水面 0.1~0.15 m,浸没在水面下 0.3~0.4 m,距出水口 0.25~0.5 m。

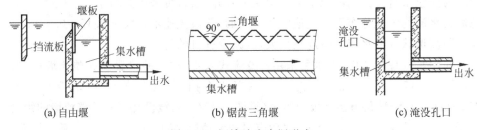

(a) 自由堰　　　　(b) 锯齿三角堰　　　　(c) 淹没孔口

图 5-18　沉淀池出水堰形式

图 5-19　锯齿三角堰照片

为控制平稳出水,溢流堰单位长度的出水负荷不宜太大。在给水处理中,应小于 5.8 L/(m·s)。在废水处理中,对初沉池,不宜大于 2.9 L/(m·s);对二次沉淀池,不宜大于 1.7 L/(m·s)。为了减少溢流堰的负荷,改善出水水质,溢流堰可采用多槽布置,如图 5-20 所示。

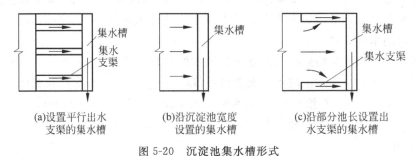

(a) 设置平行出水　　(b) 沿沉淀池宽度　　(c) 沿部分池长设置出
　　支渠的集水槽　　　　设置的集水槽　　　　水支渠的集水槽

图 5-20　沉淀池集水槽形式

4) 存泥区及排泥措施

沉积在沉淀池底部的污泥应及时收集并排出,以不妨碍水中颗粒的沉淀。污泥的收集和排出方法有很多。一般可以采用设置泥斗,通过静水压力排出(如

图 5-22(a))。泥斗设置在沉淀池的进口端时,应设置刮泥车(如图 5-15)和刮泥机(如图 5-21),将沉积在全池的污泥集中到泥斗处排出。链带式刮泥机装有刮板。当链带刮板沿池底缓慢移动时,把污泥缓慢推入污泥斗,当链带刮板转到水面时,又可将浮渣推向出水挡板处的排渣管槽。链带式刮泥机的缺点是机械长期浸没于水中,易被腐蚀,且难维修。行车刮泥小车沿池壁顶的导轨往返行走,使刮板将污泥刮入污泥斗,浮渣刮入浮渣槽。由于整套刮泥车都在水面上,不易腐蚀,易于维修。

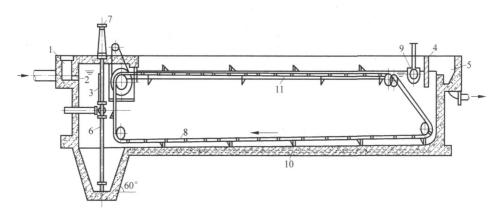

图 5-21 设链带刮泥机的平流式沉淀池
1—进水槽;2—进水孔;3—进水挡板;4—出水挡板;5—出水槽;6—排泥管;
7—排泥闸门;8—链带;9—排渣管槽(能转动);10—刮板;11—链带支撑

如果沉淀池体积不大,可沿池长设置多个泥斗。此时无需设置刮泥装置,但每一个污泥斗应设单独的排泥管及排泥阀,如图 5-22(b)所示。排泥所需的静水压力应视污泥的特性而定,如为有机污泥,一般采用 1.5~2.0 m,排泥管直径不小于 200 mm。

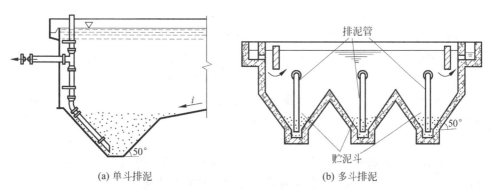

(a) 单斗排泥 (b) 多斗排泥

图 5-22 沉淀池泥斗排泥

此外,也可以不设污泥斗,采用机械装置直接排泥。如采用多口虹吸式吸泥机排泥(如图 5-23)。吸泥动力是利用沉淀池水位所能形成的虹吸水头。刮泥板 1、吸口 2、吸泥管 3、排泥管 4 成排地安装在桁架 5 上,整个桁架利用电机和传动机构通过滚轮架设在沉淀池壁的轨道上行走。在行进过程中将池底积泥吸出并排入排泥沟 10。这种吸泥机适用于具有 3 m 以上虹吸水头的沉淀池。由于吸泥动力较小,池底积泥中的颗粒太粗时不易吸起。

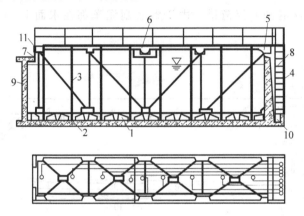

图 5-23 多口虹吸式吸泥机
1—刮泥板;2—吸口;3—吸泥管;4—排泥管;5—桁架;6—电机和传动机构;
7—轨道;8—梯子;9—沉淀池壁;10—排泥沟;11—滚轮

除多口吸泥机以外,还有一种单口扫描式吸泥机。其特点是无需成排的吸口和吸管装置。当吸泥机沿沉淀池纵向移动时,泥泵、吸泥管和吸口沿横向往复行走吸泥。

2. 工艺设计计算

1) 设计参数的确定

沉淀池设计的主要控制指标是表面负荷和停留时间。如果有悬浮物沉降实验资料,表面负荷 q_0(或颗粒截留沉速 u_0)和沉淀时间 t_0 可由沉淀实验提供。需要注意的是,对于 q_0 或 u_0 的计算,如沉淀属絮凝沉降,沉淀柱实验水深应与沉淀池的设计水深一致;对于 t_0 的计算,不论是自由沉降还是絮凝沉降,沉淀柱水深都应与实际水深一致。同时考虑实际沉淀池与理想沉淀池的偏差,应按式(5-23),对实验数据进行一定的放大,获得设计表面负荷 q(或颗粒截留沉速 u)和设计沉淀时间 t。

如无沉降实验数据,可参考经验值选择表面负荷和沉淀时间,如表 5-2 所示。沉淀池的有效水深 H、沉淀时间 t 与表面负荷 q 的关系见表 5-3。

2) 设计计算

平流式沉淀池的设计计算主要是确定沉淀区、污泥区、池深度等。

表 5-2　城市给水和城市污水沉淀池设计数据

沉淀池类型		表面负荷 /(m³/(m²·h))	沉淀时间/h	堰口负荷 /(L/(m·s))
给水处理（混凝后）		1.0~2.0	1.0~3.0	≤5.8
初次沉淀池		1.5~4.5	0.5~2.0	≤2.9
二次沉淀池	活性污泥法后	0.6~1.5	1.5~4.0	≤1.7
	生物膜法后	1.0~2.0	1.5~4.0	≤1.7

表 5-3　有效水深 H、沉淀时间 t 与表面负荷 q 的关系

表面负荷 q /(m³/(m²·h))	沉淀时间 t/h				
	$H=2.0$ m	$H=2.5$ m	$H=3.0$ m	$H=3.5$ m	$H=4.0$ m
2.0	1.0	1.3	1.5	1.8	2.0
1.5	1.3	1.7	2.0	2.3	2.7
1.2	1.7	2.1	2.5	2.9	3.3
1.0	2.0	2.5	3.0	3.5	4.0
0.6	3.3	4.2	5.0		

(1) 沉淀区

可按表面负荷或停留时间来计算。从理论上讲，采用前者较为合理，但以停留时间作为指标积累的经验较多。设计时应两者兼顾，或者以表面负荷控制，以停留时间校核，或者相反也可。

第一种方法——按表面负荷计算，通常用于有沉淀实验资料时。

沉淀池面积为

$$A = \frac{Q}{q} \tag{5-24}$$

沉淀池长度为

$$L = vt \tag{5-25}$$

沉淀池宽度为

$$B = \frac{A}{L} \tag{5-26}$$

沉淀区水深为

$$H = \frac{Qt}{A} \tag{5-27}$$

上述式中：Q——沉淀池设计流量，m³/s；

q——沉淀池设计表面负荷，m³/(m²·s)；

A——沉淀池面积,m^2;
L——沉淀池长度,m;
B——沉淀池宽度,m;
v——水平流速,m/s;
t——停留时间,s;
H——沉淀区水深,m。

第二种方法——以停留时间计算,通常用于无沉淀实验资料时。
沉淀池有效容积 V 为

$$V = Qt \tag{5-28}$$

根据选定的有效水深,计算沉淀池宽度为

$$B = \frac{V}{LH} \tag{5-29}$$

(2) 污泥区

污泥区容积视每日进入的悬浮物量和所要求的贮泥周期而定,可由下式进行计算:

$$V_s = \frac{Q(C_0 - C_e)100 t_s}{\gamma(100 - W_0)} \quad \text{或} \quad V_s = \frac{SN t_s}{1\,000} \tag{5-30}$$

式中:V_s——污泥区容积,m^3;

C_0、C_e——沉淀池进、出水的悬浮物浓度,kg/m^3;

γ——污泥容重,如系有机污泥,由于含水率高,γ 可近似采用 $1\,000\ kg/m^3$;

W_0——污泥含水率,%;

S——每人每日产生的污泥量,$L/(p \cdot d)$,生活污水的污泥量见表 5-4;

N——设计人口数;

t_s——两次排泥的时间间隔,d,初次沉淀池一般按不大于 2 d,采用机械排泥时可按 4 h 考虑,曝气池后的二次沉淀池按 2 h 考虑。

表 5-4 城市污水沉淀池污泥产量

沉淀池类型		污泥量		污泥含水率/%
		/(g/(人·d))	/(L/(人·d))	
初次沉淀池		14~27	0.36~0.83	95~97
二次沉淀池	活性污泥法后	10~21	—	99.2~99.6
	生物膜法后	7~19	—	96~98

(3) 沉淀池总高度

$$H_T = H + h_1 + h_2 + h_3 = H + h_1 + h_2 + h_3' + h_3'' \tag{5-31}$$

式中：H_T——沉淀池总高度，m；

　　　H——沉淀区有效水深，m；

　　　h_1——超高，至少采用 0.3 m；

　　　h_2——缓冲区高度，无机械刮泥设备时一般取 0.5 m，有机械刮泥设备时其上缘应高出刮泥板 0.3 m；

　　　h_3——污泥区高度，m，根据污泥量、池底坡度、污泥斗几何高度以及是否采用刮泥机决定，一般规定池底纵坡不小于 0.01，机械刮泥时纵坡为 0，污泥斗倾角：方斗不宜小于 60°，圆斗不宜小于 55°；

　　　h_3'——泥斗高度，m；

　　　h_3''——泥斗以上梯形部分高度，m。

【例 5-4】　某城市污水处理厂设计流量 500 m³/h，悬浮物浓度 250 mg/L，根据沉淀实验资料（沉淀柱水深为 2 m），悬浮物去除率 70% 时的颗粒截留沉速为 2.0 m/h，设计平流式沉淀池的主要尺寸。

【解】　由污水沉淀实验资料，悬浮物去除率为 70% 时的颗粒截留沉速为 2.0 m/h，则沉淀池的表面负荷 $q_0=u_0=2.0$ m/h，取设计表面负荷 $q=2.0/1.5=1.3$ m³/(m²·h)。

沉淀池面积 $A=Q/q=500/1.3=385$ m²，采用 4 座池子，每座池子面积为 96 m²。

每池宽度根据刮泥机规格，取 4.5 m，则池长为 96/4.5=21 m。校核长宽比=21/4.5=4.6>4（符合要求）。

池深采用实验柱有效水深 2.0 m，则沉淀池的有效容积 $V=385\times2.0=770$ m³。设计停留时间 $t=770/500=1.5$ h。校核长深比=21/2.0=10.5>8（符合要求）。

进水区、出水区长度可取 0.5 m、0.3 m。

污泥区容积计算如下：

$$V_s = \frac{Q(C_0-C_e)100t_s}{\gamma(100-W_0)}$$

$$= \frac{500\div4\times24\times(250-250\times0.3)\times100\times2}{1\,000\times1\,000\times(100-96)} = 26 \text{ m}^3$$

方形污泥斗体积：

$$V_1 = \frac{1}{3}h_3'(F_1+F_2+\sqrt{F_1F_2})$$

式中：h_3'——泥斗高度；

　　　F_1、F_2——泥斗上、下底面积。

由图 5-24 可得：

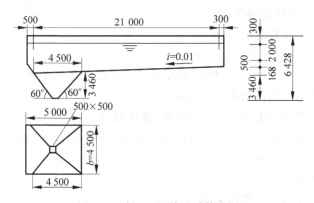

图 5-24 例 5-4 沉淀池计算草图

$$h'_3 = \frac{4.5 - 0.5}{2}\tan 60° = 3.46 \text{ m}$$

$$V_1 = \frac{1}{3} \times 3.46 \times (4.5 \times 4.5 + 0.5 \times 0.5 + \sqrt{4.5^2 \times 0.5^2}) = 26 \text{ m}^3$$

泥斗以上梯形部分污泥容积：

$$V_2 = \frac{l_1 + l_2}{2} h''_3 b$$

$$h''_3 = (21 + 0.3 - 4.5) \times 0.01 = 0.168 \text{ m}$$

$$l_1 = 21 + 0.3 + 0.5 = 21.8 \text{ m}$$

$$l_2 = 4.5 \text{ m}$$

$$V_2 = \frac{(21.8 + 4.5)}{2} \times 0.168 \times 4.5 = 9.9 \text{ m}^3$$

污泥斗和梯形部分容积：

$$V_1 + V_2 = 26 + 9.9 = 35.9 \text{ m}^3 > 26 \text{ m}^3 (满足要求)$$

设池子保护高 h_1 为 0.3 m，缓冲区高度 h_2 为 0.5 m，则池子总深：

$$H_T = 0.3 + 2.0 + 0.5 + 0.168 + 3.46 = 6.428 \approx 6.5 \text{ m}$$

5.4.2 竖流式沉淀池

1. 构造

竖流式沉淀池可设计成圆形、方形或多角形，但大部分为圆形。图 5-25 为圆形竖流沉淀池。原水由中心管下口流入池中，通过反射板的拦阻向四周分布于整个水平断面上，缓慢向上流动。由此可见，在竖流式沉淀池中水流方向是向上的，与颗粒沉降方向相反。当颗粒发生自由沉淀时，只有沉降速度大于水流上升速度的颗粒才能下沉到污泥斗中从而被去除，因此沉淀效果一般比平流式沉淀池和辐流式沉淀池低。但当颗粒具有絮凝性时,则上升的小颗粒和下沉的大颗粒之间相互接触、碰撞而絮凝,使粒径增大,沉速加快。另一方面,沉速等于水流上升速度的颗粒将在池中形成一悬浮层,对上升的小颗粒起拦截和过滤作用,因而沉淀效率将有提高。澄清后的水由沉淀池四周的堰口溢出池外。沉淀池贮泥斗倾角为 $45°\sim 60°$,污泥可借静水压力由排泥管排出。排泥管直径为 0.2 m,排泥静水压力为 $1.5\sim2.0$ m,排泥管下端距池底不大于 2.0 m,管上端超出水面不少于 0.4 m。可不必装设排泥机械。

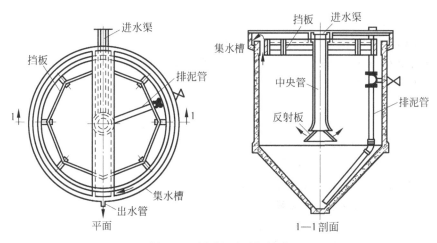

图 5-25 圆形竖流式沉淀池

竖流式沉淀池的直径与沉淀区的深度(中心管下口和堰口的间距)的比值不宜超过 3,使水流较稳定和接近竖流。直径不宜超过 10 m。沉淀池中心管内流速不大于 30 mm/s,反射板距中心管口采用 $0.25\sim0.5$ m(见图 5-26)。

竖流式沉淀池的优点是:排泥方便,管理简单;占地面积较小。但缺点是:池深较大,施工困难;对冲击负荷和温度变化的适应能力较差;池径不宜过大,否则布水不匀,故适用于中、小型水和污水处理厂。

2. 设计计算

设计的内容包括沉淀池各部尺寸。

(1) 中心管面积与直径

$$f_1 = \frac{Q'}{v_0}, \quad d_0 = \sqrt{\frac{4f_1}{\pi}} \quad (5\text{-}32)$$

(2) 沉淀池的有效沉淀高度,即中心管高度

$$H = vt \quad (5\text{-}33)$$

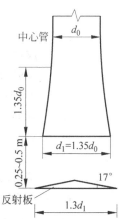

图 5-26 竖流式沉淀池中心管出水口

(3) 中心管喇叭口与反射板之间的缝隙高度

$$h_2 = \frac{Q'}{v_1 \pi d_1} \quad (5\text{-}34)$$

(4) 沉淀池总面积和池径

$$f_2 = \frac{Q'}{v} \quad (5\text{-}35)$$

$$A = f_1 + f_2 \quad (5\text{-}36)$$

$$D = \sqrt{\frac{4A}{\pi}} \quad (5\text{-}37)$$

(5) 污泥斗及污泥斗高度

污泥斗的高度与污泥量有关,污泥量的计算参见式(5-30)。污泥斗的高度 h_4 用截圆锥公式计算:

$$V_1 = \frac{\pi h_4}{3}(r_u^2 + r_u r_d + r_d^2) \quad (5\text{-}38)$$

(6) 沉淀池总高度

$$H_T = H + h_1 + h_2 + h_3 + h_4 \quad (5\text{-}39)$$

上述式中: Q'——每个池设计流量, m^3/s;

f_1——中心管截面积, m^2;

f_2——沉淀区面积, m^2;

d_0——中心管直径, m;

d_1——喇叭口直径($=1.35d_0$), m;

v_0——中心管内的流速, m/s, 一般不大于 30 mm/s;

v_1——中心管喇叭口与发射板之间缝隙的流速, m/s, 在初次沉淀池中不大于 20 mm/s, 在二次沉淀池中不大于 15 mm/s;

v——污水在沉淀区的上升流速, m/s, 如有沉淀实验资料, v 不能大于设计的颗粒截留速度 u, 后者通过沉淀实验确定 u_0 后求得; 如无实验资料, 对于生活污水, v 一般可采用 0.5~1.0 mm/s;

t——沉淀时间, s;

A——沉淀池面积(含中心管面积), m^2;

D——沉淀池直径, m;

V_1——截圆锥部分容积, m^3;

r_u——截圆锥上部半径, m;

r_d——截圆锥下部半径, m;

H_T——沉淀池总高, m;

H——有效沉淀高度, m;

h_1——池超高, m;

h_2——中心喇叭口与反射板之间的缝隙高度，m；

h_3——缓冲层高度，m，一般为 0.3 m；

h_4——污泥斗截圆锥部分高度，m。

【例 5-5】 某废水处理厂废水设计流量为 0.1 m³/s，由沉淀试验确定设计上升流速为 0.7 mm/s，沉淀时间为 1.5 h。求竖流沉淀池各部分尺寸。

【解】 采用 4 个沉淀池，每池设计流量为

$$Q' = \frac{1}{4} \times 0.1 = 0.025 \text{ m}^3/\text{s}$$

池内设中心管，流速 v_0 采用 0.03 m/s，喇叭口处设反射板，则中心管面积为

$$f_1 = \frac{0.025}{0.03} = 0.83 \text{ m}^2$$

$$d_0 = \sqrt{\frac{4 \times 0.83}{\pi}} = 1.0 \text{ m}$$

喇叭口直径 $d_1 = 1.35 d_0 = 1.35$ m

反射板直径 $d_2 = 1.3 d_1 = 1.3 \times 1.35 = 1.755$ m

反射板表面至喇叭口的距离 $h_2 = \dfrac{0.025}{0.02 \times \pi \times 1.35} = 0.3$ m

沉淀区面积 $f_2 = \dfrac{0.025}{0.000\ 7} = 35.7$ m²

沉淀池直径 $D = \sqrt{\dfrac{4(35.7 + 0.83)}{\pi}} = 6.82 \approx 7.0$ m

沉淀区深度 $H = 3\ 600 vt = 3\ 600 \times 0.000\ 7 \times 1.5 = 3.78 \approx 3.8$ m

校核 $\dfrac{D}{H} = \dfrac{7.0}{3.8} = 1.84 < 3$ （符合要求）

校核集水槽出水堰负荷：

$$\frac{Q'}{\pi D} = \frac{0.025 \times 1\ 000}{\pi \times 7} = 1.1 \text{ L/(m·s)} < 2.9 \text{ L/(m·s)} \quad （满足要求）$$

取污泥斗截圆锥下部直径为 0.4 m，泥斗倾角为 50°，则

$$h_4 = \left(\frac{7.0}{2} - \frac{0.4}{2}\right) \tan 50° = 3.9 \text{ m}$$

$$V_1 = \frac{\pi h_4}{3}(r_u^2 + r_u r_d + r_d^2) = \frac{\pi \times 3.3}{3}(3.5^2 + 3.5 \times 0.2 + 0.2^2) = 44.87 \text{ m}^3$$

沉淀池总高度

$$H_T = H + h_1 + h_2 + h_3 + h_4 = 3.8 + 0.3 + 0.3 + 0.3 + 3.9 = 8.6 \text{ m}$$

5.4.3 辐流式沉淀池

1. 构造

辐流式沉淀池呈圆形或正方形。直径较大,一般为20～30 m,最大直径达100 m,中心深度为2.5～5.0 m,周边深度为1.5～3.0 m。池直径与有效水深之比不小于6,一般为6～12。辐流式沉淀池内水流的流态为辐射形,为达到辐射形的流态,原水由中心或周边进入沉淀池。

中心进水辐流式沉淀池如图5-27(a)所示,在池中心处设有进水中心管。原水从池底进入中心管,或用明渠自池的上部进入中心管,在中心管的周围常有穿孔挡板围成的流入区,使原水能沿圆周方向均匀分布,向四周辐射流动。由于过水断面不断增大,因此流速逐渐变小,颗粒在池内的沉降轨迹是向下弯的曲线(如图5-28)。澄清后的水,从设在池壁顶端的出水槽堰口溢出,通过出水槽流出池外(如图5-29)。为了阻挡漂浮物质,出水槽堰口前端可加设挡板及浮渣收集与排出装置。

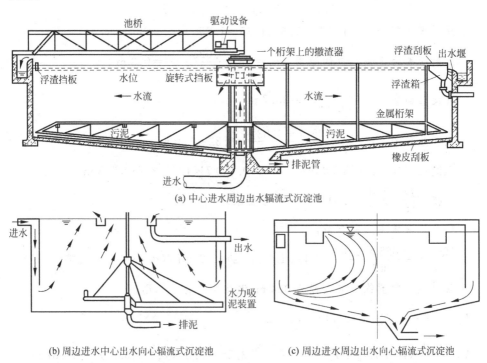

图 5-27 辐流式沉淀池

周边进水的向心辐流式沉淀池的流入区设在池周边,出水槽设在沉淀池中心部位的$R/4$、$R/3$、$R/2$或设在沉淀池的周边,俗称周边进水中心出水向心辐流式

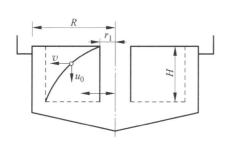

图 5-28　辐流式沉淀池中颗粒沉降轨迹　　　图 5-29　辐流式沉淀池出水堰

沉淀池(如图 5-27(b))或周边进水周边出水向心辐流式沉淀池(如图 5-27(c))。由于进、出水的改进,向心辐流式沉淀池与普通辐流式沉淀池相比,其主要特点有:

(1) 进水槽沿周边设置,槽断面较大,槽底孔口较小,布水时水头损失集中在孔口上,使布水比较均匀。

(2) 沉淀池容积利用系数提高。据实测资料,向心辐流式沉淀池的容积利用系数高于中心进水的辐流式沉淀池。随出水槽的设置位置,容积利用系数的提高程度不同。从 $R/4$ 到 R 的设置位置,容积利用系数分别为 85.7%～93.6%。

(3) 向心辐流式沉淀池的表面负荷比中心进水的辐流式沉淀池提高约 1 倍。

辐流式沉淀池大多采用机械刮泥。通过刮泥机将全池的沉积污泥收集到中心泥斗,再借静水压力或污泥泵排出。刮泥机一般是一种桁架结构(见图 5-30),绕中心旋转,刮泥刀安装在桁架上,可中心驱动或周边驱动。当池径小于 20 m 时,用中心传动;当池径大于 20 m 时,用周边传动。池底以 0.05 的坡度坡向中心泥斗,中心泥斗的坡度为 0.12～0.16。

图 5-30　辐流式沉淀池机械刮泥装置

如果沉淀池直径不大(小于 20 m),也可在池底设多个泥斗,使污泥自动滑进泥斗,形成斗式排泥。

辐流式沉淀池的主要优点是:机械排泥设备已定型化,运行可靠,管理较方便,但设备较复杂,对施工质量要求高,适用于大、中型污水处理厂,用作初次沉淀池或二次沉淀池。

2. 设计计算

(1) 每座沉淀池表面积

$$A = \frac{Q}{nq} \tag{5-40}$$

(2) 沉淀池有效水深

$$H = qt \tag{5-41}$$

(3) 沉淀池总高度

$$H_T = H + h_1 + h_2 + h_3 + h_4 \tag{5-42}$$

上述式中:Q——沉淀池设计流量,m^3/s;

A——沉淀池表面积,m^2;

n——池数;

q——沉淀池表面负荷,$m^3/(m^2 \cdot s)$;

t——停留时间,s;

H_T——沉淀池总高,m;

H——有效水深,m;

h_1——池超高,m,取 0.3 m;

h_2——缓冲层高,m,非机械排泥时宜为 0.5 m;机械排泥时,缓冲层上缘宜高出刮泥板 0.3 m;

h_3——沉淀池底坡落差,m;

h_4——污泥斗高度,m。

5.4.4 斜板(管)沉淀池

1. 基本原理

从前述的理想沉淀池的特性分析可知,沉淀池的沉淀效率仅与颗粒沉淀速度和表面负荷有关,而与沉淀池的深度无关。

如图 5-31 所示,将池长为 L、水深为 H 的沉淀池分隔为 n 个水深为 H/n 的沉淀池。设水平流速(v)和沉速(u_0)不变,则分层后的沉降轨迹线坡度不变。如仍保持与原来沉淀池相同的处理水量,则所需的沉淀池长度可减少为 L/n。这说明,减少沉淀池的深度,可以缩短沉淀时间,从而减少沉淀池体积,也就可以提高沉淀效率。这便是 1904 年 Hazen 提出的浅层沉淀理论。

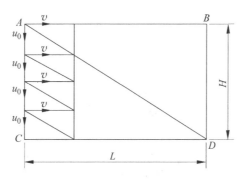

图 5-31 沉淀池分层后长度的缩小

沉淀池分层和分格还将改善水力条件。在同一个断面上进行分层或分格,使断面的湿周增大,水力半径减小,从而降低雷诺数,增大弗劳德数,降低水的紊乱程度,提高水流稳定性,增大沉淀池的容积利用系数。

根据上述的浅层沉淀理论,过去曾经把普通的平流式沉淀池改建为多层多格的池子,使沉淀面积增加。但在工程实际应用中,采用分层沉淀,排泥十分困难,因此一直没有得到应用。将分层隔板倾斜一个角度,以便能自行排泥,这种形式即为斜板沉淀池。如各斜隔板之间还进行分格,即成为斜管沉淀池。

斜板(管)的断面形状有圆形、矩形、方形和多边形。除圆形以外,其余断面均可同相邻断面共用一条边。斜板(管)的材质要求轻质、坚固、无毒、价廉,目前使用较多的是厚 0.4~0.5 mm 的薄塑料板(无毒聚氯乙烯或聚丙烯)。一般在安装前将薄塑料板制成蜂窝状块体,块体平面尺寸通常不宜大于 1 m×1 m。块体用塑料板热轧成半六角形,然后粘合,其粘合方法如图 5-32 所示。

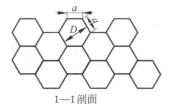

I—I 剖面

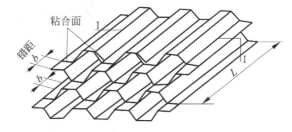

图 5-32 塑料片正六角形斜管粘合示意图

2. 斜板(管)沉淀池的分类

根据水流和泥流的相对方向,可将斜板(管)沉淀池分为逆向流(异向流)、同向流、横向流(侧向流)三种类型,如图 5-33 所示。

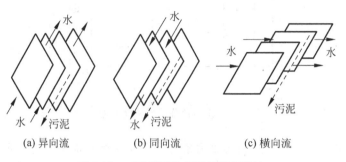

(a) 异向流　　　(b) 同向流　　　(c) 横向流

图 5-33　三种类型的斜板(管)沉淀池

逆向流的水流向上,泥流向下。斜板(管)倾角为 60°。

同向流的水流、泥流都向下,靠集水支渠将澄清水和沉泥分开(见图 5-34)。水流在进水、出水的水压差(一般在 10 cm 左右)推动下,通过多孔调节板(平均开孔率在 40% 左右),进入集水支渠,再向上流到池子表面的出口集水系统,流出池外。集水装置是同向流斜板(管)沉淀池的关键装置之一,它既要取出清水,又不能干扰沉泥。因此,该处的水流状态必须保持稳定,不应出现流速的突变。同时在整个集水横断面上应做到均匀集水。同向流斜板(管)的优点是:水流促进泥的向下滑动,保持板(管)身的清洁,因而可以将斜板(管)倾角减为 30°～40°,从而提高沉淀效果,但缺点是构造上比较复杂。

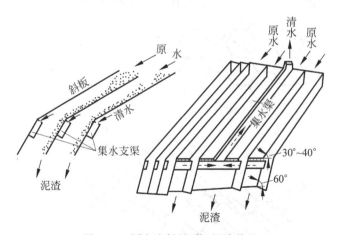

图 5-34　同向流斜板(管)沉淀装置

横向流的水流水平流动,泥流向下,斜板(管)倾角为60°。横向流斜板(管)水流条件比较差,板间支撑也较难于布置,在国内很少应用。

斜板(管)长度通常采用1~1.2 m。同向流斜板(管)长度通常采用2~2.5 m,上部倾角为30°~40°,下部倾角为60°。为了防止污泥堵塞及斜板变形,板间垂直间距不能太小,以80~120 mm为宜;斜管内切圆直径不宜小于35~50 mm。

3. 计算

1) 异向流斜板(管)

设斜板(管)长度为l,倾斜角为α。原水中颗粒在斜板(管)间的沉降过程,可看作是在理想沉淀池中进行。颗粒沿水流方向的斜向上升流速为v,受重力作用往下沉降的速度为u_0,颗粒沿两者的矢量之和的方向移动(如图5-35)。当颗粒由a点移动到b点,假设碰到斜板(管)就认为是结束了沉降过程。可理解为颗粒以v的速度上升$(l+l_1)$的同时以u_0的速度下沉l_2的距离,两者在时间上相等,即

$$\frac{l_2}{u_0} = \frac{l+l_1}{v} \tag{5-43}$$

设有m块斜板(管),断面间的高度为d,则每块斜板(管)的水平间距为$x=\frac{L}{m}=\frac{d}{\sin\alpha}$(板厚忽略)。式(5-43)可变化成下式:

$$\frac{v}{u_0} = \frac{l + \dfrac{d}{\sin\alpha\cos\alpha}}{\dfrac{d}{\cos\alpha}} = \frac{l\cos\alpha\sin\alpha + d}{d\sin\alpha} \tag{5-44}$$

斜板(管)中的过水流量为与水流垂直的过水断面面积乘以流速:

$$Q = vLB\sin\alpha$$

即

$$v = \frac{Q}{LB\sin\alpha} = \frac{Q}{mdB} \tag{5-45}$$

式中:B——沉淀池宽度,m;
L——沉淀池长度,m。

将式(5-45)代入式(5-44),移项整理得:

$$\begin{aligned} Q &= u_0\left(mlB\cos\alpha + \frac{md}{\sin\alpha}B\right) \\ &= u_0(mlB\cdot\cos\alpha + LB) \\ &= u_0(A_{斜} + A_{原}) \end{aligned} \tag{5-46}$$

式中:$A_{斜}$——全部斜板(管)的水平断面投影;
$A_{原}$——沉淀池的水表面积。

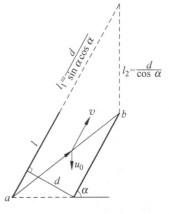

图5-35 颗粒在异向流斜板间的沉降

与未加斜板(管)的沉淀池的出流量$u_0A_{原}$相比,斜板(管)沉淀池在相同的沉

淀效率下,可大大提高处理能力。

考虑到在实际沉淀池中,由于进出口构造、水温、沉积物等的影响,不可能全部利用斜板(管)的有效容积,故在设计斜板(管)沉淀池时,应乘以斜板效率 η,此值可取 $0.6\sim0.8$,即

$$Q_{设} = \eta u_0(A_{斜} + A_{原}) \tag{5-47}$$

【例 5-6】 某生活污水流量为 $500 \text{ m}^3/\text{h}$,根据沉淀实验资料,悬浮物去除率为 65% 时的颗粒截留沉速为 1.8 m/h,设计异向流斜板(管)沉淀池的主要尺寸。

【解】 由沉淀实验资料可知,当要求去除 65% 的悬浮物时,颗粒截留沉速 $u_0=1.8 \text{ m/h}=0.5 \text{ mm/s}$。斜板(管)内水流的上升流速(即理想沉淀池中的水平流速)v 采用 3 mm/s。斜板(管)倾斜角度 $\alpha=60°$。

采用 4 座池子。根据 $Q=vLB\sin\alpha$ 可得:

$$\frac{500}{4\times 3\,600} = 0.7\times 0.003\times LB\times 0.866$$

池宽 B 采用 2.5 m,由上式可求得 $L=7.65 \text{ m}$。

斜板(管)长 l 采用 1 m。

因为

$$\frac{l_2}{u_0} = \frac{l+l_1}{v} = \frac{l+\dfrac{l_2}{\sin\alpha}}{v}$$

所以

$$l_2 = \frac{0.5}{3}\times\left(1+\frac{l_2}{0.866}\right)$$

得

$$l_2 = 0.2 \text{ m}$$

斜板(管)之间的水平间距 $x = \dfrac{l_2}{\tan\alpha} = \dfrac{0.2}{1.73} = 0.12 \text{ m}$

斜板(管)块数 $m = \dfrac{L}{x}+1 = \dfrac{7.65}{0.12}+1 = 65$ 块

每块斜板(管)厚度采用 3 mm,则池长增加 0.2 m。L 取整数 8 m。

沉淀池前端进水部分长度取 0.5 m,后端死水区长度 $=L\cdot\cos\alpha=1\times 0.5=0.5 \text{ m}$。则沉淀池总长度 $=0.5+8+0.5=9 \text{ m}$。斜板(管)下部配水区及缓冲层高度之和取 0.75 m,斜板(管)上部清水区高度 0.5 m,超高取 0.33 m,沉淀池总高为 4.5 m。沉淀池污泥斗采用 2 个,底坡 $45°$,斗底 $0.4 \text{ m}\times 0.4 \text{ m}$。出水槽采用 4 条,槽间距 2 m。计算草图见图 5-36。

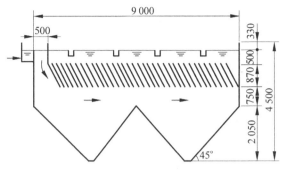

图 5-36 斜板(管)沉淀池计算草图

2) 同向流斜板(管)

设颗粒由 a 移动到 b，则颗粒以 v 的速度流经 ad 的距离所需时间应和以 u_0 的速度沉降 ac 的距离所需的时间相同(见图 5-37)。

因此可列出下式：
$$\frac{l_2}{u_0} = \frac{l-l_1}{v}$$

即

$$\frac{v}{u_0} = \frac{l - \dfrac{d}{\sin\alpha\cos\alpha}}{\dfrac{d}{\cos\alpha}} = \frac{l\cos\alpha\sin\alpha - d}{d\sin\alpha} \tag{5-48}$$

仿照异向斜板(管)公式的推导，可以得到：

$$Q = u_0(A_{\text{斜}} - A_{\text{原}}) \tag{5-49}$$

$$Q_{\text{设}} = \eta u_0(A_{\text{斜}} - A_{\text{原}}) \tag{5-50}$$

3) 横向流斜板(管)

横向流斜板(管)沉淀池的沉淀情况见图 5-38。

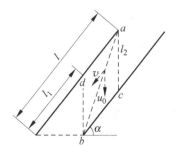

图 5-37 颗粒在同向流斜板(管)间的沉降

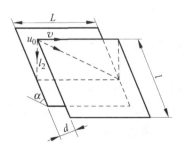

图 5-38 横向流沉淀过程

由相似定律,得

$$\frac{v}{u_0} = \frac{L}{l_2} = \frac{L}{\dfrac{d}{\cos\alpha}} \tag{5-51}$$

沉淀池的处理流量为

$$Q = mldv \tag{5-52}$$

将式(5-51)代入式(5-52),整理得

$$Q = mld\frac{u_0 L\cos\alpha}{d} = u_0 A_{斜} \tag{5-53}$$

$$Q_{设} = \eta u_0 A_{斜} \tag{5-54}$$

斜板(管)内的水流速度 v,对于异向流,宜小于 3 mm/s;对于同向流,宜小于 8~10 mm/s。颗粒截留速度 u_0 根据静置沉淀试验确定。如无实验资料,对于给水处理,u_0 可取 0.2~0.4 mm/s。

4. 运行

斜板(管)沉淀池由于沉淀面积增大,水深降低,生产能力比一般沉淀池大幅度提高。如平流式沉淀的表面负荷一般为 1~2 m³/(m²·h),而斜板(管)沉淀池的表面负荷可以增加到 9~11 m³/(m²·h)。另外,斜板(管)沉淀池的雷诺数 $Re<200$,远低于平流式沉淀池($Re>500$),属层流状态,有利于颗粒的沉淀。但斜板(管)沉淀池在运行中也存在一些问题,停留时间短(几分钟),缓冲能力小,如混凝反应不善,或未根据来水水质、水量的变化及时调整加药量,将会很快影响出水水质;斜板(管)之间有时积泥,发生堵塞,给运行带来不变。

斜板(管)沉淀池常用于给水处理和污水隔油池。

5.5 隔 油 池

5.5.1 隔油池分离对象

石油开采与炼制、煤化工、石油化工及轻工等行业的生产过程排放大量的含油废水,如不加以回收利用,不仅是很大的浪费,而且大量的油品排入河流湖泊或海湾,会对水体产生严重的污染。因此有必要对废水中的油品进行回收利用和处理。

生产废水中的油品相对密度一般都小于 1,焦化厂或煤气发生站排出的含焦油废水中的重焦油的相对密度则大于 1。油品在废水中以三种状态存在:

(1) 悬浮状态　油珠粒径较大,这种状态的油品含量占 60%~80%;

(2) 乳化状态　油珠粒径在 0.5~25 μm;

(3) 溶解状态　油品在水中的溶解度甚小,一般只有几个 mg/L。

隔油池可以去除上述悬浮状态的油珠。其原理与沉淀池相似,利用油珠与水

的相对密度差可以容易地将油珠从废水中分离出来。对于乳化状态的油珠,一般不易用沉淀法去除,需要采用气浮法或混凝沉淀法去除。

5.5.2 隔油池的形式与构造

隔油池有平流式隔油池和斜板隔油池两种形式。

1. 平流式隔油池

图 5-39 是平流式隔油池的示意图。废水从池的一端流入池内,从另一端流出。在流经隔油池的过程中,由于流速较低(2~5 mm/s),相对密度小于 1 而粒径较大的油珠上浮到水面,相对密度大于 1 的颗粒杂质则沉于池底。在隔油池的出水端设置集油管。集油管一般以直径为 200~300 mm 的钢管制成,沿其长度在管壁的侧向开有 60°或 90°角的槽口。集油管可以绕轴线转动。平时集油管的槽口位于水面之上,排油时将集油管的槽口转向水平面以下以收集浮油,并将浮油导出池外。大型隔油池还设有刮油刮泥机,用以推动水面浮油和刮集池底沉渣。

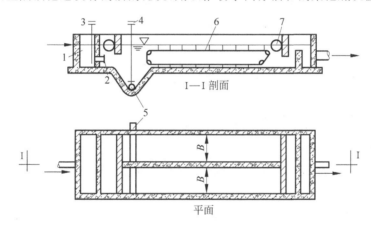

图 5-39　平流式隔油池示意图

1—布水间;2—进水孔;3—进水间;4—排渣阀;5—排渣管;6—刮油刮泥机;7—集油管

平流式隔油池表面一般设置盖板,便于冬季保温,以保持浮油的流动性,同时防水和防雨。在寒冷地区还应在池内设置加温管,以便必要时加温。

平流式隔油池的特点是构造简单,便于运行管理,油水分离效果稳定。一般平流式隔油池可以去除的最小油珠直径为 100~150 μm,相应的上升流速不高于 0.9 mm/s。平流式隔油池的设计与平流式沉淀池基本相似,按表面负荷设计时,一般采用 1.2 m³/(m²·h);按停留时间设计时,一般采用 2 h。

2. 斜板隔油池

为了提高单位池容积的处理能力,平流式隔油池稍加改造,即在池内安装倾斜的平行板,即可成为斜板隔油池。斜板隔油池如图 5-40 所示。池内斜板为波纹斜板,板距为 20～50 mm,倾角不小于 45°。斜板采用异向流形式,污水自上而下流入斜板组,油珠沿斜板上浮。斜板隔油池可分离油珠的最小直径约为 60 μm,相应的上升速率约为 0.2 mm/s。含油废水在斜板隔油池中的停留时间一般不大于 30 min,为平流式隔油池的 1/4～1/2。

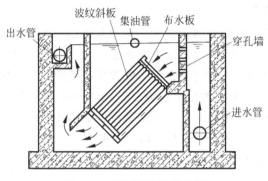

图 5-40 斜板隔油池示意图

5.6 澄 清 池

5.6.1 澄清池的特点与类型

1. 澄清池的特点

上述讨论的沉淀池中,颗粒沉淀到池底即完成沉淀过程,而澄清池中,则是通过水力或机械的手段,将沉到池底的污泥提升起来,并使之处于均匀分布的悬浮状态,在池中形成稳定的悬浮泥渣层。这层泥渣层具有相当高的接触絮凝活性。当原水与泥渣层接触时,脱稳杂质被泥渣层吸附或截留,使水获得澄清。澄清池常用在给水处理中。这种把泥渣层作为接触介质的过程,实际上也是絮凝过程,一般称为接触絮凝。悬浮泥渣层称为接触凝聚区。

悬浮泥渣层通常是在澄清池开始运转时,在原水中加入较多的凝聚剂,并适当降低负荷,经过一定时间运转后,逐步形成的。当原水悬浮物浓度低时,为加速泥渣层的形成,也可人工投加粘土。

泥渣层的污泥浓度一般在 3～10 g/L。为保持悬浮层稳定,必须控制悬浮层内污泥的总容积不变。由于原水不断进入,新的悬浮物不断进入池内,如悬浮层超过一定浓度,悬浮层将逐渐膨胀,最后使出水水质恶化。因此在生产运行中要通过控制悬浮层的污泥浓度来维持正常操作。方法是:用量筒从悬浮层区取 100 mL 水样,静置 5 min,沉下的污泥所占毫升数,用百分比表示,称为沉降比。根据各地水质、水温不同,沉降比宜控制在 10%~20%。当沉降比超过限值时,即进行排泥。同时澄清池的排泥能不断排出多余的陈旧泥渣,其排泥量相当于新形成的活性泥渣量。故泥渣层始终处在新陈代谢中,从而保持接触絮凝的活性。

2. 澄清池的类型

澄清池的形式很多,基本上可分为两大类。

(1) 泥渣悬浮型澄清池

又称为泥渣过滤型澄清池。它的工作特征是澄清池中形成的泥渣悬浮在池中,当原水由下而上通过该悬浮泥渣层时,原水中的脱稳杂质与高浓度的泥渣接触凝聚并被泥渣层拦截下来。这种作用类似于过滤作用,浑水通过泥渣层即获得澄清。

泥渣悬浮型澄清池常用的有脉冲澄清池和悬浮澄清池。

(2) 泥渣循环型澄清池

为了充分发挥泥渣接触絮凝作用,可使泥渣在池内循环流动,回流量约为设计流量的 3~5 倍。泥渣循环可借助机械抽升或水力抽升造成。前者称为机械搅拌澄清池,后者称为水力循环澄清池。

5.6.2 澄清池的构造与运行

1. 脉冲澄清池

脉冲澄清池的特点是澄清池的上升流速发生周期性的变化。这种变化是由脉冲发生器引起的。

脉冲发生器有多种形式。采用真空泵脉冲发生器的澄清池的剖面图如图 5-41(a) 所示。其工作原理如下:

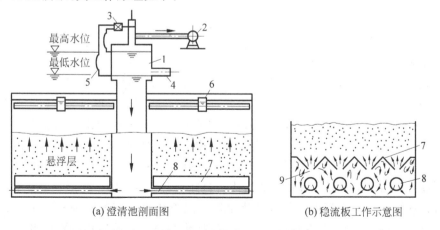

图 5-41 采用真空泵脉冲发生器的澄清池

1—进水室;2—真空泵;3—进气阀;4—进水管;5—水位电极;6—集水槽;
7—稳流板;8—穿孔配水管;9—缝隙

原水加入混凝剂后流入进水室。由于真空泵造成的真空而使进水室内水位上升,此为充水过程。当水面达到进水室最高水位时,进气阀自动开启,使进水室通大气。这时进水室内水位迅速下降,向澄清池放水,此为放水过程。原水通过设置在底部的配水管进入澄清池进行澄清净化。当水位下降到最低水位时,进气阀又自动关闭,真空泵则自动启动,再次造成进水室内的真空,进水室内水位又上升,如此反复进行脉冲工作。充水时间一般为25～30 s,放水时间为6～10 s。总的时间称为脉冲周期。

脉冲澄清池底部的配水系统采用稳流板(图5-41(b)),投加过混凝剂的原水通过穿孔管喷出,水流在池底折流向上,在稳流板下的空间剧烈翻腾,形成小涡体群,造成良好的碰撞反应条件,最后水流通过稳流板的缝隙进入悬浮层,进行接触凝聚。

在脉冲作用下,池内悬浮物一直周期性地处于膨胀和压缩状态,进行一上一下的运动,这种脉冲作用使悬浮层的工作稳定,其原因是:由于池子底部的配水系统不可能做到完全均匀的配水,所以悬浮层区和澄清区的断面水流速度总是不均匀的,水流不均匀性产生的后果是高速度的部分把矾花带出悬浮层区,使矾花浓度降低,没有起到足够的接触凝聚作用,使水质变坏。当池子的水流连续向上时,上述现象就会加剧,而且会成为一种恶性循环,这就是一般澄清池(特别是悬浮澄清池)工作恶化的原因。脉冲澄清池则在充水时间内,由于上升水流停止,在悬浮物下沉及扩散的过程中,会使断面上的悬浮物浓度分布均匀化,并加强颗粒的接触碰撞,改善混合絮凝的条件,从而提高净水效果。由于脉冲作用的优点,脉冲澄清池的单池面积可以很大,为其他类型澄清池所不及,因而占地少,造价低。

2. 机械搅拌澄清池

机械搅拌澄清池的构造如图5-42所示。主要由第一、第二絮凝室和分离室构成。整个池体上部是圆筒形,下部是截头圆锥形。原水由进水管进入环形三角配水槽,通过其缝隙均匀流入第一絮凝室,在此与回流泥渣进行接触絮凝。絮凝体在叶轮的提升作用下进入第二絮凝室,进行进一步的接触絮凝,形成大而结实的絮凝体,以便在分离室进行良好的固液分离。在分离室进行固液分离后的清水通过周边的集水渠收集后排出。混凝剂的投加点,按实际情况和运行经验确定,可由加药管加入澄清池的进水管、三角配水槽或第一絮凝室。

搅拌设备由提升叶轮和搅拌桨组成。提升叶轮安装在第一和第二絮凝室的分隔处。搅拌设备的作用有:①提升叶轮将回流液从第一絮凝室提升到第二絮凝室,使回流液的泥渣不断在池内循环;②搅拌桨使第一絮凝室内的泥渣和来水迅速混合,泥渣随水流处于悬浮和环流状态。一般回流流量为进水流量的3～5倍。

第二絮凝室设有导流板,用以消除叶轮提升时所引起的水的旋转,使水流平稳

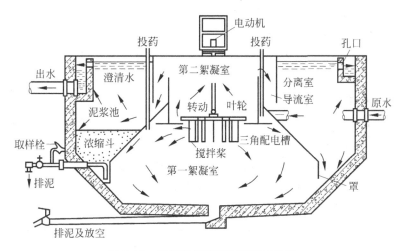

图 5-42　机械搅拌澄清池剖面示意图

地经导流室流入分离室。分离区中下部为泥渣层,上部为清水层。向下沉降的泥渣沿锥底的回流缝再进入第一絮凝室,重新参加接触絮凝,一部分泥渣则自动排入泥渣浓缩斗进行浓缩,至适当浓度后经排泥管排除。

在分离室,可以加设斜板(管),以提高沉淀效率。

机械搅拌澄清池的主要设计参数如下:

(1) 清水区上升流速一般为 0.8~1.1 mm/s;

(2) 水在澄清池内的总停留时间为 1.2~1.5 h;

(3) 叶轮提升流量可为进水流量的 3~5 倍,叶轮直径可为第二絮凝室内径的 70%~80%,并应设调整叶轮转速和开启度的装置;

(4) 第一絮凝室、第二絮凝室(包括导流区)和分离室的容积比一般控制在 2∶1∶7 左右。第二絮凝室导流室的流速一般为 40~60 mm/s。

5-1　简述沉淀的几种类型,说明它们内在的联系与区别以及在废水处理系统中的应用。

5-2　影响沉淀与上浮的因素有哪些?

5-3　判断下列沉淀过程分别属于什么沉淀类型?

(1) 给水处理的混凝沉淀过程;

(2) 二次沉淀池中活性污泥沉淀的初期阶段;

(3) 高浊度水的预沉处理过程;

(4) 污水处理二次沉淀池下部的沉淀过程；

(5) 泥在浓缩池中的沉淀。

5-4 在沉淀实验中，变化取样点的高度对计算颗粒去除率有何影响？

5-5 试通过自己做的静置沉淀试验得到的资料，分析比较底部取样法与中部取样法的计算结果，并提出自己的看法。

5-6 理想沉淀池应符合哪些条件？根据理想沉淀条件，沉淀效率与池子深度、长度和表面积的关系如何？

5-7 影响平流沉淀池沉淀效果的主要因素有哪些？沉淀池纵向分格有何作用？

5-8 沉淀池表面负荷和颗粒截留沉速两者含义有何区别？

5-9 平流式沉淀池进水为什么要采用穿孔隔墙？出水为什么往往采用出水渠？

5-10 已知颗粒密度 $2.6\ g/cm^3$，粒径 $0.2\ mm$，求该颗粒在 $10℃$ 水中的沉降速度为多少？

5-11 平流沉淀池设计流量为 $720\ m^3/h$。要求沉速等于和大于 $0.4\ mm/s$ 的颗粒全部去除。试按理想沉淀条件，求：(1) 所需沉淀池平面积为多少 m^2？(2) 沉速为 $0.1\ mm/s$ 的颗粒，可去除百分之几？

5-12 原水泥砂沉降试验数据见下表。取样口在水面下 $180\ cm$ 处。平流沉淀池设计流量为 $900\ m^3/h$，表面积为 $500\ m^2$。试按理想沉淀池条件，求该池可去除泥沙颗粒约百分之几？（C_0 表示泥砂初始浓度，C 表示取样浓度。）

沉降实验数据

取样时间/min	0	15	20	30	60	120	180
C/C_0	1	0.98	0.88	0.70	0.30	0.12	0.08

5-13 非凝聚性悬浮颗粒在静置条件下的沉降数据列于下表。试确定理想平流式沉淀池当表面负荷率为 $1.8\ m^3/(m^2 \cdot d)$ 时的悬浮颗粒去除百分率。试验用的沉淀柱取样口离水面 $120\ cm$ 和 $240\ cm$。C 表示在时间 t 时由各个取样口取出的水样中所含的悬浮物浓度，C_0 代表初始的悬浮物浓度。

沉降实验数据

取样时间/min	0	15	30	45	60	90	180
$120\ cm$ 处的 C/C_0	1	0.96	0.31	0.62	0.46	0.23	0.06
$240\ cm$ 处的 C/C_0	1	0.99	0.97	0.93	0.86	0.70	0.32

5-14 生活污水悬浮物浓度为 $300\ mg/L$，静置沉淀试验所得资料如下表。求沉淀效率为 65% 时的颗粒截留速度。

取样口离水面高度/m	在下列时间测定的悬浮物去除百分数/%						
	5 min	10 min	20 min	40 min	60 min	90 min	120 min
0.6	41	55	60	67	72	73	76
1.2	19	33	45	58	62	70	74
1.8	15	31	38	54	59	63	71

5-15 设计题：设计水量为 8×10^4 m³/d 的平流式沉淀池，原水经凝聚反应后，进入沉淀池处理。采用数据：表面负荷率为 50 m³/(m²·d)，停留时间为 1.5 h，沉淀池水平流速为 10 mm/s。要求设计出沉淀池的尺寸、水深、出水口等。不要求设计污泥部分。

5-16 某废水处理站最大废水量为 900 m³/h，原废水悬浮物浓度为 $C_0=250$ mg/L，废水排放允许浓度 $C_e=80$ mg/L，采用辐流式沉淀池，确定其基本尺寸。据废水试验资料，达到出水允许浓度时颗粒的最小沉速为 1.8 m/h，表面负荷率为 1.8 m³/(m²·d)。

5-17 污水性质及沉淀试验资料同习题 5-14，污水流量 1 000 m³/h。试求：(1)采用平流式、竖流式、辐流式沉淀池，它们各自的池数及澄清区的有效尺寸。(2)污泥的含水率为 96% 时的每日污泥容积。

5-18 沉淀池刮泥排泥的方法有哪些？适用于什么条件？

5-19 如何从理想沉淀池的理论分析得出斜板(管)沉淀的设计原理？

5-20 已知平流沉淀池的长度 $L=20$ m，池宽 $B=4$ m，池深 $H=2$ m。今欲改装成斜板沉淀池，斜板水平间距 10 cm，斜板长度 $l=1$ m，倾角 60°。如不考虑斜板厚度，当废水中悬浮颗粒的截留速度 $u_0=1$ m/h，求改装后沉淀池的处理能力与原有池子比较提高多少倍？改装后沉淀池中水流的雷诺数 Re 为多少？与原有池子的 Re 相差多少倍？

5-21 澄清池的工作原理与沉淀池有何异同？运行上要注意什么问题？

5-22 简述 4 种澄清池的构造、工作原理和主要特点。

第6章 气　　浮

6.1 气浮的理论基础

6.1.1 气浮过程与去除对象

气浮是一种固液分离或液液分离的方法。气浮是通过在水中通入空气，产生微细的气泡，使其与水中密度接近于水的固体或液体污染物粘附，形成密度小于水的气浮体，在浮力的作用下，上浮至水面形成浮渣层，从而回收水中的悬浮物质，同时改善水质。为改善水中悬浮物与微细气泡的粘结程度，通常还需同时向水中加入混凝剂或浮选剂。

气浮法可用于废水中靠自然沉淀难于去除的悬浮物，如石油工业或煤气发生站废水中所含的乳化油类(粒径在 0.5~25 μm)，毛纺工业洗毛废水中所含的羊毛脂及洗涤剂，食品工业废水中所含的油脂，选煤车间废水中的细煤粉(粒径在 0.5~1 mm)，以及相对密度接近 1 的固体颗粒，如造纸废水中的纸浆、纤维工业废水中的细小纤维等。在给水处理中，气浮法也可用来进行固液分离，特别是对含藻类多的低温低浊的湖水，处理效果比沉淀法显著。

采用气浮法浓缩活性污泥，也可获得含水率比沉淀法更低的污泥，浮渣体积可比沉淀浓缩污泥小 2~10 倍。

6.1.2 悬浮物与气泡的附着条件

任何不同介质的相表面上都因受力不均衡而存在界面张力。气浮工艺涉及水、气、固三种介质的相互作用。在水、气、固三相混合体系中，每两个之间都存在界面张力(σ)，如图 6-1 所示。三相间的吸附界面构成的交界线称为润湿周边。通过润湿周边作水、粒界面张力作用线($\sigma_{水粒}$)和水、气界面张力作用线($\sigma_{水气}$)，二作用线的交角称为润湿接触角 θ。接触角大于 90°的物质称为疏水性物质，易于为气泡粘附；接触角小于 90°的物质称为亲水性物质，不易为气泡所粘附。

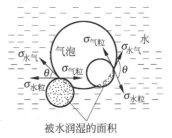

图 6-1　亲水性颗粒和疏水性颗粒的接触角

按照物理化学的热力学理论,由水、气泡和颗粒构成的三相体系中,存在着体系界面自由能(W),并存在着力图减少为最小的趋势。

$$W = \sigma S_i \tag{6-1}$$

式中：σ——界面张力,N/m；

S_i——界面面积,m²。

在气泡未与颗粒附着之前,体系界面自由能为 W_1(假设颗粒和气泡为单位面积,$S_i=1$),则

$$W_1 = \sigma_{水气} + \sigma_{水粒} \tag{6-2}$$

当颗粒与气泡附着以后,体系界面能减少为 W_2：

$$W_2 = \sigma_{气粒} \tag{6-3}$$

附着前后,体系界面能的减少值为 ΔW：

$$\Delta W = \sigma_{水气} + \sigma_{水粒} - \sigma_{气粒} \tag{6-4}$$

根据热力学的概念,气泡和颗粒的附着过程,是向该体系界面能量减少的方向自发地进行,因此 ΔW 必须大于 0。ΔW 值越大,推动力越大,越易于气浮处理。反之,则相反。

当颗粒与气泡粘附,处于稳定状态时,由图 6-1,水、气、颗粒三相界面张力的关系应该为

$$\sigma_{水粒} = \sigma_{气粒} + \sigma_{水气}\cos(180° - \theta) \tag{6-5}$$

代入式(6-4),得

$$\Delta W = \sigma_{水气}(1 - \cos\theta) \tag{6-6}$$

式(6-6)说明在水中并非所有物质都能粘附到气泡上。当 $\theta \to 0$ 时,$\cos\theta \to 1$,$\Delta W \to 0$,这种物质不能气浮；当 $\theta < 90°$,$\cos\theta < 1$,$\Delta W < \sigma_{水气}$,这种颗粒附着不牢,易脱落,此为亲水吸附；当 $\theta > 90°$,$\Delta W > \sigma_{水气}$,易气浮(疏水吸附)；当 $\theta \to 180°$,$\Delta W \to 2\sigma_{水气}$,这种物质最易被气浮。

例如乳化油类,$\theta > 90°$,其本身相对密度又小于 1,用气浮法就特别有利。当油粒粘附到气泡上以后,油粒的上浮速度将大大增加。例如 $d = 1.5\ \mu m$ 的油粒单独上浮时,根据 Stokes 公式计算,浮速<0.001 mm/s,粘附到气泡上后,由于气泡的平均上浮速度可达 0.9 mm/s,油粒浮速可增加约 900 倍。

当接触角 $\theta < 90°$(见图 6-1),由式(6-6)可知,水的表面张力越小,体系的界面能减少值 ΔW 越小,即界面的气浮活性越低。反之,则有利于气浮。如石油废水中表面活性物质含量少,$\sigma_{水气}$ 较大($5.34 \times 10^{-3} \sim 5.78 \times 10^{-3}$ J),乳化油粒疏水性强,其本身相对密度又小于 1,直接气浮效果好。而煤气洗涤水中的乳化焦油,因水中含大量杂酚和脂肪酸盐,而且表面活性物质含量也较多,水的表面张力小($4.9 \times 10^{-3} \sim 5.39 \times 10^{-3}$ J),直接气浮效果就比石油废水差很多。

对于细分散的亲水性颗粒(如 $d < 0.5 \sim 1$ mm 的煤粉、纸浆等),若用气浮法进

行分离,则需要将被气浮的物质进行表面改性,即用浮选剂处理,使被气浮的物质表面变成疏水性而易于附着在气泡上,同时浮选剂还有促进起泡的作用,可使废水中的空气泡形成稳定的小气泡,这样有利于气浮。浮选剂大多数是由极性-非极性分子所组成的。浮选剂的极性基团能选择性地被亲水性物质所吸附,非极性基团朝向水,这样亲水性物质的表面就被转化成疏水性物质而粘附在空气气泡上(见图 6-2),随气泡一起上浮到水面。

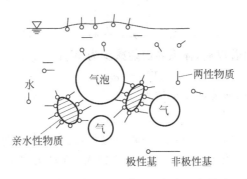

图 6-2　亲水性物质与浮选剂作用后与气泡相粘附的情况

浮选剂的种类很多,如松香油、煤油产品、脂肪酸及其盐类、表面活性剂等。对不同性质的废水应通过试验,选择合适的品种和投加量,必要时可参考矿冶工业浮选资料。

6.1.3　气泡的分散度和稳定性

为保证稳定的气浮效果,在气浮中要求气泡具有一定的分散度和稳定性。实践表明,气泡直径在 100 μm 以下才能很好地附着在悬浮物上面。如果形成大气泡,附着的表面积将会显著减少。如一个 1 mm 直径的气泡所含的空气相当于 8 000 个 50 μm 直径的气泡所含有的空气,后者的总表面积为前者的 400 倍。另一方面,大气泡在上升过程中将产生剧烈的水力搅动,不仅不能使气泡很好地附着在颗粒表面,而且会将絮体颗粒撞碎,甚至把已附着的小气泡也撞开。

在洁净的水中,由于表面张力较大,注入水中的气泡有自动降低表面自由能的倾向,即所谓的气泡合并的作用。由于这一作用的存在,在表面张力较大的洁净水中气泡常常很难达到气浮操作所要求的极细分散度。同时,如果水中表面活性物质较少,则气泡外表面由于缺乏表面活性物质的包裹和保护,气泡上升到水面以后,水分子很快会蒸发,使气泡发生破灭,以致在水面得不到稳定的气泡层。这样,即使颗粒可以附着在气泡上,而且也能够上浮到水面,但由于所形成的气泡不够稳定,已浮起的悬浮物颗粒也会由于气泡的破灭又重新落回到水中,使气浮效果降低。为了防止上述现象,保持气泡一定的分散度和稳定性,当水中表面活性物质较少时,可向水中添加一定的表面活性物质。表面活性物质是由极性-非极性分子组成的。极性基团易溶于水,伸向水中;非极性集团为疏水基,伸入气泡,如图 6-3。由于同号电荷的相斥作用可防止气泡的兼并和破灭,从而保证了气泡的极细分散度和稳定性。

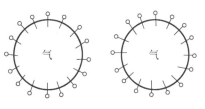

图 6-3 表面活性物质与气泡粘附的电荷相斥作用

对于有机污染物含量不多的废水,在进行气浮时,气泡的稳定性可能成为影响气浮效果的主要因素。投加适当的表面活性剂是必要的。但当表面活性物质过多时,会导致水的表面张力降低,水中污染粒子严重乳化,表面 ζ 电势增高,此时水中含有与污染粒子相同荷电性的表面活性物质的作用则转向反面。这时尽管气泡稳定,但颗粒与气泡粘附不好,气浮效果下降。因此,如何掌握好水中表面活性物质的最佳含量,成为气浮处理需要探讨的重要课题之一。

6.1.4 乳化现象与脱乳

对于废水中的疏水性颗粒的气浮,在多数情况下气浮效果并不好。主要是由于乳化现象的发生。以油粒为例,乳化现象通常在下列情况下发生。

水中有表面活性物质存在。表面活性物质的非极性端吸附在油粒上,极性端则伸向水中,形成乳化油,如图 6-4。在水中的极性端进一步电离,导致油珠表面被一层负电荷所包围。由此产生双电层现象,提高了粒子的表面电势。ζ 电势的增大不仅阻碍了细小油珠的相互兼并,而且影响油珠向气泡表面的粘附,从而使乳化油成为稳定体系。

当废水中含有亲水性固体粉末,如粉砂、粘土等时,也会产生如图 6-5 所示的乳化现象。这些粉砂、粘土等由于其亲水性质,其表面的一小部分与油珠接触,而大部分为水润湿。油珠为这些亲水性固体粉末所覆盖,从而阻碍了相互间的兼并,形成了稳定的乳化油体系。这种固体粉末称为固体乳化剂。

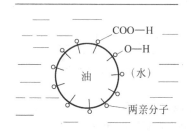

图 6-4 表面活性物质在水中与油珠的粘附

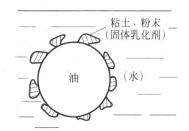

图 6-5 固体粉末在水中与油珠的粘附

上述这种稳定的乳化体系是不利于气浮的,因此在气浮前有必要采取脱稳和破乳措施。有效的方法是投加混凝剂,使水中增加相反电荷胶体,以压缩双电层,降低ζ电势,使其达到电中和。投加的混凝剂有硫酸铝、聚合氯化铝、三氯化铁等。投加量视废水的性质不同而异,应根据试验确定。

6.2 加压溶气气浮法

按气浮工艺过程中微细气泡的产生方式,气浮可分为电解气浮法、散气气浮法和溶气气浮法。溶气气浮法根据气浮池中气泡析出时所处的压力不同,又分为溶气真空气浮和加压溶气气浮两种类型。加压溶气气浮法是目前常用的气浮方法,以下首先加以介绍。

6.2.1 加压溶气气浮法的工艺组成及特点

1. 加压溶气气浮法的工艺组成

加压溶气气浮是目前应用最为广泛的一种气浮方法。其基本原理是使空气在加压条件下溶于水中,再将压力降至常压,使过饱和的空气以细微气泡形式释放出来。

加压溶气气浮设备主要包括空气饱和设备、空气释放设备和气浮池等。典型的加压溶气气浮法的工艺流程(部分回流)如图 6-6 所示。部分处理后的回流水被加压泵送往压力溶气罐。空压机将空气送入压力溶气罐,使空气充分溶于水中。压力溶气水经释放器,进入气浮池,并与废水来水混合。由于突然减到常压,溶解于水中的过饱和空气从水中逸出,形成许多微细的气泡,从而产生气浮作用。气浮

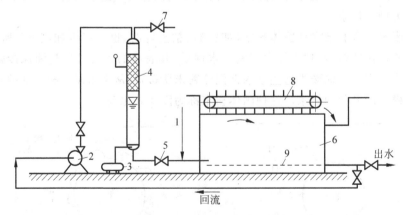

图 6-6 回流加压溶气气浮法工艺流程

1—废水进入;2—加压泵;3—空压机;4—压力溶气罐;5—减压释放阀;
6—气浮池;7—放气阀;8—刮渣机;9—出水系统

池形成的浮渣由刮渣机刮到浮渣槽内排出池外。处理水从气浮池的中下部排出。

2. 加压溶气气浮法的基本流程

加压溶气气浮法有三种基本流程。

1) 全溶气流程

如图 6-7 所示,在该流程中将全部入流废水送入加压溶气罐,再经减压释放装置进入气浮池进行固液分离。由于对全部废水进行加压溶气,其电耗较高,但由于没有水回流,气浮池容积小。

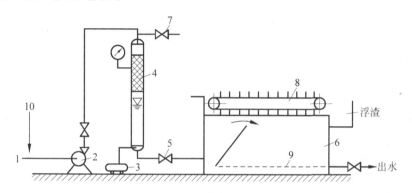

图 6-7 全加压溶气气浮法工艺流程
1—废水进入;2—加压泵;3—空压机;4—压力溶气罐;5—减压释放阀;
6—气浮池;7—放气阀;8—刮渣机;9—出水系统;10—混凝剂

2) 部分溶气流程

如图 6-8 所示,在该流程中将废水部分(一般为 30%~35%)进行加压溶气,其余部分直接进入气浮池。其特点是比全溶气流程省电,另外由于只有部分废水进

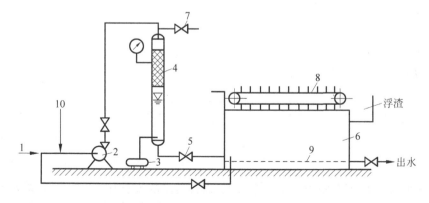

图 6-8 部分加压溶气气浮法工艺流程
1—废水进入;2—加压泵;3—空压机;4—压力溶气罐;5—减压释放阀;
6—气浮池;7—放气阀;8—刮渣机;9—出水系统;10—混凝剂

入溶气罐,加压水泵所需加压的水量和溶气罐的容积比全溶气方式小,故可节省部分设备费用。但由于仅部分废水进行加压溶气所能提供的空气量较少,因此,若欲提供与全溶气方式同样的空气量,必须加大溶气罐的压力。

3) 回流加压溶气流程

如图 6-6 所示,该方式是将部分出水回流(一般为 10%～20%),进行加压溶气。原废水直接进入气浮池,与加压溶气水混合。该方式适用于悬浮物浓度高的废水,但由于回流水的影响,气浮池所需的容积较其他两种方式大。

3. 加压溶气气浮法的特点

加压溶气气浮法与电解气浮法和扩散板曝气气浮法相比具有以下特点:

(1) 空气在水中的溶解度大,能提供足够的微气泡,可满足不同要求的固液分离,确保去除效果。

(2) 加压溶气水经减压释放后产生的气泡小(20～120 μm)、粒径均匀、微气泡在气浮池中上升速度很慢,对池内水流的扰动较小,特别适用于松散、细小絮凝体的固体分离。

(3) 设备和流程都比较简单,维护管理方便。

6.2.2 加压溶气气浮法的主要设备构成

1. 压力溶气系统

压力溶气系统包括加压水泵、压力溶气罐、空气供给设备及其他附属设备。

1) 加压水泵

用来提升污水,将水、气以一定压力送至压力溶气罐。加压泵的压力决定了空气在水中的溶解程度。按亨利定律,空气在水中的溶解度与所受压力成正比,因此,溶进的空气量 V 为

$$V = K_T P \ (L/(m^3 \ 水)) \tag{6-7}$$

式中:K_T——溶解系数,不同温度下的 K_T 值见表 6-1;

P——空气所受绝对压力。

表 6-1 不同温度下的 K_T 值

温度/℃	0	10	20	30	40	50
K_T 值	0.038	0.029	0.024	0.021	0.018	0.016

另外,空气溶解在水中需要一个过程,而且与水的流态有关。在静止或缓慢流动的水流中,空气的扩散溶解过程相当缓慢。空气的溶解量与加压时间的关系如图 6-9 所示。生产上溶气罐内停留时间一般采用 2～4 min,水中空气含量约为饱和含量的 50%～60%。

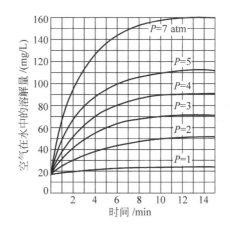

1 atm＝101 325 Pa

图 6-9　空气在水中的溶解量与加压时间的关系（20℃）

设计空气量时应按 25% 的过量考虑，留有余地，保证气浮效果。

2）压力溶气罐

压力溶气罐的作用是使水与空气充分接触，促进空气溶解。溶气罐的形式多样，如图 6-10 所示。其中填充式溶气罐由于加有填料可加剧紊动程度，提高液相的分散程度，不断地更新液相与气相的界面，从而效率较高，使用普遍。

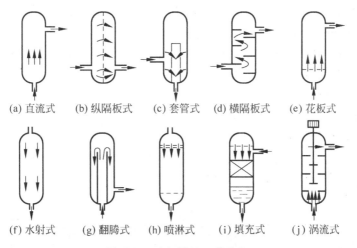

图 6-10　溶气罐的几种形式

影响填充式溶气罐效率的主要因素有：填料种类和特性、填料层高、罐内液位高、布水方式和温度等。

填充式溶气罐的主要工艺参数如下：

(1) 过流密度：2 500～5 000 m³/(m²·d)；
(2) 填料层高度：0.8～1.3 m；
(3) 液位的控制高：0.6～1.0 m（从罐底计）；
(4) 溶气罐承压能力：>0.6 MPa。

填充式溶气罐中的填料有各种形式，如阶梯环、拉西环、波纹片卷等。其中阶梯环的溶气效率最高，拉西环次之，波纹片卷最低。

3) 溶气方式

目前常用的溶气方式是水泵-空压机溶气方式，如图 6-6 所示。空气由空压机供给，压力水可分别进入溶气罐，也有将压缩空气管接在水泵压水管上一起进入溶气罐的。

此外，还有水泵吸水管吸气溶气方式和水泵压水管射流溶气方式。水泵吸水管吸气溶气方式所需设备简单，但在经济上和安全方面都不理想，长期运行还会发生水泵气蚀。水泵压水管射流溶气方式的能量损失大，但不需要另设空气机。水泵-空压机溶气方式的优点是能耗相对较低，是一种使用广泛的溶气方式，但空压机的噪声较大。

2. 溶气水的减压释放系统

减压释放系统的作用是将来自压力溶气罐的溶气水减压后迅速使溶于水中的空气以极为细小的气泡形式释放出来，要求微气泡的直径在 20～100 μm 范围。微气泡的直径大小和数量对气浮效果影响很大。目前在生产中采用的减压释放设备分两类：一种是减压阀，另一种是专用释放器。

减压阀可以利用现成的截止阀，设备经济方便，但运行稳定性不够高。专用释放器是根据溶气释放规律制造的。在国外，有英国水研究中心开发的 WRC 喷嘴、针形阀等。在国内有 TS 型、TJ 型和 TV 型等（图 6-11）。TS 型溶气释放器的工作原理如图 6-12 所示。当压力溶气水通过孔盒时，反复经过收缩、扩散、撞击、返流、挤压、旋涡等流态，在 0.1 s 的瞬时，压力损失高达 95% 左右，创造了既迅速又充分地释放出溶解空气的条件。经这种释放器后，可产生均匀稳定的雾状气泡，而且释放器出口流速低，不致打碎矾花。

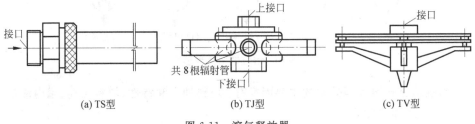

图 6-11 溶气释放器

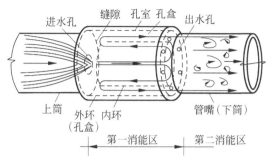

图 6-12　TS 型溶气释放器工作原理

3. 气浮池

气浮池的功能是提供一定的容积和池表面,使微气泡与水中悬浮颗粒充分混合、接触、粘附,并进行气浮。根据水流流向,气浮池有平流式和竖流式两种基本形式。

平流式气浮池(图 6-13)是目前最常用的一种形式。一般反应池和气浮池合建。废水进入反应池(可用机械搅拌、折板等形式),完成与混凝剂的混合反应后,经挡板底部进入接触室,与溶气水接触混合,然后进入气浮池进行固液分离。

平流式气浮池的优点是池身浅、造价低、结构简单、管理方便。缺点是分离部分的容积利用率不高。

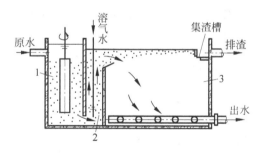

图 6-13　平流式气浮池
1—反应池;2—接触室;3—气浮池

竖流式气浮池(图 6-14)也是一种常用的形式。其优点是接触室在池中央,水流向四周扩散,水力条件比平流式好。缺点是与反应池较难衔接,构造比较复杂。

除上述两种基本形式外,还有各种组合式一体化气浮池,如气浮-反应一体化、气浮-沉淀一体化(图 6-15)、气浮-过滤一体化(图 6-16)。

气浮-沉淀一体化的形式主要应用于原水浑浊度较高及水中含有一部分密度

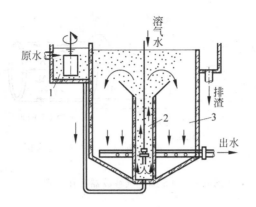

图 6-14 竖流式气浮池
1—反应池；2—接触室；3—气浮池

较大、不易进行气浮的杂质时，采用同向流斜板，先将部分易沉杂质去除，而不易沉淀的较轻杂质则由后续的气浮加以去除。这种形式结构紧凑，占地小，也能照顾后续构筑物的高程需要。

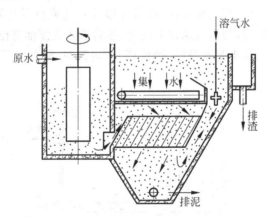

图 6-15 与同向流斜板沉淀池结合的气浮池

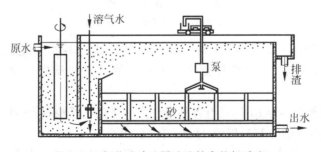

图 6-16 与移动冲洗罩滤池结合的气浮池

气浮-过滤一体化的形式主要为充分利用气浮分离池下部的容积,在其中设置了滤池。滤池可以是普通快滤池,也可以是移动冲洗罩滤池。一般以后者的配合更为经济和合理。气浮池的刮泥机可以兼作冲洗罩的移动设备。同时由于设置了滤池,使气浮集水更为均匀。

6.2.3 加压溶气气浮法的工艺计算

1. 设计工艺参数

气浮池的有效水深为 2.0~2.5 m,长宽比一般为 1:1~1:1.5,以单格宽度不超过 10 m,长度不超过 15 m 为宜。水力停留时间一般为 10~20 min,表面负荷为 5~10 m³/(m²·h)。

废水在反应池中的停留时间与混凝剂种类、投加量、反应形式等有关,一般为 5~15 min。

接触室必须为气泡与絮凝体提供良好的接触条件,废水经挡板底部进入接触室时的流速宜控制在 0.1 m/s 以下,水流在接触室中的上升流速一般为 10~20 mm/s,停留时间应大于 60 s。

竖流式气浮池的高度为 4~5 m,其他工艺参数与平流式相同。

2. 气固比的计算

气固比是设计加压溶气气浮系统时最基本的参数,反映了溶解空气量(A)与原水中悬浮固体含量(S)的比值,即

$$\alpha = \frac{A}{S} = \frac{经减压释放的溶解空气总量}{原水带入的悬浮固体总量} \tag{6-8}$$

根据被处理废水中污染物的不同,气固比 α 有两种不同的表示方法:当分离乳化油等密度小于水的液态悬浮物时,α 常用体积比表示;当分离密度大于水的固态悬浮物时,α 采用质量比计算。当 α 采用质量比时,经减压后理论上释放的空气量 A 可由下式计算:

$$A = \gamma C_a (fP - 1) R / 1\,000 \tag{6-9}$$

式中:A——减压至 1 atm 时理论上释放的空气量,kg/d;

γ——空气容重,g/L,见表 6-2;

C_a——一定温度下,1 atm 时的空气溶解度,mL,见表 6-2;

P——溶气绝对压力,atm;

f——加压溶气系统的溶气效率,为实际空气溶解度与理论空气溶解度之比,与溶气罐形式等因素有关;

R——压力水回流量或加压溶气水量,m³/d。

表 6-2 空气容重及在水中的溶解度

温度/℃	空气容重/(mg/L)	溶解度/(mL/L)	温度/℃	空气容重/(mg/L)	溶解度/(mL/L)
0	1 252	29.2	30	1 127	15.7
10	1 206	22.8	40	1 092	14.2
20	1 164	18.7			

气浮的悬浮固体干重为

$$S = QC_s \tag{6-10}$$

式中：S——悬浮固体干重，kg/d；

Q——气浮处理废水量，m^3/d；

C_s——废水中的悬浮颗粒浓度，kg/m^3。

因此，气固比可写成

$$\alpha = \frac{A}{S} = \frac{\gamma C_a (fP-1)R}{QC_s \times 1\,000} \text{ (kg/kg)} \tag{6-11}$$

参数 α 的选择影响气浮效果（如出水水质、浮渣浓度等），应针对所处理的废水进行气浮试验后确定。气固比的确定，可采用间歇试验，如图 6-17 所示。

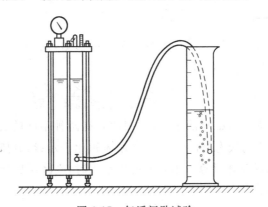

图 6-17 气浮间歇试验

试验表明，参数 α 对气浮效果影响很大。图 6-18 为三种废水的气浮试验结果。由该图可见，对于同种废水，α 值增大，出水悬浮物浓度降低，浮渣固体含量提高；而对于不同的废水，其气浮特性不同。因此，合适的 α 值应由试验确定。

如无资料或无试验数据时，α 一般可选用 0.005～0.06，废水中悬浮固体含量高时，可选用上限，低时可采用下限。剩余污泥气浮浓缩时一般采用 0.03～0.04。

废水中悬浮固体总量应包括：废水中原有的呈悬浮状的物质量 S_1，因投加化学药剂使原水中呈乳化状的物质、溶解性的物质或胶体状物质转化为絮状物的增

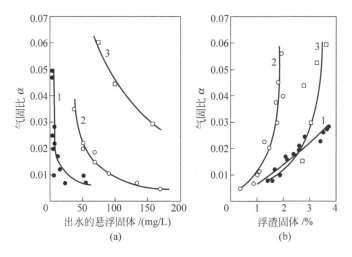

图 6-18 气固比与出水中悬浮固体和浮渣中固体含量的关系
曲线 1—污泥容积指数为 85 的活性污泥混合液；
曲线 2—污泥容积指数为 400 的活性污泥混合液；曲线 3—造纸废水

加量 S_2，以及因加入的化学药剂所带入的悬浮物质量 S_3，即

$$S = S_1 + S_2 + S_3 \qquad (6-12)$$

3. 气浮池的计算

气浮池有效容积和面积可分别根据水力停留时间和表面负荷进行计算，但在回流加压溶气流程中，应考虑加压溶气水回流量使气浮池处理水量的增加。

～～～～～～～～～～～～～～～～～～～～～～～～～～～～～～～～～～～～～～～

【**例 6-1**】 某纺织印染厂采用混凝气浮法处理印染废水。已知设计处理水量为 1 800 m³/d，混凝后废水的悬浮物浓度为 700 mg/L，水温 30℃，采用部分回流加压溶气气浮流程。溶气压力罐的压力（表压）为 324.2 kPa，空气饱和率为 0.6。经试验确定气固比为 0.02。试进行气浮池设计。

【**解**】

（1）首先由公式(6-11)计算加压溶气水量 R：

$$R = \frac{\alpha Q C_s \times 1\,000}{\gamma C_a (fP - 1)}$$

式中：P 为溶气罐的绝对压力，表压为 324.2 kPa＝3.24 atm，则 $P = 3.24 + 1 = 4.24$ atm；γ 为空气容重，查表 6-2 得 $\gamma = 1\,127$ mg/L；C_a 为空气溶解度，查表 6-2 得 $C_a = 15.7$ mL/L；$C_s = 700$ mg/L $= 0.7$ kg/m³。则有

$$R = \frac{0.02 \times 1\,800 \times 0.7 \times 1\,000}{1.127 \times 15.7 \times (0.6 \times 4.24 - 1)} = \frac{25\,200}{27.32} = 922 \text{ m}^3/\text{d}$$

(2) 气浮池设计

采用平流式气浮池,选取气浮池水力停留时间为 20 min,表面负荷为 8 m³/(m²·h),则气浮池的有效容积为

$$V = \frac{(1\,800 + 922) \times 20}{60 \times 24} = 37.81 \text{ m}^3$$

气浮池的有效面积为

$$F = \frac{1\,800 + 922}{8 \times 24} = 14.17 \text{ m}^2$$

取气浮池宽度为 4 m,水深为 2 m,则池长为

$$L = \frac{V}{B \times H} = \frac{37.81}{4 \times 2} = 4.7 \text{ m},取 5 \text{ m}。$$

校核:$L/B = 5/4 = 1.25$(满足要求)。

表面积:$B \times L = 4 \times 5 = 20 > 14.17 \text{ m}^2$,设计的表面积可行。

6.3 其他气浮法

6.3.1 电解气浮法

电解气浮法是在直流电的电解作用下,利用正极和负极产生的氢气和氧气的微气泡,对水中悬浮物进行粘附并将其带至水面以进行固液分离的方法。装置示意图见图 6-19。

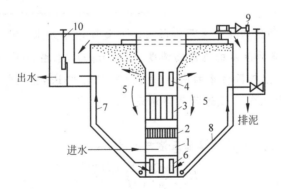

图 6-19 电解气浮法装置示意图
1—入流室;2—整流栅;3—电极组;4—出流孔;5—分离室;6—集水孔;
7—出水管;8—排沉泥管;9—刮渣机;10—水位调节器

电解法产生的气泡远小于溶气法和散气法产生的气泡,可用于去除细分散悬浮物固体和乳化油。电解法除可用于固液分离外,还具有多种作用,如对有机物的

氧化作用、脱色和杀菌作用,主要用于工业废水的处理,对废水负荷的变化适应性强,生成污泥量少,占地省,噪声低。但由于电解的作用,电耗较高,较难适用于大型废水处理厂。

6.3.2 散气气浮法

目前应用的主要有扩散板曝气气浮法和叶轮气浮法两种。

1. 扩散板曝气气浮法

扩散板曝气气浮是使压缩空气通过具有微孔结构的扩散板或扩散管,以微小气泡形式进入水中,与水中悬浮物发生粘附并气浮。这种方法的优点是简单易行,但扩散装置的微孔容易堵塞,产生的气泡较大,气浮效果不高。装置示意图见图 6-20。

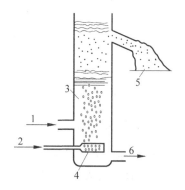

图 6-20 扩散板曝气气浮法
1—入流液;2—空气进入;3—分离柱;
4—微孔扩散板;5—浮渣;6—出流液

2. 叶轮气浮法

叶轮气浮法装置示意图见图 6-21。在叶轮气浮池的底部设置有叶轮叶片,由转轴与池上部的电机连接,并由后者驱动叶轮转动。在叶轮的上部装有带有导向叶轮的盖板。盖板下的导向叶轮为 2~18 片,与直径成 60°角(见图 6-22)。盖板与叶轮间距为 10 mm,在盖板上开孔 12~18 个,孔径为 20~30 mm,位置在叶轮叶片中间,作为循环水流的入口。叶轮有 6 个叶片,叶轮与导向叶轮之间的间距为 5~8 mm。

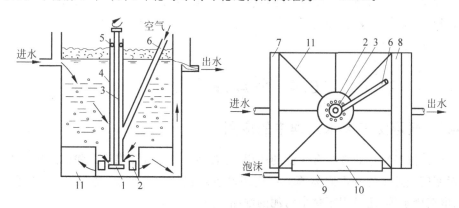

图 6-21 叶轮气浮法装置示意图
1—叶轮;2—盖板;3—转轴;4—轴套;5—轴承;6—进气管;7—进水槽;
8—出水槽;9—泡沫槽;10—刮沫板;11—整流板

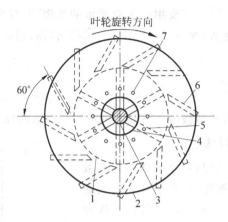

图 6-22 叶轮盖板构造
1—叶轮；2—盖板；3—转轴；4—轴承；5—叶轮叶片；6—导向叶轮；7—循环进水口

叶轮气浮的充气是靠设置在池底的叶轮高速旋转时在固定的盖板下形成负压,从空气管中吸入空气,而废水由盖板上的小孔进入。在叶轮的搅动下,空气被粉碎成细小的气泡,并与水充分混合,水气混合体甩出导向叶轮之外。导向叶轮使水流阻力减少,又经整流板稳流后,在池体内平稳地垂直上升,进行气浮。形成的泡沫不断地被缓慢转动的刮板刮出池外。

叶轮直径一般为 200～600 mm,叶轮的转速多采用 900～1 500 r/min,圆周线速度为 10～15 m/s,气浮池充水深度与吸气量有关,一般为 1.5～2.0 m 而不超过 3 m。

叶轮气浮一般适用于悬浮物浓度高的废水的气浮,例如用于从洗煤水中回收洗煤粉,设备不易堵塞。叶轮气浮产生的气泡直径约 1 mm,效率比加压溶气气浮差,约 80%。

6.4 气浮法的应用

6.4.1 气浮法在废水处理中的应用

气浮法在废水处理中有广泛的应用,主要用于自然沉淀难于去除的乳化油类、相对密度接近 1 的悬浮固体等。可应用的废水包括含油废水、造纸废水、染色废水、电镀废水等,还可用于剩余污泥的浓缩。

1. 处理含油废水

含油废水的范围很广,石油化工、机械加工、食品加工等行业都会产生大量的含油废水。油品在废水中以三种状态存在：①悬浮状态；②乳化状态；③溶解状态。气浮法主要用以去除乳化状态的油类。

如某炼油厂废水经平流式隔油池处理后,再进一步用气浮工艺进行处理。采用回流加压溶气流程,聚合氯化铝作为混凝剂,投加量为 20 mg/L。石油类污染物从 80 mg/L 降到 17 mg/L,COD 浓度从 400 mg/L 降到 250 mg/L,硫化物从 5.45 mg/L 降到 2.54 mg/L,酚从 21.9 mg/L 降到 18.4 mg/L。

2. 处理印染废水

印染废水色度高,水质复杂,BOD_5/COD 的比值比较低。可以采用气浮法对印染废水进行处理。对于含硫化、分散等不溶性染料的印染废水,应用气浮法的效果显著。

3. 处理造纸厂白水

造纸工业是耗水量最大的工业之一,其中抄纸工段产生的白水约占整个造纸过程排水量的一半。造纸白水含有大量的纤维、填料、松香胶状物等,采用气浮对白水进行处理,不仅可以回收纤维,提高资源利用率,而且可以使白水循环使用,节约水资源,减少废水排放量。根据实际运行经验,用气浮法处理白水,一般只需 15~20 min,时间短,悬浮物去除率为 90% 以上,COD 去除率为 80% 左右,浮渣浓度在 5% 以上。

6.4.2 气浮法在给水处理中的应用

1. 净化高含藻水源

我国有许多水厂的水源都是湖泊及水库水。由于受生活污水和工业废水的污染,富营养化程度逐年增加,致使藻类繁殖严重。对于高含藻水源的净化,采用气浮法净化的效果显著。如武汉东湖水厂以湖水为水源,在每年 5~11 月高藻期,含藻量高达 5 600 万个/L,沉淀池效果不佳。1978 年将沉淀池改造为气浮池后,藻类去除率达 80% 以上。高藻期滤池的冲洗周期由过去的 2~3 h,延长至 8~16 h,节约了大量冲洗水。1980 年该厂又将另一组沉淀池改建成 4 万 m^3/d 气浮-移动冲洗罩滤池,藻类去除滤达 90%。接着于 1982 年又新建一座 4 万 m^3/d 气浮-移动冲洗罩滤池,成为我国第一个全部采用气浮净水工艺的饮用水水厂。

此外,昆明水厂(以滇池为水源)、无锡冲山水厂(以太湖为水源)等采用气浮工艺除藻均取得良好效果。

2. 净化低温低浊水源

低温低浊水的净化是给水处理领域中的难题之一。不管是在北方还是南方,一到冬季,水厂的沉淀、澄清设备的净化效果就会变差。尤其是在东北地区,冬季水温在 0℃ 左右时,投加混凝剂后絮体不仅不沉淀,而且还会出现处理水浊度反而增高的现象。对于沉淀法难以取得良好效果的低温低浊水源的净化,采用气浮法可以取得较好的效果。如吉林市第三水厂、沈阳市自来水厂等采用气浮净水工艺。

3. 净化受污染水体

我国江河水源的污染是各地区普遍存在的问题。采用一般的沉淀法很难去除其中的色、臭、味及某些有机污染物。采用气浮法由于可释放出大量微细气泡,对水体产生曝气充氧作用,因此能减轻臭味与色度,增加水中溶解氧,降低耗氧量。苏州自来水公司所属胥江水厂,地处胥江与外城河交汇处,河道航行频繁,又受上游排放污水的影响,污染十分严重。采用气浮法后,水中溶解氧明显增高,色度去除率达 60%~80%,出水浊度也比沉淀法降低 2~5 NTU。

习　　题

6-1　微气泡与悬浮颗粒相粘附的基本条件是什么? 受哪些因素的影响?

6-2　为什么废水中的乳化油类不易相互粘聚上浮?

6-3　混凝剂与浮选剂有何区别? 各起什么作用?

6-4　简述加压溶气气浮工艺的组成和特点。与其他气浮法相比,加压溶气气浮法具有哪些优点?

6-5　加压溶气气浮的溶气罐的出水口设在罐的上部好还是设在罐的下部好? 为什么?

6-6　气固比是如何定义的? 如何确定(或选用)?

6-7　气浮池和沉淀池相比,有何特点?

6-8　待处理的剩余污泥量为 315 m³/d,污泥浓度为 0.7%,要求气浮后获得的污泥浮渣浓度为 3%,求压力水回流量及空气量。

6-9　造纸废水量 3 000 m³/d,悬浮物浓度平均为 1 000 mg/L,水温 20℃,采用回流式加压溶气气浮处理该废水,溶气水压力(表压)为 0.3 MPa,溶气罐中停留时间为 2 min,空气饱和率为 70%。在气浮池中释放出的空气量有多少 L/(m³ 水)? 回流水量占处理水量的百分比是多少? 投入的空气量占处理水量的体积百分比是多少?

6-10　分别采用回流和不回流加压溶气气浮法将活性污泥混合液从浓度 0.3% 浓缩到 4%。采用的操作条件如下:最佳气固比 α = 0.008 mL/mg;温度 20℃;空气在水中的溶解度 18.7 mL/L;溶气罐空气饱和率 0.5;回流溶气水压力 275 kPa;气浮池表面负荷率 8 L/(m² · min);活性污泥混合液流量 400 m³/d。试求气浮池面积。

6-11　某厂电镀车间酸性废水中重金属离子含量:Cr^{6+} 14.4 mg/L,Cr^{3+} 5.7 mg/L,$Fe_总$ 10.5 mg/L,Cu^{2+} 16.0 mg/L。现决定采用的处理工艺是先向废水中投加硫酸亚铁和氢氧化钠生成金属氢氧化物絮体,然后用气浮法分离絮渣。

根据小型试验结果,经气浮处理后,出水中各种重金属离子含量均达到了国家排放标准。浮渣含水率在96%左右。试验时溶气压力罐压力采用0.3～0.35 MPa,溶气水量占25%～30%。处理废水量为20 m³/h。试设计整个操作单元,包括气浮池、溶气释放器、压力容器罐、空压机以及刮渣机等。

6-12 在回流式加压溶气气浮流程中,试比较图6-23中(a)、(b)、(c)三种供气方式的优缺点(溶气罐都维持0.3 MPa表压。图6-23(a)、(b)、(c)中,泵出水压力分别为0.3 MPa、0.5 MPa、0.3 MPa,来水量都相同)。

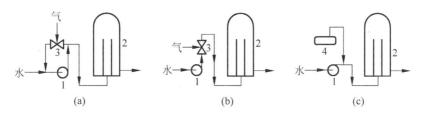

图6-23 习题6-12图示
1—泵;2—溶气罐;3—射流器;4—空气压缩机

6-13 请讨论气浮法在给水处理中的应用。

第7章 过 滤

7.1 过滤的基本概念

7.1.1 过滤概述

过滤是用来分离悬浮液,获得清净液体的单元操作。在水处理中,过滤一般是指以石英砂等粒状颗粒的滤层截留水中悬浮杂质,从而使水获得澄清的工艺过程。在给水处理工艺中,过滤常置于沉淀池或澄清池之后,是保证净化水质的一个不可缺少的关键环节。滤池的进水浊度一般在 10 NTU 以下,经过滤后的出水浊度可以降到小于 1 NTU,满足饮用水标准。过滤的功效不仅在于进一步降低水的浊度,水中的有机物、细菌乃至病毒等也将随水的浊度降低而被部分去除。随着废水资源化需求的日益提高,过滤在废水深度处理中也得到了广泛应用。

过滤从分类上主要有慢速过滤(又称表面滤膜过滤)和快速过滤(又称深层过滤)两种。

慢速过滤的滤速通常低于 10 m/d,它是利用在砂层表面自然形成的滤膜去除水中的悬浮杂质和胶体,同时由于滤膜中微生物的生物化学作用,水中的细菌、铁、氨等可溶性物质以及产生色、臭、味的微量有机物可被部分去除。但由于慢速过滤的生产效率低,并且设备占地面积大,目前各国很少采用,基本上被快速过滤技术所取代。

快速过滤是把滤速提高到 10 m/d 以上,使水快速通过砂等粒状颗粒滤层,在滤层内部去除水中的悬浮杂质,因此是一种深层过滤。但快速过滤的前提条件是必须先投加混凝剂。当投加混凝剂后,水中胶体的双电层得到压缩,容易被吸附在砂粒表面或已被吸附的颗粒上,这就是接触粘附作用。这种作用机理在实践中得到了验证:表层细砂层粒径为 0.5 mm,空隙尺寸为 80 μm,进入滤池的颗粒大部分小于 30 μm,但仍能被去除。快滤池自 1884 年在世界上正式使用以来,已有 100 多年的历史,目前在水处理中得到了广泛应用。本章主要讨论快速过滤工艺。

7.1.2 快速过滤的机理

在快速过滤过程中,水中悬浮杂质在滤层内部被去除的主要机理涉及两个方面：一是迁移机理，即被水流挟带的杂质颗粒如何脱离水流流线而向滤料颗粒表面接近或接触；二是粘附机理，即当杂质颗粒与滤料表面接触或接近时，依靠哪些力的作用使得它们粘附于滤料表面。

1. 迁移机理

在过滤过程中，滤层空隙中的水流一般处于层流状态。随着水流流线移动的杂质颗粒之所以会脱离流线而趋向滤料颗粒表面，主要是受拦截、沉淀、惯性、扩散和水动力等作用力的影响（图7-1）。颗粒尺寸较大时，处于流线中的颗粒会直接被滤料颗粒所拦截；颗粒沉速较大时会在重力作用下脱离流线，在滤料颗粒表面产生沉淀；颗粒具有较大惯性时也可以脱离流线与滤料表面接触；颗粒较小、布朗运动较剧烈时会扩散至滤料颗粒表面；水力作用是由于在滤料颗粒表面附近存在速度梯度，非球体颗粒在速度梯度作用下，会产生转动而脱离流线与滤料表面接触。

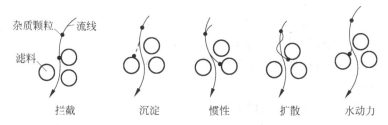

图7-1 过滤过程中颗粒迁移机理示意图

对于上述迁移机理，目前只能定性描述，其相对作用大小尚无法定量估算。虽然也有某些数学模型，但还不能解决实际问题。在实际的过滤过程中，几种机理可能同时存在，也可能只有其中某些机理起作用。

2. 粘附机理

当水中的杂质颗粒迁移到滤料表面上时，是否能粘附于滤料表面或滤料表面上原先粘附的杂质颗粒上主要取决于它们之间的物理化学作用力。这些作用力包括范德华引力、静电力以及某些化学键和某些特殊的化学吸附力等。此外，絮凝颗粒的架桥作用也会存在。粘附过程与澄清池中的泥渣所起的粘附作用基本类似，不同的是滤料为固定介质，效果更好。因此，粘附作用主要受滤料和水中杂质颗粒的表面物理化学性质的影响。未经脱稳的杂质颗粒，过滤效果很差。不过，在过滤过程中，特别是过滤后期，当滤层中的空隙逐渐减小时，表层滤料的筛滤作用也不能完全排除，但这种现象并不希望发生。

在杂质颗粒与滤料表面发生粘附的同时，还存在由于空隙中水流剪力的作用而导致杂质颗粒从滤料表面上脱落的趋势。粘附力和水流剪力的相对大小，决定了杂质颗粒粘附和脱落的程度。过滤初期,滤料较干净,滤层内的空隙率较大,空隙流速较小,水流剪力较小,因而粘附作用占优势。随着过滤时间的延长,滤层中杂质逐渐增多,空隙率逐渐减小,水流剪力逐渐增大,导致粘附在最外层的杂质颗粒首先脱落下来,或者被水流挟带的后续杂质颗粒不再继续粘附,促使杂质颗粒向下层推移,从而使下层滤料的截留作用渐次得到发挥。

7.1.3 过滤在水处理中的应用

过滤在水和废水处理过程中是一个不可或缺的环节。在给水处理中,过滤一般置于沉淀池或澄清池之后。当原水浊度较低(一般小于 50 NTU),且水质较好时,原水可以不经沉淀而进行"直接过滤"。直接过滤有两种方式:

(1) 原水经投加混凝剂后直接进入滤池过滤,滤前不设任何絮凝设备。这种过滤方式称为"接触过滤"。

(2) 滤池前设一简易的微絮凝池,原水投加混凝剂后先经微絮凝池,形成粒径大致在 40~60 μm 的微絮粒后,进入滤池过滤。这种过滤方式称为"微絮凝过滤"。微絮凝池的絮凝条件不同于一般絮凝池,一般要求形成的絮凝体尺寸较小,便于絮体能深入滤层深处以提高滤层含污能力。因此,微絮凝池水力停留时间一般较短,通常为几分钟。

采用直接过滤工艺须注意以下几点:

(1) 原水浊度和色度较低且变化较小。若对原水水质变化趋势无充分把握时,不应轻易采用直接过滤方式。

(2) 通常采用双层、三层或均质滤料。滤料粒径和厚度适当增加,否则滤层表面空隙易被堵塞。

(3) 滤速应根据原水水质决定。浊度偏高时应采用较低滤速,反之亦然。

在废水处理中,过滤主要用于深度处理。二级生物出水可经混凝沉淀后再进行过滤,以进一步去除残存有机物、悬浮杂质等,出水可用于一般市政杂用或对用作水质要求不高的工业用水,如补充工业冷却用水等。此外,过滤还可以作为活性炭吸附以及离子交换、电渗析、反渗透、超滤等工艺的前处理。

7.2 快滤池的结构与工作过程

7.2.1 普通快滤池的结构

快滤池的池型有很多,普通快滤池是应用最早的池型。由于它的构造和使用经验有典型意义,本节将以普通快速池为例,介绍快滤池的结构。

普通快速池一般建成矩形的钢筋混凝土池子。通常情况下宜双行排列,当池个数较少时(特别是个数成单的小池子),可采用单行排列。图 7-2 为普通快滤池构造示意图。快滤池包括集水渠、洗砂(冲洗)排水槽、滤层、承托层(也称垫层)及配水系统五个部分。两行滤池之间布置管道、闸门及一次仪表部分,称为管廊,主要管道包括浑水进水、清水出水、冲洗来水、冲洗排水(或称废水渠)等管道。管廊的上面为操作室,设有控制台。快滤池常与全厂的化验室、消毒间、值班室等建在一起成为全厂的控制中心。

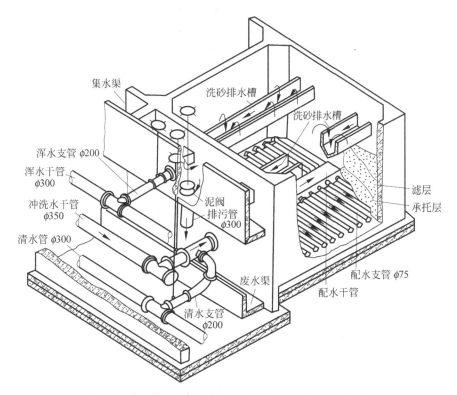

图 7-2　普通快滤池构造剖视图(箭头表示冲洗水流方向)

7.2.2　快滤池的工作过程与周期

1. 工作过程

快滤池的运行过程主要是过滤和冲洗两个过程的交替循环。过滤是截留杂质、生产清水的过程;冲洗即是把截留的杂质从滤层中洗去,使之恢复过滤能力。

1) 过滤

过滤开始时,原水自进水管(浑水管)经集水渠、冲洗排水槽分配进入滤池,在池内自上而下通过滤层、承托层(垫层),由配水系统收集,并经清水管排出。经过一段时间的过滤,滤层逐渐被杂质所堵塞,滤层的空隙不断减小,水流阻力逐渐增大至一个极限值,以致滤池出水量锐减。另外,由于水流的冲刷力又会使一些已截留的杂质从滤料表面脱落下来而被带出,影响出水水质。此时,滤池应停止过滤,进行冲洗。

2) 冲洗

冲洗时,关闭浑水管及清水管,开启排水阀和冲洗进水管,冲洗水自下而上通过配水系统、承托层、滤层,并由冲洗排水槽收集,经集水渠内的排水管排走。在冲洗过程中,冲洗水流逆向进入滤层,使滤层膨胀、悬浮,滤料颗粒之间相互摩擦、碰撞,附着在滤料表面的杂质被冲刷下来,由冲洗水带走。从停止过滤到冲洗完毕,一般需要 20~30 min,在这段时间内,滤池停止生产。冲洗所消耗的清水,约占滤池生产水量的 1%~3%(视水厂规模而异)。

滤池经冲洗后,过滤和截污能力得以恢复,又可重新投入运行。如果开始过滤的出水水质较差,则应排入下水道,直到出水合格为止,这称为初滤排水。

2. 工作周期

随过滤进行,理想情况下滤池水头损失和滤后水浊度的变化如图 7-3 所示。当滤池的水头损失达到最大允许值(2.5~3.0 m)或出水浊度超过标准时,则应停止过滤,对滤池进行冲洗。从过滤开始到过滤终止的运行时间,称为滤池的过滤周期,一般应大于 8~12 h,最长可达 48 h 以上。冲洗操作包括反冲洗和其他辅助冲洗方法,所需的时间称为滤池的冲洗周期。过滤周期与冲洗周期以及其他辅助时间之和称为滤池的工作周期或运转周期。滤池的生产能力则可以用工作周期中得到的净清水量除以工作周期表示,所以提高滤池的生产能力应在保证滤后水质的前提下,设法提高滤速,延长过滤周期,缩短冲洗周期和减少冲洗水量的消耗。

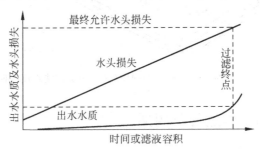

图 7-3 过滤水头损失与出水水质随过滤时间的变化

7.2.3 滤池的水头损失

在过滤过程中,滤层中截留的杂质颗粒量不断增加,必然会导致过滤过程中水力条件的改变,即造成水流通过滤层的水头损失及滤速的变化。

1. 清洁滤层水头损失

过滤开始时,滤层是干净的。水流通过干净滤层的水头损失称为"清洁滤层水头损失"或称"起始水头损失"。就砂滤池而言,滤速为 8～10 m/h 时,该水头损失约为 30～40 cm。在通常所采用的滤速范围内,清洁滤层中的水流处于层流状态。此时,水头损失与滤速一次方成正比。诸多学者提出了不同形式的水头损失计算公式。虽然各公式中有关常数或公式形式有所不同,但其中所包括的基本因素之间的关系基本上是一致的,计算结果相差有限。这里仅介绍卡曼-康采尼(Carman-Kozony)公式:

$$h_0 = 180 \frac{\nu}{g} \frac{(1-m_0)^2}{m_0^3} \left(\frac{1}{\phi d_0}\right)^2 l_0 v \tag{7-1}$$

式中:h_0——水流通过清洁滤层水头损失,m;

ν——水的运动粘度,m^2/s;

g——重力加速度,9.81 m/s^2;

m_0——滤料空隙率;

d_0——与滤料体积相同的球体直径,m;

l_0——滤层厚度,m;

v——滤速,m/s;

ϕ——滤料颗粒球形度。

实际滤层是非均匀滤料。计算非均匀滤层水头损失,可按筛分曲线(见图 7-11)分成若干层,取相邻两筛子的筛孔孔径的平均值作为各层的计算粒径,各层水头损失之和即为整个滤层总水头损失。设粒径为 d_i 的滤料质量占全部滤料质量的比例为 p_i,则清洁滤层总水头损失为

$$H_0 = \sum h_0 = 180 \frac{\nu}{g} \frac{(1-m_0)^2}{m_0^3} \left(\frac{1}{\phi}\right)^2 l_0 v \times \sum_{i=1}^{n} \left(\frac{p_i}{d_i^2}\right) \tag{7-2}$$

分层数 n 愈多,计算精确度愈高。

2. 过滤过程中的水头损失

了解过滤中水头损失的变化是深入了解过滤过程的基础。随着过滤进行,滤层中截留的杂质颗粒量不断增加,必然会导致过滤水头损失的变化。为了便于理解,假定在过滤周期内滤池的水位和滤速都不变。如果测定滤池进水、滤池出水和出水滤速控制闸门后的水位就可以得到滤池的各项水头损失变化的关系,如图 7-4 和图 7-5 所示。

滤池的总水头由以下几部分组成:

$$H = H_t + h_1 + h_t + \frac{v^2}{2g} + h_2 \tag{7-3}$$

式中:H——滤池总水头,m;

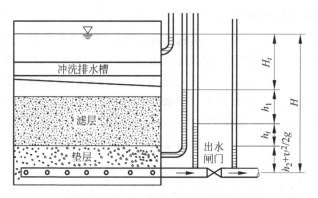

图 7-4　滤池工作时水头损失示意图

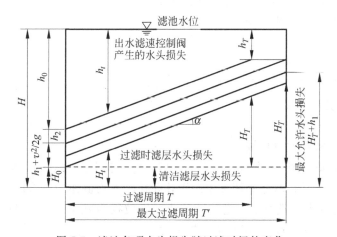

图 7-5　滤池各项水头损失随过滤时间的变化

H_t——滤层水头损失，m；
h_1——承托层和配水系统水头损失，m；
h_t——出水滤速控制阀水头损失，m；
$v^2/2g$——流速水头，m；
h_2——剩余水头，m。

随着过滤进行，滤层内截留的杂质颗粒逐渐增多，导致空隙减少，滤层水头损失从清洁滤层的 H_0 增加到 H_t。但由于承托层和配水系统在整个过程中基本上是保持干净的，只要滤速不变，h_1 是不变的，$v^2/2g$ 也是不变的。因此，为了保持滤速不变，当 H_0 增加到 H_t 后，出水滤速控制闸门的调节阻力必须从原来的 h_0 减少到 h_t。剩余水头 h_2 仍可不动用。

H_t 随过滤时间的变化曲线，实际上反映了滤层截留的杂质量与过滤时间的关系。根据实验，H_t 随过滤时间的变化一般呈直线关系（如图 7-5 所示），H_t 直线与过滤时间轴之间的夹角 α 不变。从图 7-5 可见,当 h_t 变为最小值 h_T 后(即出水滤速控制闸门全开,阻力最小),滤层水头损失增加到 H_T。这时过滤时间为 T。如果继续过滤,则剩余水头 h_2 就要开始被动用。当剩余水头 h_2 被消耗完时过滤时间为 T'。如果再继续过滤,滤池水量就会开始减少而且很快杂质颗粒就会把滤池堵死以致不出水。过滤时间 T' 为滤池的最大可能过滤周期。但实际上过滤周期到 T 时滤池也就停止运行了。

7.2.4 滤池的过滤方式

1. 等水头等速过滤

当滤池过滤速度和水位保持不变时,称为"等水头等速过滤"。普通快滤池即属于等水头等速过滤的滤池(图 7-6)。随着过滤进行,滤层内截留的杂质量逐渐增加,在等速过滤状态下,水头损失随时间逐渐增加,滤池内的水位自然会逐渐上升,但是为了维持在等水头状态下的等速过滤,需要在出口处设置滤速控制阀,以调节滤速和水位恒定。滤速控制阀的调节原理参见图 7-5。

2. 变水头等速过滤

随过滤进行,在等速过滤状态下,滤层的水头损失随时间而逐渐增加,由于自由进流,滤池内水位会自动上升,以保持过滤速度不变,见图 7-7。当水位上升至最高允许水位时,过滤停止以待冲洗,这种过滤方式称为"变水头等速过滤",虹吸滤池和无阀滤池均属变水头等速过滤的滤池。滤池的最高水位和最低水位的差值 ΔH_T 为从清洁滤层的状态开始增加的最大滤层水头损失,由截留在滤层中的杂质颗粒所引起。h 为配水系统、承托层及管渠水头损失之和。

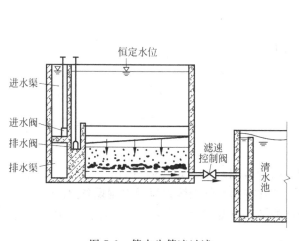

图 7-6 等水头等速过滤

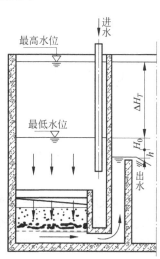

图 7-7 变水头等速过滤

3. 等水头变速过滤

在过滤过程中,如果过滤水头损失始终保持不变,随着滤层内部空隙被杂质颗粒所堵塞,空隙率逐渐减小,滤速必然会逐渐减小(参见式(7-2)),这种情况称为"等水头变速过滤"或者"等水头减速过滤"。这种变速过滤方式,在普通快滤池中一般不可能出现。因为,一级泵站流量基本不变,即滤池进水总流量基本不变,因而,根据水流进、出平衡关系,滤池出水总流量减少是不可能的。不过,在分格数很多的移动冲洗罩滤池中,每个滤池的工作状态有可能达到近似的"等水头变速过滤"状态。

设4座滤池组成1个滤池组,进入滤池组的总流量不变。当滤池组进水渠相互连通,且每座滤池进水阀均处于滤池最低水位以下(见图7-8),则减速过滤将按如下方式进行。由于进水渠相互连通,4座滤池内的水位或总水头损失在任何时间基本上都是相等的。因此,最干净的滤池滤速最大,截污最多的滤池滤速最小。但在整个过滤过程中,4座滤池的平均滤速始终不变以保持滤池组总的进、出流量平衡。对某一座滤池而言,其滤速则随着过滤时间的增加而逐渐降低。最大滤速发生在该座滤池刚冲洗完毕投入运行初期,而后滤速呈阶梯形下降(见图7-9)。图7-9表示一组4座滤池中某一座滤池的滤速变化。折线的每一突变,表明其中某座滤池刚冲洗干净投入过滤。由此可知,如果一组滤池的滤池数很多,则相邻两座滤池冲洗间隔时间很短,阶梯式下降折线将变为近似连续下降曲线。

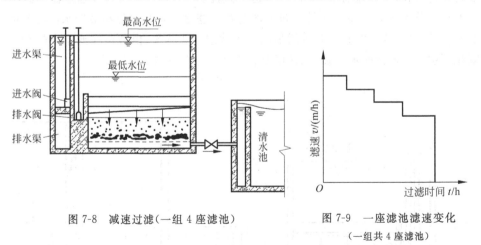

图7-8　减速过滤(一组4座滤池)　　　　图7-9　一座滤池滤速变化
　　　　　　　　　　　　　　　　　　　　　　　(一组共4座滤池)

在变速过滤中,当某一座滤池刚冲洗完毕投入运行时,因该座滤层干净,滤速往往过高。为防止滤后水质恶化,往往在出水管上装设流量控制设备,保证过滤周期内的滤速比较均匀,以控制清洁滤池的起始滤速。因此,在实际操作中,滤速变化较上述分析还要复杂些。

7.2.5 滤层内杂质分布情况

图 7-10 表示滤层中杂质分布情况。图中的滤层含污量系指单位体积滤层中所截留的杂质量,单位为 g/cm³ 或 kg/m³。由该图可见,滤层中所截留的杂质颗粒在滤层深度方向变化很大。滤层含污量在上部最大,随滤层深度增加而逐渐减少。这是因为,滤料经反冲洗后,滤层因膨胀而分层,表层滤料粒径最小,粘附比表面积最大,截留悬浮杂质量最多,而空隙尺寸又最小。因此,过滤到一定时间后,表层滤层的空隙逐渐被堵塞,甚至产生筛滤作用而形成泥膜,使过滤阻力剧增。其结果,在一定过滤水头下滤速减小(或在一定滤速下水头损失达到极限值),或者因滤层表面受力不均匀而使

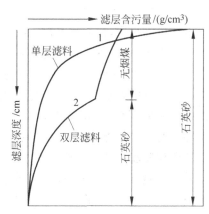

图 7-10 滤层含污量变化

泥膜产生裂缝,大量水流自裂缝中流出,以致悬浮杂质穿过滤层而使出水水质恶化。当上述两种情况之一出现时,过滤将被迫停止。此时,下层滤料截留悬浮杂质的作用远未得到充分发挥,出现如图 7-10 所示滤层含污量沿滤层深度方向分布不均的现象。在一个过滤周期内,如果按整个滤层计,单位体积滤料中的平均含污量称为"滤层含污能力",单位仍以 g/cm³ 或 kg/m³ 计。图 7-10 中曲线与坐标轴所包围的面积除以滤层总厚度即为滤层含污能力。在滤层厚度一定时,此面积愈大,滤层含污能力愈大。如果悬浮颗粒量在滤层深度方向变化愈大,表明下层滤料截污作用愈小,就整个滤层而言,含污能力愈小,反之亦然。

为了改变上细下粗的滤层中杂质分布严重不均匀的现象,提高滤层含污能力,出现了双层滤料、三层滤料或混合滤料及均质滤料等滤层组成。

(1) 双层滤料组成 上层采用密度较小、粒径较大的轻质滤料(如无烟煤),下层采用密度较大、粒径较小的重质滤料(如石英砂)。由于两种滤料间存在密度差,在一定反冲洗强度下,反冲后轻质滤料仍在上层,重质滤料位于下层。虽然每层滤料粒径仍由上而下递增,但就整个滤层而言,上层平均粒径大于下层平均粒径。实践证明,双层滤料含污能力较单层滤料约高 1 倍以上。在相同滤速下,过滤周期增长;在相同过滤周期下,滤速可提高。图 7-10 中曲线 2(双层滤料)与坐标轴所包围的面积大于曲线 1(单层滤料),表明在滤层厚度相同、滤速相同时,前者含污能力大于后者,间接表明前者过滤周期长于后者。

(2) 三层滤料组成 上层为大粒径、小密度的轻质滤料(如无烟煤),中层为中等粒径、中等密度的滤料(如石英砂),下层为小粒径、大密度的重质滤料(如石榴

石)。各层滤料平均粒径由上而下递减。如果三种滤料经反冲洗后在整个滤层中适当混杂,即滤层的每一横断面上均有煤、砂、重质矿石三种滤料存在,则称"混合滤料"。尽管称之为混合滤料,但绝非三种滤料在整个滤层内完全均匀地混合在一起,上层仍以煤粒为主,掺有少量砂、石;中层仍以砂粒为主,掺有少量煤、石;下层仍以重质矿石为主,掺有少量砂、煤。平均粒径仍由上而下递减。这种滤料组成不仅含污能力大,且因下层重质滤料粒径很小,对保证滤后水质有很大作用。

(3) 均质滤料组成 所谓"均质滤料",并非指滤料粒径完全相同,滤料粒径仍存在一定程度的差别(但此差别比一般单层级配滤料小),而是指沿整个滤层深度方向的任一横断面上,滤料组成和平均粒径均匀一致。要做到这一点,必要的条件是反冲洗时滤层不能膨胀。当前应用较多的气水反冲滤池大多属于均质滤料滤池。这种均质滤层的含污能力大于上细下粗的级配滤层。

总之,滤层组成的改变改善了单层级配滤层中杂质分布状况,提高了滤层含污能力,相应地也降低了滤层中水头损失的增长速率。无论采用双层、三层或均质滤料,滤池构造和工作过程与单层滤料滤池均无大的差别。在过滤过程中,滤层中悬浮杂质截留量随过滤时间和滤层深度而变化的规律,以及由此而导致的水头损失变化规律,不少研究者都试图用数学模型加以描述,但由于影响过滤的因素很多,诸如水质、水温、滤速、滤料粒径、形状和级配、杂质表面性质和尺寸等,都会对过滤产生影响,因此理论的数学模型往往与实际情况差异较大。目前滤池的设计和操作基本上仍需根据实验或经验来确定。

7.3 滤料及承托层

7.3.1 滤料

1. 滤料的选择

滤料的种类很多。使用最早和应用最广泛的滤料是天然的石英砂。其他常用的滤料还有无烟煤、石榴石、磁铁矿、金刚砂等。此外还有人工制造的轻质滤料(如聚苯乙烯发泡塑料颗粒等)。水处理用的滤料必须满足以下要求:

(1) 有足够的机械强度,以免在冲洗过程中颗粒发生过度的磨损而破碎。
(2) 具有良好的化学稳定性,以免滤料与水发生反应而引起水质恶化。
(3) 具有一定的颗粒级配和适当的空隙率。
(4) 能就地取材,价廉。

2. 滤料的粒径级配

滤料颗粒的粒径是指能把滤料颗粒包围在内的一个假想球面的直径。滤料粒径级配是指滤料中各种粒径级配所占的质量比例,一般有以下两种表示方法:

1) 有效粒径和不均匀系数法

以滤料的有效粒径 d_{10} 和不均匀系数 K_{80} 来表示滤料粒径级配。

$$K_{80} = \frac{d_{80}}{d_{10}} \qquad (7-4)$$

式中：d_{10}——通过滤料质量 10% 的筛孔直径，m；

d_{80}——通过滤料质量 80% 的筛孔直径，m。

其中 d_{10} 反映细颗粒尺寸，小于它的颗粒是产生水头损失的主要部分；d_{80} 反映粗颗粒尺寸。K_{80} 愈大，表示粗细颗粒尺寸相差愈大，颗粒愈不均匀，这对过滤和冲洗都很不利。因为 K_{80} 较大时，过滤时滤层含污能力减小；反冲洗时，冲洗强度难以确定。为满足粗颗粒膨胀的要求，细颗粒可能被冲出滤池，而若为满足细颗粒膨胀的要求，粗颗粒将得不到很好的清洗。K_{80} 愈接近于 1，滤料愈均匀，过滤和反冲洗效果愈好，但滤料价格会提高。

2) 最大粒径、最小粒径和不均匀系数法

采用最大粒径 d_{max}、最小粒径 d_{min} 和不均匀系数 K_{80} 来控制滤料粒径分布，这是我国规范中通常采用的方法，见表 7-2。

3. 滤料筛分方法

滤料颗粒的级配分布可由筛分试验求得。具体方法举例说明如下：

取某天然河砂砂样约 300 g，洗净后置于 105℃ 的恒温箱中烘干，待冷却后称取砂样 100 g，放于一组筛子中过筛，最后称出留在每一筛上的砂量，得表 7-1 的筛分结果，并绘制如图 7-11 所示的筛分曲线。

表 7-1 砂样筛分试结果

筛孔/mm	留在筛上的砂量		经过该号筛的砂量	
	质量/g	百分比/%	质量/g	百分比/%
2.362	0.1	0.1	99.9	99.9
1.651	9.3	9.3	90.6	90.6
0.991	21.7	21.7	68.9	68.9
0.589	46.6	46.6	22.3	22.3
0.246	20.6	20.6	1.7	1.7
0.208	1.5	1.5	0.2	0.2
筛底盘	0.2	0.2	—	—
合计	100.0	100.0		

从图 7-11 的筛分曲线，求得有效粒径 $d_{10} = 0.4$ mm，$d_{80} = 1.34$ mm，并算得

$K_{80}=1.34/0.4=3.35$。

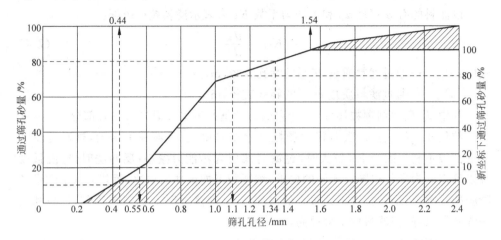

图 7-11 滤料筛分曲线

上述结果表明试验砂样的不均匀系数较大。如设计要求：$d_{10}=0.55$ mm，$K_{80}=2.0$，则 $d_{80}=2×0.55=1.1$ mm。可按此要求筛分滤料，具体方法如下：

自横坐标 0.55 mm 和 1.1 mm 两点，分别作垂线与筛分曲线相交。然后自两交点作平行线与右边纵坐标相交，并以此交点作为 10% 和 80%，在 10% 和 80% 之间分成 7 等份，则每等份为 10% 的砂量，以此向上下两端延伸，即得 0 和 100% 之点，如图 7-11 右侧纵坐标所示，以此作为新坐标。然后自新坐标原点和 100% 点作平行线与筛分曲线相交，此两点之间即为所选滤料，余下部分应全部筛除。由图可见，大粒径 ($d>1.54$ mm) 颗粒约筛除 13%，小粒径 ($d<0.44$ mm) 颗粒约筛除 13%，共需筛除 26% 左右。

上边介绍的方法是筛分实验的一般表示方法，在生产中应用比较方便。但用于理论研究时，存在以下不足：①筛子孔径未必精确；②未反映出滤料颗粒形状因素。

为了改进上述不足，另有一种表示粒度的方法，即用"筛的校准孔径"代替筛子的名义孔径。校准孔径 d' 的求法如下：将滤料砂样放在筛孔为 d 的筛子里过筛后，将筛子放在另一张纸上，将筛盖好。再将筛用力振动几下，这样又有一些颗粒筛落下来，这些颗粒代表恰好通过筛孔 d 的颗粒，从此中取出 n 个，在分析天平上称其质量，按以下公式计算筛的校准孔径：

$$d'=\sqrt{\frac{6W}{\pi n\rho_s}} \tag{7-5}$$

式中：ρ_s——滤料颗粒密度，kg/m^3；

W——颗粒质量，kg；

n——颗粒数。

d' 相当于恰好通过筛孔 d 的砂粒的等体积球体的直径。

4. 滤料空隙率与形状

滤料空隙率 m 可按下式计算：

$$m = 1 - \frac{W}{\rho_s V} \tag{7-6}$$

式中：V——滤料体积，m^3；

其他符号同上。

滤料空隙率与滤料颗粒形状、均匀程度以及压实程度等因素有关。均匀粒径和不规则形状的滤料，空隙率大。一般所用石英砂滤料空隙率在 0.42 左右。

滤料颗粒形状影响滤层中水头损失和滤层空隙率，迄今还没有一种满意的方法可以确定不规则形状颗粒的形状系数。这里仅介绍颗粒球形度 ϕ 的概念，其定义为

$$\phi = \frac{同体积球体表面积}{颗粒实际表面积} \tag{7-7}$$

不同形状的颗粒具有不同的球形度。天然砂滤料的球形度一般为 0.75~0.80。

5. 滤层的规格

滤层的规格是指对滤料的材质、粒径与厚度的规定。滤料的粒径都比较小，一般在 0.5~2 mm 范围内。因粒径小，滤料的比表面积比较大，有利于在过滤过程中吸附杂质。但粒径小滤层也易被堵塞。滤层的厚度可以理解为杂质穿透深度和保护厚度的和。穿透深度与滤料的粒径、滤速及水的混凝效果有关。粒径大、滤速高、混凝效果差的其穿透深度都较大。一般情况下穿透深度约为 400 mm，相应的保护厚度约为 200~300 mm，滤层总厚度为 600~700 mm。

表 7-2 列出了一般情况下单层滤料、双层滤料和三层滤料滤池的滤速与滤层的规格。表中强制滤速系指全部滤池中有一个或两个滤池停产进行检修时其他工作滤池的滤速。滤池设计中以正常情况下的滤速来设计滤池面积，以检修情况下的强制滤速进行校核。

对于多层滤料，一般都存在滤料混杂现象。关于滤料混杂对过滤的影响，存在两种不同的观点。一种意见认为，两种滤料交界面上适度混杂，可避免交界面上积累过多杂质而使水头损失增加较快，故适度混杂是有益的。另一种意见认为滤料交界面上不应有混杂现象，因为粒径较大的上层滤料起大量截留杂质的作用，而粒径较小的下层滤料则起精滤作用，而界面分层清晰，起始水头损失将较小。实际上，滤料交界面上不同程度的混杂是很难避免的。生产经验表明，滤料交界面混杂程度在 5 cm 左右，对过滤有益无害。

表 7-2 滤料组成及滤池滤速

类别	滤料组成			滤速/(m/h)	强制滤速/(m/h)
	粒径/mm	不均匀系数 K_{80}	厚度/mm		
单层石英砂滤料	$d_{max}=1.2$ $d_{min}=0.5$	<2.0	700	8~10	10~14
双层滤料	无烟煤 $d_{max}=1.8$ $d_{min}=0.8$	<2.0	300~400	10~14	14~18
	石英砂 $d_{max}=1.2$ $d_{min}=0.5$	<2.0	400		
三层滤料	无烟煤 $d_{max}=1.6$ $d_{min}=0.8$	<1.7	450	18~20	20~25
	石英砂 $d_{max}=0.8$ $d_{min}=0.5$	<1.5	230		
	重质矿石 $d_{max}=0.5$ $d_{min}=0.25$	<1.7	70		

7.3.2 承托层

承托层的作用有两个：①阻挡滤料进入配水系统中；②在反冲洗中均匀配水。当单层或双层滤池采用管式大阻力配水系统时，承托层采用天然卵石或砾石，其粒径和厚度见表 7-3。

表 7-3 单层或双层滤料滤池大阻力配水系统承托层粒径和厚度

层次(自上而下)	粒径/mm	厚度/mm
1	2~4	100
2	4~3	100
3	8~16	100
4	16~32	本层顶面高度至少应高出配水系统孔眼 100

三层滤料滤池，由于下层滤料粒径小而重度大，承托层必须与之相适应，即上层应采用重质矿石，以免反冲洗时承托层移动，见表 7-4。

表 7-4　三层滤料滤池承托层材料、粒径和厚度

层次（自上而下）	材　料	粒径/mm	厚度/mm
1	重质矿石(如石榴石、磁铁矿等)	0.5～1.0	50
2	重质矿石(如石榴石、磁铁矿等)	1～2	50
3	重质矿石(如石榴石、磁铁矿等)	2～4	50
4	重质矿石(如石榴石、磁铁矿等)	4～8	50
5	砾石	8～16	100
6	砾石	16～32	本层顶面高度至少应高出配水系统孔眼100

注：配水系统如用滤砖且孔径为4 mm时，第6层可不设。

如果采用小阻力配水系统，承托层可以不设，或者适当铺设一些粗砂或细砾石，视配水系统具体情况而定。

7.4　配水系统与滤池冲洗

7.4.1　滤池配水系统

1. 配水系统作用

配水系统的主要作用，在于保证进入滤池的冲洗水能够均匀分配在整个滤池面积上，但在过滤时，它也起均匀集水的作用。当配水系统不能均匀配水时，会产生两个不利的现象：一是由于冲洗水没有均匀分配在整个滤池面积上，在冲洗水量小的地方冲洗不干净，这些不干净的滤料，逐渐会形成"泥球"或"泥饼"，影响冲洗效果，进而影响过滤水质；另一是在冲洗水量大的地方，流速很大，会使承托层发生移动，引起滤料和承托层混合，使砂子漏入过滤水中，产生"走砂"现象。

2. 配水不均匀的原因

如上所述，配水均匀性对维持滤池的稳定运行十分重要。因此，配水系统的设计必须充分考虑冲洗时配水的均匀性。为保证冲洗配水的均匀，首先分析配水不均匀的原因。

图 7-12 表示滤池冲洗时的水流情况。靠近进口的 A 点及配水系统末端 B 点的水流路线分别为 Ⅰ 和 Ⅱ。假设 A 和 B 点间的冲洗强度（单位时间、单位面积的冲洗水量）相差最大，分别以 q_A 和 q_B 表示。在 A、B 两点相等的微小面积 Δa 的流量分别为 $\Delta a q_A$ 和

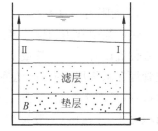

图 7-12　反洗水水流路线

Δaq_B,按图 7-12 所示的 I 和 II 条流线流动。各水流路线的总水头损失应包括配水系统、出水孔眼、承托层和滤层的水头损失,即进水压力 H 为

流线 I:$H_1 = s_{1A}(\Delta aq_A)^2 + s_{2A}(\Delta aq_A)^2 + s_{3A}(\Delta aq_A)^2$
$\qquad + s_{4A}(\Delta aq_A)^2 + 流速水头$ (7-8)

流线 II:$H_2 = s_{1B}(\Delta aq_A)^2 + s_{2B}(\Delta aq_A)^2 + s_{3B}(\Delta aq_A)^2$
$\qquad + s_{4B}(\Delta aq_A)^2 + 流速水头$ (7-9)

式中:s_1、s_2、s_3、s_4——配水系统、出水孔眼、承托层和滤层的水力阻抗系数。

由于流线 I 和流线 II 采用同一洗砂排水槽排水,故 $H_1 = H_2$。

由于两个流线中的承托层和滤层差异不大,配水系统中的出水孔眼可控制为各处是一致的,因此,可以认为上两式中的 $s_{2A} = s_{2B} = s_2$,$s_{3A} = s_{3B} = s_3$,$s_{4A} = s_{4B} = s_4$。则 A 和 B 点处的冲洗强度之比为

$$\frac{q_B}{q_A} = \sqrt{\frac{s_{1A} + s_2 + s_3 + s_4}{s_{1B} + s_2 + s_3 + s_4}} \quad (7\text{-}10)$$

式(7-10)中 s_{1A} 不等于 s_{1B},所以 $q_A \neq q_B$,因此配水的不均匀性总是存在的。但在设计中必须尽可能使 q_A 与 q_B 接近,两点的冲洗强度差小于 5%,这样滤池配水均匀性大于 95%,从而使滤池的配水达到相对均匀。

要使滤池的配水达到相对均匀性,可采取两种方法:

(1) 尽可能增大配水系统中出水孔眼的阻力,即减少孔眼尺寸,使 $s_2 \gg s_1 + s_3 + s_4$,从而使式(7-10)右边根号内的分子接近于分母值。这种增大孔眼阻力的配水系统称为大阻力配水系统。

(2) 尽可能地减少配水系统的水力阻抗 s_1 的数值,亦即使水从进口端流到末端的水头损失可以忽略不计,$s_1 \ll s_2 + s_3 + s_4$,从而使 q_A 与 q_B 接近。这种配水系统称为小阻力配水系统。

3. 配水系统的类型

配水系统有"大阻力配水系统"和"小阻力配水系统"两种基本形式,还有中阻力配水系统。小阻力配水系统适用于面积较小的滤池,面积较大不易做到配水均匀。而大阻力配水系统,不论面积大小都可以利用。

1) 大阻力配水系统

快滤池中常用的穿孔管式配水系统就是大阻力配水系统,见图 7-13。在池底中心位置设有一根干管或干渠,在干管或干渠的两侧接出若干根相互平行的支管。支管埋在承托层中间,距池底有一定高度,下方开两排小孔,与中心线成 45°角交错排列(见图 7-14)。支管上孔的间距由孔总面积及孔径决定,孔的总面积与滤池面积之比(开孔比)一般为 0.2%~0.25%,孔距为 75~200 mm。为排除配水系统中可能进入的空气,在干管的末端设有排气管。冲洗时,水流自干管起端进入后,

流入各支管,由支管孔口流出,再经承托层和滤层流入排水槽。

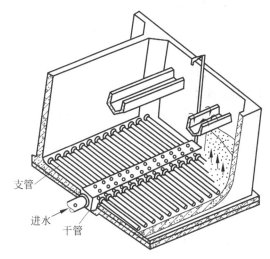

图 7-13 穿孔管大阻力配水系统

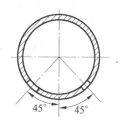

图 7-14 穿孔支管孔口位置

根据配水均匀性要求和生产实践经验,大阻力配水系统的主要设计要求如下:

(1) 干管起端流速为 1.0~1.5 m/s,支管起端流速为 1.5~2.0 m/s,孔口流速为 5~6 m/s。

(2) 孔口总面积与滤池面积之比称为"开孔比",其值按下式计算:

$$\alpha = \frac{f}{F} \times 100\% = \frac{Q_b/v_2}{Q_b/q} \times \frac{1}{1\,000} \times 100\% = \frac{q}{1\,000v_2} \times 100\% \quad (7\text{-}11)$$

式中:α——配水系统开孔比,%;

f——配水系统孔口总面积,m^2;

F——滤池面积,m^2;

Q_b——冲洗流量,m^3/s;

q——滤池反冲洗强度,$L/(m^2 \cdot s)$;

v_2——孔口流速,m/s。

对于普通快滤池,若取 $v_2=5\sim6$ m/s,$q=12\sim15$ L/($m^2 \cdot s$),则 $\alpha=0.2\%\sim0.25\%$。

(3) 支管中心间距约为 0.2~0.3 m,支管长度与直径之比一般不大于 60。

(4) 孔口直径取 9~12 mm。当干管直径大于 300 mm 时,干管顶部也应开孔布水,并在孔上方设置挡板。

大阻力配水系统的优点是配水均匀性较好,在生产实践中工作可靠。但结构较复杂;孔口水头损失大,冲洗时动力消耗大;管道易结垢,增加检修困难。

2) 小阻力配水系统

"小阻力"一词的含义,是指配水系统中孔口阻力较小,这是相对于"大阻力"而言的。介于大阻力和小阻力配水系统之间的是中阻力配水系统。由于孔口阻力与孔口总面积或开孔比成反比,故开孔比愈大,阻力愈小。一般规定:开孔比 $\alpha=0.20\%\sim0.25\%$ 为大阻力配水系统;$\alpha=0.60\%\sim0.80\%$ 为中阻力配水系统;$\alpha=1.0\%\sim1.5\%$ 为小阻力配水系统。但这个规定并不十分严格。在小阻力配水系统中,由于配水系统和出水孔眼的水头损失较低,一般不宜采用穿孔管系统,而是采用穿孔滤板、滤砖和滤头等。与大阻力配水系统相比,小阻力配水系统要求的冲洗水头低,结构简单,但配水均匀性较差,常用于面积较小的滤池,如虹吸滤池等。以下介绍几种常用的小阻力配水系统。

(1) 钢筋混凝土穿孔(或缝隙)滤板

在钢筋混凝土板上开圆孔或条式缝隙。板上铺设一层或两层尼龙网。板上开孔比和尼龙孔网眼尺寸不尽一致,视滤料粒径、滤池面积等具体情况而定。图 7-15 为滤板安装示意图。图 7-16 所示滤板尺寸为 980 mm × 980 mm × 100 mm,每块板孔口数 168 个。板面开孔比为 11.8%,板底为 1.32%。板上铺设尼龙网一层,网眼规格可为 30~50 目。

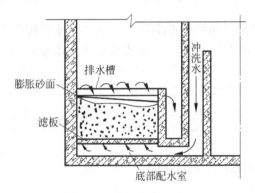

图 7-15 小阻力配水系统

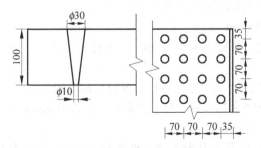

图 7-16 钢筋混凝土穿孔滤板

这种配水系统造价较低,配水均匀性较好,孔口不易堵塞,强度高,耐腐蚀。但施工工程中必须注意尼龙网接缝应搭接好,且沿滤池四周应压牢,以免尼龙网被拉开。尼龙网上可适当铺设一些卵石。

(2) 穿孔滤砖

图 7-17 为二次配水的穿孔滤砖。滤砖尺寸为 600 mm×280 mm×250 mm,用钢筋混凝土或陶瓷制成。滤砖构造分上下两层连成整体。铺设时,各砖的下层相互连通,起到配水渠的作用;上层各砖单独配水,用板分隔互不相通。开孔比为:上层 1.07%,下层 0.7%。穿孔滤砖的上下层为整体,反冲洗水的上托力能自行平衡,不致使滤砖浮起,因此所需的承托层厚度不大,只需防止滤料落入滤砖配水孔即可,从而降低了滤池高度。二次配水穿孔滤砖配水均匀性较好,但价格较高。

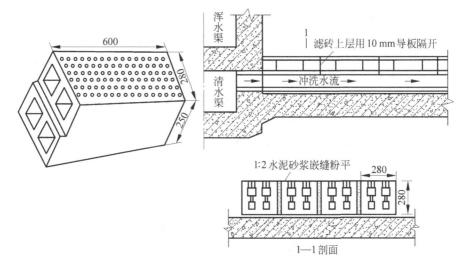

图 7-17 穿孔滤砖

图 7-18 是另一种二次配水、配气穿孔滤砖,称为复合气水反冲洗滤砖。这种方式的滤砖既可单独用于水反冲,也可用于气水联合反冲洗。水、气流方向如图 7-18 中箭头所示。倒 V 形斜面开孔比和上层开孔比均可按要求制造,一般上层开孔比小(0.5%~0.8%),斜面开孔比稍大(1.2%~1.5%)。该滤砖一般可用

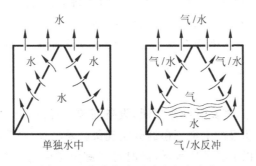

图 7-18 复合气水反冲洗配水滤砖

ABS 工程塑料一次注塑成型,加工精度易控制,安装方便,配水均匀性较好,但价格较高。

(3) 滤头

滤头由具有缝隙的滤帽和滤柄组成,有短柄和长柄滤头两种。短柄滤头用于单独水冲滤池,长柄滤头用于气水反冲洗滤池(图 7-19)。滤帽上开有许多缝隙,缝宽在 0.25~0.4 mm 范围内,以防滤料流失。滤柄直管上部开 1~3 个小孔,下部有一条直缝。在图 7-19 中所示的混凝土滤板中预埋内螺纹管,即可方便地在滤板中安装滤头。当气水同时反冲时,在混凝土滤板下面的空间内,上部为气,形成气垫,下部为水。气垫厚度与气压有关。气压越大,气垫厚度越大。气垫中的空气先由直管上部小孔进入滤头。

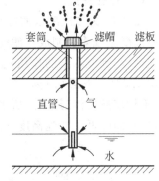

图 7-19 气水同时冲洗时长柄滤头工况示意图

当气垫厚度增大时,部分空气由直管下部的直缝上部进入滤头。反冲水则由滤柄下端及直缝上部进入滤头,气和水在滤头内充分混合后,经滤帽缝隙均匀喷出,使滤层得到均匀反冲。滤头布置数一般为 50~60 个/m^2,开孔比约 1.5%。

7.4.2 滤池的冲洗方式

滤池冲洗的目的是清除截留在滤料空隙中的悬浮杂质,使滤池恢复过滤能力。目前快滤池的冲洗方式有如下几种。

1. 高速水流反冲洗

以大于 30~36 m/h 的高速水流反向冲洗滤层,使整个滤层处于流态化状态,膨胀度达到 20%~50%。截留在滤层中的悬浮杂质,在水流剪力和滤料颗粒碰撞摩擦的双重作用下,从滤层中脱落下来,然后随冲洗水流被带出滤池。冲洗效果取决于冲洗强度。冲洗强度过小,滤层空隙中的水流剪力小;冲洗强度过大,滤层膨胀度过大,滤层空隙中水流剪力也会降低,同时滤料颗粒之间的碰撞几率减少。因此,冲洗强度过大或过小,滤池的冲洗效果均会降低。

高速水流反冲洗方法操作方便,滤池结构和设备简单,是目前我国广泛采用的滤池冲洗方法。

2. 气、水反冲洗

高速水流反冲洗虽然具有操作方便、设备简单的优点,但冲洗耗水量大,反冲洗结束后,滤层出现明显的上细下粗的分层现象。采用气、水反冲洗方法不仅可以提高冲洗效果,还可以节省冲洗水量,同时可以避免滤层过度膨胀,不产生或不明显产生上细下粗的分层现象,从而提高滤层的含污能力。

在气、水反冲洗中,利用上升空气气泡的振动可有效地将附着于滤料表面的悬浮杂质擦洗下来,然后再随反冲洗水排出池外。由于气泡对滤料颗粒表面的悬浮杂质的擦洗、脱落力量强,因此可以降低水冲洗强度,即采用"低速反冲",节省冲洗水量。气、水反冲洗操作有以下几种:

(1) 先用空气反冲,再用水反冲;

(2) 先用气-水同时反冲,再用水反冲;

(3) 先用空气反冲,然后用气-水同时反冲,最后再用水反冲。

气、水反冲洗操作方式、冲洗强度和冲洗时间,视滤料的规格和水质水温等因素确定。一般,气冲强度(包括单独气冲和气-水同时反冲时)在 $10\sim 20\ \text{L}/(\text{m}^2 \cdot \text{s})$ 之间。水冲洗强度根据操作方式而异:气-水同时反冲时,水冲强度一般在 $3\sim 4\ \text{L}/(\text{m}^2 \cdot \text{s})$ 之间;单独反冲时,采用低速反冲,水冲强度为 $4\sim 6\ \text{L}/(\text{m}^2 \cdot \text{s})$ 之间,采用较高冲洗强度时,水冲强度约 $6\sim 10\ \text{L}/(\text{m}^2 \cdot \text{s})$ 之间(通常为第一种操作方式)。反冲时间与操作方式也有关,总的反冲时间一般在 $6\sim 10$ min。

气、水反冲洗需增加气冲设备,池子结构和冲洗操作也较复杂。气、水反冲近年在我国的应用日益增多。

3. 表面辅冲加高速水流反冲洗

在滤层表面以上设置表面冲洗装置,高速水流反冲洗的同时辅以表面冲洗,利用表面冲洗装置的喷嘴或孔眼产生的射流使滤料表面的悬浮杂质更易于脱落,提高冲洗效果,并减少冲洗水量。

表面冲洗装置分旋转管式和固定管式两种。旋转管装在滤层表面以上 5 cm 的高度,用射流的反力使喷水管旋转。固定冲洗管设在滤层表面以上 6~8 cm 的高度,管道与洗砂排水槽平行,比旋转管式的冲洗强度大,但管材耗用多,因此应用较少。

7.4.3 影响滤池冲洗的有关因素

滤料水力冲洗效果的好坏,取决于颗粒间的摩擦、碰撞及冲洗水流的剪切力。提高冲洗强度,可增大膨胀度,增加剪切力,但也相应地降低了颗粒间的摩擦碰撞效果。冲洗强度过大,会使承托层卵石移位,过滤时造成漏砂现象,也会使滤料流失。所以要选择适当的膨胀度。同时,冲洗时间的长短也影响冲洗效果。

1. 冲洗强度、滤层膨胀度和冲洗时间

1) 冲洗强度

单位时间、单位滤池面积通过的反冲洗水量,通常用 $\text{L}/(\text{m}^2 \cdot \text{s})$ 表示。

2) 膨胀度

反冲洗时,滤层膨胀后所增加的厚度与膨胀前厚度之比,用以下公式表示:

$$e = \frac{L - L_0}{L_0} \times 100\% \tag{7-12}$$

式中：e——滤层膨胀度，%；
　　　L_0——滤层膨胀前厚度，m；
　　　L——滤层膨胀后厚度，m。

由于滤层膨胀前、后单位面积上滤料体积不变，于是：

$$L(1-m) = L_0(1-m_0) \qquad (7\text{-}13)$$

将上式代入公式(7-12)，得下式：

$$e = \frac{m-m_0}{1-m} \qquad (7\text{-}14)$$

式中：m_0、m——滤层膨胀前、后的空隙率。

3) 冲洗时间

在冲洗强度或滤层膨胀度均符合要求时，还需保证一定的冲洗时间，才能保证冲洗效果。根据生产实践，冲洗时间可按表 7-5 采用。

表 7-5　冲洗强度、膨胀度和冲洗时间

序号	滤层	冲洗强度 /(L/(m²·s))	膨胀度 /%	冲洗时间 /min
1	石英砂滤料	12～15	45	5～7
2	双层滤料	13～16	50	6～8
3	三层滤料	16～17	55	5～7

注：① 设计水温按 20℃计，水温每增减 1℃，冲洗强度相应增减 1%；
② 由于全年水温、水质有变化，应考虑有适当调整冲洗强度的可能；
③ 选择冲洗强度应考虑所用混凝剂品种的因素；
④ 膨胀度数值仅作设计计算用。

2. 滤层膨胀度与冲洗强度的关系

假设滤层的滤料粒径是均匀的，当冲洗时，如果滤层未膨胀，则水流通过滤层的水头损失可用欧根公式计算：

$$h = 150 \frac{\nu}{g} \frac{(1-m_0)^2}{m_0^3} \left(\frac{1}{\phi d_0}\right)^2 L_0 v + 1.75 \frac{1}{g\phi d_0} \frac{1-m_0}{m_0^3} L_0 v^2 \qquad (7\text{-}15)$$

式中：h——滤池冲洗时的水头损失，m；
　　　m_0——滤料空隙率；
　　　L_0——滤层厚度，m；
　　　d_0——与滤料体积相同的球体直径，m；
　　　ν——水的运动粘度，m²/s；
　　　g——重力加速度，9.81 m/s²；
　　　v——冲洗流速，m/s；
　　　ϕ——滤料颗粒球形度。

当滤层膨胀起来后，处于悬浮状态的滤层对冲洗水流的阻力等于它们在水中的重量（单位面积上）：

$$\rho g h = (\rho_s g - \rho g)(1-m)L$$
$$h = \frac{\rho_s - \rho}{\rho}(1-m)L \quad (7\text{-}16)$$

根据式(7-13)，上式亦可表示为

$$h = \frac{\rho_s - \rho}{\rho}(1-m_0)L_0 \quad (7\text{-}17)$$

式中：ρ_s——滤料密度，kg/m^3；

ρ——水的密度，kg/m^3。

当滤料颗粒粒径、形状、密度及水温一定时，冲洗强度达到使滤料开始流态化的冲洗强度（最小流态化冲洗强度，q_{mf}）后，滤层膨胀度与冲洗强度基本上呈线性关系（如图 7-20）。即冲洗强度越大，滤层膨胀度也就越大。滤料粒径、形状和密度不同时，q_{mf} 值不同。粒径愈大，q_{mf} 值愈大，反之亦然。

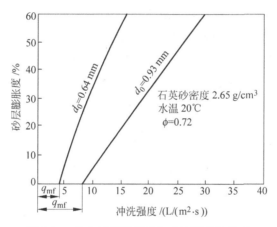

图 7-20 均匀滤层膨胀度与冲洗强度的关系

将式(7-17)代入式(7-15)，经整理后可得冲洗流速和膨胀后滤层空隙率之间的关系：

$$\frac{1.75\rho}{(\rho_s - \rho)g}\frac{1}{\phi d_0}\frac{1}{m^3}v^2 + \frac{150\nu\rho}{(\rho_s - \rho)g}\left(\frac{1}{\phi d_0}\right)^2 \frac{1-m}{m^3}v = 1 \quad (7\text{-}18)$$

由该式可知，当滤料粒径、形状、密度及水温已知时，冲洗流速仅与膨胀后滤层空隙率 m 有关。将膨胀后的滤层空隙率按式(7-14)关系换算成膨胀度，并将冲洗流速以冲洗强度代替，则可得到冲洗强度和膨胀度的关系，但公式求解比较复杂。

敏茨和舒别尔特通过实验研究提出以下公式：

$$q = 29.4 \frac{d_0^{1.31}}{\mu^{0.54}} \frac{(e+m_0)^{2.31}}{(1+e)^{1.77}(1-m_0)^{0.54}} \quad (7\text{-}19)$$

式中：μ——水的粘度，Pa·s；
q——冲洗强度，以 L/(m²·s)计；
其余符号同前。

3. 滤层膨胀度与水温的关系

冲洗时滤层的膨胀度与水温有关，在相同的冲洗强度下，水温越高，滤层膨胀度越小，水温越低，则滤层膨胀度越大。当冲洗水温增减 1℃时，石英砂滤层膨胀度相应增减 1%，双层滤料约为 0.8%，因此冲洗强度应按夏季温度来考虑，而在冬季则可适当减小冲洗强度，节省冲洗水量。

滤层膨胀度一定时，知道了某一水温 $t(℃)$时的冲洗强度 q_t，可用下列公式求得其他水温 $x(℃)$下的冲洗强度 q_x：

$$q_x = \frac{\mu_t^{0.54}}{\mu_x^{0.54}} q_t (\text{L}/(\text{m}^2 \cdot \text{s})) \tag{7-20}$$

式中：μ_t、μ_x——水温在 $t(℃)$和 $x(℃)$时的粘度，Pa·s。

4. 粒径对冲洗强度和膨胀度的影响

滤料颗粒粒径的大小，对冲洗强度及膨胀度都有影响，当膨胀度相同，滤料粒径不同时，粒径大的冲洗强度大，粒径小的冲洗强度小(见图 7-20)。

当为提高滤速，延长工作周期，而采用粗滤料时，为了达到某一膨胀度就会要求冲洗强度很大，致使冲洗水量很大，这时需要考虑采用其他冲洗辅助方法以减少冲洗水量。

5. 冲洗强度的确定

对于不均匀滤料，在一定冲洗强度下，粒径小的颗粒膨胀度大，粒径大的滤料膨胀度小。因此，要同时满足粗、细滤料颗粒膨胀度的要求是不可能的。考虑到上层滤料截留杂质较多，宜尽量满足上层滤料膨胀度的要求，即膨胀度不宜太大。生产实践经验表明，下层粒径最大的滤料，也必须达到最小流态化程度，即刚刚开始膨胀，才能获得较好的冲洗效果。因此，在设计或操作中，可以最粗滤料开始膨胀作为确定冲洗强度的依据。如果由此导致上层细滤料膨胀度过大甚至引起滤料流失，滤料级配应适当调整。

考虑到其他因素，设计冲洗强度可按下式确定：

$$q = 10 k q_{mf} \tag{7-21}$$

式中：k——安全系数；

q_{mf}——最大粒径滤料的最小流态化冲洗强度，L/(m²·s)。

k 值主要取决于滤料粒径均匀程度，一般取 $k=1.1\sim1.3$。滤料粒径不均匀程度较大者，k 值宜取低限，反之则取高限。按我国所用滤料规格，通常取 $k=1.3$。式中的 q_{mf} 可通过试验确定，亦可通过计算确定。

7.4.4 滤池冲洗水的排除与供给

1. 滤池冲洗水的排除

滤池进行反冲洗时,冲洗水要均匀地分布在滤池面积上,并由冲洗排水槽两侧溢入槽内,各条槽内的废水汇集到废水渠,再由废水渠末端排水竖管排入下水道,如图7-21所示。

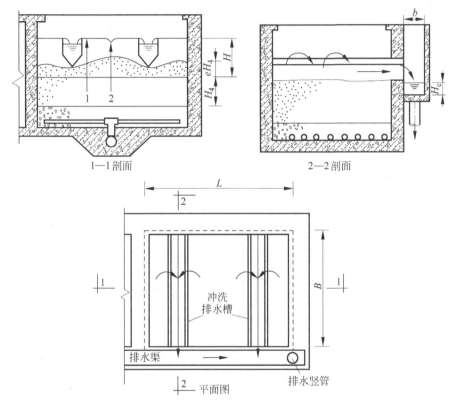

图 7-21 滤池冲洗水的排除

1）冲洗排水槽

冲洗水沿冲洗排水槽的两侧溢流入槽,其流量是越到下游越大,但每米槽长增加的流量是相等的。为达到及时均匀地排除冲洗水,冲洗排水槽的设计必须符合以下要求:

(1) 冲洗水应自由跌落入冲洗排水槽内。槽内水面以上一般要求有7cm左右的保护高。

(2) 每单位冲洗排水槽长的溢入流量应相等。故施工时冲洗排水槽口应力求水平,误差控制在±2 mm以内。

(3) 冲洗排水槽的投影面积占滤池面积的百分比一般不大于25%。以防冲洗时槽与槽之间的水流上升速度过分增大，从而影响上升水流的均匀性。

(4) 槽与槽的中心间距一般为 1.5~2.0 m。间距过大，最远一点和最近一点流入排水槽的流线相差过远(见图 7-21 中的 1 和 2 两条流线)，也会影响排水均匀性。

(5) 冲洗排水槽的废水，应自由跌落入废水渠，以免废水渠干扰冲洗排水槽出流，引起雍水现象。

(6) 槽的断面要有足够的通水能力，而且高度要适当。槽口太高，冲洗水排除不净；槽口太低，会使滤料流失。为避免冲走滤料，滤层膨胀面应在槽底以下。冲洗排水槽的断面一般为图 7-22 所示的形状，对于这种断面形状而言，槽顶距未膨胀时滤料表面的高度为

$$H = eH_4 + 2.5x + \delta + 0.07 \quad (m) \quad (7-22)$$

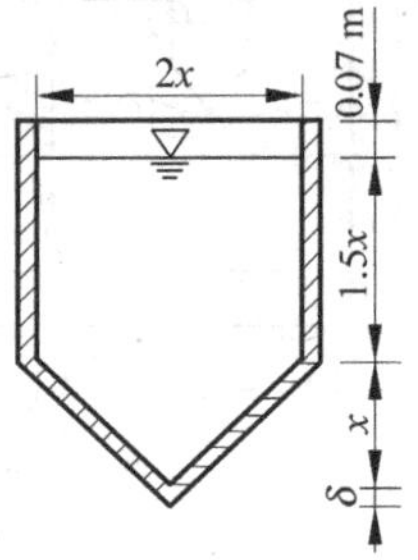

式中：e——冲洗时滤层膨胀度；

H_4——滤层厚度，m；

x——冲洗排水槽断面模数，m；

δ——冲洗排水槽底厚度，m；

0.07——冲洗排水槽保护高，m。

图 7-22   冲洗排水槽断面

图 7-22 所示冲洗排水槽断面模数 x 用动量定理求得，近似公式为

$$x = 0.45Q_1^{0.4} \tag{7-23}$$

式中：Q_1——冲洗排水槽出口流量，m^3/s。

冲洗排水槽的断面除图 7-22 所示外，也有矩形断面或半圆形槽底断面。

【例 7-1】 设图 7-21 所示的滤池平面尺寸为 $L=4$ m，$B=3$ m，$F=12$ m^2。滤层厚 $H_4=70$ cm，冲洗强度采用 $q=14$ L/($m^2 \cdot s$)，滤层膨胀度 $e=45\%$。试设计冲洗排水槽断面尺寸和冲洗排水槽高度 H。

【解】 每个滤池设 2 条冲洗排水槽、槽长 $l=B=3$ m，中心距$=4/2=2$ m。

每槽排水流量 $Q_1 = \frac{1}{2}qF = \frac{1}{2} \times 14 \times 12 = 84$ L/s$=0.084$ m^3/s。

冲洗排水槽断面采用图 7-22 形状。按式(7-20)求断面模数：

$$x = 0.45Q_1^{0.4} = 0.45 \times 0.084^{0.4} \approx 0.17 \text{ m}$$

冲洗排水槽底厚采用 $\delta=0.05$ m，保护高 0.07 m，则槽顶距砂面高度：

$$H = eH_4 + 2.5x + \delta + 0.07$$
$$= 0.45 \times 0.7 + 2.5 \times 0.17 + 0.05 + 0.07$$
$$= 0.86 \text{ m}$$

校核：

冲洗排水槽总面积与滤池面积之比 $=2\times l\times 2x/F=2\times 3\times 2\times 0.17/12=0.17<0.25$（符合要求）。

2）排水渠

排水渠收集来自冲洗排水槽的冲洗水。排水渠始端的流量是一个排水槽的出流量，而在渠道出口附近，则为多个排水槽的出流量之和。因此，渠内始端流速最小，而出口处流速最大，所以排水渠的流量是变化的。冲洗排水槽底位于排水渠始端水面上高度不小于 $0.05\sim 0.2$ m。矩形断面的排水渠渠底距冲洗排水槽底高度 (H_c)（见图7-21）可按下式计算：

$$H_c = 1.73\sqrt[3]{\frac{Q_b^2}{gb^2}} + 0.2 \tag{7-24}$$

式中：Q_b——滤池总冲洗水的流量，m^3/s；

g——重力加速度，m/s^2；

b——渠宽，m。

2. 滤池冲洗水的供给

滤池冲洗水的供给方式有两种：一是利用冲洗水塔或冲洗水箱，二是利用专设的冲洗水泵。前者造价较高，但操作简单，允许在一段时间内由专用水泵向水塔或水箱供水，专用泵小，耗电较均匀；后者投资省，但操作较麻烦，在冲洗的短时间内耗电量较大，因此电网负荷不均匀。

1）冲洗水塔或冲洗水箱

冲洗水塔与滤池分建。冲洗水箱与滤池合建，通常置于滤池操作室屋顶上。

冲洗水塔或水箱中的水深不宜超过 3 m，其容积按单个滤池冲洗水量的1.5倍计算：

$$V = \frac{1.5qFt\times 60}{1\,000} = 0.09qFt \tag{7-25}$$

式中：V——水塔或水箱容积，m^3；

F——单格滤池面积，m^2；

t——冲洗时间，min；

其余符号同前。

水塔或水箱底高出滤池冲洗排水槽顶距离 H（见图7-23）按下式计算：

$$H = h_1 + h_2 + h_3 + h_4 + h_5 \tag{7-26}$$

式中：h_1——水塔或水箱至滤池间冲洗管道的总水头损失，m；

h_2——滤池配水系统的水头损失，m，大阻力配水系统按孔口平均水头损失计算：

$$h_2 = \left(\frac{q}{10\alpha\omega}\right)^2 \frac{1}{2g} \qquad (7\text{-}27)$$

α——开孔比,%;

ω——孔眼流量系数,0.62~0.70;

q——反冲洗强度,L/(m²·s);

h_3——承托层水头损失,m;

$$h_3 = 0.022qH_3 \qquad (7\text{-}28)$$

H_3——承托层高度,m;

h_4——滤层在冲洗时的水头损失,m,用式(7-17)计算;

h_5——备用水头,一般可取为 1.5~2.0 m,用以克服未考虑到的一些水头损失。

2) 冲洗水泵

水泵流量按冲洗强度和滤池面积计算。如图 7-24 所示,水泵扬程 H 可按下式计算:

$$H = H_w + h_1 + h_2 + h_3 + h_4 + h_5 \qquad (7\text{-}29)$$

式中:H_w——冲洗排水槽顶与清水池最低水位差,m;

h_1——清水池至滤池间冲洗管道的总水头损失,m;

其余符号同前。

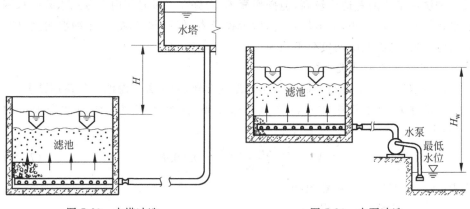

图 7-23 水塔冲洗　　　　　图 7-24 水泵冲洗

7.5 普通快滤池设计计算

7.5.1 滤速选择与滤池总面积计算

设计滤池时,首先需要选择合适的过滤速度,然后再根据设计水量,计算出所需要的滤池总面积。滤池过滤速度可分为两个:一个是正常工作条件下的滤速,另一个是强制滤速(如前所述,是指在某些滤池因为冲洗、维修或其他原因不能工作时,其余滤池超过正常负荷下的滤速)。一般指的滤速是正常条件下的滤速。在确定滤速的大小时,要综合考虑滤池进出水的浊度、滤料及池子个数等因素。一般情况下,滤池个数较多时,可以选择较高的滤速。如果要保留滤池有适当的潜力,或者水的过滤性能还未完全掌握,滤池数目较少时,应采用偏低的滤速。

根据不同滤层,滤速的选择可参考表 7-2。

滤速确定后,根据设计水量计算滤池的总面积 A:

$$A = \frac{Q}{v} \tag{7-30}$$

式中:Q——设计水量(包括厂自用水量),m^3/s;

v——设计滤速,m/s。

7.5.2 单池面积和滤池深度

滤池总面积定后,就需要确定滤池个数和单池面积。

选择滤池个数,需综合考虑下列两个因素:

(1) 从运转的观点来说,池数多,当一个池子因冲洗或修理而停止运行时,其他池子所增加的滤速不大,因此对出水水质的影响较小。另外,运转上的灵活性也比较大。但如池子太多,也会引起频繁的冲洗工作,给运转管理带来不便。

(2) 从滤池造价的观点来说,单个滤池的面积越大,则单位面积滤池的造价越低。

滤池个数应综合考虑运行的灵活性及基建和运行费用的经济性来确定,但一般不能少于 2 个。滤池总面积与滤池个数的关系如表 7-6 所示,可供参考。

表 7-6 滤池总面积与滤池个数的关系

滤池总面积 A/m^2	滤池个数 n	滤池总面积 A/m^2	滤池个数 n
<30	2	150	4~6
30~50	3	200	5~6
100	3~4	300	6~8

确定滤池的个数后,计算单池面积:

$$F = A/n \tag{7-31}$$

根据一个或两个滤池停产检修的情况,还应以强制滤速进行校核。

滤池深度包括:

(1) 保护高:0.25~0.3 m;

(2) 滤层表面以上水深:1.5~2.0 m;

(3) 滤层厚度：见表 7-2；

(4) 承托层厚度：见表 7-3 或表 7-4。

滤池总深度一般为 3.0～3.5 m。单层砂滤池深度一般稍小；双层和三层滤料滤池深度稍大。

7.5.3 管廊布置

普通快滤池通常指图 7-25(a)、(b)和(c)所示的具有 4 个阀门的快滤池。集中布置滤池的管渠、配件、阀门及一次仪表等设备的场所称为管廊。管廊中主要管道

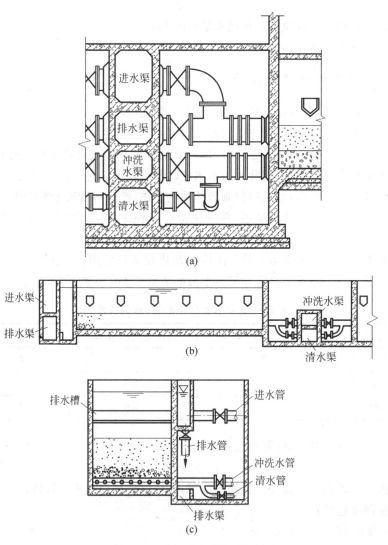

图 7-25 普通快滤池管廊布置

有浑水进水管、清水出水管、冲洗来水管及冲洗排水管。管廊布置应力求紧凑、简捷;要留有设备及管配件安装、维修的必要空间;要有良好的防水、排水、采光及通风、照明设备;要便于与滤池操作室联系。

管廊的布置与滤池的个数和排列有关。滤池数少于5个时宜用单行排列,管廊位于滤池的一侧。超过5个时宜用双行排列,管廊夹在两排滤池中间。后者布置较紧凑,但采光、通风不如前者,检修也不方便。

管廊布置有多种,列举以下几种供参考:

(1) 进水、清水、冲洗水和排水渠,全部布置于管廊内,见图7-25(a)。这种布置方式的优点是,渠道结构简单,施工方便,管渠集中紧凑。但管廊内管件较多,通行和检修不太方便。

(2) 冲洗水和清水渠布置于管廊内,进水和排水以渠道形式布置于滤池另一侧,见图7-25(b)。这种方式可节省管件及阀门,管廊内管件简单,施工和检修方便,但造价稍高。

(3) 进水、冲洗水及清水管均采用金属管道,排水渠单独设置,见图7-25(c)。这种方式通常用于小水厂或滤池单行排列。

7.6 其他过滤设备

7.6.1 虹吸滤池

1. 工作原理

虹吸滤池一般是由6~8格滤池组成一个整体,通称"一组滤池"。根据水量大小,可以建一组滤池或多组滤池。一组滤池的平面形状可以是圆形、矩形或多边形,而以矩形为多。虹吸滤池的基本构造和工作原理如图7-26所示。图7-26的右半部分表示过滤时的情况,左半部分表示反冲洗情况。

1) 过滤过程

待过滤的水由进水槽1流入滤池上部的配水槽2,经进水虹吸管3流入单格滤池进水槽4,再经布水管6进入滤池。进水堰5调节单格滤池进水量。水依次通过滤层7和配水系统8而流入集水槽9,再经出水管10流入出水井11,通过控制堰12流出滤池,经清水管13流入清水池。

滤池在过滤过程中滤层含污量不断增加,水头损失不断增长,由于各格滤池进、出水量不变,滤速维持不变,滤池内的水位将不断上升。当某格滤池水位上升到最高设计水位时,便需停止过滤,进行反冲洗。滤池内最高水位与控制堰12堰顶高差,即为最大过滤水头,亦即最大允许水头损失值(一般采用1.5~2.0 m)。

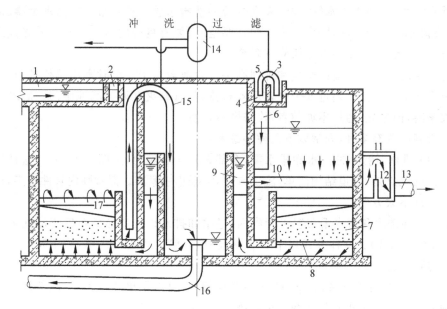

图 7-26　虹吸滤池的构造和工作原理图

1—进水槽；2—配水槽；3—进水虹吸管；4—单格滤池进水槽；5—进水堰；6—布水管；7—滤层；
8—配水系统；9—集水槽；10—出水管；11—出水井；12—控制堰；13—清水管；
14—真空系统；15—冲洗虹吸管；16—冲洗排水管；17—冲洗排水槽

2）冲洗过程

首先破坏进水虹吸管 3 的真空使该格滤池停止进水，滤池继续过滤，滤池水位逐渐下降，滤速逐渐降低。当滤池水位下降速率显著变慢时，即可开始冲洗。利用真空系统 14 抽出冲洗虹吸管 15 中的空气使之形成虹吸，并把滤池内的存水通过冲洗虹吸管 15 抽到池中心的下部，再由冲洗排水管 16 排走。当滤池内水位低于集水槽的水位时，反冲洗开始。当滤池内的水位降至冲洗排水槽 17 顶端时，反冲洗强度达到最大。此时，其他滤池的全部过滤水量都通过集水槽 9 源源不断地供给被冲洗格滤池。当滤料冲洗干净后，破坏冲洗虹吸管 15 的真空，冲洗停止。然后，再启动真空系统使进水虹吸管 3 恢复工作，过滤过程又重新开始。

冲洗水头一般采用 1.0～1.2 m，是由集水槽 9 的水位与冲洗排水槽 17 的槽顶高差来控制的。滤池平均冲洗强度一般采用 10～15 L/(m² · s)，冲洗历时 5～6 min。

2. 装置特征

（1）虹吸滤池是快滤池的一种形式，它的特点是利用虹吸原理进水和排走冲洗水，因此节省了两个闸门。

（2）滤池的总进水量自动均衡地分配到各格滤池，当进水量不变时各格滤池在过滤过程中保持恒速过滤。

(3) 滤后水位永远高于滤层,保持正水头过滤,不会发生负水头现象。

(4) 由于利用滤池本身的出水及水头进行单格滤池的冲洗,因此,节省了冲洗水箱及水泵等反冲洗设备。

(5) 配水系统须采用小阻力配水系统。

从上述可见,虹吸滤池的主要优点是:无需大型阀门及相应的开闭控制设备;无需专用冲洗设备;操作方便和易于实现自动控制。主要缺点是:池深比普通快滤池大,一般在 5 m 左右;反冲洗水头仅为 1.0～1.2 m,冲洗强度受其他滤池过滤水量的影响,效果不及普通快滤池。

3. 设计与计算

1) 虹吸滤池平面布置

可以设计成圆形、矩形和多边形。

2) 分格数

一格滤池在冲洗时所需冲洗水来自本组滤池其他数格滤池的过滤水。因此,一组滤池的分格数必须满足:当一格滤池冲洗时,其余数格滤池过滤总水量满足该格滤池冲洗强度的要求,用公式表示:

$$q \leqslant \frac{nQ'}{F} \tag{7-32}$$

式中:q——冲洗强度,L/(m²·s);

Q'——单格滤池过滤水量,L/s;

n——一组滤池分格数;

F——单格滤池面积,m²。

式(7-32)也可以用滤速表示:

$$n \geqslant \frac{3.6q}{v} \tag{7-33}$$

式中:v——滤速,m/h。

3) 滤池深度

$$\text{滤池的总深度} = H_1 + H_2 + H_3 + H_4 + H_5 + H_6 + H_7 + H_8 \tag{7-34}$$

式中:H_1——滤池底部集水空间高度,一般采用 0.3～0.5 m;

H_2——小阻力配水系统结构高度,m;

H_3——承托层高度,m;

H_4——滤层厚度,m;

H_5——冲洗排水槽顶高出砂面距离,m;

H_6——冲洗排水槽顶与控制堰顶高差,m;

H_7——最大允许水头损失,m;

H_8——滤池超高,一般 0.2~0.3 m。

虹吸滤池的深度因包括了冲洗水头,故比普通快滤池要深,目前我国设计的虹吸滤池深 4.5~5 m。

7.6.2 重力式无阀滤池

1. 工作原理

无阀滤池的构造如图 7-27 所示。其平面形状一般采用圆形,也可采用方形。

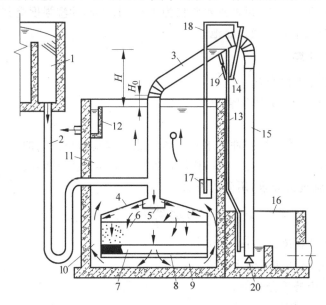

图 7-27 重力无阀滤池示意图

1—进水分配槽;2—进水管;3—虹吸上升管;4—伞形顶盖;5—挡板;6—滤层;
7—承托层;8—配水系统;9—底部空间;10—连通渠;11—冲洗水箱;12—出水渠;
13—虹吸辅助管;14—抽气管;15—虹吸下降管;16—水封井;17—虹吸破坏斗;
18—虹吸破坏管;19—强制冲洗管;20—冲洗强度调节器

待过滤水经进水分配槽1,由进水管2进入虹吸上升管3,再经伞形顶盖4下面的挡板5的消能和分散作用后,均匀地分布在滤层6上,通过承托层7、配水系统8进入底部空间9,然后经连通渠10上升到冲洗水箱11。随着过滤的进行,冲洗水箱中的水位逐渐上升(虹吸上升管3中水位也相应上升)。当水位达到出水渠12的溢流堰顶后,溢流入渠内,最后流入清水池。进水管U形存水弯的作用是防止滤池冲洗时,空气通过进水管进入虹吸管从而破坏虹吸。

当滤池刚投入运转时,虹吸上升管内外的水面差反映了清洁滤层过滤时的水头损失,如图 7-27 中所示的 H_0,该值一般在 20 cm 左右,也称为初期水头损失。随着过滤的进行,滤层水头损失逐渐增加,虹吸上升管中水位相应逐渐上升,在到达虹吸辅助管13以前(即过滤阶段),上升管中被水排挤的空气受到压缩,从虹吸下降管15的出口端穿过水封进入大气。当虹吸上升管中的水位超过虹吸辅助管13的上端管口时,水便从虹吸辅助管流下,依靠下降水流在管中形成的真空和水流的挟气作用,抽气管14不断将虹吸管中空气抽走,使虹吸管中真空度逐渐增大。其结果,一方面虹吸上升管中水位升高,另一方面虹吸下降管15将排水水封井中的水吸上至一定高度。当虹吸上升管中的水越过虹吸管顶端而下落时,管中真空度急剧增加,达到一定程度时,下落水流与虹吸下降管中上升水柱汇成一股冲出管口,把管中残余空气全部带走,形成连续虹吸水流,冲洗开始。虹吸形成后,冲洗水箱的水沿着与过滤相反的方向,通过连通渠10,从下而上地经过滤池,冲洗滤层,冲洗废水进入虹吸上升管3,由排水水封井16排出。

在冲洗过程中,冲洗水箱的水位逐渐下降,当降到虹吸破坏斗17缘口以下时,虹吸破坏管18把斗中水吸光,管口露出水面,大量的空气由虹吸破坏管进入虹吸管,虹吸被破坏,冲洗停止,虹吸上升管中的水位回降,过滤又重新开始。

无阀滤池的冲洗强度可用冲洗强度调节器20来进行调节。起始冲洗强度一般采用 $12\,L/(m^2 \cdot s)$,终了强度为 $8\,L/(m^2 \cdot s)$,滤层膨胀度为 $30\% \sim 50\%$,冲洗时间为 $4 \sim 6\,min$。

从过滤开始至虹吸上升管中水位升至辅助管口这段时间,为无阀滤池过滤周期。辅助管口至冲洗最高水位差即为期终允许水头损失 H,一般为 $1.5 \sim 2.0\,m$。

无阀滤池的特点是能自动进行冲洗。但是,如果在滤层水头损失尚未达到最大允许值而因某种原因(如出水水质已经恶化)需要提前冲洗时,可进行人工强制清洗。强制冲洗设备是在辅助管与抽气管相连接的三通上部,接一根压力水管19,称为强制冲洗管。打开强制冲洗阀门,在抽气管与虹吸辅助管连接三通处的高速水流产生强烈的抽气作用,使虹吸很快形成。

2. 装置特征

无阀滤池多用于中、小型给水工程,单池平均面积一般不大于 $16\,m^2$,少数也有达 $25\,m^2$ 以上的。主要优点是:节省大型阀门,造价较低;冲洗完全自动,操作管理方便。但缺点是:池体结构较复杂;滤料处于封闭结构,装、卸困难;因冲洗水箱位于滤池上部,滤池高度较大;滤池冲洗时,原水也由虹吸管排出,浪费了一部分澄清的原水。

7.6.3 移动罩滤池

1. 工作原理

移动罩滤池是由若干滤格组成的一组滤池,利用一个可移动的冲洗罩轮流对各滤格进行冲洗。图7-28为一座由24格组成、双行排列的虹吸式移动罩滤池示意图。滤池设有共用的进水、出水系统,滤层上部和滤池底部配水区相互连通。

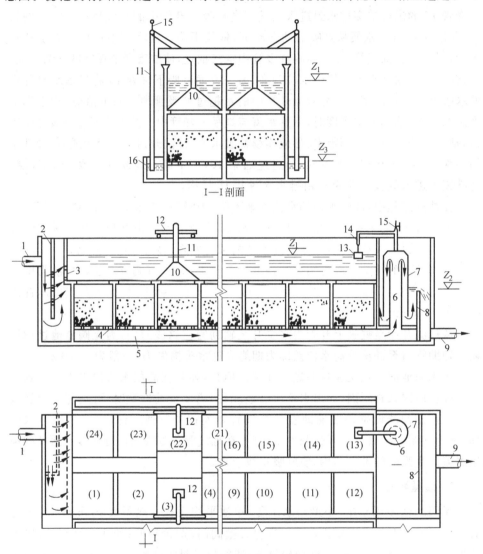

图 7-28 移动罩滤池
1—进水管;2—穿孔配水墙;3—消力栅;4—配水孔;5—配水室;
6—出水虹吸中心管;7—出水虹吸管钟罩;8—出水堰;9—出水管;10—冲洗罩;
11—排水虹吸管;12—桁车;13—浮筒;14—针形阀;15—抽气管;16—排水渠

1) 过滤过程

过滤时,待滤水由进水管1经穿孔配水墙2及消力栅3进入滤池,经滤层过滤后由底部配水室5流入钟罩式虹吸管的中心管6。当虹吸中心管内水位上升到管顶且溢流时，带走出水虹吸管钟罩 7 和中心管间的空气，达到一定真空度时，虹吸形成，滤后水便从钟罩 7 和中心管的空间流出，经出水堰 8 流入清水池。滤池内水位标高 Z_1 和出水堰上水位标高 Z_2 之差即为过滤水头，一般为 1.2～1.5 m。

2）冲洗过程

当某一格滤池需要冲洗时，冲洗罩 10 由桁车 12 带动移至该滤格上面就位，并封住滤格顶部，同时用抽气设备抽出排水虹吸管 11 中的空气，当排水虹吸管真空度达到一定值后，虹吸形成，冲洗开始。冲洗水由本组其余滤格的滤后水供给，这点与虹吸滤池类似。冲洗水经小阻力配水系统的配水室 5、配水孔 4，通过承托层和滤层后，冲洗废水由排水虹吸管 11 排入排水渠 16。出水堰顶水位 Z_2 和排水渠中水封井上的水位 Z_3 之差即为冲洗水头，一般为 1.0～1.2 m。当滤格数较多时，在一格滤池冲洗期间，滤池组仍可继续向清水池供水。当一个滤池冲洗完毕后，冲洗罩移至下一滤格，准备对其进行冲洗。

移动冲洗罩的作用与无阀滤池伞形顶盖相同。冲洗罩移动、定位和密封是滤池正常运行的关键。移动速度、停车定位和定位后密封时间等，均根据设计要求用程序控制或机电控制。

移动冲洗罩的排水虹吸管的抽气设备可采用真空泵或由小泵供给压力水的水射器，设备置于桁车上。反冲洗废水也可直接采用吸水性能好、低扬程的水泵直接排出，这种冲洗罩为泵吸式。泵吸式冲洗罩无需抽气设备，且冲洗废水可回流入絮凝池加以利用。

穿孔配水墙 2 和消力栅 3 的作用是均匀分散水流和消除进水动能，以防止集中水流的冲击力造成起端滤格中滤料的移动，保持滤层平整。特别是在滤池建成投产或放空后重新运行初期，池内水位较低，进水落差较大时，如不采用上述措施，势必造成滤料移动。

浮筒 13 和针形阀 14 用以控制滤池的滤速。当滤池出水流量超过进水流量时，池内水位下降，浮筒随之下降，针形阀打开，空气进入出水虹吸管钟罩 7，出水流量随之减小。这样可防止在运行初期滤池滤料处于清洁状态时滤速过高而引起出水水质恶化。当滤池出水流量小于进水流量时，池内水位上升，浮筒随之上升并促使针形阀封闭进气口，出水虹吸管钟罩中真空度增大，出水流量随之增大。因此，浮筒总是在一定幅度内升降，使滤池水面基本保持一定。当滤格数较多时，移动罩滤池的过滤过程接近等水头减速过滤。

出水虹吸中心管 6 和钟罩 7 的大小取决于流速，一般采用 0.6～1.0 m/s。管径过大，会使针形阀进气量不足，调节水位作用欠敏感；管径过小，水头损失增大，相应地池深增大。

滤格数多，冲洗罩使用效率高。为满足冲洗要求，移动罩滤池的分格数不得少于 8。如果采用泵吸式冲洗罩，滤格多时可排列成多行。冲洗罩可随桁车作纵向移动,罩体本身亦可在桁车上作横向移动,但运行比较复杂。

2. 装置特征

移动罩滤池一般较适用于大、中型水厂,以便充分发挥冲洗罩使用效率。移动罩滤池优点:池体结构简单;使用移动冲洗罩对各滤格循序连续冲洗,无需冲洗水箱或水塔;无大型阀门,管件少;采用泵吸式冲洗罩时,池深较浅。缺点:比其他快滤池增加了机电及控制设备;自动控制和维修较复杂。

7.6.4 V型滤池

V型滤池是快滤池的一种形式,因为其进水槽形状呈V字形而得名。它是我国于20世纪80年代末从法国Degremont公司引进的技术。采用气、水反冲洗,目前在我国的应用日益增多,适用于大、中型水厂。

图7-29为V型滤池构造简图。通常一组滤池由数格滤池组成。V型进水槽底设有一排小孔6,既可作过滤时进水用,冲洗时又可供横向扫洗布水用,这是V型滤池的一个特点。每格滤池中间为双层中央渠道,将滤池分成左、右两格。中央渠道上层是排水渠7供冲洗排污用;下层是气水分配渠8,过滤时汇集滤后清水,冲洗时分配气和水。分配渠8上部设有一排配气小孔10,下部设有一排配水方孔9。滤板上均匀布置长柄滤头,约50~60个/m^2。滤板下部是底部空间11。

1) 过滤过程

待滤水由进水总渠经进水气动隔膜阀1和方孔2后,溢过堰口3再经侧孔4进入V型槽5。待滤水通过V型槽底小孔6和槽顶溢流,均匀进入滤池,而后通过砂滤层和长柄滤头流入底部空间11,再经方孔9汇入中央气水分配渠8内,最后由管廊中的水封井12、出水堰13、清水渠14流入清水池。滤速可在7~20 m/h范围内选用,视原水水质、滤料组成等决定,可根据滤池水位变化自动调节出心蝶阀开启度来实现等速过滤。

2) 冲洗过程

首先关闭进水气动隔膜阀1,但两侧方孔2常开,故仍有一部分水继续进入V型槽并经槽底小孔6进入滤池。而后开启排水阀15将池内水从排水渠中排出直至滤池水面与V型槽顶相平。冲洗操作可采用:"气冲→气-水同时反冲→水冲"3步;也可采用:"气-水同时反冲→水冲"2步。3步冲洗过程如下:

(1) 启动鼓风机,打开进气阀17,空气经气水分配渠8的上部配气小孔10均匀进入滤池底部,由长柄滤头喷出,将滤料表面杂质擦洗下来并悬浮于水中。由于V型槽底小孔6继续进水,在滤池中产生横向水流,形同表面扫洗,将杂质推向排水渠7。

(2) 启动冲洗水泵,打开冲洗水阀18,此时空气和水同时进入气水分配渠8,再经配水方孔9、配水小孔10和长柄滤头均匀进入滤池,使滤料得到进一步冲洗,

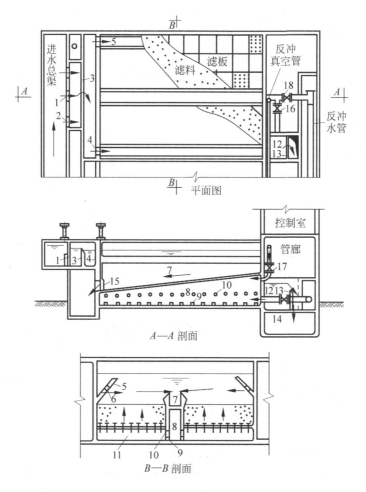

图 7-29 V 型滤池结构示意图

1—进水气动隔膜阀；2—方孔；3—堰口；4—侧孔；5—V 型槽；6—槽底小孔；7—排水渠；
8—气水分配渠；9—配水方孔；10—配水小孔；11—底部空间；12—水封井；
13—出水堰；14—清水渠；15—排水阀；16—清水阀；17—进气阀；18—冲洗水阀

同时，横向冲洗仍继续进行。

（3）停止气冲，单独用水再反冲洗几分钟，加上横向扫洗，最后将悬浮于水中杂质全部冲入排水槽。冲洗流程见图 7-29 箭头所示。

气冲强度一般在 14～17 L/(m²·s)，水冲强度约 4 L/(m²·s)，横向扫洗强度约 1.4～2.0 L/(m²·s)。因水流反冲强度小，故滤料不会膨胀，总的反冲洗时间约 10 min。V 型滤池冲洗过程全部由程序自动控制。

V 型滤池的主要特点是：

（1）可采用较粗滤料和较厚滤层以增加过滤周期。由于反冲时滤层不膨胀，故整个滤层在深度方向的粒径分布基本均匀,不发生水力分级现象,即所谓"均质滤料",滤层含污能力得以提高。一般采用砂滤料,有效粒径 $d_{10}=0.95\sim1.50\ mm$,不均匀系数 $K_{60}=1.2\sim1.5$,滤层厚约 $0.95\sim1.5\ m$。

(2) 气、水反冲再加始终存在的横向表面冲洗,冲洗效果好,冲洗水量大大减少。

7.6.5 压力滤池

压力滤池是以钢制压力容器为外壳制成的可以承压的钢罐,如图 7-30 所示。其内部结构与普通快滤池相似,容器内设置有进水和配水系统并装有滤料,容器外设置各种管道和阀门。进水用泵直接打入容器内,在压力下进行过滤,滤后水常借压力直接送到用水装置、水塔或后面的处理设备中。压力滤池常用于工业给水处理中,往往与离子交换器串联使用。配水系统常用小阻力配水系统中的缝隙式滤头。滤层厚度通常大于重力式快速池,一般约为 $1.0\sim1.2\ m$。期终允许水头损失值可达 $5\sim6\ m$。反冲洗废水通过顶部的漏斗或设有挡板的进水管收集并排除。为提高冲洗效果,可考虑用压缩空气辅助冲洗。

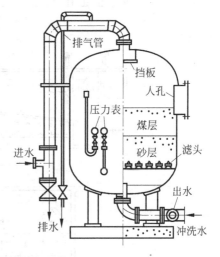

图 7-30 压力滤池

压力滤池分竖式和卧式两种,竖式滤池有现成产品,直径一般不超过 3 m。特点是:可省去清水泵站;运转管理较方便;可移动位置,临时性给水也很适用;但耗用钢材多,滤料装卸不方便。

7-1 简述水处理中过滤的概念。从机理上可分为哪几种?分别概述其特点。

7-2 过滤对于水处理有哪些作用?

7-3 为什么粒径小于滤层中空隙尺寸的杂质颗粒也会被滤层拦截下来?

7-4 滤料的选择应该满足哪些要求?概述评价滤料的几个指标。

7-5 从滤层中杂质分布规律,分析改善快滤池的几种途径和滤池发展趋势。

7-6 试述快滤池的工作原理,并绘制出简单的快滤池示意图。

7-7 何谓"水力筛分"现象?它对过滤有何影响?

7-8 直接过滤有哪两种方式?采用直接过滤应注意哪些问题?

7-9 某生活饮用水厂设有预沉池,预沉池水的浊度保持在 16~18 NTU,试考虑能否不投加混凝剂直接过滤,为什么?

7-10 什么叫"等速过滤"和"变速过滤"?两者分别在什么情况下形成?分析两种过滤方式的优缺点并指出哪几种滤池属"等速过滤"?

7-11 什么叫滤料的"有效粒径"和"不均匀系数"?不均匀系数过大对过滤和反冲洗有何影响?"均质滤料"的含义是什么?

7-12 试述反冲洗配水不均匀的绝对性。怎样才能达到配水的相对均匀?

7-13 影响滤池冲洗效果的因素有哪些?滤池的反冲洗水量约为过滤水量的多少倍?

7-14 什么叫"最小流态化冲洗强度"?当反冲洗流速小于最小流态化冲洗强度时,反冲洗时的滤层水头损失与反冲洗强度是否有关?

7-15 什么是"负水头"?它对过滤和冲洗有何影响?如何避免滤层中负水头的产生?

7-16 滤料承托层有何作用?粒径级配和厚度如何考虑?

7-17 大阻力配水系统和小阻力配水系统的含义是什么?各有何优缺点?

7-18 某天然海砂筛分结果见下表,根据设计要求:$d_{10}=0.54$ mm,$K_{80}=2.0$。试问筛选滤料时,共需筛除百分之几天然砂粒(分析砂样 200 g)?

筛孔/mm	留在筛上砂量		通过该号筛的砂量	
	质量/g	%	质量/g	%
2.36	0.8			
1.65	18.4			
1.00	40.6			
0.59	85.0			
0.25	43.4			
0.21	9.2			
砂底盘	2.6			
合计	200			

7-19 根据习题 7-18 所选砂滤料,求滤速为 10 m/h 的过滤起始水头损失约为多少 cm?

已知:砂粒球形度 $\phi=0.94$;砂层空隙率 $m_0=0.4$;砂层总厚度 $=70$ cm;水温按 15℃计。

7-20 根据习题 7-18 所选砂滤料作反冲洗实验。设反冲洗强度 $q=15$ L/(m²·s),

且滤层全部膨胀起来,求滤层总膨胀度约为多少?(滤料粒径按当量粒径计。)

已知:滤料密度$=2.62$ g/cm^3;水的密度$=1$ g/cm^3;滤层膨胀前空隙率$m_0=0.4$;水温按15℃计。

7-21 若滤池用砂作滤料,其空隙率$m_0=0.41$,砂层厚0.7 m,膨胀度$e=50\%$,当量直径$=0.69$ mm,冬季冲洗水平均温度为8℃,夏季水温平均为26℃。试估算冬、夏季的冲洗强度。它们相差多少?

7-22 如果滤池冲洗强度为10 L/(m^2·s),为了提高滤速,采用当量直径比原粒径大1倍的滤料。问冲洗强度应为多少才能达到同样的膨胀度?

7-23 如果过滤速度为10 m/h,过滤周期为24 h,初步估算1 m^{2}滤池在过滤周期内扣去冲洗水,净生产水量是多少?砂层里截留了多少泥(质量)?(停止过滤至冲洗完毕约需$10\sim 20$ min,冲洗消耗清水约占滤池生产水量的$1\%\sim 3\%$。)

7-24 简述虹吸滤池的工作原理。虹吸滤池分格数如何确定?虹吸滤池与普通快滤池相比有哪些主要优缺点?

7-25 设滤池尺寸为5.4 m(长)$\times$4 m(宽),滤层厚70 cm,冲洗强度$q=14$ L/(m^2·s),滤层膨胀度$e=40\%$。采用3条排水槽,槽长4 m,中心距为1.8 m。求:(1)标准排水槽断面尺寸;(2)排水槽顶距砂面高度;(3)校核排水槽在水平面上总面积是否符合设计要求。

7-26 滤池平面尺寸、冲洗强度及砂滤层厚度同上题,并已知:冲洗时间6 min;承托层厚0.45 m;大阻力配水系统开孔比$\alpha=0.25\%$;滤料密度为2.62 g/cm^3;滤层空隙率为0.4;冲洗水箱至滤池的管道中总水头损失按0.6 m计。求:(1)冲洗水箱容积;(2)冲洗水箱底至滤池排水冲洗槽高度。

7-27 设计题:设计日处理废水量为2500 m^{3}的双层滤料滤池。需考虑5%的水厂自用水量(包括反冲洗用水),设计流速5 m/h,冲洗强度$13\sim 16$ L/(m^2·s),冲洗时间6 min。要求设计计算出滤池面积及尺寸、滤池总高和反冲洗水头损失等。

7-28 设计和建造移动罩滤池,必须注意哪些关键问题?

7-29 为什么小水厂不宜采用移动罩滤池?它的主要优点和缺点是什么?

7-30 V型滤池的主要特点是什么?

7-31 理想的滤池应是怎样的?

第8章 消　毒

8.1　消毒概论

8.1.1　消毒目的

消毒的目的是杀灭水中对人体健康有害的绝大部分病原微生物,包括病菌、病毒、原生动物的胞囊等,以防止通过水传播疾病。

饮用水消毒处理的目的是使处理后饮用水的微生物学指标达到饮用水水质标准,把饮水导致的水致疾病的风险降到可以接受的安全范围。我国生活饮用水水质标准中对微生物学的指标与限值是:总大肠菌群、耐热大肠菌群和埃希氏大肠菌每100 mL水样中不得检出,细菌总数≤100 CUF/mL,此外还有剩余消毒剂浓度的指标。我国新版的《生活饮用水卫生标准》(GB 5749—2006)中还把包囊类病原微生物中的隐孢子虫和贾第鞭毛虫列为控制指标,均为每10 L水中不得检出。

污水的消毒处理通常是在污水排入水体前或进行再利用前的最后一个处理步骤,其目的是使排放污水或再生水的微生物学指标满足防止水体污染或进行安全利用的要求。《城镇污水处理厂污染物排放标准》(GB 18918—2002)中把粪大肠菌群列为控制指标,一级A标准要求不大于10^3个/L,一级B标准和二级标准要求不大于10^4个/L。《城市污水再生利用　城市杂用水水质》(GB/T 18920—2002)中对总大肠菌群和余氯做出了规定,其中要求总大肠菌群≤3个/L。《城市污水再生利用　景观环境用水水质》(GB/T 18921—2002)中对粪大肠菌群的要求是:河道湖泊类观赏性景观环境用水不大于10^4个/L,水景类观赏性景观环境用水不大于2 000个/L,河道湖泊类娱乐性景观环境用水不大于500个/L,水景类娱乐性景观环境用水不得检出。

需要说明的是,消毒处理并不能杀灭水中所有微生物(杀灭所有微生物的处理称为灭菌),只是把微生物的风险降低到可以接受的程度,对于个别耐受能力极强的微生物,如某些病毒和原生动物,消毒处理并不能保证绝对的去除。

8.1.2　消毒方法

饮用水的消毒方法有:氯消毒、二氧化氯消毒、臭氧消毒、紫外线消毒等,也可以采用上述方法的组合使用。当然,对水煮沸后再饮用也是一种消毒的方法。

1. 氯消毒

氯消毒应用历史最久,使用也最为广泛。氯消毒有多种消毒工艺,包括游离氯消毒、氯胺消毒等,详见 8.2 节氯消毒部分。

氯消毒的优点是:经济有效;使用方便;氯的自行分解较慢,可以在管网中维持一定的剩余消毒剂浓度,对管网水有安全保护作用等。缺点是对于受到有机污染(包括天然的腐殖质类污染、生活污染、工业污染等)的水体,加氯消毒可以产生对人体有害的卤代消毒副产物,如三卤甲烷(THMs)、卤乙酸(HAAs)等物质。因此,现代的消毒处理必须同时满足对水质微生物学和毒理学两方面的要求。

在加强水源保护、有效去除水中有机污染物、合理采用氯消毒工艺的基础上,氯消毒仍是一种安全可靠、可以广泛使用的消毒技术。

2. 二氧化氯消毒

二氧化氯消毒从 20 世纪 70～80 年代以来在国外水厂得到应用,近几年在我国的部分中小型水厂也有使用。其优点是:消毒能力高于或等于游离氯,不产生氯代有机物,消毒副产物生成量小,具有剩余保护作用等。二氧化氯消毒缺点是:费用高,是氯消毒的数倍;二氧化氯不稳定,使用时需要现场制备,设备复杂,使用不便。此外,二氧化氯消毒将产生对人体有害的分解产物亚氯酸盐,也需进行控制。因此,尽管二氧化氯消毒效果要优于氯消毒,但在短期之内尚不能全面替代饮用水氯消毒技术。

3. 臭氧消毒

臭氧的消毒能力高于氯,不产生氯代有机物,处理后水的口感好。但臭氧因自身分解速度过快,对管网无剩余保护,采用臭氧消毒的水厂还需在出厂水中投加二氧化氯或氯作为剩余保护剂。其他缺点是:臭氧不稳定,使用时需要现场制备,设备复杂,使用不便;费用过高,数倍于氯消毒;如果原水中含有较高浓度的溴离子,臭氧投加量较大时将与溴离子反应生成对人体有害的溴酸盐,此外臭氧消毒副产物的危害仍处于深入研究中。

臭氧消毒目前主要用于食品饮料行业和饮用纯净水、矿泉水等的消毒,充分发挥其自分解后无残余消毒剂、处理后口感好的特点。在国内外自来水净水厂处理工艺中,臭氧主要是作为氧化剂,用于水的预氧化处理或者是臭氧-(生物)活性炭深度处理工艺,单纯用于水厂消毒的很少。

4. 紫外线消毒

紫外线消毒是一种物理消毒方法,它利用紫外线的杀菌作用对水进行消毒处理。紫外线消毒处理采用紫外灯照射流过的水,以照射能量的大小来控制消毒效果。由于紫外线在水中的穿透深度有限,要求被照射的水的深度或灯管之间的间距不得过大。

与上面的化学消毒方法相比,紫外线消毒的优点是:杀菌速度快,管理简单,不需向水中投加化学药剂,产生的消毒副产物少,不存在剩余消毒剂所产生的味道,特别是紫外线消毒是控制贾第虫和隐孢子虫的经济有效方法。不足之处是:费用较高,紫外灯管寿命有限,无剩余保护,对于给水处理,为了满足对管网水卫生学安全的要求,需要与化学消毒法(氯或二氧化氯)联合使用。

目前,紫外线消毒在国外给水处理中得到了日趋广泛的应用,在我国尚主要用于少数小型供水系统。对于污水处理,紫外线消毒是目前污水处理厂设计的首选消毒技术。紫外线消毒还广泛用于食品饮料行业。

5. 其他消毒方法

其他消毒方法有:加热消毒、非氧化型化学药剂消毒(表面活性剂、酚类、重金属、酸、碱、溴、碘等)、辐射照射等。其中,非氧化型化学药剂可用于循环冷却水的微生物控制,详见14.2节循环冷却水水质处理。

8.1.3 消毒剂投加点

给水处理中,采用化学药剂进行消毒(氯消毒、二氧化氯消毒等)的消毒剂投加点有:

(1) 在水厂取水口或净水厂混凝前的预投加,以控制输水管渠和水厂构筑物内菌藻生长;

(2) 清水池前投加(消毒剂的主要投加点);

(3) 调整出厂水剩余消毒剂浓度的补充投加(在输水泵站处);

(4) 配水管网中的补充投加(转输泵站处)等。

为了控制微生物,特别是藻类在水源水长距离输水管和水厂处理构筑物中的过度繁殖,在水厂取水口或净水厂混凝前,常常预先投加一部分消毒剂,如预氯化。由于消毒剂也是氧化剂,除了杀菌消毒作用外,还可以氧化部分有机物,改善混凝效果,控制藻类生长,氧化分解水中产生色、臭、味的物质。由于目前国内许多水源受到污染,水中含有微量污染物,如采用预氯化,加入的氯会与原水中的有机物反应,生成卤代消毒副产物,因此采用预氯化时要考虑其负面影响。目前国内一些水厂预氯化的投加量过大,应予改进,如控制预氯化投加量,或改用生成消毒副产物较少的高锰酸钾预氧化、臭氧预氧化、二氧化氯预氧化等。

对于包埋在颗粒物中的微生物,由于颗粒物的保护作用,消毒效果不好。因此消毒处理对水中浊度有着严格的要求,并且消毒总是作为水厂处理的最后一道工序,在充分去除浊度的条件下进行消毒。

在以地面水为水源的饮用水净水厂中,常规处理工艺是:混凝—沉淀—过滤—消毒,在滤池出水中投加消毒剂。采用深度处理的水厂,也是在清水池前投加。以清水池来保证有足够的消毒接触时间,然后根据清水池出水的剩余消毒剂浓度,在清水池后的二级泵房处必要时再做适当补充,保持出厂水的剩余消毒剂浓度。

对于以地下水为水源的饮用水处理,水质良好的地下水可以直接满足饮用水水质标准中除微生物学指标以外的其他指标,相应饮用水处理的工艺只有消毒一项,消毒剂加在清水池入口处。

对于超大型自来水配水管网、长距离自来水输水系统、管网转输点等,为了维持管网水中剩余消毒剂的浓度,有的地方还需要对自来水再次补充投加消毒剂,例如补氯。对于超大型和具有转输点的配水管网,此方法既可使剩余消毒剂浓度在水厂附近不致过高,又可在管网末梢保持一定浓度,对于防止微生物在管网中的再生长和控制消毒副产物有一定意义。

对于污水处理,消毒是污水处理工艺的最后一个处理步骤,以尽量减少水中悬浮物对消毒的不利影响,保证消毒处理的效果。

8.1.4 消毒机理

消毒剂对微生物的作用机理包括:
(1) 破坏细胞壁,使其通透性增加,导致细胞内物质的漏出;
(2) 损害细胞膜的生化活性,影响其吸收与保留作用;
(3) 对细胞的重要代谢功能造成损害,破坏酶的活性,例如将亚铁血红素转变为氯化高铁血红素(含有亚铁血红素的蛋白,如细胞色素、过氧化氢酶和过氧化物酶等,普遍存在于各种细菌体内,它们对细胞的许多功能都是不可缺少的);
(4) 损坏核酸组分;
(5) 改变有机体的 RNA、DNA;
(6) 改变原生质的胶体性质,等。

氧化型消毒剂,包括氯、二氧化氯、臭氧等,可以通过氧化以多种途径产生灭活作用。紫外照射能使 RNA 中相邻的胸腺嘧啶或 DNA 中相邻的尿嘧啶形成共价的二聚体,破坏复制过程,从而使生物体不能再繁殖,以致灭活。加热可以使细胞蛋白变性,失去原生质的胶体性质,产生致死效应。

不同微生物对消毒剂的耐受能力不同。对于产生介水传染病的三大类肠道病原微生物,按照其对消毒剂的耐受能力从强到弱的排序为:肠道原虫包囊、肠道病毒、肠道细菌。这三类微生物的大小约相差 3 个数量级,细菌的尺寸比病毒大 10 倍多,原虫包囊比细菌约大 10 倍。其表面性质和生理特征也大不相同。原虫包囊对不利环境的耐受能力很强。病毒结构中既无细胞膜,也无复杂的酶系统。这些因素以及它们的生活与繁殖方式,对它们在环境中的生存和对消毒剂的耐受能力均有影响。

饮用水化学消毒技术可以杀灭绝大部分的肠道细菌和肠道病毒。但是原虫包囊对氯的耐受能力很强,常规的饮用水加氯消毒不能将其杀灭,例如贾第鞭毛虫包囊、隐孢子虫等。这类包囊类病原微生物可以通过水的过滤来去除,肠道包囊原虫的尺寸较大,例如贾第鞭毛虫包囊为卵形,大小约为$(8\sim12)\mu m \times (7\sim10)\mu m$,隐孢子虫的卵囊为球形,$4\sim6~\mu m$,处于过滤对颗粒物的有效去除范围内。此外,近年来发现,紫外线消毒是控制贾第鞭毛虫和隐孢子虫的有效手段,由此极大地推动了紫外线消毒技术在饮用水处理中的应用。

8.1.5 消毒影响因素

消毒的影响因素有:接触时间、消毒剂浓度、温度、水质等。

在消毒过程中,消毒接触时间和消毒剂浓度是最重要的影响因素。Harriet Chick 在 20 世纪初(1908 年首次发表)得出,对于一定的消毒剂浓度,接触时间越长,杀菌率就越高。Chick 定律的微分方程式为

$$\frac{\mathrm{d}N_t}{\mathrm{d}t} = -kN_t \tag{8-1}$$

式中:N_t——t 时刻的微生物浓度;

t——时间,min;

k——灭活速率常数;

$\mathrm{d}N_t/\mathrm{d}t$——灭活速率。

对上式进行积分,得到

$$\frac{N_t}{N_0} = \mathrm{e}^{-kt} \tag{8-2}$$

或

$$\ln \frac{N_t}{N_0} = -kt$$

$$\lg \frac{N_t}{N_0} = -\frac{kt}{2.303} \tag{8-3}$$

式中:N_0——$t=0$ 时的微生物浓度。

根据 Chick 定律式(8-3),对于一定的消毒剂浓度,在半对数坐标纸上,灭活率的对数与时间呈直线关系,如图 8-1 所示。

对于实际消毒过程,会出现偏离以上规律的现象,消毒曲线会出现滞后或拖尾的情况,其示意图见图 8-2。滞后现象主要是由于水中其他组分比微生物先与消毒剂反应。拖

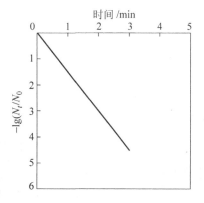

图 8-1 一定消毒剂浓度下的灭活曲线(Chick 定律)

尾现象是由于水中微生物大部分是以离散状态存在,少数是以聚集体存在,还有一部分被包埋在胶体与悬浮颗粒中。对于聚集体和包埋在颗粒物中的微生物,因屏蔽保护作用影响了消毒效果。消毒曲线一般在 2~3 个数量级的灭活范围内能保持直线关系,其后多出现拖尾现象。

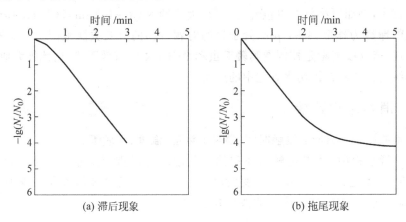

图 8-2 消毒过程与 Chick 定律的偏离情况

Herbert Watson 也在 1908 年发现了灭活速率常数与消毒剂浓度的关系:

$$k = k'C^n \tag{8-4}$$

式中:k——灭活速率常数;

k'——衰减常数;

C——消毒剂浓度;

n——稀释系数。

将 Chick 和 Watson 的研究结果合并,就得到了微生物灭活的 Chick-Watson 定律:

$$\frac{dN_t}{dt} = -k'C^n N_t \tag{8-5}$$

其解为

$$\frac{N_t}{N_0} = e^{-k'C^n t} \tag{8-6}$$

或

$$\ln \frac{N_t}{N_0} = -k'C^n t \tag{8-7}$$

$$\lg \frac{N_t}{N_0} = -\frac{k'C^n t}{2.303}$$

由式(8-7)可知,对于给定的灭活水平,$C^n t$ 等于常数,在双对数坐标纸上,C 和 t 呈直线关系,由斜率可以得出 n 值。对于大多数微生物,n 在 1 附近,因此可以由 Chick-Watson 定律引出 CT 值的概念，即对于一定的灭活率要求，消毒剂的浓度 C（以剩余消毒剂的浓度表示）和接触时间 t 的乘积等于常数：

$$\text{CT 值} = Ct \tag{8-8}$$

式中：C——剩余消毒剂浓度，mg/L；

t——接触时间，详见下面的 t_{10} 部分，min。

对于不同消毒剂种类、微生物、水温、pH 值等条件，达到一定灭活要求的 CT 值不同。在美国的《地表水处理规定》中，达到贾第鞭毛虫灭活的 CT 值要求见表 8-1，对肠道病毒灭活的 CT 值要求见表 8-2（注：表中灭活率以对数表示，1 个对数（1 log）的去除率为 90%，2 log 为 99%，3 log 为 99.9%，4 log 为 99.99%）。在美国的《地表水处理规定》中，对贾第虫的总去除与灭活要求是 99.9%，对肠道病毒的总去除与灭活要求是 99.99%（美国《加强地表水处理暂行规定》在原规定基础上还增加了去除隐孢子虫的要求，去除率要求为 99%，但明确说明是由过滤系统完成，而不是由消毒工艺完成）。其中，对于贾第虫，采用常规处理工艺（混凝沉淀过滤）一般可以完成 2.5 log 去除，如采用直接过滤工艺一般可以完成 2 log 去除，因此对贾第虫的消毒任务要求为 0.5~1 log 的去除；对于肠道病毒，采用常规处理工艺（混凝沉淀过滤）一般可以完成的 2 log 去除，如采用直接过滤工艺一般可以完成 1 log 去除，因此对肠道病毒的消毒任务要求为 2~3 log 的去除。消毒中不同的 C 的 CT 值略有差异，表 8-1 中所示为游离氯 2 mg/L 浓度的数据，其他浓度的 CT 值可查阅美国的有关设计指南。从 CT 值计算公式（式(8-8)）和数据表中还可以看出 CT 值的一个特性，即不同 log 去除的 CT 值为倍数关系，2 log 去除的 CT 值是 1 log 去除 CT 值的 2 倍，3 log 去除的 CT 值是 1 log 的 3 倍。因此对于消毒处理工艺，CT 值增加 1 倍，消毒效果提高 1 个数量级。

表 8-1 贾第鞭毛虫灭活的 CT 值要求

消毒剂	灭活 log	pH	在不同水温下的 CT 值/(mg·min/L)					
			≤1℃	5℃	10℃	15℃	20℃	25℃
2 mg/L 的游离余氯	1	6	55	39	29	19	15	10
		7	79	55	41	28	21	14
		8	115	81	61	41	30	20
		9	167	118	88	59	44	29
	3	6	165	116	87	58	44	29
		7	236	165	124	83	62	41
	3	8	346	243	182	122	91	61
		9	500	353	265	177	132	88

续表

消毒剂	灭活 log	pH	在不同水温下的 CT 值/(mg·min/L)					
			≤1℃	5℃	10℃	15℃	20℃	25℃
臭氧	1	6~9	0.97	0.63	0.48	0.32	0.24	0.16
	2		1.9	1.3	0.95	0.63	0.48	0.32
	3		2.9	1.9	1.4	0.95	0.72	0.48
二氧化氯	1	6~9	21	8.7	7.7	6.3	5	3.7
	2		42	17	15	13	10	7.3
	3		63	26	23	19	15	11
氯胺	1	6~9	1 270	735	615	500	370	250
	2		2 535	1 470	1 230	1 000	735	500
	3		3 800	2 200	1 850	1 500	1 100	750

表 8-2 肠道病毒灭活的 CT 值要求

消毒剂	灭活 log	在不同水温下的 CT 值/(mg·min/L)					
		0.5℃	5℃	10℃	15℃	20℃	25℃
游离氯	2	6	4	3	2	1	1
	3	9	6	4	3	2	1
	4	12	8	6	4	3	2
臭氧	2	0.9	0.6	0.5	0.3	0.25	0.15
	3	1.4	0.9	0.8	0.5	0.4	0.25
	4	1.8	1.2	1.0	0.6	0.5	0.3
二氧化氯	2	8.4	5.6	4.2	2.8	2.1	1.4
	3	25.6	17.1	12.8	8.6	6.4	4.3
	4	50.1	33.4	25.1	16.7	12.5	8.4
氯胺	2	1 243	857	643	428	321	214
	3	2 063	1 423	1 067	712	534	356
	4	2 883	1 988	1 491	994	746	497

消毒剂与水要充分混合接触,接触时间应根据消毒剂的种类和消毒目标,以满足 CT 值的要求来确定,并留有一定的安全余量。在给水厂中一般利用清水池来满足加入消毒剂后的接触时间。由于清水池中的水流不能达到理想的推流状态,

部分水流在清水池中的停留时间小于平均水力停留时间。在清水池设计中,一般要求消毒接触时间的保证率大于 90%,即保证 90% 以上的水流在清水池中的停留时间能够满足 CT 值对消毒接触时间的要求。因此在消毒计算中,校核 CT 值的消毒接触时间应该采用 90% 保证率的接触时间 t_{10},而不是池子名义上的水力停留时间 T。

t_{10} 可以由示踪试验获得。例如 $t=0$ 时在清水池进水口处瞬时投加示踪剂,然后记录出口处的示踪剂浓度,得到出口处的浓度变化曲线和累计示踪剂流出量曲线。对应于 10% 累计示踪剂流出量的停留时间,就是该清水池的 90% 保证率的接触时间 t_{10},具体方法详见下面例题。为保证最不利条件下的消毒效果,t_{10} 示踪试验应在清水池的低水位和大流量条件下进行。由于清水池中存在短流死角等,t_{10} 要远小于名义水力停留时间。

清水池的 t_{10} 与水力停留时间 T 的关系可以用下式表示:

$$t_{10} = \beta T = \beta \frac{V}{Q} \tag{8-9}$$

式中：t_{10}——清水池的 90% 保证率接触时间,min;

β——有效系数;

T——清水池的名义水力停留时间;min;

V——清水池的容积,m³;

Q——流量,m³/min。

对于内部设有多道导流墙、推流状态较好的清水池,$\beta=0.65\sim0.85$;对于没有导流墙或只有 1~2 个导流墙的清水池,β 值在 0.5 以下,由于短流现象严重,消毒效果不好。对于相同水力停留时间的清水池,通过增加导流墙,提高流道总长度与廊道单宽的比值,可以改善推流状态,减少短流,以提高 β 值。从而可以在相同的消毒剂投加量和清水池池容的条件下,通过提高 t_{10},可以实现更大的 CT 值,获得更好的消毒效果。

【例 8-1】 某清水池的水力停留时间 $T=\frac{V}{Q}=60$ min,示踪试验结果见图 8-3。求该池的 t_{10}、有效系数 β 和对应于 2 mg/L 余氯的 CT 值,并对该池的水流状态进行判断。

【解】 对应于 10% 累计示踪剂流出量的时间为 t_{10},由图查得该池的 $t_{10}=35$ min,$\beta=35/60=0.58$,CT 值 $=2\times35=70$ mg·min/L。

该池的 β 值偏低,水流的推流状态不好,建议适当增加导流墙,改善推流状态,以增长有效接触时间,提高消毒效果。例如,适当增加导流墙,把 t_{10} 提高到 45 min($\beta=45/60=0.75$),则该池的 CT 值可以提高到 90 mg·min/L,与原条件

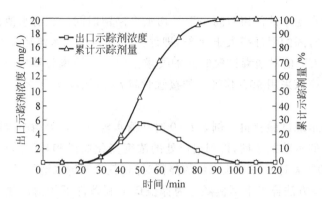

图 8-3　清水池示踪试验数据图

相比,消毒效果可以提高。

消毒效果提高分析(以下分析部分用来说明提高 CT 值的意义和对数去除的计算方法):

已知消毒的 CT 值与对数去除的关系为(设 $n=1$):

$$CT 值 = -\frac{2.303}{k}\lg\frac{N}{N_0}$$

由此得到对同一种微生物消毒,采用不同 CT 值时,其 CT 值之比就等于对数去除之比:

$$\frac{CT 值_2}{CT 值_1} = \frac{\lg\left(\frac{N}{N_0}\right)_2}{\lg\left(\frac{N}{N_0}\right)_1}$$

对于此例题,

$$\frac{CT 值_2}{CT 值_1} = \frac{90}{70} = 1.285$$

即,增加 CT 值后对数去除是原来的 1.285 倍。

对数去除提高的效果要按对数原理计算,以下举例说明:

如果原为 1 log 去除,即 $\lg(N/N_0)_1 = -1$,$(N/N_0)_1 = 10^{-1} = 0.1$,则去除率为 $1 - 0.1 = 90\%$。现对数去除为原来的 1.285 倍,为 $1 \times 1.285 = 1.285$ log 去除,即 $(N/N_0)_2 = 10^{-1.285} = 0.052$,相应去除率为 94.8%。

如果原为 2 log 去除,即 $(N/N_0)_1 = 10^{-2} = 0.01$,去除率为 99%。现对数去除为原来的 1.285 倍,为 $2 \times 1.285 = 2.57$ log 去除,即 $(N/N_0)_2 = 10^{-2.57} = 0.0027$,相应去除率为 99.73%。

注,由于存在短流与死角,即使是水流的平均停留时间(图形重心时间)也会略小于名义水力停留时间,此例题的水流平均停留时间大约为 55 min。

8.2 氯消毒

8.2.1 氯消毒的化学反应

氯消毒以液氯、漂白粉或次氯酸钠为消毒剂。水厂氯消毒一般采用液氯。小型消毒,如游泳池水消毒等,多采用次氯酸钠发生器。临时性消毒多采用漂白粉。与氯消毒有关的化学反应如下所述。

1. 游离氯

氯加入到水中后立即发生以下反应:

$$Cl_2 + H_2O \Longleftrightarrow HOCl + H^+ + Cl^- \tag{8-10}$$

所生成的次氯酸(HOCl)是弱酸,在水中部分电离成次氯酸根(OCl^-)和氢离子:

$$HOCl \Longleftrightarrow OCl^- + H^+ \tag{8-11}$$

其平衡常数公式为

$$K_i = \frac{[H^+][OCl^-]}{[HOCl]} \tag{8-12}$$

在不同温度下次氯酸的离解平衡常数见表 8-3。

表 8-3 次氯酸的离解平衡常数

温度/℃	0	5	10	15	20	25
$K_i \times 10^{-8}$/(mol/L)	2.0	2.3	2.6	3.0	3.3	3.7

水中 HOCl 和 OCl^- 的比例与水的 pH 值和温度有关,可以根据式(8-12)进行计算,其大致比例关系见图 8-4。例如,在水温 20℃ 的条件下,pH 值等于 7.0 时,水中 HOCl 约占 75%,OCl^- 约占 25%;在 pH 值等于 7.5 时,水中 HOCl 和 OCl^- 各约占 50%。水的 pH 值提高,则 OCl^- 所占比例增大;在 pH 值>9 的条件下,水中的氯基本以 OCl^- 形式存在。水的 pH 值降低,则 HOCl 所占比例增大;在 pH 值<6 的条件下,水中的氯基本以 HOCl 形式存在。

【**例 8-2**】 计算在水温 20℃、pH 值等于 7.0 条件下,次氯酸在总氯(HOCl+OCl^-)中所占的比例。

【**解**】 根据式(8-12),可得

$$\frac{[OCl^-]}{[HOCl]} = \frac{K_i}{[H^+]}$$

由表 8-1 查得,在水温 20℃ 时,$K_i = 3.3 \times 10^{-8}$ mol/L,因此求得

$$\frac{[HOCl]}{[HOCl]+[OCl^-]} = \frac{1}{1+\frac{[OCl^-]}{[HOCl]}} = \frac{1}{1+\frac{K_i}{[H^+]}}$$

$$= \frac{1}{1+\frac{3.3 \times 10^{-8}}{10^{-7}}} = 0.752$$

即,在水温20℃、pH值等于7.0条件下,次氯酸在总氯中所占的比例为75.2%。

氯的消毒是通过氧化作用实现的,HOCl 和 OCl⁻ 的都有氧化能力,因此都有氧化消毒作用。其中,HOCl 是中性分子,易于扩散到带负电的细菌表面,并渗入细菌体内,因此消毒能力强。OCl⁻ 带负电,与表面带负电的细菌(细菌的表面由于氨基酸的部分电离,一般带有少量的负电荷)难以接触,所以消毒效果低于 HOCl。根据水中 HOCl 与 pH 值的关系,在较低 pH 值条件下,HOCl 所占比例较大,因而消毒效果较好。尽管 OCl⁻ 消毒效果低于 HOCl,但是由于水中存在 HOCl 与 OCl⁻ 的平衡关系,当 HOCl 被消耗后,OCl⁻ 的就会转化为 HOCl,继续进行消毒反应。因此在计算水中消毒剂

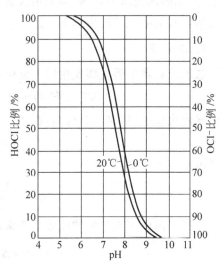

图 8-4 不同 pH 值和温度时水中 HOCl 和 OCl⁻ 的比例

的含量和存在形式时,HOCl 与 OCl⁻ 都被计入,并被通称为游离性氯或自由性氯,简称游离氯。

2. 化合氯

水中的氨能够与加氯产生的 HOCl 反应,生成氯胺:

$$NH_3 + HOCl \longrightarrow NH_2Cl + H_2O \qquad (8-13)$$

$$NH_2Cl + HOCl \longrightarrow NHCl_2 + H_2O \qquad (8-14)$$

$$NHCl_2 + HOCl \longrightarrow NCl_3 + H_2O \qquad (8-15)$$

上面式中的 NH_2Cl、$NHCl_2$ 和 NCl_3 分别是一氯胺、二氯胺和三氯胺(三氯化氮),统称为氯胺。氯胺的存在形式同氯与氨的比例和水的 pH 值有关。在 $Cl_2:NH_3$ 的质量比≤5:1、pH 值在 7~9 的范围内,水中氯胺基本上都是一氯胺。在 $Cl_2:NH_3$ 的质量比≤5:1、pH 值为 6 的条件下,一氯胺仍占优势(约 80%)。三氯胺只在水的 pH 值小于 4.5 的条件下才存在。一氯胺的生成速度很快,在数分钟之

内即可完成反应。

天然水体中一般含有少量的氨氮,加氯后会产生氯胺。水厂也可以在加氯时或在加氯后再向水中加入氨,一般用液氨,生成氯胺。

氯胺也具有氧化性,有对微生物的消毒效果,在表示水中消毒剂的存在形式和含量时,氯胺被计为化合性氯,简称化合氯。但是由于氯胺比游离氯的氧化能力弱,因此氯胺的消毒能力低于游离氯,在同等消毒剂浓度下需要较长的接触时间。

注意,有的教科书中认为,氯胺消毒过程仍是通过游离氯消毒,在消耗了水中的游离氯后,生成氯胺的反应式(8-13)可以发生逆反应。这种观点实际上是不正确的。在微生物灭活机理的研究中发现,经氯胺消毒后细胞结构中产生了有机氯胺的成分,细胞内有的反应产物也与游离氯消毒不同,说明在氯胺消毒中是氯胺直接进行了反应。

3. 有效氯与余氯

游离氯和化合氯都具有消毒能力,两者之和称为有效氯,或总有效氯,简称总氯。

经一定接触时间后水中剩余的有效氯称为余氯。余氯又可划分为游离性余氯和化合性余氯。

8.2.2 加氯量

对水中加入氯进行消毒反应,要求在经过规定的接触时间后,水中仍存在尚未用完的一定浓度的剩余消毒剂。此条件可以确保消毒反应进行完全,获得满意的消毒效果。为了防止残余微生物在配水管网系统中再度繁殖,自来水的管网水中也必须保持一定的剩余消毒剂。

所加入的氯应与水充分混合,并保持充足的接触时间,游离氯的有效接触时间不应小于 30 min,氯胺消毒的有效接触时间不应小于 2 h。由于氯胺的消毒能力比游离氯弱,应采用比游离氯消毒法更长的接触时间或较高的余氯浓度。新版《生活饮用水卫生标准》和建设部行业标准《城市供水水质标准》都对此做出了明确规定:对于采用游离氯消毒的,与水接触至少 30 min 后出厂,出厂水中游离性余氯不低于 0.3 mg/L,管网末梢水不低于 0.05 mg/L;对于采用氯胺消毒的,与水接触至少 120 min 后出厂,出厂水中总余氯不低于 0.5 mg/L,管网末梢水不低于 0.05 mg/L。在自来水配水管网中,水中的余氯还会继续反应,在输配过程中的余氯浓度还会继续下降。为了保证对管网末梢水的余氯要求,水厂出厂水余氯浓度一般都远高于相关水质标准对出厂水的要求,我国大多数水厂出厂水的余氯一般控制在 1 mg/L 左右,夏季水温高时采用更高的数值。从感官性状和卫生学安全考虑,出厂水的余氯也不能过高,新版《生活饮用水卫生标准》规定出厂水中消毒剂的最高限值游离性余氯是 4 mg/L,一氯胺(总氯)是 3 mg/L。

消毒时向水中加入氯的量可以分为两部分,即需氯量和余氯量。其中,需氯量指在接触时间内因杀灭微生物、氧化水中的有机物和还原性无机物所消耗的氯的量。

消毒所需的加氯量由加氯试验或根据相似水厂运行经验确定,设计加氯量采用不同运行条件下的最大用量。加氯试验是对水样(地表水厂的滤后出水、地下水厂的井水)采用不同加氯量做系列试验,在一定接触时间后测定各水样中剩余有效氯的浓度,再以加氯量为横坐标,余氯量为纵坐标,绘制得到加氯曲线,见图 8-5、图 8-6。

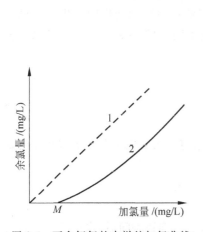

图 8-5 不含氨氮的水样的加氯曲线

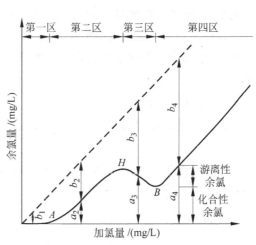

图 8-6 含氨氮的水样的加氯曲线

加氯曲线反映了该水样加氯消毒的特性。现对加氯曲线解释如下:

如果水中无任何消耗氯的物质,包括细菌、有机物和还原性物质等,则水的需氯量为零,加入的氯量就等于剩余氯量,如图中 45°虚线所示。

图 8-5 为不含氨氮的水样的加氯曲线。当加氯量大于因氧化有机物、杀灭微生物等所消耗的氯量(需氯量)之后,再多加入的氯将以余氯的形式存在。因水中不含氨氮,所有余氯均以游离性余氯的形式存在。根据预定出厂水余氯浓度要求,就可以从该接触时间测定的加氯曲线上查出所需加氯量。

对于含有氨氮的水样,加氯曲线的形式将较为复杂,见图 8-6。该图可以分成为四个区:

第一区——无余氯区,该区加氯量过小,加入的氯完全被分解;

第二区——化合性余氯区,所加入的氯与水中氨氮反应,形成了氯胺,随着加氯量的增加,化合性余氯将达到其峰值(H 点),此时水中的氨已经全部转化为氯胺;

第三区——化合性余氯分解区,随着加氯量的提高,余氯量反而会逐渐降低。

其原因是氯胺在过量氯作用下被破坏,氯胺的分解反应见下式:
$$2NH_2Cl + HOCl = N_2\uparrow + 3HCl + H_2O \tag{8-16}$$
在这一区,随着加氯量的增加,余氯的浓度反而减少,直到大部分化合性氯被分解完,最后达到余氯的最低点(B 点),称为折点;

第四区——折点后区,在这一区新增加的投氯量都是以游离性氯存在。根据预定的出厂水游离性余氯的浓度要求,就可以从该区查出所需加氯量。此种消毒方法称为折点氯化法。折点氯化法中加氯量与水中氨氮浓度的质量比值大约为 8～10。

8.2.3 氯消毒工艺

1. 游离氯消毒法

在给水处理中,对于氨氮浓度较低的原水,给水厂的消毒一般采用折点氯化法。这种消毒方法因游离氯的氧化能力强,具有消毒效果好,可以同时去除水中的部分臭、味、有机物等优点,被广泛采用。不足之处是:在对受到污染的水进行消毒时,因游离性氯的氧化能力强,会与水中有机物反应,生成三卤甲烷、卤乙酸等具有"三致作用"的消毒副产物。此外,折点氯化的水的氯味较大。对于一些受到较严重污染的水源,原水氨氮浓度较高,如采用折点氯化法则加氯量极大,费用过高,且产生大量副产物。生活饮用水水源水标准规定,水源水中氨氮的最大允许浓度为 0.5 mg/L,对于水源水中氨氮的浓度在 0.2 mg/L 以下的给水厂,一般可以采用折点氯化法。

许多水厂过去曾采用折点氯化法,特别是对进厂水的折点预氯化,来同时去除水中部分有机物、臭和味,但是这种做法对于水源受到污染的水可能会产生消毒副产物超标问题。因此,近年来建议对此类水源水应尽可能少用折点氯化法,特别是不要使用折点预氯化法,通过强化常规处理、增加预处理或深度处理来去除消毒副产物的前体物质,或改进消毒工艺,以减少消毒副产物的生成量。

2. 先加氯后加氨的氯化消毒法

折点氯化法的水的氯味较大,并且因游离氯分解速度较快,在管网中保持时间有限。因此一些水厂,特别是一些有着大型、超大型管网的自来水系统,常采用先加氯后加氨的氯化消毒法,即先对滤池出水按折点氯化法加氯进行消毒处理,在清水池中保证足够的接触时间,再在自来水出厂前在二级泵房处对水中加氨,一般采用液氨瓶加氨,Cl_2 与 NH_3 的质量比为 3∶1～6∶1,使水中游离性余氯转化为化合性氯,以减少氯味和余氯的分解速度。此法为先氯后氨的氯化消毒法,也称为氯氨消毒法,其消毒的主要过程仍是通过游离氯来消毒,是游离氯消毒法的一种改进方法。

该方法的优点是游离氯消毒效果好，管网中氯胺浓度保持时间长，水的氯味小。不足之处是加氨前在清水池中大部分消毒副产物已经生成。

3. 氯胺消毒法

尽管氯胺的消毒作用比游离氯缓慢，但氯胺消毒也具有一系列优点：氯胺的稳定性好，可以在管网中维持较长时间，特别适合于大型或超大型管网；氯胺消毒的氯嗅味和氯酚味小（当水中含有有机物，特别是酚时，游离氯消毒的氯酚味很大）；氯胺产生的三卤甲烷、卤乙酸等消毒副产物少；在游离氯的替代消毒剂中（二氧化氯、臭氧等），氯胺消毒法的费用最低。

氯胺的消毒能力低于游离氯，但是当接触时间足够长时也可以满足消毒的杀菌要求，有关规定中氯胺消毒的有效接触时间应不小于 2 h。由于自来水厂清水池的停留时间一般都远大于 2 h，满足这一要求在工程上并不产生额外问题。该法的不足之处是氯胺的消毒效果不如游离氯。

因此对于氨氮浓度较高的原水，在实践中一些水厂也有采用化合性氯进行消毒的做法（在加氯曲线的第二区）。即使是对于一些水源较好，原水中氨氮浓度很低的水，也可以在消毒时同时投加氯和氨，采用氯胺（化合性氯）法进行消毒，可以减少加氯量（氯胺的衰减速度远低于游离氯），并大大减少了氯化消毒副产物的生成量。

注意，氯胺消毒法和氯氨消毒法是两种不同的方法。

4. 短时游离氯后转氯胺的顺序氯化消毒法

短时游离氯后转氯胺的顺序氯化消毒法是清华大学开发的一种安全氯化消毒新工艺，适用于水中氨氮浓度较低的饮用水消毒处理。

实施方法是：先在清水池进口处加入氯进行游离氯消毒，经过一个较短的接触时间（10～15 min）后再向水中加入氨，把水中的游离氯转换为氯胺，继续进行氯胺消毒，并在清水池中保持足够的接触时间（总接触时间在 120 min 以上）。该法 Cl_2 与 NH_3 的质量比一般为 4∶1。清水池采用特殊的结构，以满足短时游离氯的消毒接触时间和清水池中加氨后的混合要求。

该方法综合利用了游离氯消毒灭活微生物迅速、氯胺消毒副产物生成量低的优点，并且由于前游离氯后氯胺消毒的顺序消毒方式存在着对微生物灭活的协同作用，顺序氯化消毒对微生物（细菌、病毒等）的灭活效果要优于游离氯消毒，而氯化消毒副产物（三卤甲烷、卤乙酸等）的生成量只有游离氯消毒的一半，从而经济有效地实现了对微生物和消毒副产物的双重控制。

几种氯化消毒工艺的加氯点与加氨点的布置见图 8-7。

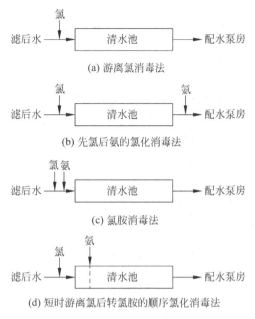

图 8-7 几种氯化消毒工艺的加氯与加氨点的布置情况

8.2.4 加氯设备

水厂加氯消毒普遍采用液氯,由液氯瓶直接供给消毒所需要的氯。个别小型水厂和一些其他消毒场所(如游泳池、小型污水消毒等)可以采用次氯酸钠溶液、漂白粉、次氯酸钠发生器等。次氯酸钠溶液可以通过计量设备直接注入水中,漂白粉需先配置成 1%~2% 的澄清溶液,再计量投加。

采用液氯消毒的加氯设备主要包括:加氯机、氯瓶、加氯检测与自控设备等,加氯系统见图 8-8。采用氯胺消毒的除加氯系统外,还有加氨系统。

1. 加氯机

加氯机分为手动和自动两大类。加氯机的功能是:从氯瓶送来的氯气在加氯机中先流过转子流量计,再通过压力水的水射器使氯气与水混合,把氯溶在水中形成高含氯水。氯水再被输送至加氯点处投加。为了防止氯气泄漏,加氯机内多采用真空负压运行。国内早期水厂采用转子加氯机手动投加,现已多用自动加氯机投加,其中大型加氯机为柜式,加氯容量小于 10 kg/h 的多为挂墙式。自动加氯机的控制有手动和自动方式,其中自动方式可有流量比例自动控制、余氯反馈自动控制、复合环(流量前馈加余氯反馈)自动控制三种模式。图 8-9 为转子加氯机,图 8-10 为柜式真空自动加氯机。

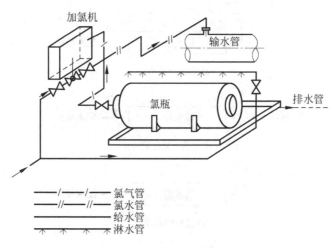

图 8-8 采用液氯的氯气投加系统

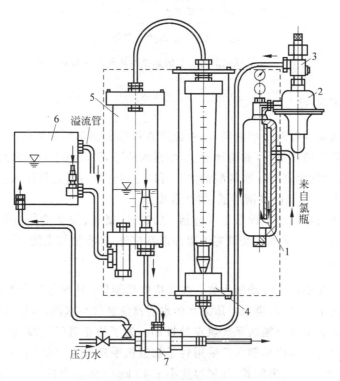

图 8-9 ZJ 型转子加氯机

1—旋风分离器；2—弹簧膜阀；3—控制阀；4—转子流量计；
5—中转玻璃罩；6—平衡水箱；7—水射器

图 8-10 柜式真空自动加氯机
(注：图中为两种型号的加氯机)

2. 氯瓶

目前自来水厂普遍采用瓶装液氯。使用时液氯瓶中的液氯先在瓶中汽化，再通过氯气管送到加氯机。使用中的氯瓶放置在磅秤上，用来判断瓶中残余液氯质量并校核加氯量。由于液氯的汽化是吸热过程，氯瓶上面设有自来水淋水设施，当室温较低氯瓶汽化不充分时用自来水中的热量补充氯瓶吸热。加氯量大的大型水厂为提高氯瓶的出氯量，可增加在线氯瓶数量或设置液氯蒸发器。

3. 加氯检测与自控设备

目前自来水厂普遍采用加氯自控系统，它由余氯自动连续检测仪和自动加氯机构成。自动加氯机可以根据处理水量和所检测的余氯量对加氯量自动进行调整。

水厂设有加氯间来设置加氯设备，加氯间和放置备用氯瓶的氯库可以合建或分建，加氯量大的应考虑分隔。由于氯气是有毒气体，加氯间和氯库的安全防护要求较高，包括消防、采暖、通风、防爆、泄漏检测及报警、防护设施等。对加氯间和氯库必须做好通风，由于氯气比空气重，通风排风口应设在房间的最低处。氯气储存量大于 1 t 的，应设置氯气泄露应急处理设施(漏氯吸收塔)，用氢氧化钠溶液对空气中的漏氯进行吸收。

4. 加氨设备

氨的投加一般采用液氨，加氨设备和系统与投加液氯的系统相似。也有采用硫酸铵或氯化铵的，使用固体药剂需先配置成水溶液再投加。

采用液氨的水厂可以采用真空投加或压力投加。采用压力投加时，压力投加设备的出口压力应小于 0.1 MPa。真空投加的可以采用加氯机。加氨所用水射器的进水要用软化水或酸性水,以防止投加口结垢堵塞,并应有定期对投加点和管路进行酸洗的措施。液氨仓库与液氯仓库应隔开。液氨仓库和加氨间的安全防护要求与氯库和加氯间相同,但是需注意因氨气比空气轻,氨库的通风排风口应设在房间的上部。

8.3 二氧化氯消毒

8.3.1 二氧化氯消毒要求

二氧化氯是极为有效的饮用水消毒剂,在水的 pH 值 6~9 的范围内,其杀灭微生物的效果仅次于臭氧,优于或等于(pH 较低时)游离氯。二氧化氯消毒的优点是:对细菌和病毒的消毒效果好;在水的 pH 值为 6~9 的范围内,消毒效果不受 pH 值的影响;不与氨反应,当水中存在氨时不影响消毒效果;二氧化氯在水中的稳定性次于氯胺,但高于游离氯,能在管网中保存较长时间,起剩余保护作用;二氧化氯既是消毒剂,又是强氧化剂,对水中多种有机物都有氧化分解作用,并且不生成三卤甲烷等卤代消毒副产物(此点只适用于高纯二氧化氯制备法,对其他二氧化氯制备法,因所生成的二氧化氯溶液中仍含有氯,仍会生成三卤甲烷等卤代消毒副产物,只是生成量较低)。但是,二氧化氯消毒的费用比氯消毒高,这在很大程度上限制了该法的使用。此外,二氧化氯分解的中间产物亚氯酸盐对人体健康有一定危害,在使用中必须予以注意。

新版国标《生活饮用水卫生标准》和建设部行业标准《城市供水水质标准》中规定:对于采用二氧化氯消毒的,与水接触至少 30 min 后出厂,出厂水中二氧化氯的浓度不低于 0.1 mg/L,管网末梢水二氧化氯浓度不低于 0.02 mg/L,或管网末梢水总氯不低于 0.05 mg/L(《城市供水水质标准》)。新版国标《生活饮用水卫生标准》还规定出厂水二氧化氯最高限值是 0.8 mg/L。

二氧化氯在饮用水消毒中可以单独使用,在滤后水中投加。也可以与其他消毒剂配合使用,例如,二氧化氯作为主要氧化剂用于混凝前的预氧化处理(二氧化氯预氧化),然后在滤后水中加氯或氯胺。此法能防止形成过量的三卤甲烷等卤代消毒副产物,并能避免管网水中 ClO_2、ClO_2^- 和 ClO_3^- 的总量过高。

二氧化氯(ClO_2)氧化反应的第一步产物是亚氯酸根离子(ClO_2^-):

$$ClO_2 + e^- = ClO_2^- \tag{8-17}$$

在饮用水处理中,约 50%~70% 的 ClO_2 可以迅速形成 ClO_2^-。ClO_2^- 也是氧化剂,但在饮用水的处理条件下,其反应速度比 ClO_2 的分解要慢得多。反应式如下:

$$ClO_2^- + 4H^+ + 4e^- = Cl^- + 2H_2O \tag{8-18}$$

ClO_2^- 对人体健康有害,是二氧化氯消毒需要控制的主要消毒副产物。当用二氧化氯预氧化而后再用氯消毒时,或者是采用复合式二氧化氯(用氯酸盐制备二氧化氯,详见8.3.2节),出厂水中可能同时存在ClO_2、ClO_2^-、$HClO$和OCl^-,采用氯酸盐制备的还可能会有ClO_3^-,需要对消毒过程进行优化控制,尽量减少二氧化氯的消毒副产物。新版《生活饮用水卫生标准》中亚氯酸根和氯酸根的最大允许浓度均为0.7 mg/L。

8.3.2 二氧化氯制备

二氧化氯(ClO_2)在常温常压是黄绿色气体,沸点11℃,凝固点-59℃,极不稳定,在空气中浓度超过10%或在水中浓度大于30%时具有爆炸性。因此使用时必须以水溶液的形式现场制取,立即使用。

二氧化氯易溶于水,不发生水解反应,在10 g/L以下时没有爆炸危险,水处理所用二氧化氯溶液的浓度低于此值。

在水处理中,制取二氧化氯的主要有以下方法。

1. 亚氯酸钠加酸制取法

利用亚氯酸钠在酸性条件下生成二氧化氯的特性,加入盐酸或硫酸来制备,其反应式如下:

$$5NaClO_2 + 4HCl = 4ClO_2 + 5NaCl + 2H_2O \qquad (8-19)$$

或

$$5NaClO_2 + 2H_2SO_4 = 4ClO_2 + 2Na_2SO_4 + NaCl + 2H_2O \qquad (8-20)$$

根据式(8-20),此方法中亚氯酸盐转化为二氧化氯的只有80%,另20%转化为氯化钠。

此法二氧化氯的制取是在反应器内进行的。分别用泵把亚氯酸盐稀溶液(约10%)和酸的稀溶液(HCl约10%)泵入反应器中,两者可迅速反应,得到二氧化氯水溶液。酸用量一般过量,以使反应充分。图8-11为用于小型饮用水系统消毒的二氧化氯制备设备。

此法的优点是所生成的二氧化氯不含游离性氯,属于纯二氧化氯,但是,因亚氯酸钠的价格较高,所产二氧化氯的费用较高。

2. 亚氯酸钠加氯制取法

该法以亚氯酸钠($NaClO_2$)和液氯(Cl_2)为原料,其反应如下:

图8-11 用于小型饮用水系统消毒的二氧化氯制备设备
(上部为二氧化氯发生器,下部分别为亚氯酸盐和盐酸的溶液罐)

$$Cl_2 + H_2O \rightleftharpoons HOCl + HCl \tag{8-21}$$

$$2NaClO_2 + HOCl + HCl \rightleftharpoons 2ClO_2 + 2NaCl + H_2O \tag{8-22}$$

总的反应式为

$$2NaClO_2 + Cl_2 \rightleftharpoons 2ClO_2 + 2NaCl \tag{8-23}$$

为了防止未起反应的亚氯酸盐进入到所处理的水中,需要加入比理论值更多的过量氯,使亚氯酸盐反应完全,其结果是在产物中含有部分游离氯。

此法中二氧化氯的制取是在瓷环反应器内进行的。从加氯机出来的氯溶液与用计量泵投加的亚氯酸盐稀溶液共同进入反应器中,经过约 1 min 的反应,就得到二氧化氯水溶液,再把它加入到待消毒的水中。该方法在国外大型水厂应用较多,但因价格较高,在我国尚很少使用。

3. 氯酸钠盐酸复合式二氧化氯制取法

该法以氯酸钠和盐酸为原料,反应生成二氧化氯和氯气,产物中二氧化氯与氯气物质的量比为 2∶1,因此称为复合式。其反应式为

$$2NaClO_3 + 4HCl \rightleftharpoons 2ClO_2 + Cl_2 + 2NaCl + 2H_2O \tag{8-24}$$

反应的最佳温度在 70℃ 左右,反应产物通过水射器投加到被处理的水中。复合式二氧化氯制备设备由以下几部分组成:供料系统、反应系统、温控系统、安全系统等。复合式二氧化氯发生器的外形与纯二氧化氯发生器(亚氯酸盐加酸制取法)相似。

以氯酸钠为原料生产复合式二氧化氯的优点是:生产成本低(约为以亚氯酸钠为原料生产纯二氧化氯的 1/4～1/3),安全性好(氯酸钠比亚氯酸钠性能稳定)等,目前我国大部分饮用水二氧化氯消毒都采用此方法制备。不足之处是复合式制取法所产生的游离氯仍会生成一定量的氯化消毒副产物。

4. 电解法二氧化氯发生器

电解法二氧化氯发生器适用于小型消毒场所,如游泳池消毒、二次供水的补充消毒等。

电解法二氧化氯发生器由次氯酸钠发生器改进发展而成,该设备以钛板为电极板,表面覆有氧化钌涂层,部分新产品还加有氧化铱,通过电解食盐水的方法,现场制取含有二氧化氯和次氯酸钠的水溶液,在总有效氯(具有氧化能力的氯)中,二氧化氯的含量一般在 10%～20%,其余为次氯酸钠(根据二氧化氯发生器的行业标准,在所生成的二氧化氯水溶液的总有效氯中,二氧化氯的含量大于 10% 的为合格产品)。因此,该种发生器实际上是二氧化氯和次氯酸钠的混合发生器,产物中二氧化氯占小部分,次氯酸钠占大部分。二氧化氯发生器的氧化与消毒能力优于次氯酸钠发生器,但仍存在生成氯代有机物的问题。

5. 稳定型二氧化氯溶液

稳定型二氧化氯是一种可以保存的化工产品。其生产方法是将生成的二氧化氯气体通入含有稳定剂的液体（如碳酸钠、硼酸钠及过氯化物的水溶液）中而制成的二氧化氯溶液。产品中二氧化氯的含量约为2％，20 kg深色塑料桶装，储存期2年。使用前需再加活化剂，如柠檬酸，活化后的药剂应当天用完。因稳定型二氧化氯价格较贵，只用于个别小型消毒场所。

8.3.3 二氧化氯的投加

二氧化氯的投加量与原水水质和投加用途有关。对于给水厂消毒处理，投加量一般在 0.2~0.5 mg/L，以满足二氧化氯浓度出厂水 ≥0.1 mg/L，管网末梢水 ≥0.02 mg/L 的要求。当用于混凝前的二氧化氯预氧化，进行氧化有机物、除臭、除藻、除铁、除锰时，投加量需由试验确定，一般在 0.5~2 mg/L 范围。

二氧化氯投加系统包括原料储存调配设备、二氧化氯制备设备、投加设备、库房设备间等。

水厂使用二氧化氯多采用二氧化氯发生器现场制备。二氧化氯溶液的投加浓度必须控制在防爆浓度之下。对投加到管渠中的可采用水射器投加，投加到水池中的应设置扩散器或扩散管。

制备二氧化氯的原材料包括氯酸钠（固体）、亚氯酸钠（固体）、盐酸、氯气等，严禁相互接触，必须分别储存在分类库房内，储放槽需设置隔离墙。库房需设置快速水冲洗设施，在溶液泄漏时进行冲洗稀释。库房与设备间需符合有关的防毒、防火、防爆、通风、检测等要求。

8.4 紫外线消毒

紫外线消毒技术从20世纪初发明紫外线发光技术就开始研究，在第二次世界大战期间，由于紫外灯的商业化，已开始广泛用于空气的消毒。水处理的紫外线消毒技术是在20世纪90年代后期开始大规模应用的。由于紫外线污水消毒处理可以瞬间完成，不需要消毒接触池，不产生氯代消毒副产物，目前已经成为城市污水处理厂消毒工艺的首选技术，在国内外得到了广泛的应用。对于饮用水处理，由于紫外线消毒对隐孢子虫的去除十分有效，近几年内紫外线消毒开始在欧美国家饮用水处理中大量采用，已成为控制饮用水中隐孢子虫和贾第虫的主要技术。在我国饮用水紫外线消毒尚处于起步阶段。

8.4.1 紫外线消毒原理

1. 紫外线的性质

紫外线是波长范围在 100~400 nm 的不可见光,在光谱中的位置介于 X 射线与可见光之间,其最长的波长邻接可见光中的最短波长紫光,而最短波长邻接 X 射线的最长波长。

在紫外线的波长范围内又可分为几个波段:
- A 波段——长波紫外段,简称 UV-A 波段,波长范围 320~400 nm;
- B 波段——中波紫外段,简称 UV-B 波段,波长范围 275~320 nm;
- C 波段——短波紫外段,简称 UV-C 波段,波长范围 200~275 nm;
- D 波段——真空紫外段,简称 UV-D 波段,波长范围 100~200 nm。

其中,具有消毒效果的主要是 C 波段的紫外线。D 波段的紫外线可以在空气中生成臭氧。A 波段和 B 波段可使皮肤产生黑斑(色素沉着)或红斑(晒伤效应),但杀菌消毒效果不强。

2. 紫外线消毒的作用机理

波长为 240~280 nm 的紫外线具有很强的消毒效果,此波段与微生物细胞中脱氧核糖核酸(DNA)和核糖核酸(RNA)对紫外线的吸收情况相重合。见图 8-12 是 DNA 和 RNA 的紫外吸收光谱,其吸收的峰值在 250~260 nm。蛋白质的其他结构,如苯基丙氨酸、色氨酸、酪氨酸中芳香环的吸收峰值约为 280 nm。

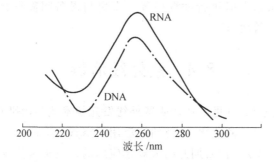

图 8-12 DNA 和 RNA 对紫外线的吸收光谱

对紫外线的吸收是对光子能量的吸收,可以引发相应的反应。紫外线消毒的机理是紫外线能够改变和破坏蛋白质的 DNA 或 RNA 结构,导致核酸结构改变,抑制了核酸的复制,使生物体失去蛋白质的合成和复制繁殖能力。

紫外线照射可以使 DNA 分子中同一条链上两个相邻的胸腺嘧啶碱基产生反应,两个胸腺嘧啶碱基以共价键连接成环丁烷的结构,形成胸腺嘧啶二聚体(图 8-13)。胸腺嘧啶二聚体的形成影响了 DNA 的双螺旋结构,使其复制和转录功能均受到阻碍(图 8-14)。

图 8-13　胸腺嘧啶二聚体的形成

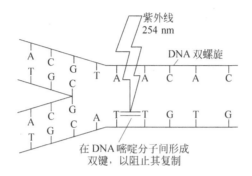

图 8-14　胸腺嘧啶二聚体对 DNA 复制过程的抑制
A—腺嘌呤；T—胸腺嘧啶；G—鸟嘌呤；C—胞嘧啶

8.4.2　紫外线消毒装置

1. 紫外线灯的分类

　　水的消毒处理都是采用人工紫外线光源。紫外线灯主要分为低压低强度紫外灯、低压高强度紫外灯和中压高强度紫外灯三大类，近年来还研制了一些新型紫外灯。其中的低压、中压是指点燃灯管后内部水银蒸气的压强，低压的一般低于 0.8~1.5 Pa，中压的可达 0.1~0.5 MPa。强度是指灯管的输出功率的大小。

　　低压低强度紫外灯是消毒处理中使用最广泛的紫外灯。它是低压水银蒸气灯，基本上产生单色光照射(光谱范围很窄)，其波长为 253.7 nm，与 DNA 的最大吸收峰 260 nm 接近，属有效杀菌的波段。低压低强度紫外灯管的直径一般为 15~20 mm，灯管长度 0.75~1.5 m，灯管寿命约 8 000~13 000 h，工作温度 35~45℃。紫外灯外采用石英套管，石英套管浸没在要消毒的水中，使灯不与水直接接触，并控制灯管壁温。该灯的优点是：杀菌的光效率高，其有效杀菌波段（紫外 C 波段）的输出功率大约占输入总功率的 30%~40%。不足之处是单灯管的功率小，单灯的功率一般在 15~70 W，国产低压低强度灯的功率一般不超过 40 W，大型水处理中需要使用数十只，甚至上百只灯管。

中压高强度紫外灯用汞铟合金代替了汞。该灯的单管功率在数百瓦(一般在100~400 W),灯管的寿命也略有延长。但是该灯的发光波长范围变宽,在有效杀菌波段的输出功率约占输入总功率的25%~35%。灯的工作温度90~150℃,浸入水中需要设外套管。

高压紫外灯的工作温度为600~800℃,浸入水中需要设外套管。该灯产生多色光的照射,其中在有效杀菌波段的输出功率只占输入总功率的10%~15%,主要的输出在紫外B波段,灯管的寿命也较短,为数千小时。但是该灯的单管功率极高,可达数千瓦,适用于水的流量极大且场地有限的消毒场所。

由于紫外灯管属于气体发光灯,电路特性为非线性电阻,在电路系统需配置镇流器,目前多采用电子镇流器。

紫外灯管的紫外光输出将随着灯管的老化而逐渐降低,一般以紫外输出降至新灯的70%来计算灯管的使用寿命。紫外灯管的启动对灯管的寿命影响较大,低压灯管每启动点燃一次大约要消耗3 h的有效时间,中压灯管每启动点燃一次大约要消耗5~10 h的有效时间,因此在使用中应避免灯管的频繁开关。

2. 紫外线消毒设备

紫外线消毒设备分为管式消毒设备和明渠式消毒设备两大类。其中管式消毒设备多用于给水消毒,明渠式消毒设备多用于污水消毒。其核心部件均为多个平行设置的紫外灯管,设置在专门的管件中或消毒渠道中,在水流经消毒设备的数秒钟时间内,完成对水的紫外消毒处理。图 8-15 所示为管式消毒设备,图 8-16 所示为明渠式消毒设备。

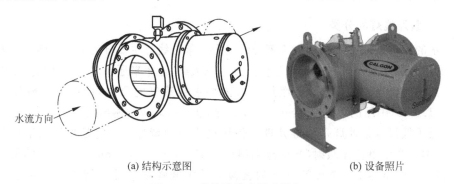

(a) 结构示意图　　　　　　　　(b) 设备照片

图 8-15　紫外线管式消毒设备

管式消毒设备在管段中设置多只紫外灯管,中小型设备的紫外灯管与水流方向平行,大型设备的紫外灯管与水流方向垂直,紫外灯管可以拆出检修。

明渠式消毒设备在渠道中设置众多紫外灯管,一般由几只灯管构成一个组件,挂在渠中,再由多个组件在渠道中排列,构成消毒渠段。紫外灯管组件可以垂直取出拆卸检修。为保证稳定的浸没水位,消毒渠后需设置水位控制设施,如溢流

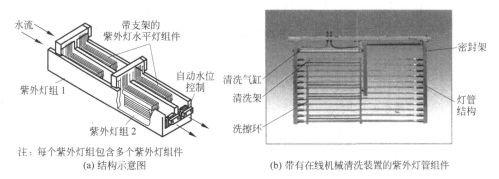

注：每个紫外灯组包含多个紫外灯组件
(a) 结构示意图　　(b) 带有在线机械清洗装置的紫外灯管组件

图 8-16　紫外线明渠式消毒设备

堰等。

由于紫外线在水中的照射深度有限，紫外灯管必须在整个过水断面中均匀排列。对于低压低强度紫外线灯管，灯间距一般只有几厘米，其间距与待处理的水质有关。消毒设备的结构应使水流在纵向的流动为推流式，避免水流存在短路。由于紫外光照强度在设备中的分布是不均匀的，因此应在横断面上保持一定的紊流，使水流在流经整个设备时受到的光照均匀。

紫外灯在使用过程中会在灯管表面产生结垢现象，影响光的透过。现代紫外消毒设备大都具有灯管在线清洗设施，多为机械擦洗装置(见图 8-16(b))，少数设备还设有化学清洗装置，定期进行清洗。

8.4.3　紫外线消毒设计

紫外线消毒设计的关键是确定适宜的紫外消毒剂量和进行设备选型。

1. 紫外线消毒所需剂量

紫外线消毒是一种辐照方法，其紫外线照射的强度为单位面积上所受到的照射功率，常用单位为 mW/cm^2。紫外线的剂量，即紫外剂量，为一定时间内单位面积上受到的照射所做的功(能量)，其计算式如下：

$$D = It \tag{8-25}$$

式中：D——紫外剂量，mJ/cm^2；

I——紫外强度，mW/cm^2；

t——光照时间，s。

对微生物的灭活效果与紫外剂量有关。类似于化学消毒中 CT 值的概念，在一定条件下，只要紫外剂量相同(即紫外强度与光照时间的乘积相同)，消毒的效果也一样。

不同微生物对紫外线的敏感程度不同，其抵抗力由强到弱的次序依次为：真菌孢子＞细菌芽孢＞病毒＞细菌菌体。某些微生物的紫外线灭活剂量见表 8-4。

表 8-4　某些微生物的紫外线灭活剂量（紫外线波长 253.7 nm）　　mJ/cm²

微　生　物		紫外线灭活剂量		
		99%灭活	99.9%灭活	99.99%灭活
细菌	埃希氏大肠杆菌	2.8	4.1	5.6
	鼠伤寒沙门氏菌	4.1～4.8	5.5～6.4	7.1～8.2
	霍乱弧菌	1.4	2.2	2.9
	痢疾杆菌	4.2～4.5		
	枯草杆菌		11	
	枯草杆菌芽孢	20		
	金黄色葡萄球菌	6.0～6.6		
病毒	乙肝病毒	8.2～14	12～22	16～30
	脊髓灰质炎病毒	8.7～14	14～23	21～30
	MS2 噬菌体	40		
真菌孢子	黑曲霉孢子	300		
包囊原虫	隐孢子虫	10	19	
	贾第虫	5		

对于饮用水紫外线消毒，国外规定的饮用水紫外消毒最低剂量（地表水常规净水工艺）是：澳大利亚，45 mJ/cm²；美国，40 mJ/cm²；奥地利，30 mJ/cm²。我国尚未做出饮用水消毒的紫外剂量规定，在应用中可以暂按 40 mJ/cm² 考虑。

对于污水消毒，我国《室外排水设计规范》（GB 50014—2006）中规定，污水的紫外线消毒剂量宜根据试验资料或类似运行经验确定；也可按下列标准确定：二级处理的出水为 15～22 mJ/cm²，再生水为 24～30 mJ/cm²。

2. 实际紫外消毒设备的紫外剂量

紫外光在水中的吸收与透过符合 Lamber-Beer 定律，光强度随着在水中的穿透深度而衰减。设光的方向垂直于水面，则光强度在水中的衰减可以用下式表示：

$$\frac{dI}{dl} = -kI \tag{8-26}$$

式中：I——光强度，mJ/cm²；

　　　l——水中的距离，cm；

　　　k——吸光系数（衰减系数），cm⁻¹。

式(8-26)的积分形式为

$$\frac{I}{I_0} = e^{-kl} \tag{8-27}$$

光在水中的衰减又可以用透过 1 cm 水的透光率表示。紫外光在水中的透光率与水质有关,实际透光率需进行量测。在不同水中波长 253.7 nm 的紫外光透过 1 cm 水的透光率大致为:给水厂滤后水,90%~95%;城市污水处理厂出水,65%~80%。不同厚度水体的光强度计算为透光率的乘积关系,例如对于在 1 cm 处紫外透光率为 80%的水,在 2 cm 处的光强只有原光强度的 80%×80%=64%,在 3 cm 处的光强只有 80%×80%×80%=51.2%。因此,对于紫外透光性能较差的污水,紫外光在水中的衰减很快,这就是紫外灯管的间距不得过大的原因。

前面所给出的微生物灭活紫外消毒剂量结果是根据紫外消毒的平行光浅盘培养皿试验得出的。该设备采用单色光低压低强度紫外灯,通过较长的导光柱形成平行紫外光,用浅盘培养皿测定微生物灭活效果,用照度仪测定培养皿处实际的紫外光强度。紫外平行光浅盘式灭活试验装置是测定微生物紫外灭活效果的标准试验设备,图 8-17 为设备示意图。

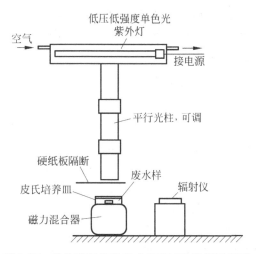

图 8-17 紫外平行光浅盘式灭活试验装置示意图

工程上所用的紫外消毒设备中的光强度情况要复杂得多。首先,设备中各点处的光强度是来自周围各灯管的光强度的叠加,设备中各点处光强度不同。其次,水在设备中的流线也不相同,因此各股水流经过消毒设备所受到的辐照剂量也不相同。

估算紫外消毒设备的实际紫外剂量与处理水量的关系,共有三种方法。第一种是用断面的紫外强度分布(用点源加和法求出)和光照接触时间计算设备的平均紫外剂量。第二种方法是采用计算流体力学对设备中的流场分布进行计算,再结合光强度分布,得出该处理流量下的平均紫外剂量。以上两种方法属于计算法,与实际情况有一定距离,误差较大。目前欧美发达国家在实际中采用较多的是下面的第三种方法,即生物测定法。

生物测定法确定紫外消毒设备紫外剂量的步骤是:

(1) 采用特定微生物的平行光试验测试,国外的标准做法是采用 MS2 噬菌体,得到灭活效果与紫外光剂量的关系。例如,对应于 99% MS2 噬菌体灭活的紫外剂量是 40 mJ/cm^2。

(2) 用 MS2 噬菌体配水,进行实际紫外消毒设备的灭活试验,得到实际设备的处理流量与灭活效果的关系。例如,对应于 99% MS2 噬菌体灭活的处理流量是 7 $m^3/(h·灯)$。

(3) 把实际设备的灭活效果与平行光测试得到的剂量关系相对比,推算出实际设备的处理流量与紫外剂量的关系。对于此例,即该设备在处理水量 7 $m^3/(h·灯)$ 时的紫外剂量为 40 mJ/cm^2。

生物测定法需要考虑不同的紫外透光率和不同寿命紫外灯管的影响。可以通过向试验用水中投加一定量的速溶咖啡来配置特定紫外透光率的水。试验所用紫外灯管应采用旧管,或对新灯管的试验结果再乘上安全系数。

紫外线消毒设备厂家一般都会提供设备的性能,包括灯管数据、平均紫外剂量、适用的处理对象和处理能力(流量)等。必要时可进行生物测定法确认试验。

3. 紫外消毒处理的影响因素

紫外消毒处理设计中所需考虑的因素有:

1) 待处理水的性质

水中的有机物(特别是在 254 nm 有较强吸收作用的污染物,如腐殖酸等)、铁和锰(紫外线的强吸收剂)、藻类等物质会过量吸收紫外线,降低紫外线的透过,影响消毒效果。待处理水的紫外透光率是紫外消毒设备设计的重要考虑因素。

水中的颗粒物会对细菌和病毒起到包裹屏蔽保护作用,降低紫外线消毒的效果。对于饮用水紫外消毒处理,因是在过滤之后,颗粒物含量已经较少,这个作用不严重。但是对于污水消毒,必须严格控制二沉池出水的悬浮物浓度。根据已有资料,对于悬浮物浓度小于 30 mg/L 的二沉池出水,紫外消毒可以有效控制大肠菌群在 10^4 个/L 以下;悬浮物浓度小于 10 mg/L,可以有效控制大肠菌群在 10^3 个/L 以下。

对于紫外透光率较低和颗粒物含量较多的水,必须采用较高的紫外剂量。

2) 灯管表面结垢问题

水中的各种悬浮物质、生物,以及有机物和无机物(例如钙、镁离子),都会造成石英套管表面结垢,将极大地影响紫外线的透过率。需要定期进行机械清洗和化学清洗,紫外消毒设备要设有清洗设施,给水厂紫外消毒设备大约每月清洗一次,污水处理厂大约每周清洗一次,一段时间后还需进行化学清洗。

3) 已紫外灭活微生物的光复活问题

在存在可见光的条件下,已被紫外线灭活的微生物会有一部分又复活,称为光复活现象。光复活的机理是可见光(最有效的波长在 400 nm 左右)激活了细胞体内的光复活酶,它能分解紫外线产生的胸腺嘧啶二聚体。因此在实际的紫外线消毒剂量中应设有考虑光复活的余量,并使消毒后的饮用水减少与光线的接触(当然,对于污水消毒,此条件无法实现)。

4) 剩余保护问题

紫外线消毒无剩余保护作用,对于给水厂消毒,目前需要采用紫外线与化学消毒剂联合使用的消毒工艺,即以紫外线作为前消毒工艺,再加入少量化学消毒剂(氯胺或二氧化氯),以满足配水管网对管网水剩余消毒剂的要求,控制微生物在管网中的再生长。

8.5 消毒副产物

随着饮用水水源普遍受到污染,常规水处理工艺无法有效去除水体中的微量有机物,在加氯消毒时这些有机物会与消毒剂产生有负作用的消毒副产物(disinfection by-products,DBPs),从而产生了消毒副产物问题。

8.5.1 消毒副产物的种类和控制标准

1. 消毒副产物的种类

消毒副产物的构成与水中污染物质的性质和所用消毒剂的种类有关。

1) 氯化消毒副产物

目前已经确定的氯化消毒副产物有许多种,主要的氯化消毒副产物有:

(1) 三卤甲烷类,包括:三氯甲烷(氯仿)、一溴二氯甲烷、二溴一氯甲烷、三溴甲烷(溴仿),共 4 种;

(2) 卤乙酸类,包括:一氯乙酸、二氯乙酸、三氯乙酸、一溴乙酸、二溴乙酸、三溴乙酸、一溴二氯乙酸、一溴一氯乙酸、二溴一氯乙酸,共 9 种;

(3) 其他氯化消毒副产物,包括:卤代乙腈、卤化氰、卤代苦碱、卤代乙醛、卤代酚、卤代酮、氯代乙醛类、氯硝基甲烷类等。

在以上消毒副产物中,三卤甲烷和卤乙酸是氯化消毒最常见和最主要的消毒副产物。水中不含溴离子时,氯化消毒产生的消毒副产物主要为氯代副产物,如三氯甲烷、二氯乙酸、三氯乙酸等。当水中含有一定量的溴离子时,氯化消毒会产生一些含氯含溴的消毒副产物。

三卤甲烷类化合物对健康的影响是造成肝、肾、中枢神经系统疾病,增加致癌风险。卤乙酸的危害是增加致癌风险。一般情况下,饮用水中由卤乙酸引起的致癌风险要远高于三氯甲烷。

2) 臭氧副产物

水处理中如使用臭氧,如臭氧氧化或臭氧消毒,则含有一定量溴离子的水中会生成溴酸盐。溴酸盐有致癌性和致突变作用,是臭氧处理的主要控制副产物。

3) 二氧化氯消毒副产物

二氧化氯的分解中间产物是亚氯酸盐。亚氯酸盐能影响血红细胞,导致高铁血红蛋白症,可造成贫血,影响婴幼儿神经系统。

2. 消毒副产物的控制标准

我国的《生活饮用水卫生标准》(GB 5749—2006)中规定了消毒副产物的检测指标和限值,见表 8-5。美国环保局(USEPA)饮用水中消毒副产物的相关标准见表 8-6。

表 8-5 《生活饮用水卫生标准》(GB 5749—2006)中消毒副产物的检测项目和限值

项目分类	项目	限值(mg/L)
常规检验指标	三氯甲烷	0.06
	四氯化碳	0.002
	溴酸盐(使用臭氧时)	0.01
	甲醛(使用臭氧时)	0.9
	亚氯酸盐(使用二氧化氯消毒时)	0.7
	氯酸盐(使用复合二氧化氯消毒时)	0.7
非常规检验指标	氯化氰(以 CN^- 计)	0.07
	一氯二溴甲烷	0.1
	二氯一溴甲烷	0.06
	二氯乙酸	0.05
	1,2-二氯乙烷	0.03
	二氯甲烷	0.02
	三卤甲烷(三氯甲烷、一氯二溴甲烷、二氯一溴甲烷、三溴甲烷的总和)	该类化合物中各种化合物的实测浓度与其各自限值的比值之和不超过 1
	1,1,1-三氯乙烷	2
	三氯乙酸	0.1
	三氯乙醛	0.01
	2,4,6-三氯酚	0.2
	三溴甲烷	0.1

表 8-6　美国环保局(USEPA)饮用水中消毒副产物的相关标准　　mg/L

消毒副产物	目标值 MCLG	标准值 MCL
总三卤甲烷(TTHM)	NA	0.080
氯仿	0	
一溴二氯甲烷	0	
二溴一氯甲烷	0.06	
溴仿	0	
卤乙酸(HAAs)	NA	0.060
二氯乙酸	0	
三氯乙酸	0.3	
亚氯酸盐	0.8	1.0
溴酸盐	0	0.010

注：表中 NA 表示不适用。

8.5.2　消毒副产物的控制措施

控制消毒副产物形成的措施包括：水源保护，减少有机物污染；改进水处理工艺，降低消毒副产物前体物的含量；改进消毒工艺，降低消毒副产物的生成等。其中，在水处理工艺中所采取的控制措施是：

1. 降低消毒副产物前体物的含量

水中的有机物在氯化消毒中会与氯发生反应，生成氯代有机物。这些在消毒过程中生成的产物，称为消毒副产物，而能够产生消毒副产物的有机物质则称为消毒副产物的前体物。

饮用水水源水中含有的主要消毒副产物的前体物包括：天然腐殖质中的腐殖酸、富丽酸等，来自工业污染和生活污染的部分有机污染物等。

当氯气通入水中时将水解产生 HOCl，HOCl 既是中等强度的氧化剂，也是一种亲电加成试剂。有机物中对形成挥发性氯代烃有贡献的官能团是羟基、羰基、酯基和羧酸等官能团，它们与氯反应的原理包括：

(1) 当醛、酮等发生烯醇式互变异构后，与氯发生亲电加成，之后水解产生卤仿，其中也含有多元卤代物。

(2) 羟基可被氯氧化为醛、酮；间苯酚类可以互变异为双酮型，受两个羰基影响，α 碳原子上的氢很活泼，可以发生烯醇式加成反应形成挥发性氯代烃。

(3) 酯基、羰基也可以发生互变异构，但程度低。

通过减低水中消毒副产物前体物的含量可以有效降低消毒副产物的生成,对于含有较多有机物的水源水,通过强化水处理工艺对消毒副产物前体物质的去除,如采用强化混凝、臭氧氧化、活性炭吸附或生物活性炭等,可以有效降低消毒处理时水中消毒副产物前体物的含量,从而达到减少消毒副产物生成的目的。

2. 改进消毒工艺

从消毒工艺本身进行改进,以控制消毒副产物的方法包括采用优化氯化消毒技术和改用替代氯的消毒技术两大类。

游离氯消毒产生的氯化消毒副产物较多,当存在较大的消毒副产物问题时,可以采用产生氯化消毒副产物较少的顺序氯化消毒法或氯胺消毒法,以实现对微生物和消毒副产物的双重控制。

也可以改用不产生氯化消毒副产物的二氧化氯消毒法,但要注意控制二氧化氯的投加量不要过大,以免产生亚氯酸盐消毒副产物问题。

紫外线消毒不产生消毒副产物,特别适用于水中有机物含量仍较高的污水消毒。对于饮用水的紫外消毒处理,尽管在紫外线消毒之后,还需在水中投加一定量的消毒剂,如氯胺或二氧化氯,以满足保持管网水中剩余消毒剂的要求,但是由于所需保持剩余消毒剂的投加量较低,可以大为减少消毒副产物的生成。

8.6 管网水二次污染控制

8.6.1 饮用水生物稳定性的概念

1. 细菌再生长

由于出厂水中存在可生物降解有机物,它成为管网中异养细菌生长繁殖所需要的营养基质,使出厂水中未被消毒杀死的细菌或由其他途径进入给水管网的细菌重新生长。管网中细菌的再生长又可分为恢复生长和再繁殖(regrowth——消毒后受损细菌细胞恢复正常并生长繁殖,aftergrowth——管壁细菌或外源细菌在管网中的生长繁殖),其中以管壁生物膜的生长对管网水的影响较大。

给水管网中微生物的再生长会给管网安全和管网水质带来严重影响。部分细菌附着在管壁上,利用水中的营养基质生长而成生物膜,管壁生物膜可能成为管壁腐蚀和结成管垢的诱因。老化脱落的生物膜会恶化水质,使用户水的浊度和色度上升,细菌数增加。管壁结垢会降低管网的过水能力,增加二级泵站动力消耗,严重时造成爆管事故。

2. 饮用水生物稳定性

饮用水生物稳定性是指饮用水中可生物降解有机物支持异养细菌生长的潜力,处于极度贫营养状态的水的生物稳定性高,不易产生微生物生长问题。

保持管网中适量的余氯量可以在一定程度上抑制细菌生长,但如果有机营养基质浓度较高,就需要在管网中保持较高浓度的余氯量,这就要求对水的处理程度较高,以降低余氯在管网水中的衰减速度。否则过高的加氯量会引起氯代消毒副产物的增加,使饮用水的安全性下降。

8.6.2 生物稳定性的评价指标及方法

生物稳定性的评价指标主要是:生物可同化有机碳(assimilable organic carbon,AOC)、可生物降解溶解性有机碳(biodegradable dissolved organic carbon,BDOC)。

BDOC 是水中有机物中能被异养菌无机化的部分,以 TOC 仪测定生物反应前后的水样中有机碳浓度的差表示,单位为 μg 有机碳/L。根据 BDOC 的测定程序,这种生物降解所需要的时间可达一个月左右,一些简化试验可将测定时间缩短至几天。BDOC 一般用来衡量水处理单元(特别是生物处理单元)对可生物降解有机物的去除效率,研究水中 BDOC 的含量可以鉴定该水源能否采用生物处理技术以去除有机物。

AOC 是采用微生物培养进行间接测定的方法,根据平板接种特定细菌生长情况来推算水中这类可以被微生物同化的有机物的含量,单位为 μg 乙酸碳/L。AOC 是有机物中最易被细菌吸收、直接同化成细菌体的部分,可以衡量管网水中细菌生长的潜力,用来判别饮用水的生物稳定性,以确定水质是否会在输送过程中引起细菌等微生物的生长。目前国际上一般认为,对于加氯消毒的自来水管网,水质能够保持生物稳定的 AOC 浓度控制指标为 50~100 μg 乙酸碳/L。

对于管网水的生物稳定性研究,采用 BDOC 和 AOC 作为指标的均有,但一般认为以 AOC 为指标的代表性更好。

8.6.3 细菌再生长的影响因素和控制对策

1. 细菌再生长的营养条件

细菌的生长必须靠营养基质的支持,有机碳一般是细菌生长的限制性营养因子,所以减少水中生物可同化有机碳或可生物降解溶解性有机碳的浓度可以有效控制异养细菌生长。

细菌生长所需的其他营养物质,如氮、磷等元素,在管网水中的含量能够满足细菌生长的要求,一般不是细菌生长的控制因素。其中,氮在水中可以以多种形态存在,如氨氮、硝酸盐氮及亚硝酸盐氮等。对于自来水,因含有一定量的硝酸盐氮,对于细菌的生长,氮的营养属于过量,不是生长控制因素。磷只是在极个别管网中是生物生长的控制因素,相关研究显示,对于有机物含量相对较高的饮用水,水中溶解性正磷酸盐浓度低于 5~10 μg/L 时,磷对水中细菌生长的限制因子作用将会表现出来。但是对于我国绝大多数给水厂及其配水管网,水中磷酸盐浓度远高于此值,磷不是管网水质生物稳定性的控制因素。

2. 细菌再生长的控制措施

对管网水中细菌再生长的控制措施主要是:

(1) 降低水中有机物含量,对微生物的生长进行营养控制。降低 AOC 含量是提高饮用水生物稳定性的有效途径。加入生物处理单元和采用深度处理,例如臭氧-生物活性炭深度处理工艺,可以有效去除可供微生物生长繁殖的有机营养物质。

(2) 强化消毒,保持较高的管网余氯浓度。通过出厂水氯或氯胺消毒并保持管网内有一定浓度的余氯,是目前普遍采用的控制管网细菌再生长的主要方法。根据近期研究成果,为了控制管网水,特别是管壁生物膜的生长,需要保持管网水的余氯浓度在 0.3 mg/L 以上,这就对保持管网水余氯提出了新的要求。

习 题

8-1 水处理中的消毒和微生物学中的灭菌有何区别?
8-2 目前水的消毒方法主要有哪几种?
8-3 消毒剂投加点如何选取?应考虑哪些因素?
8-4 什么叫游离性氯?什么叫化合性氯?两者消毒效果有何区别?
8-5 水的 pH 值对氯消毒作用有何影响?为什么?
8-6 什么叫折点氯化法?其优缺点是什么?
8-7 现有四种水样均采用氯消毒,不同氯投加量下的余氯量如下表所示。任选一种水样计算:(1)折点处的氯投加量;(2)游离余氯量为 1.5 mg/L 时的设计投加量。

投氯量/(mg/L)	余氯量/(mg/L)			
	A	B	C	D
0	0.0	0.0	0.0	0.0
1	0.6	1.0	0.95	1.0
2	0.2	2.0	1.7	1.98
3	1.0	2.98	2.3	2.9
4	2.0	3.95	1.9	3.4
5	3.0	4.3	1.0	2.8

续表

投氯量/(mg/L)	余氯量/(mg/L)			
	A	B	C	D
6		3.7	1.7	1.8
7		2.7	2.7	1.2
8		1.6	3.7	2.1
9		0.8		3.1
10		1.7		4.1
11		2.8		

8-8 Chick-Watson 公式的运用。已知采用氯消毒灭活大肠杆菌的数据如下表所示,求达到 99% 灭活率时 Chick-Watson 公式中常数的值。

游离氯浓度 /(mg/L)	存活的百分比/%				
	接触时间/min				
	1	3	5	10	20
0.05	97	82	63	21	0.3
0.07	93	60	28	0.5	—
0.14	67	11	0.7	—	—

注：水样 pH=8.5,温度为 5℃。

8-9 比较温度对消毒时间的影响。已知：pH 值 =8.5 时,氯消毒的活化能 $E=26\,800$ J/mol,$R=8.314\,4$ J/(mol·K),氯消毒剂的浓度为 0.05 mg/L,采用习题 8-8 的结果 $C^{1.20}t=0.434$,比较温度为 20℃ 和 5℃ 时灭活率为 99% 所需的消毒时间。

8-10 氯消毒加氯量及设备选择的计算。已知：水厂设计流量 $Q=10\,500$ m³/d（包括水厂用水量）,采用滤后加氯消毒；最大投氯量为 $C=3$ mg/L；仓库储氯量按 30 d 计算。求解：液氯消毒加氯量及设备选择。

8-11 制取 ClO_2 有哪几种方法？

8-12 简述 ClO_2 消毒原理。

8-13 ClO_2 消毒有哪些优缺点？

8-14 ClO_2 消毒的主要副产物是什么？

8-15 有效消毒作用的紫外线波段的波长范围是多少？

8-16 简述紫外线消毒的作用机理。

8-17 紫外线污水消毒,已知某水样 1 cm 处紫外线的透光率为 60%,求水厚度 3 cm 处的光强度为原光强度的百分数。

8-18 紫外消毒处理设计中所需考虑的因素有哪些?

8-19 对某实际紫外消毒设备进行生物测定法性能确认试验,结果如下:

(1) 采用 MS2 噬菌体进行平行光试验测试,得到灭活效果与紫外光剂量的关系为:

$$-\lg \frac{N}{N_0} = 0.33 + 0.039D$$

式中:D——紫外剂量,mJ/cm^2;

N_0——MS2 噬菌体初始浓度,个/mL;

N——消毒后 MS2 噬菌体浓度,个/mL。

(2) 用 MS2 噬菌体配水,进行实际紫外消毒设备的灭活试验,得到实际设备的处理流量与灭活效果的关系,如下表所示:

水力负荷/(L/(h·灯))	对数灭活/($-\lg(N/N_0)$)
20	6.95
40	4.50
60	2.95
80	1.81

求该设备的水力负荷与紫外剂量的关系。

8-20 什么是消毒副产物?消毒副产物对人体有什么危害?

8-21 氯化消毒副产物是如何形成的?

8-22 氯消毒中影响消毒副产物形成的因素有哪些?

8-23 饮用水中的氯化消毒副产物含量的范围是多少?我国的饮用水水质标准中对氯化副产物是如何规定的?

8-24 控制消毒副产物的方法有哪些?

8-25 什么是饮用水的生物稳定性?如何评价饮用水的生物稳定性?

8-26 什么是管网水中的细菌再生长?有哪些因素影响管网水中的细菌再生长?

8-27 如何控制管网水中的细菌再生长?

第9章　离子交换

9.1　软化与除盐概述

9.1.1　软化与除盐的目的与基本处理方法

水的软化和除盐处理主要是去除水中的溶解离子或改变其组成,从而满足某些工业用水或生活用水要求的处理。

根据去除对象的不同,所进行的处理可以分为软化处理和除盐处理。

1. 软化处理

软化处理的目的是去除水中产生硬度的钙离子 Ca^{2+} 和镁离子 Mg^{2+},满足低压锅炉、印染工业、造纸工业等的用水要求(工业软化水),处理硬度超标的饮用水(过硬饮用水原水的软化)等。

软化处理的基本方法是:药剂软化法、离子交换法等。其中药剂软化法中最常用的是石灰软化法(见 13.4 节)。日常生活中饮用水加热煮沸也具有软化的功能,但用于工业则能耗过高,无法实际应用。

2. 除盐处理

除盐处理的目的是去除水中各种溶解离子,满足中高压锅炉、医药工业、电子工业等的用水要求(除盐水、纯水、高纯水等),满足饮用纯水的要求(饮用纯净水)等;某些只要求部分去除水中溶解离子、降低含盐量的除盐处理又称为淡化,如海水淡化、苦咸水淡化等。

除盐处理的基本方法是:离子交换法(见第 9 章)、反渗透法(见 10.4 节)、电渗析法(见 10.2 节)、蒸馏法等。其中,离子交换法可用于各种规模,反渗透法现阶段主要用于中小规模,电渗析法主要为小规模。蒸馏法的应用则集中在大规模的海水淡化,例如在中东地区,但其他地区应用较少,并正让位于反渗透法。

9.1.2　水中常见溶解离子与软化除盐浓度表示方法

1. 水中常见溶解离子

天然水中所含的溶解性物质包括溶解的无机离子、少量的溶解气体、微量的溶解性有机物等。水的软化除盐主要是去除水中某些溶解的无机离子和在处理过程中可能产生的溶解性二氧化碳气体。

天然水中溶解性阳离子主要有钙离子 Ca^{2+}、镁离子 Mg^{2+}、钠离子 Na^+、钾离子 K^+ 等。在中性条件下，水中氢离子 H^+ 的浓度很低，但在软化除盐的处理过程中，可能会产生较多的氢离子。其他阳离子的浓度很低，在软化除盐中不需单独考虑。对于含铁锰的地下水，进行软化除盐前需要先进行除铁除锰处理。

天然水中溶解性阴离子主要有重碳酸根离子 HCO_3^-、硫酸根离子 SO_4^{2-}、氯离子 Cl^- 等。在中性条件下，水中的碳酸根和氢氧根离子的浓度很低。但在软化除盐的处理过程中，可能会产生较多的碳酸根和氢氧根离子。工业锅炉用水对水中微量的硅酸盐有严格限制，在除盐处理工艺中应加以考虑。水中其他阴离子的浓度很低，在软化除盐中不需单独考虑。

2. 硬度的表示方法

水中硬度由钙镁离子构成。

我国现行的水的硬度计量单位是以 $CaCO_3$ 计。例如，《生活饮用水卫生标准》中规定"饮用水的总硬度（以 $CaCO_3$ 计）≤450 mg/L"。此前曾用过的标准是≤250 mg/L（以 CaO 计）或≤25°（德国度），其硬度标准的水质与现在相同，只是表示方法不同。硬度德国度的原始定义是 $1° = 10$ mg CaO/L。各种硬度单位的换算见下面软化除盐计算的离子浓度常用单位部分。

3. 水的纯度的表示方法

工业用纯水要求离子的浓度极低，除盐水离子总浓度小于几个 mg/L，纯水、超纯水不到 1 mg/L。对于这样的水，用离子质量浓度来表示就不方便了。一般用水的导电指标来表示，水的纯度越高，水中的离子就越少，水的导电能力就越差，水的电阻就越大。

水的纯度的表示方法有：

(1) 电阻率，常用单位：10^6 Ω·cm(10^6 欧[姆]·厘米)

电阻率的物理意义是断面面积 1 cm²，间距 1 cm 的水的电阻。我国规定测量以水温 25℃ 为标准。理论上的纯水（即水中离子仅为水中电离的氢离子和氢氧根离子）的电阻率约等于 18.3×10^6 Ω·cm(25℃)。高纯水的电阻率可以在 10×10^6 Ω·cm，已接近理论纯水。

(2) 电导率，常用单位：μS/cm(微西[门子]/厘米)

纯水的电阻率数字很大，为方便起见，常用电阻率的倒数表示，称为电导率。表示纯水电导率的常用单位是 μS/cm。注：电导的单位为 S(西[门子])，$1 S = 1 Ω^{-1}$。

除盐水、纯水、高纯水的指标见表 9-1。

表 9-1　除盐水、纯水、高纯水的电导率和残余含盐量

	除盐水	纯水	高纯水	理论纯水
电导率/(μS/cm)	1～10	0.1～1	<0.1	0.055
残余含盐量/(mg/L)	1～5	1	0.1	≈0

4. 软化除盐计算的离子浓度常用单位

软化除盐中浓度单位的使用比较混乱。主要原因是原来普遍使用当量单位，后来要求使用国际单位制（SI 制）后改用摩尔单位。但常用的以克分子量和克原子量为基础的摩尔单位不便于计算，在实践中需要使用以当量粒子原理为基础的当量粒子摩尔单位。软化除盐所用的摩尔单位与化学中常用的摩尔单位不同，具有特殊性，在计算中必须予以注意。以下做详细说明。

传统的软化除盐计算是以当量浓度为基础的。根据我国以 SI 制为基础的国家标准计量单位，应统一采用物质的量（单位为 mol）和物质的量浓度（单位 mol/L，或 mmol/L），当量浓度应不再采用。

但是对于水的软化除盐，采用常规的物质的量浓度进行计算很不方便，也不便于理解。在目前的应用中，为了解决这个问题，又根据当量定律引入了当量粒子（基本单元）的概念，使软化除盐反应中各反应物的物质的量浓度符合反应中各物质是等当量进行的规律。在此基础上摩尔单位与原来的当量单位完全相同。所采用的基元当量粒子如下：

(1) 阳离子　H^+、Na^+、K^+、$\frac{1}{2}Ca^{2+}$、$\frac{1}{2}Mg^{2+}$

(2) 阴离子　OH^-、HCO_3^-、$\frac{1}{2}CO_3^{2-}$、$\frac{1}{2}SO_4^{2-}$、Cl^-

(3) 酸、碱、盐　HCl、$\frac{1}{2}H_2SO_4$、$NaOH$、$\frac{1}{2}CaO$、$\frac{1}{2}CaCO_3$

软化除盐有关的阳离子、阴离子、酸、碱、盐的当量粒子摩尔质量见表 9-2。

5. 水中阴阳离子关系组合图

水中各种离子存在着一定的关系。

(1) 阳离子同阴离子的正负电荷相平衡，各种阳离子当量粒子物质的量浓度的总和等于各种阴离子当量粒子物质的量浓度的总和。

(2) 如果将水加热或逐渐浓缩，水中离子将按溶解度的大小组成化合物，从水中析出。

阳离子按下列顺序与阴离子组合：$Ca^{2+}>Mg^{2+}>Na^+$（包括 K^+）；

表 9-2　软化除盐有关的当量粒子摩尔质量　　　　　mg/mmol

阳离子	当量粒子摩尔质量	阴离子	当量粒子摩尔质量	酸碱盐	当量粒子摩尔质量
$\frac{1}{2}Ca^{2+}$	40/2=20	HCO_3^-	61	HCl	36.5
$\frac{1}{2}Mg^{2+}$	24/2=12	$\frac{1}{2}SO_4^{2-}$	96/2=48	$\frac{1}{2}H_2SO_4$	98/2=49
Na^+	23	Cl^-	35.5	NaOH	40
K^+	39	$\frac{1}{2}CO_3^{2-}$	60/2=30	$\frac{1}{2}CaO$	56/2=28
H^+	1	OH^-	17	$\frac{1}{2}CaCO_3$	100/2=50

阴离子按下列顺序与阳离子组合：$CO_3^{2-} > HCO_3^- > SO_4^{2-} > Cl^-$。

根据以上关系，可以绘成水的假想离子组合图。下面举例说明。

【例 9-1】　某地下水水质资料如下：

总硬度(以 $CaCO_3$ 计)为 400 mg/L，其中：钙硬度(以 $CaCO_3$ 计)=255 mg/L，镁硬度(以 $CaCO_3$ 计)=145 mg/L，含 Na^+ 67.6 mg/L，K^+ 3.5 mg/L，碱度(以 $CaCO_3$ 计)340 mg/L，SO_4^{2-} 110 mg/L，Cl^- 69.7 mg/L，溶解性总固体(105℃)652 mg/L，pH=7.48。

根据水质数据做水中离子关系的假想组合图。

【解】　水质资料中部分所用单位为惯用单位，先换算为软化除盐基本粒子为基础的摩尔单位。水的 pH 值=7.48，表明水中碱度仅有 HCO_3^-，不含 CO_3^{2-}。

计算结果列于下表中，并按前述阴阳离子组合顺序与当量粒子物质的量浓度比例做离子关系组合图(图 9-1)。

阳离子		阴离子	
$\frac{1}{2}Ca^{2+}$	255 mg/L÷50 mg/mmol =5.10 mmol/L	HCO_3^-	340 mg/L÷50 mg/mmol =6.80 mmol/L
$\frac{1}{2}Mg^{2+}$	145 mg/L÷50 mg/mmol =2.90 mmol/L	$\frac{1}{2}SO_4^{2-}$	110 mg/÷48 mg/mmol =2.29 mmol/L
Na^+	67.6 mg/L÷23 mg/mmol =2.94 mmol/L	Cl^-	67.6 mg/L÷35.5 mg/mmol =1.96 mmol/L
K^+	3.5 mg/L÷39 mg/mmol =0.09 mmol/L		
总计	11.03 mmol/L		11.05 mmol/L

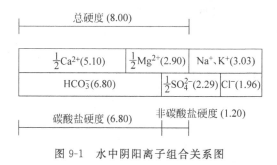

图 9-1 水中阴阳离子组合关系图

9.2 离子交换剂与离子交换原理

离子交换剂具有离子交换能力,利用固相离子交换剂功能基团所带的可交换离子,与接触交换剂的溶液中相同电性的离子进行交换反应,可进行离子的置换、分离、去除、浓缩,这种技术称为离子交换法。

离子交换法是水的软化除盐处理最常使用的方法,特点是:处理程度高,出水水质好;技术成熟,设备简单,管理方便;价格适宜,应用广泛。

9.2.1 离子交换树脂

根据母体材质的不同,离子交换剂可以分为无机离子交换剂和有机离子交换剂两大类。无机离子交换剂包括沸石、磺化煤等。沸石对 Ca^{2+}、Mg^{2+}、NH_4^+ 等离子有吸附交换能力。磺化煤是早期使用的廉价离子交换剂,但性能较差,现已不使用。有机离子交换剂是一种高分子聚合物电解质,也称为离子交换树脂,是使用最广泛的离子交换剂。

水处理中所使用的离子交换剂有离子交换树脂、磺化煤、钠沸石等,目前所用的主要为离子交换树脂。

1. 离子交换树脂的结构

离子交换树脂由树脂母体(骨架)和交换基团构成。

树脂母体为具有空间网架多孔结构的高分子聚合物的小球。大部分树脂小球的尺寸是:有效粒径 0.4~0.6 mm,均匀系数≤1.7(相当于 $d=0.3\sim1.2$ mm)。例如苯乙烯系树脂小球,聚合中以苯乙烯为单体,二乙烯苯为交联剂(常用交联度 7%),聚合后形成凝胶树脂小球。凝胶树脂是软化除盐常用的树脂母体。除此之外,还有大孔树脂,即在凝胶树脂的生产中加入致孔剂,使树脂含有更多的孔隙,对水中高分子有机物具有较好的吸附去除功能,但交换能力降低。

根据不同用途,树脂上再引入不同的交换基团,使其具有交换功能,成为离子交换树脂。例如,苯乙烯系树脂在浓硫酸中加热到 100℃,以 1‰硫酸银为催化剂,把聚乙烯树脂苯环上的部分 H^+ 置换为磺酸基团($-SO_3H$),就得到强酸性苯乙烯系阳离子交换树脂。

按照离子交换树脂交换基团的不同,离子交换树脂的分类见表 9-3。

表 9-3　离子交换树脂的分类

树脂名称	交换基团		符号	备注
	名称	化学式		
强酸性阳离子交换树脂	磺酸基	$-SO_3H$	RH	最常用
弱酸性阳离子交换树脂	羧酸基	$-COOH$	$R_{弱}H$	
强碱性阴离子交换树脂	季铵基	$\equiv NOH$	ROH	最常用
弱碱性阴离子交换树脂	叔胺基 仲胺基 伯胺基	$\equiv NHOH$ $=NH_2OH$ $-NH_3OH$	$R_{弱}OH$	

其他类型还有螯合性、两性、氧化还原性等。

强酸性阳离子交换树脂 RH 以 H^+ 交换 Na^+ 后所形成的树脂符号标为 RNa,2 个 RH 以 H^+ 交换 Ca^{2+} 后符号为 R_2Ca,其他交换的符号相似。

2. 离子交换树脂的性能指标

1) 产品编号方法

我国离子交换树脂的产品型号编号方法(《离子交换树脂产品分类、命名及型号》(GB 1631—79)规定)如下：

(1) 凝胶型离子交换树脂：

(2) 大孔型离子交换树脂：

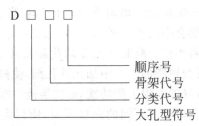

树脂的分类代号和骨架代号见表9-4。

表 9-4　树脂的分类代号和骨架代号

分　类　代　号		骨　架　代　号	
代号	分类名称	代号	骨架名称
0	强酸性	0	苯乙烯系
1	弱酸性	1	丙烯酸系
2	强碱性	2	酚醛系
3	弱碱性	3	环氧系
4	螯合性	4	乙烯吡啶系
5	两性	5	脲醛系
6	氧化还原性	6	氯乙烯系

例如，001×7即为凝胶型强酸性苯乙烯系阳离子交换树脂，交联度为7%；D111即为大孔型弱酸性丙烯酸系阳离子交换树脂。

2) 主要性能指标

离子交换树脂的主要性能指标有：

(1) 全交换容量，单位：mmol/g 或 mmol/(cm^3 干树脂)

全交换容量表示树脂理论上总的交换能力的大小，等于交换基团的总量。例如，001×7强酸性阳离子交换树脂的全交换容量为 4.5 mmol/g 或 1.9 mmol/(cm^3 干树脂)，201×7强碱性阴离子交换树脂的全交换容量为 3.6 mmol/g 或 1.4 mmol/(cm^3 干树脂)。

(2) 工作交换容量，单位：mmol/cm^3 或 mmol/(g 干树脂)

工作交换容量是树脂在使用中实际可以交换的容量。工作交换容量远小于全交换容量，例如强酸性阳离子交换树脂的工作交换容量一般为 0.8～1.0 mmol/cm^3，与树脂的全交换容量相比，只有约 40%～50%。原因是：存在交换平衡，再生与交换反应均不完全；交换柱穿透时柱中交换带中仍有部分树脂未交换等。

(3) 湿真密度，单位：g/cm^3

湿真密度是树脂在水中吸收了水分后的颗粒密度，用来确定树脂床的反冲洗强度。在混合树脂床中还与树脂分层有关，阴离子交换树脂轻，反冲分层后在上层；阳树脂重，在下层。

(4) 湿视密度，单位：g/cm^3

湿视密度为单位体积内堆积的湿树脂质量，用来计算树脂在交换容器中的用量。

(5) 交联度，单位：%

树脂在制造中所用交联剂的比例。例如苯乙烯系树脂，聚合中以苯乙烯为单体，二乙烯苯为交联剂，交联度指二乙烯苯在树脂中的质量百分比。交联度对树脂的许多性能有影响，交联度的改变将引起树脂交换容量、含水率、溶胀度、机械强度等性能的改变。水处理用的离子交换树脂的交联度以 7%～10% 为宜。此时，树脂网架中平均孔隙大小约为 2～4 nm。

(6) 含水率，单位：%

指湿树脂（在水中充分吸水并膨胀后）所含水分的质量百分比，一般在 50% 左右。与交联度有关，交联度越小，树脂中的孔隙就越大，含水率也相应增加。

(7) 转型膨胀率，单位：%

离子交换树脂从一种离子型转为另一种离子型时体积变化的百分数。在交换容器的设计时需预留空间。对于高转型膨胀率的树脂，使用中经反复胀缩，树脂易老化。苯乙烯系阳树脂从 RNa 转型为 RH（以 RNa→RH 表示）的转型膨胀率约为 5%～10%，苯乙烯阴树脂 RCl→ROH 约为 10%～20%，丙烯酸系弱酸性阳离子树脂的转型膨胀率很高，$R_{弱}H \rightarrow R_{弱}Na$ 约为 60%～70%。

部分常用离子交换树脂的基本性能见表 9-5。

9.2.2 离子交换反应特性

离子交换反应具有以下特性：

1. 离子交换树脂对水中离子的选择性

离子交换树脂对于水中某种离子能选择交换的性能称为离子交换树脂的选择性。它和离子的种类、离子交换基团的性能、水中该离子的浓度有关。在天然水的离子浓度和温度条件下，离子交换选择性有以下规律：

对于强酸性阳树脂，与水中阳离子交换的选择性次序为

$$Fe^{3+} > Al^{3+} > Ca^{2+} > Mg^{2+} > K^+ = NH_4^+ > Na^+ > H^+$$

即，如采用 H 型（指树脂交换基团上的可交换离子为 H^+）强酸性阳离子交换树脂，树脂上的 H^+ 可以与水中以上排序在 H^+ 左侧的各种阳离子交换，使水中只剩下 H^+ 离子。如采用 Na 型（指树脂交换基团上的可交换离子为 Na^+）强酸性阳离子交换树脂，树脂上的 Na^+ 可以与水中以上排序在 Na^+ 左侧的各种阳离子交换，使水中只剩下 Na^+ 离子和 H^+ 离子。

对于弱酸性阳树脂，与水中阳离子交换的选择性次序为

$$H^+ > Fe^{3+} > Al^{3+} > Ca^{2+} > Mg^{2+} > K^+ = NH_4^+ > Na^+$$

对于强碱性阴树脂，与水中阴离子交换的选择性次序为

$$SO_4^{2-} > NO_3^- > Cl^- > HCO_3^- > OH^- > HSiO_3^-$$

表 9-5 常用离子交换树脂的基本性能

型态	凝胶型						大孔型			
型号	001×7	111	201×7	301×2	D001	D111	D201	D301
类型	强酸性苯乙烯阳离子	弱酸性丙烯酸阳离子	强碱性苯乙烯阴离子	弱碱性苯乙烯阴离子	强酸性苯乙烯阴离子	弱酸性丙烯酸阴离子	强碱性苯乙烯阴离子	弱碱性苯乙烯阴离子
颜色	淡棕黄色半透明	乳白色透明	淡黄色至金黄色半透明	淡黄色	灰褐色至深褐色不透明	白色不透明	乳白至淡黄不透明	乳白至浓黄不透明
全交换容量/(mmol/g)	4.3~4.5	9.0~10.0	3.2~3.6	5~9	4.0	9.0	3.0	4.0
湿真密度/(g/cm³)	1.24~1.28	1.1~1.2	1.06~1.11	1.0~1.1	1.23~1.27	1.17~1.19	1.05~1.10	1.05~1.07
湿视密度/(g/cm³)	0.73~0.87	0.7~0.8	0.65~0.75	0.65~0.75	0.80~0.85	0.70~0.85	0.65~0.75	0.65~0.70
含水率/%	45~53	40~60	40~60	40~60	50~55	40~45	50~60	55~65
有效粒径/mm	0.4~0.6	0.4~0.6	0.4~0.6	0.4~0.6	0.4~0.6	0.3~0.5	0.4~0.6	0.4~0.6
均匀系数,≤	1.7	1.7	1.7	1.7	1.7	1.7	1.7	1.7
转型膨胀率/%	Na→H 约5	H→Na 约70	Cl→OH 5~15	Cl→OH 约15	Na→H 约5	H→Na 60~70	Cl→OH 8~15	OH→Cl 25~30
允许pH	0~14	4~14	1~14	1~9	0~14	4~14	0~14	1~9
允许温度/℃	120	100	80	80~100	150	100	60~80	100

即,如采用 OH 型(指树脂交换基团上的可交换离子为 OH^-)强碱性阴离子交换树脂,树脂上的 OH^- 可以与水中以上排序在 OH^- 左侧的各种阴离子交换,使水中只剩下 OH^- 离子(实际上 $HSiO_3^-$ 也可以去除,原因见后)。

对于弱碱性阴树脂,与水中阴离子交换的选择性次序为

$$OH^- > SO_4^{2-} > NO_3^- > Cl^- > HCO_3^-$$

2. 离子交换的交换平衡与可逆性

离子交换反应是可逆反应。例如,RH 与水中 Na^+ 的反应为

$$RH + Na^+ \rightleftharpoons RNa + H^+ \tag{9-1}$$

存在平衡关系式:

$$\frac{[RNa][H^+]}{[RH][Na^+]} = K_{H^+}^{Na^+} \tag{9-2}$$

式中的平衡常数 $K_{H^+}^{Na^+}$ 称为离子交换树脂的选择性系数。

表 9-6 所列为 H 型强酸性阳离子交换树脂的选择性系数。

表 9-6 H 型强酸性阳离子交换树脂的选择性系数

离子种类	Li^+	H^+	Na^+	NH_4^+	K^+	Mg^{2+}	Ca^{2+}
选择性系数	0.8	1.0	2.0	3.0	3.0	26	42

式(9-1)的反应,$K_{H^+}^{Na^+} = 2.0$。对于用 RH 处理含有低浓度 Na^+ 的水,因水中 $[H^+]/[Na^+] < 1$,但 $K_{H^+}^{Na^+} > 1$,所以式(9-1)的反应向右进行,直至反应平衡时,$[RNa]/[RH] \gg 1$,即大部分树脂从 H 型转化为 Na 型。此时如改用很高浓度的 H^+ 的溶液,如 3%~4% 的 HCl 通过上述已经交换饱和的树脂,则式(9-1)的反应被逆转向左进行,直至达到新的反应平衡时,$[RNa]/[RH] \ll 1$,实现树脂的再生。

9.2.3 离子交换软化除盐基本原理

离子交换软化除盐的基本原理如下。

1. 离子交换软化

用 Na 型强酸性阳离子交换树脂 RNa 中的 Na^+ 交换去除水中的 Ca^{2+}、Mg^{2+} 硬度,饱和的树脂再用 5%~8% 的食盐 NaCl 溶液再生。软化反应的反应式见式(9-3)(以 Ca^{2+} 硬度为例,Mg^{2+} 硬度的反应形式完全相同),软化反应的离子组合图见图 9-2。

$$2RNa + Ca^{2+} \underset{\text{再生}(5\% \sim 8\%NaCl)}{\overset{\text{软化}}{\rightleftharpoons}} R_2Ca + 2Na^+ \tag{9-3}$$

2. 离子交换除盐

先用 H 型强酸性阳离子交换树脂 RH 中的 H^+ 交换去除水中的所有金属阳

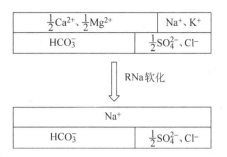

图 9-2 RNa 软化处理的离子组合图

离子(以符号 M^{m+} 代表),饱和的树脂用 3%～4% 的盐酸 HCl 溶液再生;RH 出水吹脱除去由 HCO_3^- 生成的 CO_2 气体;再用 OH^- 型强碱性阴离子交换树脂 ROH 中的 OH^- 交换去除水中的除 OH^- 外的所有阴离子(以符号 N^{n-} 代表),饱和的树脂用 2%～4% 的 NaOH 溶液再生。最后所产生的 H^+ 与 OH^- 合并为水分子。除盐反应的反应式见式(9-4)至式(9-6),除盐处理的离子组合图见图 9-3。

$$mRH + M^{m+} \xrightarrow[\text{再生}(3\%～4\%HCl)]{\text{用 }H^+\text{ 交换水中其他金属阳离子}} R_mM + mH^+ \tag{9-4}$$

$$HCO_3^- + H^+ \Longrightarrow H_2CO_3 \Longrightarrow CO_2\uparrow + H_2O \tag{9-5}$$

$$nROH + N^{n-} \xrightarrow[\text{再生}(2\%～4\%NaOH)]{\text{用 }OH^-\text{ 交换水中其他阴离子}} R_nN + nOH^- \tag{9-6}$$

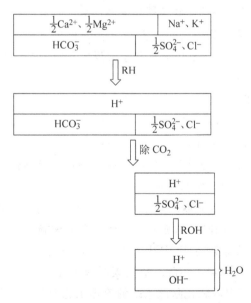

图 9-3 离子交换除盐处理的离子组合图

9.3 离子交换法软化除盐工艺

9.3.1 软化工艺流程

离子交换法软化的工艺分为只去除硬度的软化工艺,和同时去除硬度和碱度的软化除碱工艺。

1. 钠树脂(RNa)软化

RNa 软化工艺采用钠型强酸性阳离子交换树脂,单级钠离子交换软化一般适用于总硬度小于 5 mmol/L 的原水,出水残余硬度小于 0.03 mmol/L,可以达到低压锅炉补给水水质要求。双级钠离子交换适用于进水碱度较低(一般小于 1 mmol/L)的原水,出水残余硬度小于 0.005 mmol/L,一般可以达到低中压锅炉补给水对硬度的要求。

该工艺的特点是:

(1) 去除碳酸盐硬度和非碳酸盐硬度;

(2) 出水的含盐量以 mmol/L 为单位数值不变;

(3) 出水碱度不变;

(4) 出水的残余硬度比石灰软化工艺小。

2. 氢—钠树脂(RH—RNa)并联软化除碱系统

中高压锅炉对补给水的碱度也有要求。含碱度的水进入锅炉内在高温高压下,水中的重碳酸盐被浓缩并发生分解和水解反应,使锅炉水中的苛性碱浓度大为增加,其反应式如下:

$$2NaHCO_3 \rightleftharpoons Na_2CO_3 + H_2O + CO_2 \uparrow \qquad (9-7)$$

$$Na_2CO_3 + H_2O \rightleftharpoons 2NaOH + CO_2 \uparrow \qquad (9-8)$$

因此会造成锅炉水的碱性增加,产生锅炉水系统的碱腐蚀,增大排污率。而且由于蒸汽中 CO_2 含量增加,会造成蒸汽和冷凝水系统的酸腐蚀。对于碱度高于 2 mmol/L 的原水,需采用软化除盐系统。

该系统采用 RH—RNa 并联或串联,其中 RNa 采用钠型强酸性阳离子交换树脂,用 NaCl 再生;RH 采用同样的强酸性阳离子交换树脂,但是用 HCl 再生,再生后树脂为 H 型。除碱原理是用 RH 产生的 H^+ 中和水中的 HCO_3^-,反应见式(9-5),所生成的游离 CO_2 再用除二氧化碳器吹脱去除。

RH—RNa 并联和串联软化除碱系统的流程示意图分别见图 9-4 和图 9-5。

在设计运行中,通过 RH 离子交换器的水量比例关系如下:

设通过 RH 离子交换器的水量为总处理水量的 $H\%$,原水的碱度(HCO_3^-)为

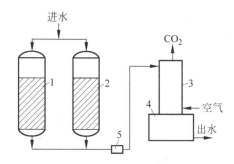

图 9-4 RH—RNa 并联软化除碱系统流程示意图
1—H 离子交换器；2—Na 离子交换器；3—除 CO_2 器；4—水箱；5—混合器

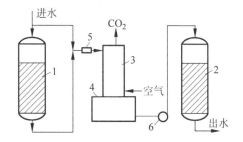

图 9-5 RH—RNa 串联软化除碱系统流程示意图
1—H 离子交换器；2—Na 离子交换器；3—除 CO_2 器；4—水箱；5—混合器；6—水泵

$A_原$，强酸根（SO_4^{2-} 和 Cl^-）的总浓度为 S，系统出水的碱度为 $A_残$。锅炉补充水为了避免混合后的软水呈酸性，在计算水量分配时，总是让混合后的软水仍带一点碱度，此碱度称为残余碱度，一般控制在 0.3~0.7 mmol/L。

根据原水中的碱度被 RH 出水的 H^+ 所中和的关系：

$$QA_原 - QH\%(A_原 + S) = QA_残 \tag{9-9}$$

可以得到 RH—RNa 软化除碱系统流量分配的计算公式：

$$H\% = \frac{A_原 - A_残}{A_原 + S} \tag{9-10}$$

注意，以上计算关系是 RH 交换器以漏 Na^+ 为运行终点的。如果以漏硬为运行终点，RH 交换器还可以多运行一段时间。但在实际中，因所能再利用的容量有限，且此时混合水碱度高，一般使用中多以漏 Na^+ 为终点。

RH—RNa 串联软化除碱系统实际上是一个部分串联系统，因部分水量（$H\%Q$）经过了二级软化，出水水质比 RH—RNa 并联系统好，但所需 RNa 离子交换器因要处理全部水量，设备比 RH 大。

【例 9-2】 对于例 9-1 所列水质，计算采用 RH—RNa 软化除碱系统处理时 RH 处理的水量比例 $H\%$。

【解】 已知该水水质：

$$A_{原} = 6.80 \text{ mmol/L}$$

$$S = 2.29 + 1.96 = 4.25 \text{ mmol/L}$$

取 $A_{残} = 0.5$ mmol/L，则：

$$H\% = \frac{A_{原} - A_{残}}{A_{原} + S} = \frac{6.80 - 0.5}{6.80 + 4.25} = 57\%$$

3. 氢型弱酸性阳离子交换树脂和钠型强酸性阳离子交换树脂（$R_{弱}H$—RNa）串联的软化除碱系统

该系统采用氢型弱酸性阳离子交换树脂 $R_{弱}H$ 作为第一级。根据弱酸性阳离子交换树脂的性质，$R_{弱}H$ 只能去除水中的碳酸盐硬度，产生的 CO_2 经除二氧化碳器脱气后，出水再经第二级的钠型强酸性阳离子交换树脂进行交换，除去水中的非碳酸盐硬度。

该系统的特点是：

（1）氢型弱酸性阳离子交换树脂交换容量大，容易再生，对于碳酸盐硬度较高的原水，采用该系统较为有利。

（2）强酸性阳树脂 RH—RNa 需配水、混合，并且，RH 出水为酸性，对设备腐蚀性强。$R_{弱}H$—RNa 系统不需配水，$R_{弱}H$ 出水不呈酸性，因此设备简单，运行可靠。

（3）但弱酸性阳离子交换树脂价格较贵，致使初期投资较大。

9.3.2 除盐工艺流程

离子交换法除盐的基本工艺流程是：

（1）一级复床；

（2）二级复床；

（3）一级复床—混合床；

（4）其他更为复杂的组合。

在以上工艺中，一级复床由阳离子交换单元、除二氧化碳器、阴离子交换单元三部分组成。对于二级复床系统，因第二级的阳树脂出水中已经没有多少 CO_2 了，第二级复床中不再设置除二氧化碳器。

上述阳离子交换单元，可以是一个或几个交换设备。例如阳离子交换单元，可以用一个强酸性树脂交换器,也能由弱酸性树脂和强酸性树脂两个交换设备串联组合而成。

在一级复床中,总是阳离子交换树脂在前,阴离子交换树脂在后。原因是:RH 出水中 H_2CO_3 吹脱后可以降低 ROH 的去除负荷;如果先 ROH,因产生的 OH^- 会生成 $CaCO_3$ 和 $Mg(OH)_2$ 沉淀析出物,阻塞树脂孔隙;ROH 在酸性条件下交换能力强,并能去除硅酸。

混合床是把阳离子树脂和阴离子树脂装在一个交换器内。再生前通过反冲洗,靠阴阳树脂的密度差把树脂分层,分别再生;然后在运行前用压缩空气把两种树脂进行搅拌,形成混合床。水从混合床中流过,相当于通过无数级的复床。

根据原水水质和出水要求,可以进行各处理单元的组合,构成离子交换除盐系统。常用的固定床离子交换除盐系统及其出水水质和使用情况见表 9-7。

表 9-7　常用的固定床离子交换除盐系统

序号	系　统	出 水 质 量		适 用 情 况	备　　注
		电导率(25℃)/(μS/cm)	二氧化硅/(mg/L)		
1	H-D-OH	<10	<0.1	中压锅炉补给水率高	当进水碱度<0.5 mmol/L 或有石灰预处理时可考虑省去除二氧化碳器
2	H-D-OH-H/OH	<0.2	<0.02	高压及以上汽包锅炉和直流炉	
3	H_w-H-D-OH	<10	<0.1	(1) 同本表序号 1 系统 (2) 碱度较高,过剩碱度较低 (3) 酸耗低	当采用阳双层(双室)床,进口水的硬度与碱度的比值在 1～1.5 为宜 阳离子交换器串联再生
4	H_w-H-D-OH-H/OH	<0.2	<0.02	同本表序号 2、3 系统	同本表序号 3 系统
5	H-D-OH-H-OH	<1	<0.02	(1) 适用于高含盐量水 (2) 两级交换器均采用强型树脂	(1) 阳、阴离子交换器分别串联再生 (2) 一级强碱性阴离子交换器可选用 Ⅱ 型树脂
6	H-D-OH-H-H/OH	<0.2	<0.02	同本表序号 2、5 系统	同本表序号 5 系统

续表

序号	系统	出水质量 电导率(25℃)/(μS/cm)	出水质量 二氧化硅/(mg/L)	适用情况	备注
7	H-OH$_w$-D-OH	<10	<0.1	(1) 同本表序号1系统 (2) 进水中有机物与强酸阴离子含量高时	阴离子交换器串联再生
8	H-D-OH$_w$-H/OH	<1	<0.02	进水中强酸性阴离子含量高且二氧化硅含量低	
9	H-OH$_w$-D-OH-H/OH	<0.2	<0.02	同本表序号2、7系统	同本表序号7系统
10	H$_w$-H-D-OH$_w$-OH	<10	<0.1	进水碱度高,强酸根离子含量高	条件适合时,可采用双层(双室)床。阳、阴离子交换器分别串联再生
11	H$_w$-H-D-OH$_w$-OH-H/OH	<0.2	<0.02	同本表序号2、10系统	

1. 表中所列均为顺流再生设备,当采用对流再生设备时,出水质量比表中所列的数据要高。
2. 离子交换树脂可根据进水有机物含量情况选用凝胶或大孔型树脂。
3. 表中符号:H—强酸性阳离子交换器;H$_w$—弱酸性阳离子交换器;OH—强碱性阴离子交换器;OH$_w$—弱碱性阴离子交换器;D—除二氧化碳器;H/OH—阳、阴混合离子交换器。

9.4 离子交换法软化除盐设备

离子交换法软化除盐设备包括离子交换器、再生液系统、除二氧化碳器等。

9.4.1 离子交换器

离子交换器是进行离子交换反应的设备,是离子交换处理的核心设备。根据离子交换运行方式的不同,离子交换器分类见图9-6。

离子交换器设备多采用具有橡胶防腐衬里的钢罐,或硬聚氯乙烯交换柱(用于小型处理),有多种定型产品可供选购。

1. 固定床离子交换器

固定床离子交换器中使用最广泛的

离子交换器 ┬ 固定床 ┬ 顺流再生(固定床)
            │   ├ 逆流再生(固定床)
            │   ├ 分流再生(固定床)
            │   ├ 满室床
            │   └ 浮动床
            ├ 连续床 ┬ 移动床
            │   └ 流动床
            └ 混合床

图9-6 离子交换器的分类

是顺流再生和逆流再生两种方式,浮动床是近年来发展的一种固定床运行方式。

1) 顺流式固定床离子交换器

在顺流式固定床离子交换器中,运行(交换)时水的流动和再生时再生液的流动方向均为由上向下,故称顺流。它的结构装置如图 9-7 所示。其交换器内自上而下为:进水装置、再生液分配装置、交换层(离子交换树脂层)、石英砂垫层和排水装置。工作过程为:运行、反洗、再生、置换、正洗五个步骤。运行滤速为 15～20 m/h,再生液的流速为 4～6 m/h,再生剂的耗量为:Na 型强酸性阳树脂 110～120 g NaCl/mol,H 型强酸性阳树脂 70～80 g HCl/mol 或 100～150 g H_2SO_4/mol,强碱性阴树脂 100～120 g NaOH/mol。图 9-7 为常用的顺流式固定床离子交换器设备的结构示意图。

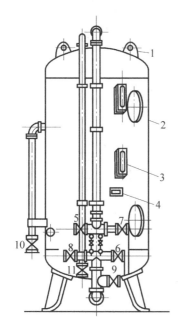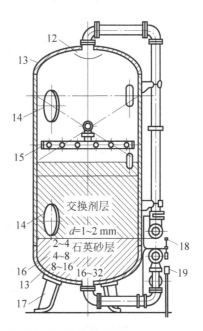

图 9-7 顺流式固定床离子交换器设备的结构示意图

1—吊耳;2—罐体;3—窥视孔;4—标牌;5—进水管;6—出水管;7—反洗排水管;
8—正洗、再生排水管;9—反洗进水管;10—进再生液管;11—排空气管;12—进水装置;
13—上、下封头;14—上、下人孔门;15—进再生液装置;16—排水装置(在石英砂层内,图中未示);
17—支腿;18—压力表;19—取样槽

顺流式离子交换器的特点为:设备结构及操作较简单;再生度较低的树脂处于出水端,因此出水水质较差;再生剂的用量大,再生度低,导致树脂的工作交换容量偏低。

2) 逆流(对流)式固定床离子交换器

在逆流式固定床离子交换器中,被处理的水向下流动,再生液则从下向上流动,故称逆流。再生和置换时离子交换树脂层不发生上下混层是保证逆流再生效果的关键。为此,应控制再生液的流速,并采用了不同的顶压方式,包括空气顶压法、水顶压法、低流速再生法、无顶压法等。空气顶压法的再生过程见图9-8。逆流式固定床离子交换器再生剂的耗量为:Na型强酸性阳树脂 80~100 g NaCl/mol,H型强酸性阳树脂 50~55 g HCl/mol 或 60~70 g H_2SO_4/mol,强碱性阴树脂 60~65 g NaOH/mol。

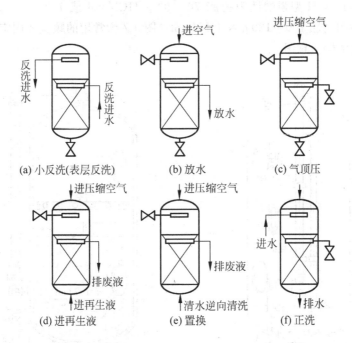

图 9-8 逆流式固定床离子交换器空气顶压法再生过程

2. 连续床离子交换器

在连续床离子交换器中,离子交换树脂层周期性地移动(移动床)或连续移动(流动床),排出一部分已经失效的树脂和补充等量的再生好的树脂,被排出的树脂在另一设备中进行再生。图9-9为几种不同方式的连续床离子交换系统。

连续床的优点是:运行流速高,可达 60~100 m/h,单台设备处理水量大,总的树脂用量少。不足之处是:系统复杂,再生剂耗量高,树脂的磨损大等。

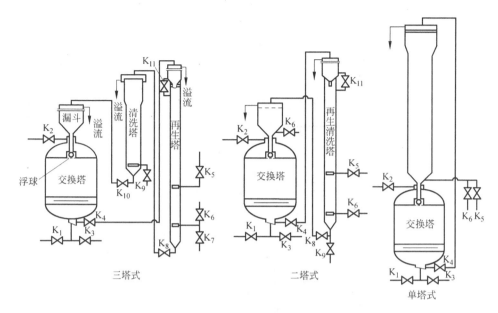

图 9-9 几种不同方式的移动床离子交换系统

K_1—进水阀；K_2—出水阀；K_3—排水阀；K_4—失效树脂输出阀；K_5—进再生液阀；
K_6—进置换水或清洗水阀；K_7—排水阀；K_8—再生后树脂输出阀；
K_9—排水阀；K_{10}—清洗好树脂输出阀；K_{11}—连通阀

3. 混合床离子交换器

混合床离子交换器的结构见图 9-10。其结构特点是在离子交换树脂层的中间增加了一套中间排水装置（排出再生废液）和在底部装有进压缩空气的装置（用于混层搅拌）。工作过程是：分层反洗、分别再生、树脂混合、正洗、交换运行。

混合床的优点是：出水水质好，工作稳定，设备数目比复床少等。缺点是：树脂的交换容量利用率低，树脂磨损大，再生操作复杂等。根据混合床的特点，混合床一般设在一级复床之后，对除盐起"精加工"作用，并可采用很高流速，一般为 50～100 m/h。

9.4.2 再生液系统

离子交换软化除盐的再生液系统包括：盐液再生系统、酸液再生系统和碱液再生系统。

1. 盐液再生系统

盐液再生系统用于 Na 型阳离子交换器的再生，以工业食盐（工业 NaCl）作为

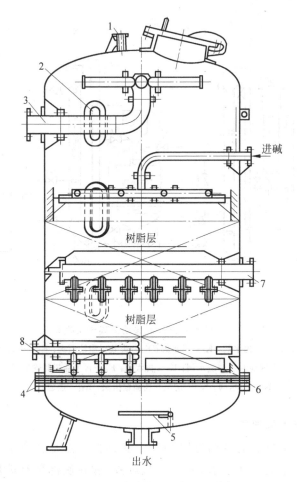

图 9-10 混合床离子交换器的结构
1—放空气管；2—窥视孔；3—进水装置；4—多孔板；5—挡水板；
6—滤布层；7—中间排水装置；8—进压缩空气装置

再生剂。

系统的构成包括盐液制备系统和输送系统两大部分。其中，盐液制备系统有食盐溶解器（适用于小型离子交换器）和食盐溶解池两种形式，室温下饱和盐液的浓度为 23%～26%。盐液输送系统由泵或水射器、计量箱等组成。水射器是一种常用的流体输送设备，水射器用压力水作为介质，所以在输送盐液的同时，也稀释了盐液。树脂再生液中 NaCl 的浓度控制在 5%～8%。使用中只要用计量箱和水射器之间的阀门就可以调节所需要的稀释程度，设备简单，操作方便。

2. 酸液再生系统

阳离子交换树脂需要用酸再生，可以采用工业盐酸或工业硫酸作为再生剂。

用盐酸作再生剂较简单,先用泵把地下储酸槽中的浓盐酸送至高位酸槽,再依靠重力流入计量箱,再生时用水射器直接稀释成3%~4%的再生液送至离子交换器中。因工业盐酸的浓度较低(30%左右),此法所需盐酸用量(体积)较大,并且盐酸的腐蚀性较大,对设备的要求高。

用硫酸作再生剂时,因工业硫酸的浓度高(96%左右),用量少,并且由于碳钢耐浓硫酸,可以直接用碳钢容器存放,防腐问题小。但对再生液的配置浓度必须严格控制,否则会在树脂中产生 $CaSO_4$ 沉淀析出物。在实际生产中,多采用分步再生法,即先用低浓度高流速的硫酸再生液再生,然后逐步提高硫酸浓度,降低流速。再生液的浓度视原水中 Ca^{2+} 的含量和所占水中阳离子的比例,计算或调试确定。输配原理与盐酸系统相同。

3. 碱液再生系统

阴离子交换树脂的再生剂为烧碱,即氢氧化钠。

工业氢氧化钠产品有固体和液体两种,液体浓度约为30%,使用较为方便,其再生系统和设备与盐酸再生系统相同。为了提高阴离子树脂的再生效果,再生时多对碱液加热使用(在水射器前用蒸汽将压力水加热)。若采用固体烧碱(NaOH含量95%以上),则先将其溶解成30%~40%的碱液后再用。

图 9-11 所示为离子交换除盐的酸、碱液再生系统布置的实例。

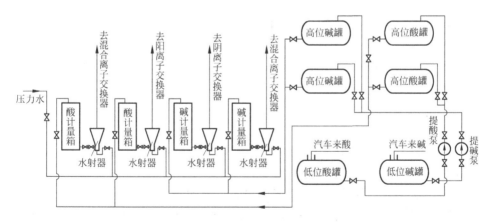

图 9-11　离子交换除盐的酸、碱液再生系统布置实例

9.4.3　除二氧化碳器

除二氧化碳器简称除碳器,是除去水中游离 CO_2 的设备。

除二氧化碳器有两类:鼓风式除碳器和真空式除碳器。

鼓风式除碳器主要由外壳、填料、中间水箱、风机等组成,设备见图 9-12,一般可以将水中游离 CO_2 降至 5 mg/L 以下。

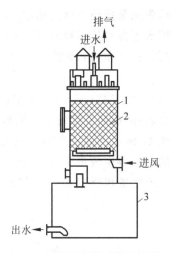

图 9-12　鼓风式除碳器的结构
1—除碳器；2—填料；3—中间水箱

真空式除碳器的原理是用真空泵或水射器从除碳器的上部抽真空，从水中除去溶解 CO_2 气体。此法还能除去溶解的 O_2 等气体，有益于防止树脂氧化和设备腐蚀。

9.5　离子交换法处理工业废水

在工业废水处理中，离子交换法主要用以回收重金属离子，也用于放射性废水和有机废水的处理。

9.5.1　离子交换法处理工业废水的特点

工业废水水质复杂，常含有各种悬浮物、油类和溶解盐类，在采用离子交换法处理前需要进行适当的预处理。

离子交换的处理效果受 pH 的影响较大，pH 会影响某些离子在废水中的形态，并影响树脂交换基团的离解。必要时需预先进行 pH 的调整。

离子交换的处理效果还受到温度的影响，温度高有利于交换速度的增加，但过高的水温对树脂有损害，应适当降温。

高价金属离子会引起离子交换树脂的中毒，即由于高价离子与树脂交换基团的结合能力极强，再生下来极为困难。因此，对于处理含有 Fe^{3+} 等高价离子的树脂，需要定期用高浓度的酸再生。

对于含有氧化剂的废水，应尽量采用抗氧化性好的树脂。

对于同时含有有机污染物的废水，可以采用大孔型树脂对有机物进行吸附。

废水处理的再生残液中污染物质的含量很高,应考虑回收利用。再生剂的选择要便于回收。离子交换处理只是一种浓缩过程,并不改变污染物的性质,对再生残液必须妥善处置。

离子交换树脂在工业废水处理中主要用于回收金属离子和进行低浓度放射性废水的预浓缩处理。

9.5.2 离子交换法处理工业废水的应用

离子交换法处理工业废水的重要用途是回收有用金属。

1. 离子交换法处理含铬废水

以下为某电镀含铬废水处理实例。

废水来源:电镀件漂洗水,含 $Cr^{6+} \leqslant 50$ mg/L。

废水除铬流程:含铬废水首先经过过滤除去悬浮物,再经过强酸性阳离子(RH)交换柱,除去金属离子(Cr^{3+}、Fe^{3+}、Cu^{2+} 等),然后进入强碱性阴离子(ROH)交换柱除铬,除去铬酸根 CrO_4^{2-} 和重铬酸根 $Cr_2O_7^{2-}$,出水中含 Cr^{6+} 浓度小于 0.5 mg/L,达到排放标准,并可以作为清洗水循环使用。阳树脂失效后用 4%~5% HCl 再生,用量为 2 倍树脂体积。阴离子(ROH)交换柱采用双柱串联,使前一级柱充分饱和后再进行再生,以节省再生剂用量,并提高再生残液中 Na_2CrO_4 的浓度。阴离子交换树脂交换容量约为 65 g Cr^{6+}/L。阴树脂失效后用 8% NaOH 再生,用量 1.2~2 倍树脂体积。离子交换法废水除铬部分的流程如图 9-13 所示。

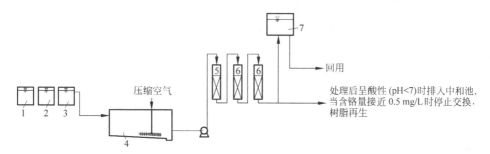

图 9-13 离子交换法废水除铬部分的流程

1—电镀槽;2—回收槽;3—清洗槽;4—含铬污水调节池;5—阳柱;6—阴柱;7—高位水箱

再生液回收铬酸流程:阴树脂再生洗脱液中含大量 Na_2CrO_4,再用一个专用的强酸性阳离子交换树脂柱脱去再生残液中的钠离子,即得到重铬酸 $H_2Cr_2O_7$,经蒸发浓缩后回用。再生液回收铬酸部分的流程见图 9-14。脱钠的 RH 阳离子交换柱用 4%~5% HCl 再生,用量 2 倍树脂体积。(注意,在碱性和中性条件下,Cr^{6+} 以铬酸的形式(H_2CrO_4)存在;在酸性条件下,以重铬酸的形式($H_2Cr_2O_7$)

存在。)

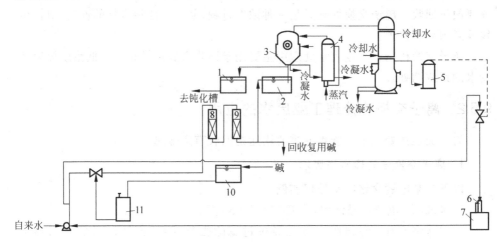

图 9-14 再生液回收铬酸部分的流程

1—回收浓铬酸槽；2—稀铬酸槽；3—蒸发罐；4—加热薄膜蒸发器；5—真空罐；6—缓冲罐；
7—循环水箱；8—阴柱；9—再生阳柱；10—化碱槽；11—碱液罐

2. 离子交换法处理含钼再生液

我国钼湿法冶炼行业中在预处理和酸沉降工序中会产生大量含钼酸性废液，采用大孔径弱碱性阴离子交换树脂可回收钼，只要树脂选择、交换流程和工艺参数设置得当，回收的含钼溶液可以直接进入主流程生产成品。

3. 离子交换法处理印刷线路板生产废水

用阳离子交换树脂处理印刷线路板生产废水，废水不需预处理，处理工艺流程短，设备结构简单，运行费用低，不产生二次污染，还可从再生废液中回收铜，有经济价值。

9-1 试比较软化与除盐处理的差异。

9-2 硬度是由水中哪些物质而产生的？可以怎样分类？

9-3 某自来水水质分析的硬度项目为：钙硬度(以 $CaCO_3$ 计)＝103 mg/L，镁硬度(以 $CaCO_3$ 计)＝44 mg/L。问采用离子交换计算所用常用单位应如何表达？数值是多少？

9-4 水按纯度可以分为哪几类？水的纯度指标是什么？

9-5 某地下水水质资料如下：总硬度(以 $CaCO_3$ 计)＝400 mg/L，其中钙硬度(以 $CaCO_3$ 计)＝255 mg/L，镁硬度(以 $CaCO_3$ 计)＝145 mg/L，含 Na^+ 67.6 mg/L，

K^+ 3.5 mg/L,碱度(以 $CaCO_3$ 计) 340 mg/L,SO_4^{2-} 110 mg/L,Cl^- 69.7 mg/L,溶解性总固体(105℃) 652 mg/L,pH=7.48。根据水质做水中离子关系的假想组合图,并从图中求得该水样的总硬度、碳酸盐硬度和非碳酸盐硬度。

9-6 某水样的分析结果为:含 Ca^{2+} 60 mg/L,Mg^{2+} 10 mg/L,Na^+ 17 mg/L,K^+ 20 mg/L,HCO_3^- 151 mg/L,SO_4^{2-} 96 mg/L,Cl^- 23.5 mg/L。画出假想离子组合图,并从图中求得该水样的总硬度、碳酸盐硬度和非碳酸盐硬度,并以 mmol/L 的形式表示。

9-7 离子交换树脂的结构与作用原理是什么?

9-8 简述离子交换软化和离子交换除盐的基本原理。

9-9 什么是工作交换容量?工作交换容量与全交换容量(总交换容量)的关系如何?影响工作交换容量的因素有哪些?

9-10 采用强酸性钠型阳离子交换柱进行水的软化处理。树脂全交换容量 Q 等于 2 000 mmol/L。顺流再生后树脂层底部的树脂仍有 40% 呈 Ca 型。针对下列不同的原水水质,试计算交换初期的出水硬度漏泄量。钙离子钠离子的离子交换选择系数 $K_{Na^+}^{Ca^{2+}}$ 等于 3。假设原水中的硬度等于 2.0 mmol/L,均为钙硬度,钠离子含量较低。

9-11 在水的除盐处理中利用工业液体烧碱再生(再生时稀释使用)强碱性阴离子交换树脂(Ⅰ型)。若工业液体烧碱中 NaOH 含量为 30%,而 NaCl 含量为 3.5%,试核算再生剂中杂质 NaCl 对再生阴树脂的影响。根据有关资料,对于强碱性Ⅰ型树脂,氯离子对氢氧根离子的选择系数等于 15。

9-12 试比较离子交换软化和除盐工艺,并列出所需离子交换树脂的类型。

9-13 试比较软化除碱工艺和除盐工艺。

9-14 为什么双级钠离子交换系统反而比单级系统节省再生剂的用量?

9-15 计算采用 RH—RNa 并联软化除碱系统处理时 RH 处理的水量比例 $H\%$。水质数据如下:总硬度(以 $CaCO_3$ 计)=400 mg/L,其中钙硬度(以 $CaCO_3$ 计) 255 mg/L,镁硬度(以 $CaCO_3$ 计) 145 mg/L,含 Na^+ 67.6 mg/L,K^+ 3.5 mg/L,碱度(以 $CaCO_3$ 计) 340 mg/L,SO_4^{2-} 110 mg/L,Cl^- 69.7 mg/L,溶解性总固体(105℃) 652 mg/L,pH=7.48。

9-16 为什么中高压锅炉用水需要软化除碱?

9-17 简述氢钠并联软化除碱系统原理。

9-18 请分析氢钠串联离子交换系统的流量分配计算公式。与并联系统的计算方法有什么区别?

9-19 为什么 RH 使用中多以 Na^+ 泄漏为终点?

9-20 一级复床中为什么阳离子树脂交换床总设在阴离子树脂交换床的前面?

9-21 离子交换软化除盐设备主要包括哪些部分?简述各部分的主要功能。

9-22　什么是固定床离子交换器？分为哪几类？固定床离子交换器的缺点有什么？如何克服？
9-23　与顺流再生相比，逆流再生为何能使离子交换出水水质显著提高？
9-24　保证逆流再生效果的关键是什么？
9-25　什么是连续床离子交换器？分为哪几类？并进行比较。
9-26　试说明混合床离子交换器的工作原理。其除盐效果好的原因是什么？
9-27　离子交换处理工业废水的特点有哪些？
9-28　目前离子交换工艺主要用于处理哪些工业生产废水？

第10章　膜　分　离

10.1　概　述

10.1.1　膜的定义和分类

广义的"膜"是指分隔两相界面的一个具有选择透过性的屏障，称其为"薄膜"，简称为"膜"。它的形态有多种，有固态和液态、均相和非均相、对称和非对称、带电和不带电等之分。一般膜很薄，其厚度可以从几微米（甚至到 $0.1\ \mu m$）到几毫米。尽管如此，不同形式的膜均具有一个特点，即渗透性或半渗透性。

膜是膜分离过程的核心。根据膜的分离机理、性质、形状、结构等的不同，膜有不同的分类方法：

(1) 按分离机理：主要有反应膜、离子交换膜、渗透膜等；
(2) 按膜的性质：主要有天然膜（生物膜）和合成膜（有机膜和无机膜）；
(3) 按膜的形状：有平板膜、管式膜和中空纤维膜；
(4) 按膜的结构：有对称膜、非对称膜和复合膜。

10.1.2　膜分离过程的定义和分类

膜分离是指以具有选择透过功能的薄膜为分离介质，通过在膜两侧施加一种或多种推动力，使原料中的某组分选择性地优先透过膜，从而达到混合物分离和产物提取、浓缩、纯化等的目的。原料中的溶质透过膜的现象一般叫做渗析；溶剂透过膜的现象叫做渗透。

膜分离过程有多种，不同的分离过程所采用的膜及施加的推动力不同。表 10-1 列出了几种工业应用膜分离过程的基本特性及适用范围。

微滤、超滤、纳滤与反渗透都是以压力差为推动力的膜分离过程。当在膜两侧施加一定的压差时，混合液中的一部分溶剂及小于膜孔径的组分透过膜，而微粒、大分子、盐等被截留下来，从而达到分离的目的。这四种膜分离过程的主要区别在于被分离物质的大小和所采用膜的结构和性能不同。微滤的分离范围为 $0.05\sim 10\ \mu m$，压力差为 $0.015\sim 0.2\ MPa$；超滤的分离范围为 $0.001\sim 0.05\ \mu m$，压力差为

表 10-1 几种工业应用膜分离过程的基本特性及适用范围

过程	简图	膜类型	推动力	传递机理	透过物	截留物
微滤 (0.05~10 μm)	进料→滤液(水)	均相膜、非对称膜	压力差 约 0.2 MPa	筛分	水、溶剂溶解物	悬浮物、微粒、细菌
超滤 (0.001~0.05 μm)	进料→浓缩液/滤液	非对称膜、复合膜	压力差 0.1~1 MPa	微孔筛分	溶剂、离子及小分子	生物大分子
反渗透 (0.0001~0.001 μm)	进料→溶质/溶剂	非对称膜、复合膜	压力差 2~10 MPa	优先吸附、毛细孔流动	水	溶剂、溶质大分子、离子
渗析	进料→净化液;扩散液→接受液	非对称膜、离子交换膜	浓度差	扩散	低相对分子质量溶质、离子	溶剂相对分子质量>1 000
电渗析	阴离子交换膜/阳离子交换膜, 浓电解质, 进料, 产品(溶剂), 气体	离子交换膜	电势差	反离子迁移	离子	同名离子、水分子
膜电解	气体 B/气体 A, 产品 B/产品 A, 进料	离子交换膜	电势差	电解质离子选择传递、电极反应	电解质离子	非电解质离子
渗透气化	进料→溶质或溶剂/溶剂或溶质	均相膜、复合膜、非对称膜	压力差	溶解-扩散	蒸气	难渗液体

0.1～1 MPa；反渗透常用于截留溶液中的盐或其他小分子物质，压力差与溶液中的溶质浓度有关，一般在 2～10 MPa；纳滤介于反渗透和超滤之间，脱盐率及操作压力通常比反渗透低，一般用于分离溶液中相对分子质量为几百至几千的物质。

电渗析是指在电场力作用下，溶液中的反离子发生定向迁移并通过膜，以去除溶液中离子的一种膜分离过程。所采用的膜为荷电的离子交换膜。目前电渗析已大规模用于苦咸水脱盐、纯净水制备等，也可以用于有机酸的分离与纯化。膜电解与电渗析的传递机理相同，但膜电解存在电极反应，主要用于食盐电解生产氢氧化钠及氯气等。

渗透气化与蒸气渗透的基本原理是利用被分离混合物中某组分有优先选择性透过膜的特点，使进料侧的优先组分透过膜，并在膜下游侧气化去除。渗透气化和蒸气渗透过程的区别仅在于进料的相态不同，前者为液相进料，后者为气相进料。这两种膜分离技术还处在开发之中。

10.1.3 膜分离特点

与传统分离技术相比，膜分离技术具有以下特点：

(1) 在膜分离过程中，不发生相变，能量转化效率高；

(2) 一般不需要投加其他物质，不改变分离物质的性质，并节省原材料和化学药品；

(3) 膜分离过程中，分离和浓缩同时进行，可回收有价值的物质；

(4) 可在一般温度下操作，不会破坏对热敏感和对热不稳定的物质，并且不消耗热能；

(5) 膜分离法适应性强，操作及维护方便，易于实现自动化控制，运行稳定。

因此，膜分离技术除大规模用于海水淡化、苦咸水淡化、纯水生产外，在城市生活饮用水净化、城市污水处理与利用以及各种工业废水处理与回收利用等领域也逐步得到推广和应用。

10.1.4 膜分离的表征参数

膜分离的特征或效率通常用两个参数来表征：渗透性和选择性。

1. 渗透性

渗透性也称为通量或渗透速率，表示单位时间通过单位膜面积的渗透物的通量，可以用体积通量来表示，单位为 $m^3/(m^2 \cdot s)$。当渗透物为水时，称为水通量。根据密度和摩尔质量也可以把体积通量转换成质量通量和摩尔通量，单位分别为 $kg/(m^2 \cdot s)$ 和 $kmol/(m^2 \cdot s)$。渗透性反映了膜的效率(生产能力)。

压力推动型的几种膜过程的水通量和压力范围见表 10-2。水通量与过滤压力的大小有关,可在一定的压力下通过清水过滤试验测得。

表 10-2　压力推动型膜过程的水通量及压力范围

膜过程	压力范围/10^5 Pa	通量范围/(L/(m²·h))
微滤	0.1～2.0	>50
超滤	1.0～10.0	10～50
纳滤	10～20	1.4～12
反渗透	20～100	0.05～1.4

2. 选择性

膜分离的选择性是指在混合物的分离过程中膜将各组分分离开来的能力,对于不同的膜分离过程和分离对象,其选择性可用不同的方法表示。

对于溶液脱盐或脱除微粒、高分子物质等情况,可用截留率 β 表示。微粒或溶质等被部分或全部截留下来,而水分子可以自由地通过膜,截留率 β 的定义如下:

$$\beta = \frac{C_F - C_P}{C_F} \tag{10-1}$$

式中:C_F、C_P——膜过滤原水和出水中物质的量浓度。

10.1.5　膜组件型式

由膜、固定膜的支撑材料、间隔物或外壳等组装成的一个单元称为膜组件。膜组件的结构与型式取决于膜的形状,工业上应用的膜组件主要有中空纤维式、管式、螺旋卷式、板框式等型式,见图 10-1。各种膜组件的综合性能比较见表 10-3。

表 10-3　各种膜组件的综合性能比较

组件型式	管式	板框式	螺旋卷式	中空纤维式
组件结构	简单	非常复杂	复杂	简单
装填密度/(m²/m³)	30～328	30～500	200～800	500～30 000
相对成本	高	高	低	低
水流湍动性	好	中	差	差
膜清洗难易	易	易	难	较易
对预处理要求	低	较低	较高	低
能耗	高	中	低	低

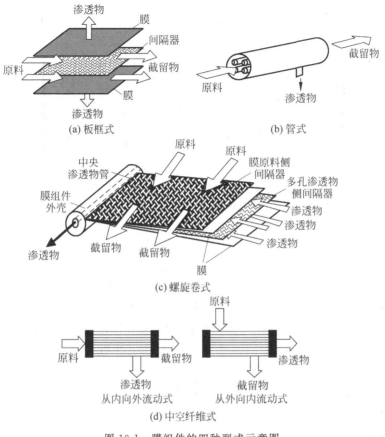

图 10-1 膜组件的四种型式示意图

10.2 电 渗 析

10.2.1 电渗析的原理与过程

1. 电渗析的基本原理

电渗析是在直流电场的作用下,利用阴、阳离子交换膜对溶液中阴、阳离子的选择透过性(即阳膜只允许阳离子通过,阴膜只允许阴离子通过),使溶液中的溶质与水分离的一种物理化学过程。

图 10-2 为电渗析原理图。在阴极与阳极之间,将阳膜与阴膜交替排列,并用特制的隔板将这两种膜隔开,隔板内有水流的通道。离子减少的隔室称为淡室,其出水为淡水;离子增多的隔室称为浓室,其出水为浓水。进入淡室的含盐水,在两端电极接通直流电源后,即开始电渗析过程,水中阳离子不断透过阳膜

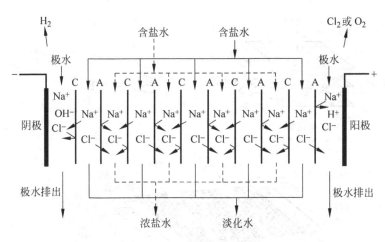

图 10-2　电渗析基本原理
C—阳膜；A—阴膜

向阴极方向迁移,阴离子不断透过阴膜向阳极方向迁移,其结果是,含盐水逐渐变成淡化水。对于进入浓室的含盐水,阳离子在向阴极方向迁移中不能透过阴膜,阴离子在向阳极方向迁移中不能透过阳膜,而由邻近淡室迁移透过的离子使浓室内离子浓度不断增加,形成浓盐水。这样,在电渗析器中就形成了淡水和浓水两个系统。

同时,在电极和溶液的界面上,通过氧化、还原反应,发生电子与离子之间的转换,即电极反应。

以食盐水溶液为例,阴极还原反应为

$$H_2O \Longrightarrow H^+ + OH^- \tag{10-2}$$

$$2H^+ + 2e^- \Longrightarrow H_2 \uparrow \tag{10-3}$$

阳极氧化反应为

$$H_2O \Longrightarrow H^+ + OH^- \tag{10-4}$$

$$4OH^- \Longrightarrow O_2 \uparrow + 2H_2O + 4e^- \tag{10-5}$$

或

$$2Cl^- \Longrightarrow Cl_2 \uparrow + 2e^- \tag{10-6}$$

所以,在阴极不断排出氢气,在阳极则不断有氧气或氯气放出。此时阴极室溶液呈碱性,当水中有 Ca^{2+}、Mg^{2+}、HCO_3^- 等离子时,会生成 $CaCO_3$ 和 $Mg(OH)_2$ 水垢,集结在阴极上,而阳极室溶液则呈酸性,对电极产成强烈的腐蚀。

在电渗析过程中,消耗的电能主要用于克服电流通过溶液和膜时所受到的阻力以及电极反应的发生。电渗析运行时,进水分别不断流经浓室、淡室以及极室。淡室出水即为淡化水,浓室出水即为浓盐水,极室出水不断排出电极过程的反应物质,以保证电渗析的正常运行。对于给水处理,需要的是淡水,浓水则废弃排走;对于工业废水处理,浓水可用于回收有用物质,淡水或者无害化后排放,或者重复利用。

这里要注意的是,每个室内离子的正负电荷是平衡的。但是电渗析的特点是只能将电解质从溶液中分离出去,不能去除有机物等。

2. 电渗析中的传递过程

在电渗析过程中,存在一系列的传递过程:

(1) 相反电荷离子迁移　由于离子交换膜的选择透过性,与离子交换膜所带电性相反的离子发生迁移,这是电渗析发生的主要过程。

(2) 相同电荷离子迁移　由于离子交换膜的选择透过性不可能达到100%,有时会发生相同电荷离子迁移,即与膜所带电荷相同的离子穿过膜。浓水中阳离子穿过阴膜,阴离子穿过阳膜。随着浓室盐浓度增加,这种同离子迁移影响加大。

(3) 电解质浓差扩散　由于膜两侧溶液浓度不同,电解质由浓室向淡室扩散,其扩散速率随浓度差的升高而增大。

(4) 水的渗透　由于淡室溶液浓度低,在渗透压的作用下,会使淡室的水向浓室渗透。浓度差越大,水的渗透量也越大,这一过程会使淡水产量降低。

(5) 水的电渗透　相反和相同电荷离子,实际上都以水合离子形式存在,在迁移过程中携带一定数量的水分子迁移,这就是水的电渗透。随着淡室溶液浓度的降低,水的电渗透量急剧增加。

(6) 水的压渗　当浓室和淡室存在着压力差时,溶液由压力大的一侧向压力小的一侧渗漏,称为水的压渗。操作时应保持两侧压力基本平衡。

(7) 水的电离　电渗析运行时,由于电流密度和液体流速不匹配,电解质离子未能及时补充到膜的表面,而造成淡室水的电离生成 H^+ 和 OH^-,它们可以穿过阳膜和阴膜。

综上所述,在电渗析过程中,同时发生着多种复杂过程,其中相反电荷离子迁移是电渗析除盐的主要过程,其他都是次要过程,但这些次要过程会影响和干扰电渗析的主要过程。相同电荷离子迁移和电解质浓差扩散与主过程相反,因此影响除盐效果;水的渗透、电渗透和压渗会影响淡室产水量,也会影响浓缩效果;水的电离会使耗电量增加,导致浓室极化结垢,从而影响电渗析的正常运行。因此,必须选择优质离子交换膜和最佳的电渗析操作条件,以便消除或改善这些次要过程的影响。

10.2.2　离子交换膜及其作用机理

1. 离子交换膜的种类

离子交换膜是电渗析器的重要组成部分。

1) 按选择透过性能分类

主要分为阳离子交换膜与阴离子交换膜,即阳膜和阴膜。阳膜膜体中含有带负电的酸性活性基团,这些活性基团主要有磺酸基($-SO_3H$)、磷酸基($-PO_3H_2$)、膦酸基($-OPO_3H$)、羧酸基($-COOH$)、酚基($-C_6H_4OH$)等,在水中电离后,呈负电性。阴膜膜体中含有带正电荷的碱性活性基团。这些活性基团主要有季铵基$[-N(CH_3)_3OH]$、伯胺基($-NH_2$)、仲胺基($-NHR$)、叔胺基($-NR_2$)等,电离后,呈正电性。

2) 按膜体结构分类

可分为异相膜、均相膜、半均相膜三种。

异相膜是将离子交换树脂磨成粉末,加入粘合剂(如聚苯乙烯等),滚压在纤维网(如尼龙网、涤纶网等)上,也有直接滚压成膜的。由这种方式形成的膜,其化学结构是不连续的。这类膜制造容易,价格便宜,但一般选择性较差,膜电阻较大。

均相膜是将离子交换树脂的母体材料作为成膜高分子材料,制成连续的膜状物,然后在其上嵌接活性基团而制成。这类膜中离子交换活性基团与成膜高分子材料发生化学结合,其组成完全均匀。这类膜具有优良的电化学性能和物理性能,是近年来离子交换膜的主要发展方向。

半均相膜是将成膜高分子材料与离子交换活性基团均匀组合而成的,但它们之间并没有形成化学结合。半均相膜的外观、结构和性能都介于异相膜和均相膜之间。

3) 按材料性质分类

可分为有机离子交换膜和无机离子交换膜。目前使用最多的磺酸型阳离子交换膜和季铵型阴离子交换膜都属于有机离子交换膜。无机离子交换膜是用无机材料制成的,如磷酸锆和矾酸铝,是在特殊场合使用的新型膜。

2. 离子交换膜的选择透过性

离子选择透过性是离子交换膜的主要特征,即阳膜只允许阳离子通过,阴膜只允许阴离子通过。而实际上离子交换膜的选择透过性并不是那么理想,因为总是有少量的同号离子(即与膜上的固定活性基团电荷符号相同的离子)同时透过。

以阳膜为例,阳膜对阳离子的选择透过性可由下式表示:

$$P_+ = \frac{\bar{t}_+ - t_+}{1 - t_+} \times 100\% \qquad (10\text{-}7)$$

式中:P_+——阳膜对阳离子的选择透过率,%;

t_+——阳离子在溶液中的迁移数,指通电时阳离子所迁移的电量与所有离子迁移的总电量的比值;

$\bar{t}_+$——阳离子在阳膜内的迁移数,理想膜的$\bar{t}_+$值应等于1。

式(10-7)的分子表示在实际膜的条件下,阳离子在阳膜内和在溶液中的迁移数之差,分母表示在理想膜的情况下,阳离子在阳膜内和在溶液中的迁移数之差,其比值即为实际阳膜对阳离子的选择透过率。阳膜应对阳离子具有较高的选择透过性,即对阳离子的选择透过率应大于0.9,对阴离子的迁移透过率应小于0.1。P_+值越接近于100%,阳膜的选择透过性越好。

3. 离子交换膜的选择透过性机理

电渗析离子交换膜在化学性质上和离子交换树脂很相像,都是由某种聚合物构成的,均含有由可交换离子组成的活性基团。但离子交换树脂在达到交换平衡时,树脂就会失效,需要通过再生使树脂恢复离子交换性能。而离子交换膜在使用期内无所谓失效,也不需要再生。

这里,以阳离子交换膜为例,论述离子交换膜的选择性透过机理。

如图10-3所示,阳离子交换膜中含有很高浓度的带负电荷的固定离子(如磺酸根SO_3^-)。这种固定离子与聚合物膜基相结合,由于电中性原因,会被在周围流动的反离子所平衡。由于静电互斥的作用,膜中的固定离子将阻止其他相同电荷的离子进入膜内。因此,在电渗析过程中,只有反离子才可能在电场的作用下渗透通过膜。如同金属晶格中的电子一样,这些反离子在膜中可以自由移动。而在膜内可移动的同电荷离子的浓度则很低。这种效应早在1911年就由道南(Donnan)论述过了,称为道南排斥效应。离子交换膜的离子选择透过性是以这种效应为基础的。而这种道南排斥效应只有当膜中的固定离子浓度高于周围溶液中的离子浓度时才有效。

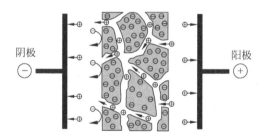

图10-3 离子交换膜的选择性透过机理

10.2.3 电渗析器的构造与组装

1. 电渗析器的构造

电渗析器包括压板、电极托板、电极、极框、阳膜、阴膜、隔板甲、隔板乙等部件,将这些部件按一定顺序组装并压紧,其组成及排列如图10-4所示。整个结构本体可分为膜堆、极区、紧固装置三部分,附属设备包括各种料液槽、直流电源、水泵和进水预处理设备等。

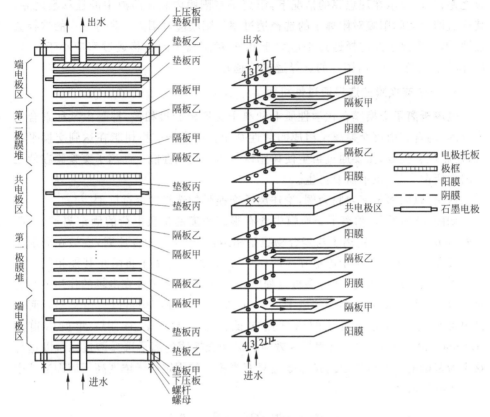

图 10-4 电渗析器组成及排列示意图

1) 膜堆

膜堆主要由交替排列的阴、阳离子交换膜和交替排列的浓、淡室隔板组成。一对阴、阳膜和一对浓、淡水隔板交替排列，称为膜对，即为最基本的脱盐单元。电极（包括中间电极）之间有若干组膜对堆叠在一起即为膜堆。组装前需要对膜进行预处理，首先将膜放入操作溶液中浸泡 24~48 h，然后才能剪裁打孔。膜的尺寸大小应比隔板周边小 1 mm，比隔板水孔大 1 mm。电渗析停转时，应在电渗析器中充满溶液，以防膜变质发霉或干燥破裂。

隔板用于隔开阴、阳膜，上有配水孔、布水槽、流水道以及搅动水流用的隔网。聚氯乙烯、聚丙烯、合成橡胶等都是常见的隔板材料。常用隔网有鱼鳞网、编织网、冲模式网等。浓、淡水隔板由于连接配水孔与流水道的布水槽的位置有所不同，而区分为隔板甲和隔板乙（图 10-5），分别构成相应的浓室和淡室。隔板流水道分为有回路式和无回路式两种。有回路式隔板流程长、流速高、电流效率高、一次除盐效果好，适用于流量较小而除盐率要求较高的场合；无回路式隔板流程短、流速低，要求隔网搅动作用强,水流分布均匀,适用于流量较大而除盐率较低的除盐系统。

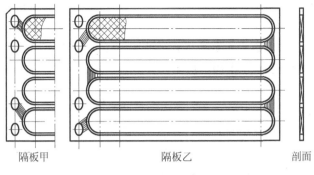

图 10-5　隔板示意图

2) 极区

电极区由电极、极框、电极托板、橡胶垫板等组成。电极材料常选用铅板或石墨,以防腐蚀。极框用于防止膜贴到电极上,保证极室水流畅通;电极托板用来承托电极并连接进、出水管。

3) 紧固装置

紧固装置用来把整个极区与膜堆均匀夹紧,使电渗析器在压力下运行时不致漏水。压板由槽钢加强的钢板制成,紧固时四周用螺杆拧紧。

4) 配套设备

电渗析的配套设备还包括整流器、水泵、转子流量计等。

2. 电渗析器的组装

电渗析器的组装方式有几种,如图 10-6 所示。一对正、负电极之间称一级,具有同一水流方向的并联膜称一段。在一台装置中,膜的对数(阴、阳膜各 1 张称为一对)可在 120 对以上。一台电渗析器分为几级的原因在于降低两个电极间的电压,分为几段的原因是为了使几个段串联起来,加长水的流程长度。

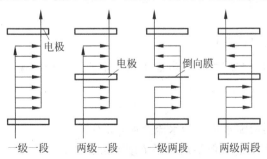

图 10-6　电渗析器组装方式

10.2.4 浓差极化与极限电流密度

1. 浓差极化

浓差极化是电渗析过程中普遍存在的现象。下面以 NaCl 溶液在电渗析中的迁移过程为例进行说明(如图 10-7 所示)。

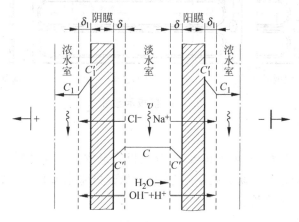

图 10-7 电渗析过程中的浓差极化

在直流电场的作用下,淡水室中的 Na^+ 和 Cl^- 分别向阴极和阳极做定向运动,透过阳膜和阴膜,并各自传递一定的电荷。电渗析器中电流的传导是靠正负离子的运动来完成的。Na^+ 和 Cl^- 在溶液中的迁移数可近似认为 0.5。以阴膜为例,根据离子交换膜的选择性,阴膜只允许 Cl^- 透过,因此 Cl^- 在阴膜内的迁移数要大于其在溶液中的迁移数。为维持正常的电流传导,必然要动用膜边界层的 Cl^- 以补充此差数。这样就造成边界层和主流层之间出现浓度差 $(C-C')$。当电流密度增大到一定程度时,离子迁移被强化,使膜边界层内 Cl^- 离子浓度 C' 趋于零时,边界层内的水分子就会被电解成 H^+ 和 OH^-,OH^- 将参与迁移,以补充 Cl^- 的不足。这种现象即为浓差极化现象。使 C' 趋于零时的电流密度称为极限电流密度。

2. 极限电流密度的确定

电渗析的极限电流密度 $i_{\lim}$ 与电渗析隔板水流道中的流速、离子的平均浓度有关,其关系式可以用下式表示:

$$i_{\lim} = K_P C v^n \tag{10-8}$$

式中：v——淡水隔板流水道中的水流速度,cm/s;

C——淡室中水的对数平均离子浓度,mmol/L;

K_P——水力特性系数,$K_P = \dfrac{FD}{1\,000(\bar{t}_+ - t_+)k}$,其中 D 为膜扩散系数(cm^2/s);

F 为法拉第常数,等于 96 500 C/mol;系数 k 与隔板形式及厚度等因素有关。

极限电流密度的测定,通常采用电压-电流法:

(1) 在进水浓度稳定的条件下,固定浓、淡水和极室水的流量与进口压力;

(2) 逐次提高操作压力,待工作稳定后,测定与其相应的电流值;

(3) 以膜对电压对电流密度作图,并从曲线两端分别通过各试验点作直线,如图 10-8 所示,从两直线交点 P 引垂线交曲线于 C,点 C 的电流密度和膜对电压即为极限电流密度和与其相对应的膜对电压。

在每一个流速 v 下,可得出相应的 i_{lim} 和淡室中水的对数平均离子浓度 C 值。再用图解法即可确定公式(10-8)中的 K_P 和 n 值。

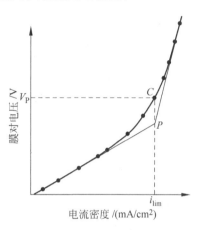

图 10-8 极限电流密度的确定

3. 防止极化与结垢的措施

电渗析发生浓差极化时,会产生以下不利现象:

(1) 使部分电能消耗在水的电离过程中,降低了电流效率。

(2) 阴膜的淡室中离解出的 OH^- 通过阴膜进入浓室,使浓室的 pH 增大,产生 $CaCO_3$ 和 $Mg(OH)_2$ 沉淀,在阴膜的浓室侧结垢,从而使膜电阻增大,耗电量增加,出水水质降低,膜的使用期限缩短。

(3) 极化严重时,淡室呈酸性。

目前防止或消除极化和结垢的主要措施有:

(1) 控制操作电流在极限电流密度的 70%~90% 下运行,以避免极化现象的发生,减缓水垢的生成。

(2) 定时倒换电极,使浓、淡室亦随之相应变换,这样,阴膜两侧表面上的水垢,溶解与沉积相互交替,处于不稳定状态,见图 10-9。

(3) 定期酸洗,用浓度为 1%~1.5% 的盐酸溶液在电渗析器内循环清洗以消除结垢,酸洗周期从每周一次到每月一次,视实际情况而定。

10.2.5 电渗析器工艺设计与计算

1. 电流效率与电能效率

电渗析用于水的淡化时,一个淡室(相当于一对膜)实际去除的盐量为

$$m_1 = q(C_F - C_P)tM_B/1\,000 \quad (g) \tag{10-9}$$

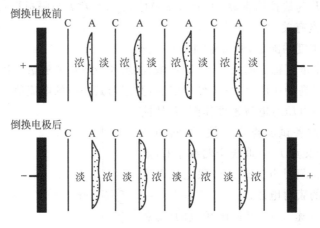

图 10-9　倒换电极前后结垢情况示意图
C—阳膜；A—阴膜

式中：q——一个淡室的出水量，L/s；

C_F、C_P——进、出水含盐量，计算时均以当量粒子作为基本单元，mmol/L；

t——通电时间，s；

M_B——物质的摩尔质量，以当量粒子作为基本单元，g/mol。

根据法拉第定律，应析出的盐量为

$$m_2 = ItM_B/F \tag{10-10}$$

式中：F——法拉第常数，等于 96 500 C/mol；

I——电流强度，A。

电渗析器电流效率等于一个淡室实际去除的盐量与应析出的盐量之比，即

$$\eta = \frac{\text{实际去除的盐量}}{\text{理论去除的盐量}} \times 100\% = \frac{q(C_F - C_P)F}{1\,000 I} \times 100\% \tag{10-11}$$

电能效率是衡量电能利用程度的一个指标，可定义为整台电渗析器脱盐所需的理论耗电量与实际耗电量之比值，即

$$\text{电能效率} = \frac{\text{理论耗电量}}{\text{实际耗电量}}$$

目前电渗析器的实际耗电量比理论耗电量要大得多，因此电能效率仍较低。

2. 工作电压

两个电极之间的工作电压等于

$$V = V_e + \sum V_s \tag{10-12}$$

式中：V_e——每对电极的极区电压，约 15～20 V；

$\sum V_s$——膜对电压之和（包括隔板水层电压与膜电压），每一膜对电压约

为 $2\sim4$ V，其值与膜性能和原水含盐量有关。

如膜对数很多，可增加串联的电渗析器的级数，以降低电极的电压总需要量。

单位体积淡水产量所消耗的电能 $W(kW \cdot h/(m^3\ 水))$ 为

$$W = \frac{VI}{Q} \times 10^{-3} \tag{10-13}$$

式中：Q——电渗析器淡水总产量，m^3/h；

V——电渗析器工作电压，V。

3. 总流程长度

电渗析总流程长度，即在给定条件下需要的脱盐流程长度。对于一级一段或多级一段组装的电渗析器，脱盐总流程长度也就是隔板的流水道总长度。

设隔板厚度为 $d(cm)$，流水道宽度为 $b(cm)$，流水道长度为 $l(cm)$，膜的有效面积为 $bl(cm^2)$，则平均电流密度等于

$$i = \frac{1\,000 I}{bl}\ (mA/cm^2) \tag{10-14}$$

一个淡室的流量可表示成

$$q = \frac{dbv}{1\,000}\ (L/s) \tag{10-15}$$

式中：v——隔板流水道中的水流速度，cm/s。

将式(10-14)和式(10-15)代入式(10-11)，得出所需要的脱盐流程长度为

$$l = \frac{vdF(C_F - C_P)}{i\eta 1\,000}\ (cm) \tag{10-16}$$

4. 膜对数

电渗析器并联膜对数为

$$n = 278 \frac{Q}{dbv} \tag{10-17}$$

式中：Q——电渗析器淡水总产量，m^3/h；

278——单位换算系数。

【**例 10-1**】 咸水水温 25℃，含有 3 000 mg/L 的溶解盐，主要是 NaCl，淡水产量 7 m^3/h，要求出水溶解盐含量为 500 mg/L。计算电渗析装置。

【**解**】 进、出水的含盐量为

$$C_F = 3\,000/58.5 = 51.28\ mmol/L$$
$$C_P = 500/58.5 = 8.55\ mmol/L$$

根据一般电渗析器的规格,电渗析隔板厚 d 取 2 mm,隔板内流水道宽度 b 取 6.7 cm;水在隔板的流水道中流速 v 取 10 cm/s,电流密度根据参考资料选用 5 mA/cm²,电流效率 η 取 0.85。

隔板水流道总长度为

$$l = \frac{vdF(C_F - C_P)}{i\eta 1\,000} = \frac{10 \times 0.2 \times 96\,500(51.28 - 8.55)}{5 \times 0.85 \times 1\,000} = 1\,940 \text{ cm}$$

膜对数为

$$n = 278\frac{Q}{dbv} = 278 \times \frac{7}{0.2 \times 6.7 \times 10} = 146 \text{ 对}$$

用塑料隔板 146 对,阴膜 146 张,阳膜 147 张(靠极框边均用阳膜)。

隔板(或膜)面积利用率按 70% 计,隔板(或膜)需要的面积 ω 为

$$\omega = \frac{bl}{a} = \frac{6.7 \times 1\,940}{0.7} = 18\,568 \text{ cm}^2$$

阴、阳膜总面积为 $1.9 \times (146 + 147) = 557 \text{ m}^2$

由于膜对数较多,组装成二级一段形式,中间放置共电极,二级并联供电。每膜对电压取 3.5 V,则工作电压为

$$V = V_e + \sum V_s = 15 + 73 \times 3.5 = 271 \text{ V}$$

由于有共电极,操作电流应为二级电流之和:

$$I = 2bli \times 10^{-3} = 2 \times 6.7 \times 1\,940 \times 5 \times 10^{-3} = 130 \text{ A}$$

电渗析耗电量为

$$W = \frac{VI}{Q} \times 10^{-3} = \frac{271 \times 130}{7} \times 10^{-3} = 5 \text{ kW·h/(m}^3 \text{ 水)}$$

10.2.6 电渗析的应用

电渗析所需能量与受处理水的盐浓度成正比,所以不太适合于处理海水及高浓度废水。苦咸水(盐浓度<10 g/L)的除盐是电渗析最主要的用途,可作为离子交换制纯水的预处理过程,以提高离子交换柱的生产能力,延长交换周期。

除在给水处理中用于脱盐外,电渗析还可以利用电极反应,用于工业废水酸碱和金属的回收。例如,用电渗析从酸洗废液中回收硫酸和铁时,在正、负极之间放置阴膜(图 10-10),阴极室进酸洗废液(含 H_2SO_4、$FeSO_4$),阳极室进稀硫酸,通直流电后,利用电极反应生成的 H^+ 与透过阴膜的 SO_4^{2-} 结合成纯净的 H_2SO_4;阴极板上则可回收纯铁。如阴膜两侧都进酸洗废液,则得不到纯净的 H_2SO_4。

图 10-11 是从芒硝(Na_2SO_4)废液中回收 H_2SO_4 和 $NaOH$ 的电渗析示意图。

阳极室进稀 H_2SO_4,阴极室进稀 $NaOH$,阴、阳膜之间进芒硝废液。在阳极室,H^+ 与透过阴膜的 SO_4^{2-} 结合成纯净的 H_2SO_4;在阴极室,OH^- 与透过阳膜的 Na^+ 结合成纯净的 $NaOH$。

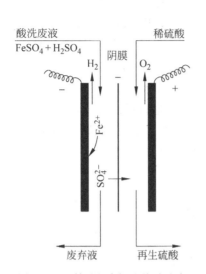

图 10-10 利用电渗析法从酸洗废液中回收酸和铁

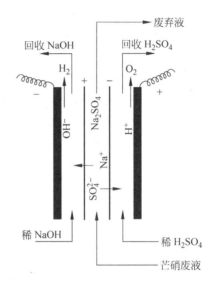

图 10-11 利用电渗析法从芒硝废液中回收酸和碱

在处理工业废水时,要注意酸、碱或强氧化剂以及有机物等对膜的侵害和污染作用,这往往是限制电渗析法使用的瓶颈。

10.3 扩散渗析

10.3.1 扩散渗析的原理

扩散渗析是指利用离子交换膜将浓度不同的进料液和接受液隔开,溶质从浓度高的一侧透过膜而扩散到浓度低的一侧,当膜两侧的浓度达到平衡时,渗析过程即停止进行。浓度差是渗析的唯一推动力。在渗析过程中进料液和接受液一般是逆向流动的。

在扩散渗析过程中,离子 i 通过膜的通量为

$$J_i = K_i \Delta C_i \tag{10-18}$$

式中:K_i——离子 i 的渗透系数,m/s;

ΔC_i——膜两侧浓度差,mol/m³;

J_i——离子 i 的渗透通量,mol/(m²·s)。

扩散渗析主要用于酸、碱的回收。在碱性条件下,可使用阳离子交换膜(阳膜)

从盐溶液中回收烧碱;在酸性条件下,可使用阴离子交换膜(阴膜)从盐溶液中回收酸。扩散渗析用于酸、碱回收,不消耗能量,回收率可达 70%～90%,但不能将它们浓缩。

下面以从 H_2SO_4、$FeSO_4$ 溶液中回收废酸为例进一步阐述扩散渗析的过程,如图 10-12 所示。回收酸需采用阴膜,阴膜带正电,允许 SO_4^{2-} 通过。在浓度差推动下,原液室中的 SO_4^{2-} 向回收室的水中扩散渗析。除本身带电外,离子交换膜孔道具有一定大小,因此还有"分子筛"的作用。当 SO_4^{2-} 向回收室迁移时,也会夹带 H^+ 及 Fe^{2+} 过去,但因为 H^+ 小于 Fe^{2+},H^+ 随 SO_4^{2-} 渗析过去,而大部分 Fe^{2+} 被阻挡。同时回收室中 OH^- 离子浓度比原液室中的高,通过阴膜进入原液室,与原液室中的 H^+ 离子结合成水。结果从回收室流出的是硫酸,从原液室流出的是 $FeSO_4$ 残液。用扩散渗析法回收硫酸,只有原废水硫酸浓度大于 10% 时,才有实用价值。

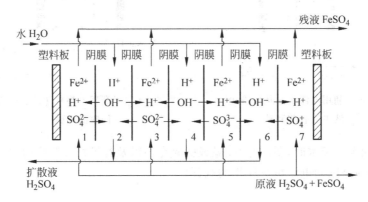

图 10-12 扩散渗析示意图

10.3.2 扩散渗析的应用

扩散渗析具有设备简单、投资少、基本不耗电等优点,可用于:①从冶金工业的金属处理废液中回收硫酸(H_2SO_4)或盐酸(HCl);②从浓硫酸法木材糖化液中回收硫酸;③从粘胶纤维工业的碎木浆料处理液中回收氢氧化钠(NaOH);④从离子交换树脂装置的再生废液中回收酸、碱等。目前在工业上应用较多的是钢铁酸洗废液的回收处理。钢铁酸洗废液一般含 10% 左右的硫酸和 12%～22% 的硫酸亚铁($FeSO_4$)。

图 10-13 是某五金厂采用扩散渗析法从酸洗钢材废液中回收硫酸的工艺流程。原废酸液含硫酸 60～80 g/L,硫酸亚铁 150～200 g/L。经扩散渗析法处理,酸回收率达 70%,回收的酸液含硫酸 42～56 g/L,硫酸亚铁 <15 g/L。全部设备投资在两年内由回收的硫酸和硫酸亚铁的收入偿还。

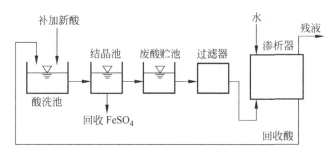

图 10-13　扩散渗析回收硫酸的工艺流程

10.4　反渗透与纳滤

10.4.1　渗透压和反渗透原理

1. 渗透压

用一种半透膜将淡水和盐水隔开,淡水中的水分子则会自发地通过半透膜而渗流入盐水中(如图 10-14(a)),一直到盐水侧的水位上升到一定高度为止,这就是渗透现象。

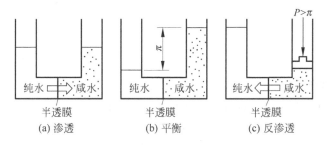

图 10-14　渗透与反渗透现象

渗透现象是一种自发过程,但要有半透膜才能表现出来。根据热力学原理,溶液中水的化学势可以用下式计算:

$$\mu = \mu^{\ominus} + RT \ln x + V_w p \tag{10-19}$$

式中:μ——指定温度、压力下溶液中水的化学势;

$\mu^{\ominus}$——指定温度、压力下纯水的标准化学势;

x——溶液中水的摩尔分数;

R——摩尔气体常数,等于 8.314 J/(mol·K);

T——热力学温度,K;

V_w——水的摩尔体积,m³/mol;

p——压力,Pa。

由于 x 小于 1,$\ln x$ 为负值,故 $\mu^{\ominus} > \mu$,亦即纯水的化学势高于盐水中水的化学势,因此水分子向化学势低的盐水侧渗透。

当渗透达到动态平衡时,半透膜两侧存在一定的水位差或压力差(如图 10-14(b)),此高度称为盐水的渗透压 π。如在盐水侧施加压力 p,当 $p=\pi$ 时,则水分子在膜两侧通过的数目相等,达到平衡状态。当压力 $p>\pi$ 时,则盐水中的水分子将流向淡水中去,使盐水增浓,这就是反渗透现象(图 10-14(c))。

渗透压是区别溶液与纯水性质之间差别的一种标志,可用下式进行计算:

$$\pi = \varphi CRT \tag{10-20}$$

式中:π——溶液渗透压,Pa;

C——溶液的浓度,mol/m³;

T——热力学温度,K;

φ——范特霍夫系数,对于海水,i 约等于 1.8。

如半透膜两侧为不同浓度的溶液,则渗透的趋势为该二溶液渗透压力之差,稀溶液内的水分子将渗入到较浓溶液中。

【例 10-2】 求温度为 25℃,含盐量为 3.43% 的海水的渗透压。

【解】 3.43% 的盐浓度换算为物质的量浓度为 0.56×10^3 mol/m³。其渗透压为

$$\pi = \varphi RTC = 1.8 \times 0.56 \times 10^3 \times 8.314 \times (273+25) = 2.5 \times 10^6 \text{ Pa}$$

2. 反渗透原理

反渗透(RO)是利用反渗透膜选择性地只允许溶剂(通常是水)透过而截留离子物质的性质,以膜两侧静压差为推动力,克服溶剂的渗透压,使溶剂通过反渗透膜而实现溶剂和溶质分离的膜过程。反渗透的选择透过性与组分在膜中的溶解、吸附和扩散有关,因此除与膜孔的大小、结构有关外,还与膜的物化性质有密切关系,即与组分和膜之间的相互作用密切相关。所以,在反渗透分离过程中化学因素(膜及其表面特性)起主导作用。

目前一般认为,溶解-扩散理论能较好地解释反渗透膜的传递过程。

根据该模型,水的渗透体积通量 J_w 的计算式如下:

$$J_w = K_w(\Delta p - \Delta \pi) \tag{10-21}$$

$$K_w = \frac{D_{wm} C_w V_w}{RT\delta}$$

式中:J_w——水的体积通量,m³/(m²·s);

Δp——膜两侧压力差,Pa;

$\Delta \pi$——溶液渗透压差，Pa；

D_{wm}——溶剂在膜中的扩散系数，m^2/s；

C_w——溶剂在膜中的溶解度，m^3/m^3；

V_w——溶剂的摩尔体积，m^3/mol；

δ——膜厚，m；

K_w——水的渗透系数，是溶解度和扩散系数的函数，对反渗透过程其值大约为 $6\times10^{-4}\sim3\times10^{-2}\,m^3/(m^2\cdot h\cdot MPa)$，对纳滤而言，其值为 $0.03\sim0.2\,m^3/(m^2\cdot h\cdot MPa)$。

溶质的扩散通量可近似地表示为

$$J_s = D_m \frac{dC_m}{dz} \tag{10-22}$$

式中：J_s——溶质的摩尔通量，$kmol/(m^2\cdot s)$；

D_m——溶质在膜中的扩散系数，m^2/s；

C_m——溶质在膜中的浓度，$kmol/m^3$。

由于膜中溶质的浓度 C_m 无法测定，故通常用溶质在膜和液相主体之间的分配系数 k_s 与膜外溶液的浓度来表示，假设膜两侧的 k_s 值相等，于是上式可表示为

$$J_s = D_m k_s \frac{C_F - C_P}{\delta} = K_s(C_F - C_P) \tag{10-23}$$

式中：k_s——溶质在膜和液相主体之间的分配系数；

C_F、C_P——膜上游溶液中和透过液中溶质的浓度，$kmol/m^3$；

K_s——溶质的渗透系数，m/s。

对于以 NaCl 作溶质的反渗透过程，K_s 值的范围是 $5\times10^{-4}\sim10^{-3}\,m/h$，截留性能好的膜 K_s 值较低。对于纳滤膜，不同盐的截留率有很大差别，如对 NaCl 的截留率可在 5%~95% 之间变化。溶质渗透系数 K_s 是扩散系数 D_{wm} 和分配系数 k_s 的函数。

通常情况下，只有当膜内浓度与膜厚度呈线性关系时，式（10-23）才成立。经验表明，溶解-扩散模型适用于溶质浓度低于 15% 的膜传递过程。在许多场合下膜内浓度场是非线性的，特别是在溶液浓度较高且对膜具有较高溶胀度的情况下，模型的误差较大。

从式（10-21）可以看出，水通量随着压力升高呈线性增加。而从式（10-23）可见，溶质通量几乎不受压差的影响，只取决于膜两侧的浓度差。

3. 纳滤原理

纳滤（NF）是介于反渗透与超滤之间的一种压力驱动型膜分离技术，适用于分离相对分子质量为数百的有机小分子，并对离子具有选择截留性：一价离子可以大量地渗过纳滤膜（但并非无阻挡），而对多价离子具有很高的截留率。因此，纳滤

膜对离子的渗透性主要取决于离子的价态。

对阴离子,纳滤膜的截留率按以下顺序上升:NO_3^-、Cl^-、OH^-、SO_4^{2-}、CO_3^{2-}。

对阳离子,纳滤膜的截留率按以下顺序上升:H^+、Na^+、K^+、Ca^{2+}、Mg^{2+}、Cu^{2+}。

纳滤膜对离子截留的选择性主要与纳滤膜荷电有关。纳滤膜过程与反渗透膜过程类似,其传质机理与反渗透膜相似,属于溶解-扩散模型。但由于大部分纳滤膜为荷电膜,其对无机盐的分离行为不仅受化学势控制,同时也受电势梯度的影响,其传质机理还在深入研究中。

由于部分无机盐能透过纳滤膜,因此纳滤膜的渗透压远比反渗透膜低,相应地其操作压力比反渗透操作压力低,通常在 0.5~1.0 MPa 之间。

10.4.2 反渗透膜与膜组件

1. 反渗透膜

膜材料是制造各种优质反渗透膜和纳滤膜的基础,膜材料包括各种高分子材料和无机材料。目前在工业中应用的反渗透膜材料主要有醋酸纤维素(CA)、聚酰胺(PA)以及复合膜。

CA 膜的厚度为 100~200 μm,具有不对称结构。其表面层致密,厚度为 0.25~1 μm,与除盐作用有关。其下紧接着是一层较厚的多孔海绵层,支持着表面层,称为支持层。表面层含水率约为 12%,支持层含水率约为 60%。表面层的细孔在 10 nm 以下,而支持层的细孔多数在 100 nm 以上。图 10-15 是非对称 CA 膜的纵断面模型。CA 膜是目前研究和使用最多的一种反渗透膜,具有透水率高、对大多数水溶性组分的渗透性低、成膜性能良好等特点。

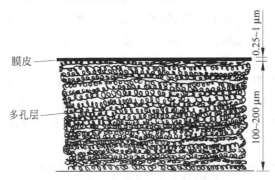

图 10-15 非对称 CA 膜纵断面模型

PA 膜在 20 世纪 70 年代以前主要是以脂肪族聚酰胺膜为主。这些膜透水性都较差,目前使用最多的是芳香聚酰胺膜。

复合膜是近年来开发的一种新型反渗透膜,它是由薄且致密的复合层与高孔隙率的基膜复合而成的。通常是先制造多孔支撑膜,然后再设法在其表面形成一层非常薄的致密皮层,这两层的材料一般是不同的高聚物。复合层可选用不同的材质来改变膜表层的亲合性。复合膜的膜通量在相同条件下,一般比非对称膜高约50%～100%。按照制膜方法的不同,复合膜分为三种类型:Ⅰ型是在聚砜支撑层上涂膜或压上超薄膜(图10-16);Ⅱ型由厚度为10～30 nm的超薄层和凝胶层组成;Ⅲ型由交联重合体生产的超薄膜层和渗入超薄膜材料的支撑层组成。复合膜的种类很多,包括交联芳香族聚酰胺复合膜、丙烯-烷基聚酰胺和缩合尿素复合膜、聚哌嗪酰胺复合膜等。

根据适用范围,目前工业应用的反渗透膜可分为三类:高压反渗透膜、低压反渗透膜和超低压反渗透膜。

(1) 高压反渗透膜

这类膜的主要用途之一是海水淡化。目前高压反渗透膜主要有5种:三醋酸纤维素中空纤维膜、直链全芳烃聚酰胺中空纤维膜、交联全芳烃聚酰胺型薄层复合膜(卷式)、芳基-烷基聚醚脲型薄层复合膜(卷式)及交联聚醚薄层复合膜。这些膜的性质如图10-17所示。

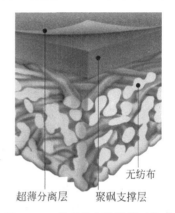

图10-16 Ⅰ型复合膜纵断面模型

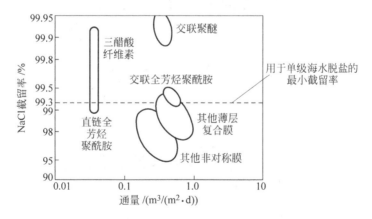

图10-17 高压反渗透膜的分离性能

在压力为6.5 MPa,温度25℃下进行海水脱盐

(2) 低压反渗透膜

通常在1.4～2.0 MPa压力下进行操作,主要用于苦咸水脱盐。与高压反渗透膜相比,设备费和操作费较少,对某些有机和无机溶质有较高的选择分离能力。低压反渗透膜多为复合膜,其皮层材质为芳香聚酰胺、聚乙烯醇等。图10-18所示

为几种已工业应用的商品低压反渗透膜的性能。

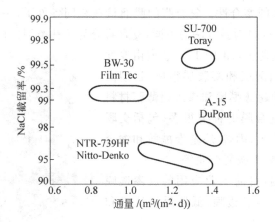

图 10-18　几种商品低压反渗透膜的分离性能
料液含 NaCl 1 500 mg/L；操作条件：压力 1.5 MPa,25℃

(3) 超低压反渗透膜

又称为疏松型反渗透膜或纳滤膜，其操作压力通常在 1.0 MPa 以下。它对单价离子和相对分子质量小于 300 的小分子的截留率较低，对于二价离子和相对分子质量大于 300 的有机小分子的截留率较高。目前商品纳滤膜多为薄层复合膜和不对称合金膜。图 10-19 所示为某些商品纳滤膜的性质。

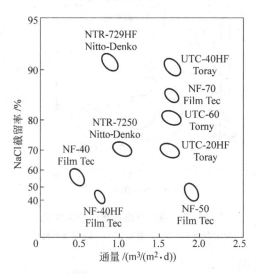

图 10-19　几种商品超低压反渗透膜的分离性能
料液含 NaCl 500 mg/L；操作条件：压力 0.75 MPa,25℃

2. 反渗透膜组件

反渗透膜组件的型式有多种,包括管式、板框式、中空纤维式和卷式。工业应用最多的是卷式膜组件,约占 90% 以上,其次为中空纤维膜组件,板框式和管式膜组件的应用相对较少。

卷式膜组件的主要优点如下:
(1) 单位体积中膜的表面积比率大;
(2) 安装和更换容易,结构紧凑。

卷式膜组件的主要缺点如下:
(1) 不适合料液含悬浮物高的情况;
(2) 料液流动路线短;
(3) 再循环浓缩困难。

10.4.3 反渗透工艺设计与计算

1. 工艺设计

1) 一级一段法

一级一段法有单程式(图 10-20(a))和循环式(图 10-20(b))两种。在单程式工艺中,原水只经过一次反渗透装置的处理,浓水和淡水连续排出,水的回收率较低,工业应用较少。在循环式工艺中,部分浓水回流到原水池重新进行处理,可提高水的回收率,但由于浓水的浓度不断提高,淡水水质有所降低。

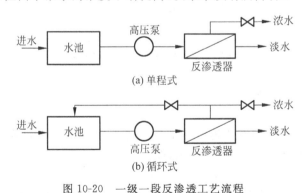

图 10-20 一级一段反渗透工艺流程

2) 一级多段法

一级多段反渗透工艺流程如图 10-21 所示。前一段的浓水进入下一段反渗透进行再次浓缩。当用反渗透作为浓缩过程时,一次浓缩达不到要求,可以采用这种多段浓缩的方式,以减少浓水体积并提高其浓度,同时也可以增加产水量。膜组件逐渐减少是为了保持一定流速以减轻膜表面浓差极化现象。

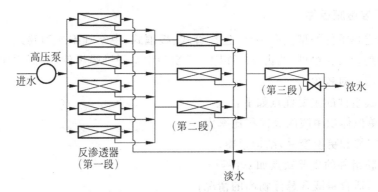

图 10-21　一级多段反渗透工艺流程

3）两级一段法

图 10-22 所示为两级一段式反渗透工艺流程。当海水脱盐要求把 NaCl 从 35 000 mg/L 降至 500 mg/L 时，要求脱盐率达 98.6%。如一级反渗透达不到要求，可分两级进行，即在第一级先除去 NaCl 90%，再在第二级从第一级出水中去除 NaCl 89%，即可达到要求。

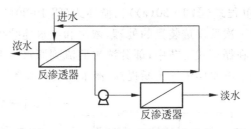

图 10-22　两级一段反渗透工艺流程

2. 主要参数的确定

1）水与溶质的通量

反渗透过程中，水和溶质透过膜的通量可根据上面介绍的溶解-扩散机理模型，分别由式(10-21)和式(10-23)给出，即

$$J_w = K_w(\Delta p - \Delta \pi), \quad J_s = K_s \Delta C$$

由上式可知，在给定条件下，透过膜的水通量与压力差成正比，而透过膜的溶质通量则主要与分子扩散有关，因而只与浓度差成正比。因此，提高反渗透的操作压力不仅使淡化水通量增加，而且可以降低淡化水的溶质浓度。另一方面，在操作压力不变的情况下，增大进水的溶质浓度将使溶质通量增大，但由于原水渗透压增加，将使水通量减少。

2）脱盐率

反渗透的脱盐率（或对溶质的截留率）可由下式计算：

$$\beta = \frac{C_F - C_P}{C_F} \tag{10-24}$$

脱盐率亦可用水透过系数 K_w 和溶质透过系数 K_s 的比值来表示。反渗透过程中的物料衡算关系为

$$Q_F C_F = (Q_F - Q_P)C_C + Q_P C_P \tag{10-25}$$

式中：Q_F、Q_P——进水流量和淡化水流量；

C_F、C_C、C_P——进水、浓水、淡化水中的含盐量。

膜进水侧的含盐量平均浓度 C_a 可表示为

$$C_a = \frac{Q_F C_F + (Q_F - Q_P)C_C}{Q_F + (Q_F - Q_P)} \tag{10-26}$$

脱盐率可写成

$$\beta = \frac{C_a - C_P}{C_a} \quad \text{或} \quad \frac{C_P}{C_a} = 1 - \beta \tag{10-27}$$

由于 $J_s = J_w C_P$，故

$$\beta = 1 - \frac{J_s}{J_w C_a} = 1 - \frac{K_s \Delta C}{K_w (\Delta p - \Delta \pi) C_a} \tag{10-28}$$

由式(10-28)可知，膜材料的水透过系数 K_w 和溶质透过系数 K_s 直接影响脱盐率。如果要实现高的脱盐率，系数 K_w 应尽可能大，而 K_s 尽可能地小。即膜材料必须对溶剂的亲合力高，而对溶质的亲合力低。因此，在反渗透过程中，膜材料的选择十分重要。这与微滤和超滤有明显区别。

对于大多数反渗透膜，其对氯化钠的截留率大于98%，某些甚至高达99.5%。

3) 水回收率

在反渗透过程中，由于受溶液渗透压、粘度等的影响，原料液不可能全部成为透过液，因此透过液的体积总是小于原料液的体积。通常把透过液与原料液体积之比称为水回收率，可由下式计算得到：

$$\gamma = \frac{Q_P}{Q_F} \tag{10-29}$$

一般情况下，海水淡化的回收率在30%~45%，纯水制备在70%~80%。

10.4.4 反渗透膜污染及其防治

1. 反渗透膜的污染试验

SDI(silt density index)为淤泥密度指数，亦称污染指数(fouling index，FI)。SDI通常用于表征反渗透过滤水中胶体和颗粒物的含量，是反映反渗透等膜分离过程稳定运行与否的重要指标。SDI的测定装置如图10-23所示。测量池底部设置有孔径为 $0.45\mu m$ 的微滤膜，施加的压力在 0.2 MPa 左右。

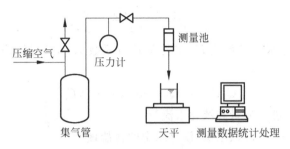

图 10-23　测定 SDI 值的试验装置

SDI 计算式为

$$\text{SDI} = \left(1 - \frac{t_0}{t_T}\right) \times \frac{100}{T} \quad (10\text{-}30)$$

式中：t_0——初始时收集 500 mL 水样所需的时间，s；

t_T——经过 T 时间后收集 500 mL 水样所需的时间，s；

T——过滤时间，min，可取 5、10 或 15 min。

一般地，反渗透和纳滤对原水 SDI 值要求小于 5。

2. 反渗透膜污染

反渗透膜污染可分为两大类：一类是可逆膜污染——浓差极化；另一类是不可逆膜污染，由膜表面的电性及吸附引起或由膜表面孔隙的机械堵塞而引起。

浓差极化是在反渗透运行过程中，膜表面由于水分不断渗透，溶液浓度升高，与主体料液之间产生的浓度差。浓差极化会使膜表面渗透压增加，导致产水量和脱盐率下降。为了克服浓差极化，提高料液流速（或加强循环），保持料液处于湍流状态，或者尽可能采用薄层流动来防止膜表面的浓度上升，都是有效的。

不可逆污染由溶解的盐类、悬浮固体及微生物等引起，主要包括：①无机物的沉积（结垢）；②有机分子的吸附（有机污染）；③颗粒物的沉积（胶体污染）；④微生物的粘附及生长（生物污染）。

3. 膜污染防治

1）预处理

预处理的主要目的是：

(1) 去除超量的悬浮固体、胶体物质以降低浊度；

(2) 调节并控制进料液的电导率、总含盐量、pH 值等，以防止难溶盐的沉淀；

(3) 防止铁、锰等金属氧化物的沉淀等；

(4) 去除乳化油等类似的有机物质；

(5) 去除引起生物滋生的有机物和营养物质等。

预处理的主要方法有：

(1) 采用混凝、沉淀、过滤措施，去除原水中的浊度和悬浮固体；

(2) 采用超滤/微滤膜进行反渗透膜的预处理；
(3) 加阻垢剂防止结垢；
(4) 采用生物处理或活性炭吸附等方法去除水中的有机物；
(5) 利用紫外线照射或原水中加氯或酸，以防止微生物滋生等。

图 10-24 是某反渗透海水淡化工程的预处理系统，采用了多种方法的组合，以尽可能地抑制反渗透膜污染的发生。

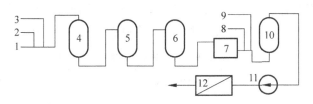

图 10-24　某反渗透海水淡化工程的预处理系统
1—海水；2—加氯；3—混凝剂；4—一级过滤器；5—活性炭过滤器；6—二级过滤器；7—水箱；
8—加酸调 pH；9—加六偏磷酸钠阻垢剂；10—微米过滤器；11—高压泵；12—反渗透器

2) 膜清洗

膜在使用过程中，无论日常操作如何严格，膜污染总会发生。经长期运行，膜污染严重时，就需要对膜进行清洗。通过清洗，清除膜面上的污染物，是反渗透运行操作的重要内容。常用的清洗方法有物理清洗和化学清洗。

(1) 物理清洗

用淡化水也可以用原水冲洗。在低压下以高速流冲洗膜面，以清除膜面上的污垢。在管式膜组件中，可用海绵球清洗膜面。

(2) 化学清洗

① 酸清洗：使用的酸包括 HNO_3、H_3PO_4、柠檬酸等。可以单独使用，也可以联合使用。

② 碱清洗：加碱(NaOH)和络合剂(EDTA)清洗。

③ 酶洗涤剂：含有酶的洗涤剂对去除有机物，特别是蛋白质、多糖类、油脂等污染物有效。

10.4.5　反渗透和纳滤膜的应用

反渗透和纳滤膜的主要应用领域有海水淡化、苦咸水净化以及工业废水处理与有用物质的回收等。

1. 海水淡化

海水含盐量达 3.5% NaCl，相应的渗透压约为 2.5 MPa。用于海水淡化的反渗透一般为高压反渗透，操作压力在 5 MPa 以上(一般为 7～10 MPa)。

一般饮用水要求的含盐量低于 500 mg/L，若用反渗透对海水进行淡化，采用一级脱盐,水的回收率为50%时,则要求的脱盐率为99%以上。因此,在采用一级反渗透进行海水淡化时,必须采用脱盐率在99%以上的反渗透膜。由于操作压力高,要求膜具有足够的强度和膜组件耐高压。

除一级脱盐工艺外,也可以采用二级脱盐工艺。无论是在第一级还是在第二级,膜的脱盐率只要在90%~95%即可,而运行压力在5~7 MPa就足够了。二级脱盐工艺的运行可靠性高,对附属设备的要求大大低于一级脱盐工艺。

海水淡化是反渗透膜的最大应用领域。随着反渗透膜性能的提高,能耗在逐年降低,淡水回收率在提高的同时淡水水质也有所提高,如表10-4所示。

表10-4 不同年代反渗透海水淡化回收率、操作压力、淡水水质及能耗

年代	20世纪80年代	20世纪90年代	21世纪
淡水回收率/%	25	40~50	55~65
最大压力/MPa	6.9	8.25	9.7
淡水水质(TDS)/(mg/L)	500	300	<200
能耗/(kW·h/m³)	12	5.5	4.6

以下介绍几个反渗透海水淡化工程实例。

沙特阿拉伯Jeddah的反渗透海水淡化工程分为二期建设。一期工程于1989年4月投入运行,产水能力为56 800 m³/d,是当时世界上最大的反渗透海水淡化工厂。二期工程于1994年3月投入运行,产水能力仍然是56 800 m³/d。海水总溶解性固体(TDS)为43 300 mg/L,总硬度为7 500 mg/L。反渗透膜组件采用TOYOBO Hollosep生产的中空纤维膜组件,材料为三醋酸纤维素。设计水回收率为35%,运行操作压力为6~7 MPa,脱盐级数一级,脱盐率为99.2%~99.7%,能耗为8.2 kW·h/(m³ 水)(无能量回收)。该厂原水、产水组成及基本操作条件见表10-5。

表10-5 Jeddah反渗透工厂原水、产水组成及基本操作条件(测自1995年)

mg/L

项 目	海水	RO进水	RO产水
压力/MPa	—	5.68	3.5
流量/(m³/h)	7 600	6 770	2 370
温度/℃	29	29	29
pH	8.16	6.6	7.0
电导率/(μS/cm)	59 500	59 500	265
TDS	43 000	43 000	145

续表

项　目	海水	RO 进水	RO 产水
SDI	4.68	2.98	—
余氯	—	0.2	0.2
总硬度(以 $CaCO_3$ 计)	7 520	—	28
Cl^-	22 300	22 300	72
SO_4^{2-}	3 300	—	—
Ca^{2+}	490	—	—
Mg^{2+}	1 530	—	—
Ba^{2+}	0.01	—	—
Sr^{2+}	5.9	—	—
Mn^{2+}	<2.5	—	—
总 Fe	<0.01	<0.01	—

20 世纪末,日本冲绳海水淡化中心是日本最大的海水淡化工厂,其 4 万 m^3/d 的反渗透系统由 8 套 5 000 m^3/d 系统构成。共安装 3 024 支 8 in(1 in＝25.4 mm)芳香族聚酰胺卷式复合膜,采用一级反渗透工艺。随着季节不同给水温度在 20～30℃之间变化,通过调节操作压力(范围为 6～6.5 MPa)使系统回收率保持在 40%,反渗透产水含盐量小于 300 mg/L。

1997 年,我国第一个反渗透海水淡化工程(规模 500 m^3/d)在我国嵊山建成;1999 年大连长海县建成了规模为 1 000 m^3/d 的反渗透海水淡化工程;2003 年在山东石岛县建成规模 5 000 m^3/d 的反渗透海水淡化工程;2006 年在浙江省玉环建成规模 35 000 m^3/d 的反渗透海水淡化工程。2010 年前拟建和在建的反渗透海水淡化工程的总产水能力将超过 90 万 m^3/d,其中天津北疆电厂的规模达到 20 万 m^3/d,达到国际前列水平。

浙江玉环的海水淡化工程采用"超滤＋两级反渗透"模式。其中,超滤系统的水回收率≥90%;一级反渗透回收率＞45%,新膜组件总脱盐率(三年内)≥99.3%;二级反渗透回收率≥85%,新膜组件总脱盐率(三年内)≥98%。电耗约为 3.3 kW·h/m^3。

2. 苦咸水淡化

苦咸水一般是指含盐量在 1 000～5 000 mg/L 的湖水、河水和地下水,其渗透压为 0.1～0.3 MPa。通常可以用低压反渗透进行脱盐,操作压力一般为 2～3 MPa。以下介绍几个反渗透苦咸水淡化工程实例。

日本鹿岛钢铁厂于1971年建成了世界上第一个大型反渗透脱盐工厂(处理苦咸水),生产能力为17 240 m³/d,用于为鹿岛钢铁厂自备电厂提供工业用水。原水系湖水,含盐量高,其中有机物、微生物、藻类繁多。反渗透系统采用三段串联方式,每段又并列有不同数量的膜组件。膜组件采用卷式CA膜,操作压力为3 MPa,水回收率大于84%,脱盐率95%。该苦咸水淡化工厂运行期间的水质变化见表10-6。

表10-6　日本鹿岛钢铁厂苦咸水淡化工厂运行期间的水质分析数据　　mg/L

项　　目	原水	RO 浓水	RO 产水
浊度/NTU	7	—	—
pH 值	7.3	6.2	6.2
电导率/(μS/cm)	1 530	5 710	77
碱度(以 CaCO$_3$ 计)	52.7	199.0	8.4
Na$^+$	230	880.2	13.8
K$^+$	14.6	51.0	0.1
Cl$^-$	468	1 890	20.3
SO$_4^{2-}$	64.4	295	2.2
SiO$_2$	17.5	58.5	0.6
TDS	920	3 680	34.5
总硬度(以 CaCO$_3$ 计)	176	697	<1

2000年,我国在黄骅建成了规模为1.8万 m³/d 的亚海水反渗透淡化工程。之后相继在甘肃定西、广东理文纸业和东莞建成了规模为1万 m³/d 的苦咸水淡化工程、2.5万 m³/d 的高浓度地表水脱盐工程和10万 m³/d 的亚海水反渗透淡化工程等。

3. 废水的再生利用

近年来,由于水资源的短缺,以反渗透为核心的集成膜工艺在我国城市污水以及电力、钢铁、石化、印染等工业的废水处理与回用领域中得到越来越广泛的应用,已建成多项规模10 000 m³/d 以上的实际工程,成为膜法水资源再利用的技术发展趋势。

在石化行业中,已建成的反渗透废水回用工程有:2002年新乡12 000 m³/d 规模的化纤废水回用工程,其出水作为锅炉补给水和化工生产用水;2004年四川泸天化6 720 m³/d 规模的废水回用工程,其出水作为锅炉补给水和工艺用水;2004年燕山石化"超滤(2.65万 m³/d)+反渗透(1.9万 m³/d)"双膜回用工程

(图 10-25),其反渗透出水作为锅炉补给水;2005 年大庆炼化 12 000 m³/d 规模的炼油、石化废水回用工程等。

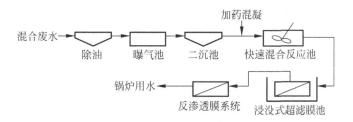

图 10-25　燕山石化双膜回用工程工艺流程图

4. 工业废水处理与有用物回收

反渗透膜可以用于含重金属工业废水的处理,主要用于重金属离子的去除和贵重金属的浓缩和回收,渗透水也可以重复使用。例如用于镀镍废水处理,可使镍的回收率大于 99%;用于镀铬废水处理,铬去除率达 93%~97%。

图 10-26 所示为某厂利用反渗透进行镀镍废水处理的工艺流程。反渗透操作压力为 3.0 MPa,进料镍浓度为 2 000~6 000 mg/L,反渗透膜对 Ni^{2+} 的去除率为 97.7%,系统对镍回收率在 99.0% 以上。反渗透浓缩液可以达到进入镀槽的计算浓度(10 g/L)。反渗透出水可用于漂洗,废水不外排,实现了闭路循环。

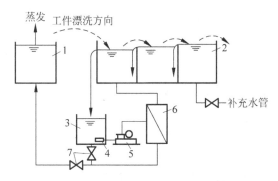

图 10-26　反渗透法处理镀镍漂洗水工艺流程图
1—镀镍槽;2—三个逆流漂洗槽;3—储存槽;4—过滤器;
5—高压泵;6—反渗透装置;7—控制阀

纳滤膜可用于制药、染料、石化、造纸、纺织以及食品等行业,进行脱盐、浓缩和提取有用物质。

5. 饮用水净化

饮用水净化是反渗透和纳滤膜最大的应用领域之一,其主要用于去除水中的微量有机物和进行水的软化。

1987年在美国建成了世界上第一座纳滤水厂(10万 m^3/d);1999年在法国巴黎建成了首座产量达34万 m^3/d 的膜法饮用水厂,其中纳滤工艺产水14万 m^3/d。

2004年,我国在浙江慈溪航丰自来水厂建立了规模为2万 m^3/d 的反渗透净水装置。该厂以受到一定污染的四灶浦水库的水为水源,净水工艺流程为:原水—生物接触氧化—混凝沉淀—滤池过滤—超滤—反渗透—反渗透出水与滤池出水勾兑—用户。水厂总处理能力约为5万 m^3/d,反渗透处理能力约为2万 m^3/d,水回收率为75%,脱盐率为97%,进水压力约为1.4 MPa。

10.5 超滤与微滤

10.5.1 超滤与微滤分离原理

超滤(UF)和微滤(MF)均属于压力驱动型膜过程,从原理上没有本质的差别,其区别主要是膜孔径大小不一样,过滤操作压差范围不同。超滤膜的分离范围为1 nm~0.05 μm,操作压力为0.3~1.0 MPa,主要去除水中大分子物质和胶体物质,如蛋白质、多糖、颜料等;微滤膜的分离范围在0.05~10 μm,操作压力为0.1~0.3 MPa,主要用于去除水中胶体和悬浮微粒,如细菌、油类等。就分离范围而言,超滤和微滤填补了反渗透、纳滤与普通过滤之间的空隙。

超滤和微滤对大分子物质、胶体和悬浮微粒等的去除机理主要有:
(1) 膜面的机械截留作用(筛分);
(2) 膜表面及微孔的吸附作用(一次吸附);
(3) 在膜孔中停留而被去除(堵塞)。

在上述去除机理中,一般认为以筛分作用为主。

10.5.2 超滤与微滤膜

1. 膜材料

超滤和微滤膜可分为有机膜和无机膜,制作方法与反渗透膜相比,相对容易些。

有机超滤和微滤膜的膜材料有很多,常见的有聚砜、聚醚砜、聚偏氟乙烯、聚乙烯、聚丙烯、聚乙烯醇、聚丙烯腈、聚氯乙烯、芳香聚酰胺、聚酰亚胺、聚四氟乙烯、醋酸纤维素及其改性材料等。其中聚偏氟乙烯是近年新发展起来的膜材料,具有化学稳定性好、机械强度高、抗紫外线老化、膜通量高等特点,在水处理中得到了广泛应用。

无机膜多以金属、金属氧化物、陶瓷、多孔玻璃等为材料。无机膜与有机膜相比,具有热稳定性好、耐化学侵蚀、寿命长等优点,近年受到了越来越多的关注。但缺点是易碎、价格较高。

2. 孔径特征

超滤膜通常以截留相对分子质量(molecular weight cut off, MWCO)来表示膜的孔径特征。利用超滤膜,通过测定具有相似化学结构的不同相对分子质量的一系列化合物的截留率所得的曲线称为截留相对分子质量曲线(如图10-27)。超滤膜的截留相对分子质量指截留率达到90%的相对分子质量。大于该相对分子质量的物质几乎全部被膜所截留。在截留相对分子质量附近截留相对分子质量曲线越陡,则膜的截留性能越好。超滤膜的截留相对分子质量可以从1 000到100万。图10-27中的曲线所示的数字即为该型号超滤膜的截留相对分子质量数值。如图10-27中标有1 000的曲线,纵坐标上截留率为90%时,横坐标上相应的相对分子质量约等于1 000,故该超滤膜的截留相对分子质量为1 000。

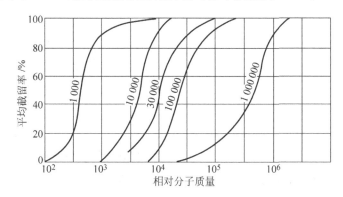

图10-27　各种不同截留相对分子质量的超滤膜

微滤膜的微孔直径处于微米范围,而膜的孔径分布则呈现宽窄不同的谱图。微滤膜用标称孔径来表征,即在孔径分布中以最大值出现的微孔直径。图10-28表示了一种商品微滤膜的孔径分布曲线,其标称孔径约为 0.1 μm。

10.5.3　超滤与微滤膜的操作工艺

1. 过滤模式

超滤和微滤的过滤模式主要有两种,即死端过滤和错流过滤,如图10-29所示。

1) 死端过滤

如图10-29(a)所示,料液置于膜的上游,溶剂和小于膜孔的溶质在压力的驱动下透过膜,大于膜孔的颗粒则被膜截留。过滤压差可通过在原料侧加压或在透过膜侧抽真空产生。在这种过滤操作中,随着操作时间的增长,被截留的颗粒将在膜表面逐渐累积,形成污染层,使过滤阻力增加,在操作压力不变的情况下,膜通量将

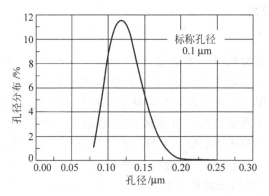

图 10-28　一种商品微滤膜的孔径分布

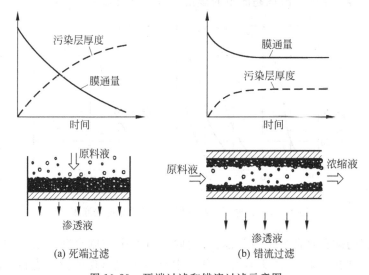

图 10-29　死端过滤和错流过滤示意图

下降,如图 10-29(a)所示。因此,死端过滤是间歇式的,必须周期性地停下来清洗膜表面的污染层或更换膜。

死端过滤操作简便易行,适于实验室等小规模的场合。固含量低于 0.1% 的物料通常采用死端过滤;固含量在 0.1%～0.5% 的料液则需要进行预处理;而对固含量高于 0.5% 的料液通常采用错流过滤操作。

2) 错流过滤

如图 10-29(b)所示,在泵的推动下料液平行于膜面流动,与死端过滤不同的是料液流经膜面时产生的剪切力把膜面上滞留的颗粒带走,从而使污染层保持在一个较薄的稳定水平。因此,一旦污染层达到稳定,膜通量就将在较长一段时间内保持在相对高的水平,如图 10-29(b)所示。近年来错流过滤发展很快,在许多领域有替代死端过滤的趋势。

2. 浓差极化与凝胶层阻力

对于超滤过程,被膜所截留的通常为大分子物质、胶体等,大分子溶液的渗透压较小,由浓度变化引起的渗透压变化对分离过程的影响不大,可以不予考虑,但超滤过程中的浓差极化对通量的影响则十分明显。因此,浓差极化现象是超滤过程中予以考虑的一个重要问题。

超滤过程中的浓差极化现象及传递模型如图 10-30 所示。当含有不同大小分子的混合液流动通过膜面时,在压力差的作用下,混合液中小于膜孔的组分透过膜,而大于膜孔的组分被截留。这些被截留的组分在紧邻膜表面形成浓度边界层,使边界层中的溶质浓度大大高于主体溶液中的浓度,形成由膜表面到主体溶液之间的浓度差。浓度差的存在导致紧靠膜面的溶质反向扩散到主体溶液中,这就是超滤过程中的浓差极化现象。在超滤过程中,一旦膜分离投入运行,浓差极化现象是不可避免的,但是可逆的。

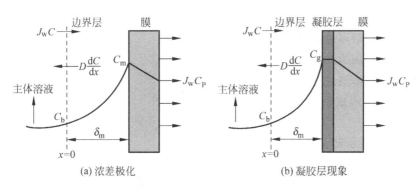

图 10-30　超滤过程中的浓差极化和凝胶层形成现象

如图 10-30(a)所示,达到稳态时超滤膜的物料平衡式为

$$J_w C_P = J_w C - D \frac{dC}{dx} \tag{10-31}$$

式中:$J_w C_P$——从边界层透过膜的溶质通量,$kmol/(m^2 \cdot s)$;

$J_w C$——对流传质进入边界层的溶质通量,$kmol/(m^2 \cdot s)$;

D——溶质在溶液中的扩散系数,m^2/s。

根据边界条件:$x=0, C=C_b; x=\delta_m, C=C_m$,积分式(10-31)可得:

$$J_w = \frac{D}{\delta_m} \ln \frac{C_m - C_P}{C_b - C_P} \tag{10-32}$$

式中:C_b——主体溶液中的溶质浓度,$kmol/m^3$;

C_m——膜表面的溶质浓度,$kmol/m^3$;

C_P——膜透过液中的溶质浓度,$kmol/m^3$;

δ_m——膜的边界层厚度，m。

由于 C_P 的值很小，式(10-32)可简化为

$$J_w = K\ln\frac{C_m}{C_b} \tag{10-33}$$

式中：$K=D/\delta_m$，称为传质系数；

C_m/C_b——浓差极化比，其值越大，浓差极化现象越严重。

在超滤过程中，由于被截留的溶质大多为胶体和大分子物质，这些物质在溶液中的扩散系数很小，溶质向主体溶液中的反向扩散通量远比渗透速率低。因此，在超滤过程中，浓差极化比较严重。当胶体或大分子溶质在膜表面上的浓度超过其在溶液中的溶解度时，便会在膜表面形成凝胶层，如图 10-30(b)所示，此时的浓度称为凝胶浓度 C_g。式(10-33)则相应地改写成

$$J_w = K\ln\frac{C_g}{C_b} \tag{10-34}$$

当膜面上凝胶层一旦形成后，膜表面上的凝胶层溶质浓度和主体溶液溶质浓度之间的梯度达到了最大值。若再增加超滤压差，则凝胶层厚度增加而使凝胶层阻力增加，所增加的压力为增厚的凝胶层阻力所抵消，致使实际渗透速率没有明显增加。因此，一旦凝胶层形成后，渗透速率就与超滤压差无关。

图 10-31 表示超滤膜过滤分离含乳化油废水时，过滤水通量和操作压差之间的关系。当乳化油浓度为 0.1% 时，水通量与操作压差成正比。当乳化油浓度为 1.2% 时，增加操作压力对提高水通量的作用已减弱，浓差极化开始起控制作用。当乳化油浓度增加到 7.3% 时，水通量基本不随操作压差的增加而增加，表明凝胶层已开始形成。

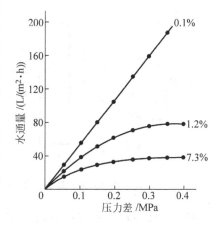

图 10-31 超滤膜过滤含乳化油废水时水通量与操作压差的关系

对于有凝胶层存在的超滤过程，常用阻力模型表示，若忽略溶液的渗透压，膜材料阻力为 R_m、浓差极化层阻力为 R_p 及凝胶层阻力为 R_g，则有

$$J_w = \frac{\Delta p}{\mu(R_m + R_p + R_g)} \tag{10-35}$$

由于 $R_g \gg R_p$，则

$$J_w = \frac{\Delta p}{\mu(R_m + R_g)} \tag{10-36}$$

凝胶层阻力 R_g 可近似表示为

$$R_g = \lambda V_P \Delta p \tag{10-37}$$

将式(10-37)代入式(10-36),得

$$J_w = \frac{\Delta p}{\mu(R_m + \lambda V_P \Delta p)} \tag{10-38}$$

式中:V_P——透过水累积体积,m^3;

λ——比例系数。

式(10-38)表示在凝胶层存在情况下,超滤过程的 J_w-Δp 函数关系式。

10.5.4 超滤与微滤膜的应用

超滤和微滤近年发展迅速,是所有膜过程中应用最广泛的。以超滤和微滤膜为核心的膜集成技术的主要应用领域包括城市污水回用、饮用水净化、家用净水器、反渗透的预处理、工业废水处理与有用物回收等。

1. 城市污水回用

城市污水经二级处理以后,尚残存部分污染物,包括浊度、微生物、有机物、磷等。采用超滤和微滤膜过滤可以将这些残存污染物不同程度地去除,使其达到工业用水、景观用水、市政及生活杂用等水质的要求。

如北京清河污水处理厂膜法再生回用工程于 2006 年投入运行,工艺流程如图 10-32 所示。设计规模为 8 万 m^3/d,其中 6 万 m^3/d 作为奥林匹克景观水体的补充水,2 万 m^3/d 为海淀区和朝阳区部分区域提供市政杂用水。清河再生水厂以清河污水处理厂二沉池出水为水源,经超滤膜过滤-活性炭吸附后,向用户供水。

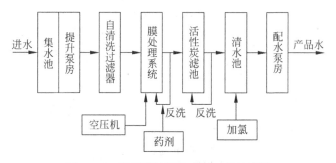

图 10-32 清河膜法再生水厂工艺流程图

城市污水回用还可以采用膜-生物反应器(membrane bioreactor,MBR)技术。MBR 是将膜分离装置和生物反应器结合而成的一种新型污水处理与回用工艺。MBR 由于具有污染物去除效率高、出水水质良好、占地面积小等优点,在污水资源化领域具有良好的应用前景,日益受到各国水处理技术研究者的关注。一般来说,MBR 中使用的膜通常是微滤或超滤膜,型式有平板式、中空纤维等。

我国近年建设的日处理能力万 m³ 以上的城市污水 MBR 回用工程有：北京密云县污水处理厂 MBR 回用工程（设计规模 4.5 万 m³/d,2006 年）、北京怀柔庙城污水处理厂 MBR 回用工程（设计规模 3.5 万 m³/d,2007 年）、北京北小河污水处理厂 MBR 回用工程（设计规模 6 万 m³/d,2008 年）等。

2. 饮用水净化

超滤/微滤膜和其他水处理技术相组合，如混凝-膜分离、活性炭吸附-膜分离、臭氧氧化-膜分离等组合工艺，可以强化去除微污染水源水中的多种污染物。

日本在 20 世纪 90 年代中期开始了大规模应用膜分离技术生产饮用水，已建立了 30 多座膜处理系统。新加坡在中试基础上成功设计并建立了 27.3 万 m³/d 的超滤水厂，并于 2003 年投入运行。

3. 超滤家用净水器

由于城市输水管路的老化与高层的二次供水的问题，饮用水的二次污染问题日益严重，采用家用净水器进行饮用水的再净化是保障饮水安全的手段之一。

超滤家用净水器能有效截留浊度、大分子有机物及细菌等有害杂质，优势突出，拥有较大的市场销售量。

4. 反渗透的预处理

在海水淡水、工业废水再利用中，与反渗透膜联合，作为反渗透膜的预处理。

5. 工业废水处理与有用物质回收

用于含油废水、造纸废水、电泳涂漆废水、印染废水、染料废水、洗毛废水等的处理，可去除悬浮物、油类，并可回收纤维、油脂、染料、颜料、羊毛脂等有用物质。

图 10-33 所示为北京某毛纺厂采用超滤法处理羊毛精制废水的工艺流程图。主要包括预处理、超滤（UF）浓缩、离心（CF）和水回用四部分。超滤装置采用聚砜酰胺外压管式膜组件。超滤浓缩液循环到一定浓度时，由泵送入离心机。超滤透

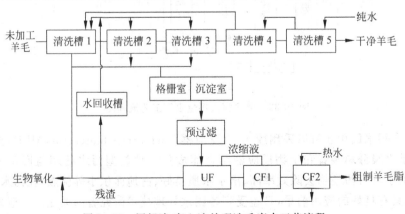

图 10-33　用超滤-离心法处理洗毛废水工艺流程

过液进入水回用系统或生化处理系统,经处理后排放。羊毛清洗废水中COD浓度高达20~50 g/L,羊毛脂含量为5~25 g/L,总溶解性固体(TDS)含量为10~80 g/L。运行中超滤膜的COD截留率为90%~95%,羊毛脂的截留率为98%~99%。再经离心法回收,羊毛脂回收率>70%,高于常规离心法的回收效率(30%左右)。

##

10-1 什么是扩散渗析?其推动力是什么?从金属酸洗废液中分离废酸的扩散渗析有哪些主要特点?

10-2 电渗析膜与离子交换树脂在离子交换过程中的作用有何异同?

10-3 什么是电渗析的极化现象?它对电渗析器的正常运行有何影响?如何防止?

10-4 电渗析膜有几种?良好的电渗析膜应具备哪些条件?

10-5 利用电渗析法处理工业废水有何特点?

10-6 电渗析器的电流效率与电能效率有何区别?

10-7 试画出六级三段电渗析组装示意图。

10-8 下表中列出电渗析器的运行资料,求该电渗析器的电流效率(膜的对数 $n=50$,级(段)数=1)。

流量 /(m³/h)	电流 /A	电压 /V	离子浓度/(mg/L)					
			SO_4^{2-}		HCO_3^-		Cl^-	
			原水	除盐水	原水	除盐水	原水	除盐水
5	14	250	262	96	126	76	23	17

10-9 将图10-34中的电渗析器改变正、负极,或改置阳膜,正极室改进酸洗废液,负极室改进稀硫酸。问两种情况下能否回收酸和铁?为什么?

10-10 何谓渗透与反渗透?何谓渗透压与反渗透压?

10-11 求温度为25℃,浓度为0.5 mol/L的NaCl溶液的渗透压。(假设溶液中的NaCl全部离解。)

10-12 反渗透与超滤和微滤在原理、设备构造、运行上有何区别?有何联系?

10-13 反渗透法除盐与其他除盐方法相比有何特点?

10-14 反渗透与纳滤在分离原理和操作条件范围上有何异同?

10-15 对含盐(NaCl)为150 mg/L,温度为25℃的水进行淡化,要求出水含NaCl≤300 mg/L,要建一座日产淡水2 400 m³/d的淡化厂,试比较反渗透和电渗

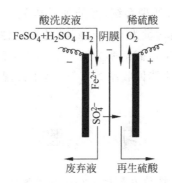

图 10-34 习题 10-9 图

析两种除盐方案。

10-16 原水含盐量为 6 000 mg/L 的 NaCl，水温 25℃，用反渗透器除盐，要求除盐后的含盐量降到 560 mg/L。淡水产量为 4 000 m³/d，设水的渗透系数 K_w 等于 2×10^{-5} cm³/(cm²·s·atm)，溶质渗透系数 K_s 等于 4×10^{-5} cm/s，在操作压力为 40 atm 的条件下，试计算膜的水通量、溶质通量以及脱盐率。

10-17 什么是浓差极化？浓差极化的后果是什么？怎样减轻浓差极化现象？

10-18 试阐明超滤浓差极化过程中，膜面浓度 C_m 与压力差 Δp 之间的关系。

10-19 简述膜污染原因和控制方法。

第11章 氧化还原

11.1 概述

11.1.1 氧化还原基础

利用水中的有害物质在氧化还原反应中能被氧化或还原的性质,把它们转化为无毒无害的物质,这种方法称为氧化还原法。

无机物的氧化还原过程的实质是电子转移。失去电子的过程称为氧化,失去电子的元素所组成的物质称为还原剂;得到电子的过程称为还原,得到电子的元素所组成的物质称为氧化剂。在氧化还原过程中,氧化剂本身被还原,而还原剂本身则被氧化。

氧化还原反应是一种可逆反应,其过程可写成下列通式:

$$\text{氧化剂} + \text{还原剂} \rightleftharpoons \text{还原剂} + \text{氧化剂}$$
$$(\text{氧化态}_1)\ (\text{还原态}_2)\ \ \ \ (\text{还原态}_1)\ (\text{氧化态}_2)$$
$$\text{被还原}\ \ \ \ \text{被氧化}\ \ \ \ \ \ \text{被氧化}\ \ \ \ \text{被还原}$$

某种物质能否表现出氧化剂或还原剂的作用,主要由反应双方氧化还原能力的相对强弱来决定。氧化还原能力是指某种物质失去或获得电子的难易程度,可以统一用氧化还原电势作为指标。水处理常用物质的标准氧化还原电势见表 11-1。标准电势值由负值到正值,依次排列。凡位置在前者可以作为位置在后者的还原剂,放出电子;而位置在后者可以作为在前者的氧化剂,得到电子。

表 11-1 水处理中常用物质的标准氧化还原电势 $E^{\ominus}$

半反应式	$E^{\ominus}$/V
$Ca^{2+} + 2e^- \rightleftharpoons Ca$	−2.87
$Mg^{2+} + 2e^- \rightleftharpoons Mg$	−2.37
$Mn^{2+} + 2e^- \rightleftharpoons Mn$	−1.18
$OCN^- + H_2O + 2e^- \rightleftharpoons CN^- + 2OH^-$	−0.97

续表

半反应式	$E^{\ominus}/V$
$SO_4^{2-} + H_2O + 2e^- = SO_3^{2-} + 2OH^-$	-0.93
$Zn^{2+} + 2e^- = Zn$	-0.763
$Cr^{3+} + 3e^- = Cr$	-0.74
$2CO_2 + 2H^+ + 2e^- = H_2C_2O_4$	-0.49
$Fe^{2+} + 2e^- = Fe$	-0.44
$Cr^{3+} + e^- = Cr^{2+}$	-0.41
$Cd^{2+} + 2e^- = Cd$	-0.403
$Ni^{2+} + 2e^- = Ni$	-0.25
$Sn^{2+} + 2e^- = Sn$	-0.136
$CrO_4^{2-} + 4H_2O + 3e^- = Cr(OH)_3 + 5OH^-$	-0.13
$Pb^{2+} + 2e^- = Pb$	-0.126
$2H^+ + 2e^- = H_2$	0.00
$S_4O_6^{2-} + 2e^- = 2S_2O_3^{2-}$	0.08
$S + 2H^+ + 2e^- = H_2S$	0.141
$Sn^{4+} + 2e^- = Sn^{2+}$	0.15
$Cu^{2+} + e^- = Cu^+$	0.153
$SO_4^{2-} + 4H^+ + 2e^- = H_2SO_3 + H_2O$	0.17
$Cu^{2+} + 2e^- = Cu$	0.337
$Fe(CN)_6^{3-} + e^- = Fe(CN)_6^{4-}$	0.36
$SO_4^{2-} + 8H^+ + 6e^- = S + 4H_2O$	0.36
$2CO_2 + N_2 + 2H_2O + 6e^- = 2CNO^- + 4OH^-$	0.40
$O_2 + 2H_2O + 4e^- = 4OH^-$	0.401
$I_2 + 2e^- = 2I^-$	0.535
$H_3AsO_4 + 2H^+ + 2e^- = HAsO_2 + 2H_2O$	0.559
$MnO_4^- + 2H_2O + 3e^- = MnO_2 + 4OH^-$	0.588
$2HgCl_2 + 2e^- = Hg_2Cl_2 + 2Cl^-$	0.63
$O_2 + 2H^+ + 2e^- = H_2O_2$	0.682
$Fe^{3+} + 2e^- = Fe^{2+}$	0.771

续表

半 反 应 式	$E^{\ominus}/V$
$NO_3^- + 2H^+ + e^- \Longrightarrow NO_2 + 2H_2O$	0.79
$Ag^+ + e^- \Longrightarrow Ag$	0.799
$Hg^{2+} + 2e^- \Longrightarrow Hg$	0.854
$2Hg^{2+} + 2e^- \Longrightarrow Hg_2^{2+}$	0.92
$NO_3^- + 3H^+ + 2e^- \Longrightarrow HNO_2 + H_2O$	0.94
$NO_3^- + 4H^+ + 3e^- \Longrightarrow NO + 2H_2O$	0.96
$Br_2 + 2e^- \Longrightarrow 2Br^-$	1.087
$ClO_2 + e^- \Longrightarrow ClO_2^-$	1.16
$IO_3^- + 6H^+ + 5e^- \Longrightarrow 0.5I_2 + 3H_2O$	1.195
$OCl^- + H_2O + 2e^- \Longrightarrow Cl^- + 2OH^-$	1.2
$O_2 + 4H^+ + 4e^- \Longrightarrow 2H_2O$	1.229
$Cr_2O_7^{2-} + 14H^+ + 6e^- \Longrightarrow 2Cr^{3+} + 7H_2O$	1.33
$Cl_2 + 2e^- \Longrightarrow 2Cl^-$	1.359
$HOCl + H^+ + 2e^- \Longrightarrow Cl^- + H_2O$	1.49
$MnO_4^- + 8H^+ + 5e^- \Longrightarrow Mn^{2+} + 4H_2O$	1.51
$HClO_2 + 3H^+ + 4e^- \Longrightarrow Cl^- + 2H_2O$	1.57
$H_2O_2 + 2H^+ + 2e^- \Longrightarrow 2H_2O$	1.77
$S_2O_8^{2-} + 2e^- \Longrightarrow 2SO_4^{2-}$	2.01
$O_3 + 2H^+ + 2e^- \Longrightarrow O_2 + H_2O$	2.07
$F_2 + 2e^- \Longrightarrow 2F^-$	2.87
$F_2 + 2H^+ + 2e^- \Longrightarrow 2HF$	3.06

例如，$E^{\ominus}(Cl_2/2Cl^-)=1.36$ V，是较大的正值电势，其氧化态 Cl_2 转化为还原态 Cl^- 时，可以作为较强的氧化剂。相反，$E^{\ominus}(S/S^{2-})=-0.48$ V，是较大的负值电势，其还原态 S^{2-} 转化为氧化态 S 时，可作为较强的还原剂。氧化剂与还原剂的电势差越大，反应进行得越完全。氧化还原反应总是朝着使电势值较大的一方得到电子，而使电势值较小的一方失去电子的方向进行。即 $E^{\ominus}_{反应} = E^{\ominus}_{氧化} - E^{\ominus}_{还原} > 0$，表明反应可以进行。

标准氧化还原电势 $E^{\ominus}$ 是以氢的电势值作为基准,氧化态和还原态的浓度为 1.0 mol/L 时所测定的值。

如溶液中氧化态和还原态物质的浓度并不是 1.0 mol/L 时,该体系的氧化还原电势 E 可用能斯特(Nernst)方程式来计算:

$$E = E^{\ominus} + \frac{RT}{nF}\ln\frac{[氧化态]}{[还原态]} \quad (V) \tag{11-1}$$

式中:R——摩尔气体常数,8.314 J/(mol·K);

T——热力学温度,K;

F——法拉第常数,96 500 C/mol;

n——反应中转移的电子数。

如果温度为 25℃,将 R、T、F 值代入,并换算成常用对数,则式(11-1)可写为

$$E = E^{\ominus} + \frac{0.0591}{n}\lg\frac{[氧化态]}{[还原态]} \quad (V) \tag{11-2}$$

例如,$KMnO_4$ 在强酸中的反应为

$$MnO_4^- + 8H^+ + 5e^- \rightleftharpoons Mn^{2+} + 4H_2O \tag{11-3}$$

假定温度为 25℃,$[MnO_4^-]=0.02$ mol/L,$[Mn^{2-}]=0.08$ mol/L,pH=1,则 $[H^+] = 10^{-1}$ mol/L,$E^{\ominus}=1.51$ V,可以算出此时的氧化还原电势:

$$E = E^{\ominus} + \frac{0.0591}{n}\lg\frac{[MnO_4^-][H^+]^8}{[Mn^{2+}]}$$

$$= 1.51 + \frac{0.0591}{5}\lg\frac{0.02 \times 0.1^8}{0.08}$$

$$= 1.51 - 0.102 = 1.41 \text{ V}$$

对于有机物的氧化还原过程,往往难于用电子的转移来分析判断。因为碳原子经常是以共价键与其他原子相结合,电子的移动情况很复杂,许多反应并不发生电子的直接转移,只是周围的电子云密度发生变化。目前还没有建立电子云密度变化与氧化还原方向和程度之间的定量关系。因此,一般凡是加氧或去氢的反应称为氧化,或者有机物与强氧化剂相作用生成 CO_2、H_2O 等的反应判定为氧化反应;加氢或去氧的反应称为还原。

从理论上说,按照氧化还原电势序列,每种物质都可相对地成为另一种物质的氧化剂或还原剂,但在水处理工程中,应当考虑下列诸因素来选择适宜的氧化剂或还原剂。

(1) 对水中特定的污染物有良好的氧化还原作用;

(2) 反应后的生成物应当无害,不需二次处理;

(3) 价格合理,易得;

(4) 常温下反应迅速,不需加热;

(5) 反应时所需 pH 值不太高或不太低。

11.1.2 氧化还原法分类

根据水中有毒有害物质在氧化还原反应中能被氧化或还原的不同分类,氧化还原法又可分为氧化法和还原法两大类。

氧化法按照反应条件,分为常温常压和高温高压的两大类。常温常压的氧化法的种类有很多,如空气氧化法、氯氧化法、Fenton 氧化法、臭氧氧化法、光氧化法和光催化氧化法等。高温高压法近年发展很快,有湿式催化氧化法、超临界氧化法、燃烧法等,主要用于高浓度难降解有机废液的处理。

还原法主要有药剂还原法(如利用亚硫酸钠、硫代硫酸钠、硫酸亚铁等作为还原剂)、金属还原法等。

电解时阳极可以产生氧化反应,阴极可以产生还原反应,氧化和还原反应同时在电解槽中进行。

水处理中常见的氧化法和还原法见表 11-2。

表 11-2 常见的水处理氧化法和还原法

分 类		方 法
氧化法	常温常压	空气氧化法 氯氧化法(液氯、NaClO、漂白粉等) Fenton 氧化法 臭氧氧化法 光氧化法 光催化氧化法 电解(阳极)
	高温高压	湿式催化氧化法 超临界氧化法 燃烧法
还原法		药剂还原法(亚硫酸钠、硫代硫酸钠、硫酸亚铁、二氧化硫) 金属还原法(金属铁、金属锌) 电解(阴极)

11.2 空气氧化

11.2.1 空气氧化的特点

空气氧化法就是在水中鼓入空气,利用空气中的氧气氧化水中的有害物质。从热力学上分析,空气氧化具有以下特点:

(1) 电对 O_2/O^{2-} 的半反应中有 H^+ 或 OH^- 离子参加,因而氧化还原电势与

pH 值有关。

在强碱性溶液中(pH=14)中,半反应式为 $O_2+2H_2O+4e^- \Longrightarrow 4OH^-$,$E^\ominus=$ 0.401 V;在中性(pH=7)和强酸性(pH=1)溶液中,半反应式为 $O_2+4H^++4e^- \Longrightarrow 2H_2O$,$E^\ominus=$ 分别为 0.815 V 和 1.229 V。由此可见,降低 pH 值,有利于空气氧化的进行。

(2) 在常温常压和中性 pH 值条件下,分子 O_2 为弱氧化剂,反应性很低,故常用来处理易氧化的污染物,如 S^{2-}、Fe^{2+}、Mn^{2+} 等。

(3) 提高温度和氧分压,可以增大氧化还原电势;添加催化剂,可以降低反应活化能,都利于氧化反应的进行。

11.2.2 空气氧化除铁和锰

地下水中往往含有溶解性的 Fe^{2+} 和 Mn^{2+} 离子,可通过曝气,利用空气中的 O_2 将它们分别氧化成 $Fe(OH)_3$ 和 MnO_2 沉淀物,从而加以去除。

对于空气氧化除铁,反应式为

$$2Fe^{2+} + \frac{1}{2}O_2 + 5H_2O \Longrightarrow 2Fe(OH)_3 \downarrow + 4H^+ \tag{11-4}$$

考虑到水中的碱度作用,总反应式可写为

$$2Fe^{2+} + 8HCO_3^- + O_2 + 2H_2O \Longrightarrow 4Fe(OH)_3 \downarrow + 8CO_2 \tag{11-5}$$

按此式计算,每氧化 1 mg/L 的 Fe^{2+},需 0.143 mg/L 的 O_2。但分子氧在化学上是相当惰性的,在常温常压下反应性很低。

根据试验研究,Fe^{2+} 氧化的动力学方程式如下:

$$\frac{d[Fe^{2+}]}{dt} = k[Fe^{2+}][OH^-]^2 p_{O_2} \tag{11-6}$$

式中:p_{O_2} ——空气中氧气分压。

式(11-6)表明,Fe^{2+} 的氧化速率与氢氧根离子浓度的二次方成正比,即水的 pH 值每升高 1 单位,氧化速度将增大 100 倍。在 $pH \leqslant 6.5$ 条件下,氧化速率很慢。因此,当水中含 CO_2 浓度较高时,应加大曝气量以驱除 CO_2,提高 pH 值,加速 Fe^{2+} 氧化。当水中含有大量的 SO_4^{2-} 时,$FeSO_4$ 的水解将产生 H_2SO_4,此时可以用石灰进行碱化处理,同时曝气除铁。

对式(11-6)进行积分:

$$\int_{[Fe^{2+}]_0}^{[Fe^{2+}]_t} \frac{d[Fe^{2+}]}{[Fe^{2+}]} = \int_0^t k[OH^-]^2 p_{O_2} dt$$

可以求得水中二价铁从初始浓度 $[Fe^{2+}]_0$ 降低至 $[Fe^{2+}]_t$ 时,所需要的氧化反应时间 t:

$$t = \frac{\ln \frac{[Fe^{2+}]_0}{[Fe^{2+}]_t}}{k[OH^-]^2 p_{O_2}} \text{ (min)} \tag{11-7}$$

式中，k 为反应速率常数，为 1.5×10^8 $L^2/(mol^2 \cdot Pa \cdot min)$。当 pH 分别为 6.9 和 7.2，空气中氧分压为 2×10^4 Pa，水温 20℃时，欲使 Fe^{2+} 去除 90%，所需时间分别为 43 min 和 8 min。

地下水除锰比除铁困难。实践证明，要使 Mn^{2+} 被溶解氧氧化成 MnO_2，需将水的 pH 提高到 9.5 以上。在相似条件下，Mn^{2+} 的氧化速率明显慢于 Fe^{2+}。为了更有效地除锰，需要寻找催化剂或更强的氧化剂。研究表明，MnO_2 对 Mn^{2+} 的氧化具有催化作用，大致反应历程如下：

氧化：
$$Mn^{2+} + O_2 \xrightarrow{\text{慢}} MnO_2(s) \tag{11-8}$$

吸附：
$$Mn^{2+} + MnO_2(s) = Mn^{2+} \cdot MnO_2(s) \tag{11-9}$$

氧化：
$$Mn^{2+} \cdot MnO_2(s) + O_2 \xrightarrow{\text{很慢}} 2MnO_2 \tag{11-10}$$

根据上述研究成果，开发了曝气-过滤除锰工艺。先将含锰的地下水强烈曝气，尽量地除去 CO_2，提高 pH 值，再流入装有天然锰砂或石英砂的过滤器，利用接触氧化的原理将水中的 Mn^{2+} 氧化成 MnO_2，产物逐渐附着在滤料表面形成一层能起催化作用的活性滤膜，加速除锰过程。

MnO_2 对 Fe^{2+} 的氧化也具催化作用，使 Fe^{2+} 的氧化速率大大加快：

$$3MnO_2 + O_2 = MnO + Mn_2O_7 \tag{11-11}$$

$$4Fe^{2+} + MnO + Mn_2O_7 + 2H_2O = 4Fe^{3+} + 3MnO_2 + 4OH^- \tag{11-12}$$

在曝气-过滤除铁除锰工艺中，曝气方式可采用莲蓬头喷水、水射器曝气、跌水曝气、空气压缩机充气、曝气塔等。过滤器可采用重力式或压力式，如无阀滤池、压力滤池等。滤料粒径一般用 0.6~2 mm，高度 0.7~1 m，滤速 10~20 m/h。

11.2.3 空气氧化除硫

含硫废水来自于石油炼制厂、石油化工厂、皮革厂等的排放。在这些含硫废水中，硫化物一般以钠盐或铵盐形式存在，如 $NaHS$、Na_2S、NH_4HS、$(NH_4)_2S$ 等。当含硫量不大，无回收价值时，可采用空气氧化法脱硫。

各种硫的氧化还原电势如下：

酸性溶液：
$$H_2S \xrightarrow{E^\ominus = 0.14} S \xrightarrow{0.5} S_2O_3^{2-} \xrightarrow{0.4} H_2SO_3 \xrightarrow{0.17} H_2SO_4 \tag{11-13}$$

碱性溶液：
$$S^{2-} \xrightarrow{E^\ominus = -0.508} S \xrightarrow{-0.74} S_2O_3^{2-} \xrightarrow{-0.58} SO_3^{2-} \xrightarrow{-0.93} SO_4^{2-} \tag{11-14}$$

由此可见，在酸性条件下，不同价态的硫元素都具有较强的氧化能力；在碱性条件下，不同价态的硫元素都具有较强的还原能力。因此，利用空气氧化硫化物，宜在碱性条件下进行。

在除硫过程中一般同时向废水中注入空气和蒸汽（加热水温到 80～90℃），硫化物可被氧化成无毒的硫代硫酸盐或硫酸盐：

$$2HS^- + 2O_2 \rightleftharpoons S_2O_3^{2-} + H_2O \qquad (11\text{-}15)$$

$$2S^{2-} + 2O_2 + H_2O \rightleftharpoons S_2O_3^{2-} + 2OH^- \qquad (11\text{-}16)$$

$$S_2O_3^{2-} + 2O_2 + 2OH^- \rightleftharpoons 2SO_4^{2-} + H_2O \qquad (11\text{-}17)$$

由上述反应式可计算出，理论上氧化 1 kg 硫化物生成硫代硫酸盐约需氧气 1 kg，相当于需 3.7 m³ 空气，但由于少部分（约 10%）硫代硫酸盐会进一步氧化成硫酸盐，使需氧量约增加到 4.0 m³ 空气。实际上空气用量为理论值的 2～3 倍。

空气氧化脱硫设备多采用密闭的脱硫塔。图 11-1 为空气脱硫的工艺流程。含硫废水、蒸汽和空气经射流混合器混合后，从塔底送至脱硫塔。脱硫塔用安装有喷嘴的拱板分成数段。通蒸汽的目的是提高温度，加快反应速率。废水在脱硫塔内的平均停留时间是 1.5～2.5 h。

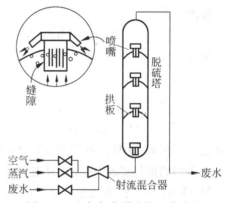

图 11-1 空气氧化脱硫的工艺流程

11.3 氯 氧 化

11.3.1 氯氧化的特点

氯氧化法广泛用于废水处理，如处理含氰废水、医院污水、含酚废水等，常用的含氯药剂有液氯、漂白粉、次氯酸钠、二氧化氯等。各药剂的氧化能力用有效氯含量表示。有效氯指化合价大于 −1 的具有氧化能力的那部分氯。作为比较基准，取液氯的有效氯含量为 100%，几种含氯药剂的有效氯含量如表 11-3 所示。

在所有含氯的氧化药剂中，氯气是普遍使用的氧化剂，既可用作消毒剂，也可以氧化污染物。

氯气加入水中发生水解反应生成次氯酸和盐酸：

$$Cl_2 + H_2O \rightleftharpoons HOCl + HCl \qquad (11\text{-}18)$$

表 11-3 纯的含氯化合物的有效氯

化 学 式	相对分子质量	含氯量/%	有效氯/%
液氯 Cl_2	71	100	100
漂白粉 $CaCl(OCl)$	127	56	56
次氯酸钠 $NaOCl$	74.5	47.7	95.4
次氯酸钙 $Ca(OCl)_2$	143	49.6	99.2
一氯胺 NH_2Cl	51.5	69	138
亚氯酸钠 $NaClO_2$	90.5	39.2	156.8
氧化二氯 Cl_2O	87	81.7	163.4
二氯胺 $NHCl_2$	86	82.5	165
三氯胺 NCl_3	120.5	88.5	177
二氧化氯 ClO_2	67.5	52.5	262.5

次氯酸进一步在水中发生解离：

$$HOCl \rightleftharpoons OCl^- + H^+ \qquad (11-19)$$

漂白粉和漂白精等在水溶液中生成次氯酸根离子：

$$CaCl(OCl) \rightleftharpoons OCl^- + Ca^{2+} + Cl^- \qquad (11-20)$$

$$Ca(OCl)_2 \rightleftharpoons 2OCl^- + Ca^{2+} \qquad (11-21)$$

如表 11-1 所示,氯的标准氧化还原电势较高,为 1.359 V,次氯酸根的标准氧化还原电势也较高,为 1.2 V,因此两者均具有很强的氧化能力。

11.3.2 含氰废水处理

含氰废水主要来源于电镀行业和某些化工行业。废水中含有氰基($-C\equiv N$)的氰化物,如氰化钠、氰化钾、氰化铵等简单氰盐易溶于水,离解为氰离子 CN^-,游离氰离子毒性很高。氰的络合盐可溶于水,以氰的络合离子形式存在,如 $Zn(CN)_4^{2-}$、$Ag(CN)_2^-$、$Fe(CN)_6^{4-}$、$Fe(CN)_6^{3-}$ 等。络合牢固的铁氰化物和亚铁氰化物,由于不易析出 CN^-,表现出的毒性较低。

氯氧化氰化物分两阶段进行。

第一阶段在碱性条件下(pH 为 10~11)将 CN^- 氧化成氰酸盐：

$$CN^- + OCl^- + H_2O \rightleftharpoons CNCl + 2OH^- \qquad (11-22)$$

$$CNCl + 2OH^- \rightleftharpoons CNO^- + Cl^- + H_2O \qquad (11-23)$$

第一阶段要求 pH=10~11。因为式(11-22)中,中间产物 CNCl 是挥发性物质,其毒性和 HCN 相等。在酸性介质中,CNCl 稳定；在 pH<9.5 时,式(11-23)反应也

不完全,而且要几小时以上。在 pH=10~11 时,式(11-23)反应只需 10~15 min。

虽然氰酸盐 CNO^- 的毒性只有 HCN 的 0.1%,但从保证水体安全出发,应进行第二阶段处理,以完全破坏碳氮键。

第二阶段的反应如下:

$$2CNO^- + 3OCl^- \Longrightarrow CO_2\uparrow + N_2\uparrow + 3Cl^- + CO_3^{2-} \tag{11-24}$$

式(11-24)的反应在 pH=8~8.5 时最有效,这样有利于形成的 CO_2 气体挥发出水面,促进氧化过程进行。如果 pH>8.5,CO_2 将形成半化合态或化合态 CO_2,不利于反应向右移动。在 pH=8~8.5 时,完全氧化反应需半小时左右。

在我国,碱性氯化法处理电镀含氰废水大多数采用一级氧化处理。处理工艺流程有间歇式和连续式。图 11-2 为一级氧化连续处理工艺流程。

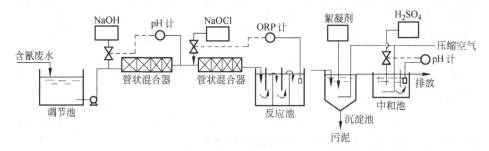

图 11-2 一级氧化连续处理含氰废水的工艺流程

含氰废水用泵从调节池经两个管状混合器送入反应池。在第一个混合器前加碱液,由 pH 自动控制计控制废水 pH 在 10~11。在第二个混合器前加次氯酸钠溶液,投加量由氧化还原电势(ORP)计自动控制,一般 ORP 在 300 mV 左右。为加速重金属氢氧化物的沉淀,在沉淀池中加入一定量的高分子絮凝剂。沉淀池出水在中和池中经中和,将 pH 调整到 6.5~8.5 后排放。

采用二级处理含氰废水的连续式工艺流程如图 11-3 所示。碱液和次氯酸钠在泵前投入,控制一级反应器中的 pH≥10。随后在二级反应中投加酸和次氯酸钠,将 pH 控制在 8~8.5。待反应结束,用沉淀法或气浮法进行固液分离。

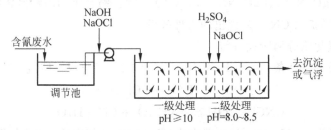

图 11-3 二级氧化连续处理含氰废水的工艺流程

11.3.3 含硫废水处理

氯氧化硫化物的反应如下：
部分氧化：
$$H_2S + Cl_2 = S + 2HCl \tag{11-25}$$
完全氧化：
$$H_2S + 3Cl_2 + 2H_2O = SO_2 + 6HCl \tag{11-26}$$
将 1 mg/L 的硫化物部分氧化成硫时，需氯量为 2.1 mg/L；完全氧化成 SO_2 时，需氯量为 6.3 mg/L。

11.3.4 含酚废水处理

利用液氯或漂白粉氧化酚，所用氯量必须过量数倍，否则将产生氯酚，发生不良气味。酚的氯化反应为

$$C_6H_5OH + 8Cl_2 + 7H_2O \longrightarrow \begin{matrix} CH-COOH \\ \| \\ CH-COOH \end{matrix} + 2CO_2 + 16HCl \tag{11-27}$$

如用 ClO_2 处理，则可能使酚全部分解，而无氯酚味，但费用较氯昂贵。

11.4 臭氧氧化

11.4.1 臭氧的理化性质

臭氧的分子式为 O_3，是氧气的一种同素异形体，室温下是一种具有鱼腥味的淡紫色气体，具有特殊臭味。在标准状态下，密度为 2.144 kg/m³，是氧气的 1.5 倍。

1. 臭氧在水中的溶解度

臭氧和其他气体一样，在水中的溶解度符合亨利定律：
$$C = K_H p_{O_3} \tag{11-28}$$
式中：C——臭氧在水中的溶解度，mg/L；

　　　p_{O_3}——臭氧化空气中臭氧的分压，kPa；

　　　K_H——亨利常数，mg/(L·kPa)。

在生产中，多以空气为原料制备臭氧化空气。在臭氧化空气中，臭氧只占 0.6%～1.2%（体积比）。根据气态方程及道尔顿分压定律，臭氧的分压也只有臭氧化空气的 0.6%～1.2%。因此，当水温为 25℃时，将臭氧化空气注入水中，臭氧的溶解度为 3～7 mg/L。

2. 臭氧的分解

臭氧不稳定,在常温下容易自行分解成氧气并放出能量:

$$O_3 =\!=\!= \frac{3}{2}O_2 + 144.45 \text{ kJ} \tag{11-29}$$

由于分解时放出大量能量,当臭氧浓度在25%以上时容易发生爆炸,但一般臭氧化空气中的臭氧浓度不超过10%,因此,不会有爆炸的危险。

浓度为1%的臭氧,在常温常压的空气中分解的半衰期为16 h左右。随温度升高,其分解率加快。臭氧在水中的分解速率比在空气中快得多,并与温度和pH有关,如表11-4所示。可见,温度和pH越高,分解越快。由于臭氧不易储存,在实际应用中需边生产边应用。

表11-4　臭氧在水中分解的半衰期

温度/℃	1	10	14.6	19.3	14.6	14.6	14.6
pH	7.6	7.6	7.6	7.6	8.5	9.2	10.5
半衰期/min	1 098	109	49	22	10.5	4	1

3. 臭氧的氧化能力

臭氧是一种很强的氧化剂,其氧化还原电势与pH有关。在酸性溶液中,$E^{\ominus} = 2.07$ V,其氧化性略次于氟。在碱性溶液中,$E^{\ominus} = 1.24$ V,氧化能力略低于氯。

由于臭氧强的氧化性,可以氧化水中多种有机物和无机物,如酚、氰化物、有机硫化物、不饱和脂肪族及芳香族化合物等,因此在水处理中应用广泛。

4. 臭氧的毒性和腐蚀性

高浓度臭氧是有毒气体。空气中臭氧浓度为0.1 mg/L时,眼、鼻、喉会感到刺激;浓度为1~10 mg/L时,会感到头痛,出现呼吸器官局部麻痹等症状;浓度为15~20 mg/L时,可能致死。一般从事臭氧处理工作的人员所在的环境中,臭氧浓度的允许值定为0.1 mg/L。

11.4.2　臭氧制备

臭氧的制备方法有多种,如化学法、电解法、紫外光法、无声放电法等。工业上一般采用无声放电法制取臭氧。

1. 无声放电法原理

无声放电法生产臭氧的原理如图11-4所示。

在一个内壁涂石墨的玻璃管外,套一个不锈钢管。将高压交流电加在石墨层

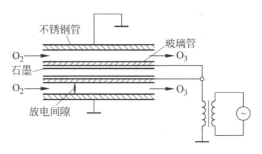

图 11-4　无声放电示意图

和不锈钢管之间(间隙 1～3 mm),形成放电电场。由于介电体(玻璃管)的阻碍,只有极小的电流通过电场,即在介电体表面的凸点上发生局部放电,因不能产生电弧,故称之为无声放电。当氧气或空气通过放电间隙时,在高速电子流的轰击下,一部分氧原子转变为臭氧,其反应如下:

$$O_2 + e^- \longrightarrow 2O + e^- \tag{11-30}$$

$$3O \longrightarrow O_3 \tag{11-31}$$

$$O_2 + O \longrightarrow 2O_3 \tag{11-32}$$

同时生成的臭氧也可能发生分解反应:

$$O_3 + O \longrightarrow 2O_2 \tag{11-33}$$

臭氧分解速率随臭氧浓度增大和温度升高而加快。在一定的浓度和温度下,生成和分解达到动态平衡。因此,通过放电区域的氧气只有一部分能够转变成臭氧。这种含臭氧的空气称为臭氧化空气。当以空气为原料时,生成的臭氧化空气中的臭氧含量一般为 0.6%～1.2%(体积比);当以纯氧为原料时,臭氧化空气中臭氧含量增加 1 倍。

氧气生产臭氧的总反应如下:

$$3O_2 \Longrightarrow 2O_3 - 288.9 \text{ kJ} \tag{11-34}$$

即每生产 1 kg 臭氧需要耗电 0.836 kW·h,相当于单位电耗的生产能力为 1.2 kgO$_3$/(kW·h)。由于95%左右的电能变成光能和热能被消耗掉,故用空气生产 1 kg 臭氧实际耗能 15～20 kW·h。

在臭氧制备中,放电产生大量的热量会促使臭氧加速分解,更加剧了臭氧生产能力的下降。因此,采用适当的冷却方式,及时排出放电产生的热量,是提高臭氧浓度、降低电耗的有效措施。

2. 臭氧发生器

无声放电臭氧发生器的种类很多,按其结构可分为管式、板式和金属格网式三种。管式臭氧发生器,又有单管、多管、卧式和立式等多种。

图 11-5 为多管卧式臭氧发生器的结构示意图。它的外形像列管式热交换器,

内有几十组至上百组相同的放电管。每组放电管均由两根同心圆管组成,外管为不锈钢,内管为玻璃管(内壁涂石墨)。在金属圆筒内的两端各焊一个孔板,每孔焊上一根放电管。整个金属圆筒内形成两个通道:两块孔板与圆筒端盖的空间,一块作为进水分配室,另一块作为臭氧化空气收集室,并与放电间隙连通;两块孔板和不锈钢外壁之间为冷却水通道,冷却水带走放电过程中产生的热量。

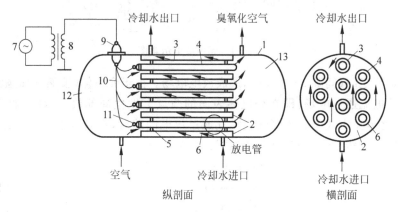

图 11-5 多管卧式臭氧发生器的构造

1—金属圆筒;2—孔板;3—不锈钢管;4—玻璃管;5—定位环;6—放电间隙;
7—交流电源;8—变压器;9—绝缘瓷瓶;10—导线;11—接线柱;
12—进气分配室;13—臭氧化空气收集室

3. 影响臭氧产率的主要因素

(1) 电极电压:据研究,单位电极表面积的臭氧产量与电极电压的二次方成正比,电压越高,产量越高。但电压过高很容易造成介电体被击穿并损伤电极表面,因此一般采用 15~20 kV 的电压。

(2) 电极温度:臭氧的产生浓度随电极温度升高而明显下降。为提高臭氧浓度,必须采取有效冷却措施,降低电极温度。

(3) 介电体:单位电极表面的臭氧产量与介电体常数成正比,与介电体厚度成反比。因此,应采用介电常数大、厚度薄的介电体。一般采用厚度为 1~3 mm 的硼玻璃作为介电体。

(4) 交流电频率:提高交流电的频率,可增加放电次数,从而可提高臭氧产量,但需要增加调频设备,国内目前仍采用 50~60 Hz 的电源。

(5) 放电间隙:放电间隙越小,越容易放电,产生无声放电所需的电压越小,耗电量越小。但间隙过小,对介电体或电极表面要求越高,管式臭氧发生器一般采用 2~3.5 mm。

11.4.3 臭氧接触反应器

1. 接触反应器的选择

水的臭氧处理在接触反应器内进行。臭氧加入水中后,水为吸收剂,臭氧为吸收质,在气液两相进行传质,同时发生臭氧氧化反应,因此属于化学吸收。接触反应器的作用主要有两个:①促进气、水扩散混合;②使气、水充分接触,迅速反应。应根据臭氧分子在水中的扩散速率和与污染物的反应速率来选择接触反应器的型式。

当扩散速率较大,而反应速率为整个氧化过程的速率控制步骤时,臭氧接触氧化反应器的结构型式应有利于反应的充分进行。属于这一类的污染物有合成表面活性剂、焦油、氨氮等,反应器可采用多孔扩散板反应器、塔板式反应器等。当反应速率较大,而扩散速率为整个氧化过程的速率控制步骤时,臭氧接触氧化反应器的结构应有利于臭氧的加速扩散。属于这一类的物质有酚、氰、亲水性染料、铁、锰、细菌等,可采用喷射器作反应器,如静态混合器等。

2. 多孔扩散式反应器

多孔扩散式反应器有穿孔管、穿孔板和微孔滤板等。臭氧化空气通过设置在反应器底部的多孔扩散装置分散成微小气泡后进入水中。根据气和水的流动方向不同又可分为同向流和异向流两种,如图 11-6 所示。为改善水气接触条件,反应器中可装填瓷环、塑料环等填料。

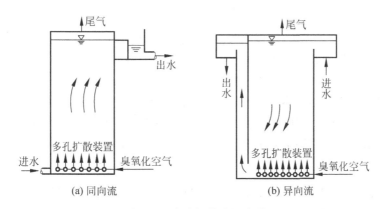

图 11-6 多孔扩散式反应器

同向流反应器是最早应用的一种反应器。其缺点是底部臭氧浓度大,原水杂质浓度也大,大部分臭氧在底部被易于氧化的杂质消耗掉。而上部臭氧浓度低,水中残余的杂质又较难被氧化,出水往往不够理想,臭氧利用率较低,一般为 75% 左右。当臭氧用于消毒时,宜采用同向流反应器,这样可以使大量的臭氧早与细菌接触,以避免大部分臭氧被水中其他杂质消耗掉。

异向流反应器可以使低浓度的臭氧与杂质浓度高的水相接触,臭氧利用率可达80%。目前这种反应器应用更为广泛。

3. 塔板式反应器

塔板式反应器有筛板塔和泡罩塔两种,如图11-7所示。

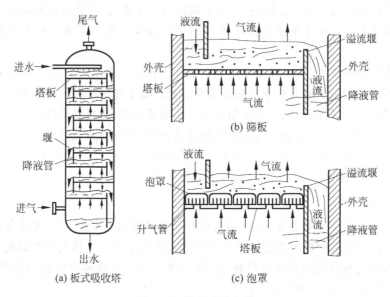

图11-7 塔板式反应器

在塔内设有多层塔板,每层塔板上设溢流堰和降液管。塔板上开许多筛孔的称为筛板塔;设置泡罩的称为泡罩塔。气流从底部进入,上升的气流经筛板或泡罩,被分散成细小的气泡,与板上的水层接触后逸出液面,然后再与上层液体接触。水从顶部进入,在塔板上翻过溢流堰,经降液管流到下层筛板,然后从底部排出。塔板上溢流堰的作用是使板上的水层维持一定深度,将降液管出口淹没在液层中形成水封,防止气流沿降液管上升。

4. 静态混合器

静态混合器也叫管式混合器(图11-8),是在一段管子内安装许多螺旋桨叶片,相邻两片螺旋桨叶片有着相反的方向,水流在旋转分割运行中与臭氧接触而产生许多微小旋涡,使气水得到充分混合。这种静态混合器的传质能力强,臭氧利用率可达80%以上,且耗能较少,设备费用低。

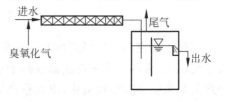

图11-8 静态混合器

5. 尾气处理

如前所述,臭氧是有毒气体。从臭氧接触反应器排出的尾气中残存臭氧体积分数一般为$(500\sim3\,000)\times10^{-6}$,应对这部分尾气进行妥善处理,以防止对周围大气环境的污染。尾气处理方法有:活性炭吸附法、药剂法、燃烧法等,其工艺条件和优缺点比较见表11-5。

表11-5 各种臭氧尾气处理方法的比较

处理方法	工艺条件	优缺点
活性炭吸附法	活性炭固定床,适用于低浓度臭氧	设备简单、较经济,使用周期短,饱和后需要更新或再生
药剂法	分还原法和分解法:还原法可采用亚铁盐、亚硫酸钠、硫代硫酸钠等;分解法可采用氢氧化钠等	比较简单,但费用较高
燃烧法	加热温度大于270℃	简单、可靠,但耗能

11.4.4 臭氧在水处理中的应用

在水处理中,臭氧主要用于消毒、饮用水净化与工业废水的氧化处理。以下主要介绍臭氧在饮用水净化和工业废水的处理中的应用。

1. 饮用水净化

据研究,臭氧对微污染水源水中的微量有机物(如3,4-苯并(a)芘、茚并芘等)有较好的去除效果。表11-6给出了法国巴黎水厂臭氧去除微量有机物的效果。

表11-6 法国巴黎水厂臭氧去除微量有机物的效果

污染物名称	原水含量/(mg/L)	臭氧投量/(mg/L)	接触时间/min	处理水含量/(mg/L)
3,4-苯并(a)芘	3.3	1.31	4	0.03
		1.71	4	0.0
茚并芘	3.2	0.64	4	0.0

臭氧还可以和活性炭联用,加强对饮用水中臭味、三卤甲烷等物质的去除。图11-9为东京某水厂的净水工艺流程图。在机械加速澄清池之后,设有臭氧和活性炭处理装置,处理水经最终砂滤池过滤后供给用户。

2. 工业废水处理

臭氧作为强氧化剂,在工业废水处理中有着广泛的应用,如染料和印染废水脱色、电镀含氰废水氧化、含酚废水处理等。

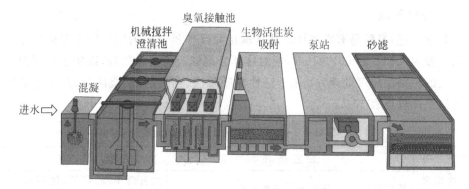

图 11-9　东京某水厂净水工艺流程图

1) 印染废水处理

臭氧用于处理印染废水,主要是用来脱色。染料分子中存在不饱和原子团,能吸收一部分可见光,从而产生颜色。这些不饱和原子团称为发色基团。重要的发色基团有乙烯基、偶氮基、氧化偶氮基、羰基、硫羰基、硝基、亚硝基等。臭氧一般能将不饱和原子团中的不饱和键打开,使之失去显色能力。臭氧氧化法能将含活性染料、阳离子染料、酸性染料、直接染料等水溶性染料的废水几乎完全脱色,对不溶于水的分散染料也具有良好的脱色效果。

例如某厂排出的印染废水主要含有活性、分散、还原染料和涂料。其中活性染料占 40%,分散染料占 15%。废水主要来源于退浆、煮炼、染色、印花和整理工段。废水经生物处理后,再用臭氧氧化法进行脱色。处理水量为 600 m³/d。

采用臭氧接触反应器 2 座,塔高 6.2 m,塔径 1.5 m,内填聚丙烯波纹板,底部进气,顶部进水。臭氧投加量 50 g/m³,接触时间 20 min。进水 pH=6.9,COD 为 201.5 mg/L,色度为 66.2 倍,悬浮物 157.9 mg/L,经臭氧处理后,COD、色度、悬浮物去除率分别为 13.6%、80.9% 和 33.9%。

2) 含氰废水处理

氰与臭氧的反应为

$$2KCN + 3O_3 = 2KCNO + 2O_2 \uparrow \tag{11-35}$$

$$2KCNO + H_2O + 3O_3 = 2KHCO_3 + N_2 \uparrow + 3O_2 \uparrow \tag{11-36}$$

按上述反应,处理到第一阶段,每去除 1 mg CN^- 需臭氧 1.84 mg。此阶段生成的 CNO^- 毒性为 CN^- 的 1%;处理到第二阶段,每去除 1 mg CN^- 需臭氧 4.6 mg。臭氧氧化法处理含氰废水的工艺流程如图 11-10 所示。

3) 含酚废水处理

臭氧对酚的氧化作用与氯和二氧化氯相同,但臭氧的氧化能力为氯的 2 倍,且

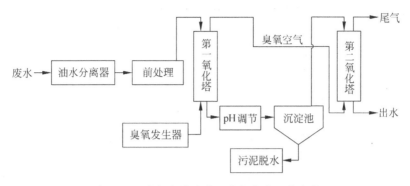

图 11-10　臭氧氧化法处理含氰废水工艺流程

不产生氯酚。将酚完全氧化成二氧化碳是不经济的。可以利用臭氧将酚的苯环打断生成易生物降解的物质,再与生物法联合处理。

11.5　光化学氧化与光化学催化氧化

11.5.1　概述

光化学反应是指在光的作用下进行的化学反应,物质(原子、分子、离子)的基态吸收光子形成激发态,之后发生化学变化到稳定的状态或者变成引发热反应的中间化学产物。光化学反应的活化能来源于光子的能量,在太阳能的利用中,光电转换与光化学转换一直是十分活跃的研究领域。环境工程中常利用光化学反应来降解有机污染物,也称之为光降解。光降解反应包括无催化剂和有催化剂的两种,前者一般称为光氧化或光化学氧化,后者称为光催化氧化。

光催化氧化根据催化剂的形态,又分为均相和非均相两种类型。均相光催化氧化主要以 Fe^{2+} 或 Fe^{3+} 及 H_2O_2 为介质,通过光-Fenton反应产生 HO· 对污染物进行氧化,非均相光催化氧化是在体系中投加光敏半导体材料作为催化剂,使其在光的照射下激发产生电子-空穴对,吸附在催化剂上的溶解氧/水分子与电子-空穴对作用,产生 HO· 等氧化性强的自由基对污染物进行氧化。

11.5.2　光化学氧化

1. 光化学氧化原理

光化学氧化是通过氧化剂(如 O_3、H_2O_2 等)在光辐射下产生强氧化能力的羟基自由基 HO· 而进行的。光氧化技术与其他氧化方法比较,具有以下特点:反应过程产生大量的羟基自由基,对有机物的降解速率快,而且对许多难降解有机物的矿化效果好;光氧化的反应条件对温度、压力没有特别要求;作为生物处理技术的前处理,可以大大提高难生物降解废水的可生化性。

根据氧化剂种类的不同,可分为光过氧化氢($UV-H_2O_2$)氧化、光臭氧氧化($UV-O_3$)等,以下将分别叙述。

1) 羟基自由基的性质

羟基自由基具有如下性质:

(1) 羟基自由基是一种很强的氧化剂,其标准氧化还原电势 $E^{\ominus}$ 为 2.80 V,在常见的氧化剂中仅次于氟($E^{\ominus}$ 为 3.06 V);

(2) 羟基自由基具有较高的电负性或亲电性,其电子亲合能为 569.3 kJ,容易进攻高电子云密度点,因此羟基自由基的进攻具有一定的选择性;

(3) 羟基自由基还具有加成作用,当有碳碳双键存在时,除非被进攻的分子具有高度活性的碳氢键,否则,将发生加成反应。

由于以上性质,利用羟基自由基进行废水处理时有以下特点:

(1) 羟基自由基是高级氧化过程的中间产物,作为引发剂诱发后面的链反应,对难降解的有机物质特别适用;

(2) 羟基自由基能够有选择地与废水中的污染物发生反应;

(3) 羟基自由基氧化反应条件温和,容易得到应用。

2) $UV-H_2O_2$ 反应机理

一般认为 $UV-H_2O_2$ 的反应机理是:1 分子 H_2O_2 首先在紫外光($\lambda < 300$ nm)的照射下产生 2 分子的 HO·:

$$H_2O_2 + h\nu \longrightarrow 2HO· \tag{11-37}$$

$UV-H_2O_2$ 的联合作用是以产生羟基自由基进而通过羟基自由基反应来降解污染物为主,同时也存在 H_2O_2 对污染物的直接化学氧化和紫外光的直接光解作用。该联合工艺能有效地降解一些难以生物降解的有机物,如水中低浓度的多种脂肪烃和芳香烃有机污染物。采用 $UV-H_2O_2$ 联合处理比只采用 UV 处理时反应速率约快 50 倍。有研究发现,反应速率与 pH 有关,酸性越强,反应速率越快。

$UV-H_2O_2$ 工艺的特点:强氧化性,经济上具有优势,运行稳定,操作简便;适合处理低浓度、低色度(浊度)废水。

3) $UV-O_3$ 反应机理

$UV-O_3$ 是将臭氧和紫外光辐射相结合的一种高级氧化过程,它的降解效率比单独使用 UV 和 O_3 都要高。这是由于紫外光辐射臭氧可以促进生成 HO·,而 HO· 是比 O_3 更强的氧化剂。$UV-O_3$ 氧化过程涉及 O_3 的直接氧化和 HO· 的氧化作用。对于 $UV-O_3$ 氧化过程中产生 HO· 的机理,目前存在两种解释:

$$O_3 + h\nu \longrightarrow O_2 + O \tag{11-38}$$

$$O + H_2O \longrightarrow 2HO· \tag{11-39}$$

或

$$O_3 + H_2O + h\nu \longrightarrow O_2 + H_2O_2 \tag{11-40}$$

$$H_2O_2 + h\nu \longrightarrow 2HO\cdot \tag{11-41}$$

尽管现在还不能完全确定哪种机理占主导,但得出的结论是一致的:即 1 mol 的臭氧在紫外光辐射下产生 2 mol 的 HO·。已有报道证实,H_2O_2 实际上是臭氧光降解的首要产物,因此现在大多数人比较倾向于第二种解释。

臭氧在水中的低溶解度及其相应的传质限制是 UV-O_3 技术发展的主要问题,现有研究大多采用搅拌式的光化学反应器、管状或内圈的光化学反应器来提高传质速率。此外,影响 UV-O_3 反应效果的因素还有:

(1) 光照因素　臭氧对 253.7 nm 的光吸收系数最大,随着光强的提高,能极大提高反应速率并减少反应时间。

(2) pH 值　在 pH>6.0 时,臭氧主要以间接反应为主,即以产生的 HO·作为主要氧化剂,能产生更快的反应速率。

(3) 无机物　碳酸盐是自由基的捕获剂,大量存在会严重阻碍氧化反应的进行。

(4) 臭氧投加量　对于不同水质的废水,选择适当的 O_3 投加量,既可避免 O_3 受紫外光辐射分解而降低 O_3 利用率,还可以取得较好的处理效果,降低成本。

4) UV-O_3-H_2O_2 反应机理

对紫外辐照、H_2O_2 和 O_3 联合的高级氧化技术研究表明,UV-O_3-H_2O_2 能够高速产生 HO·。该系统对有机物的降解利用了氧化和光解作用,包括 O_3 的直接氧化、O_3 和 H_2O_2 分解产生 HO·的氧化以及 O_3 和 H_2O_2 光解和离解作用。和单纯 UV-O_3 相比,加入 H_2O_2 对 HO·的产生有协同作用,从而表现出对有机污染物的高效去除。

在 UV-O_3-H_2O_2 的反应过程中,HO·的产生机理可归结为以下几个反应:

$$H_2O_2 + H_2O \longrightarrow H_3O^+ + HO_2^- \tag{11-42}$$

$$O_3 + H_2O_2 \longrightarrow O_2 + HO\cdot + HO_2\cdot \tag{11-43}$$

$$O_3 + HO_2^- \longrightarrow HO\cdot + O_2^- + O_2 \tag{11-44}$$

$$O_3 + O_2^- \longrightarrow O_3^- + O_2 \tag{11-45}$$

$$O_3 + H_2O \longrightarrow HO\cdot + HO^- + O_2 \tag{11-46}$$

5) UV-US 反应机理

将超声(US)引入光氧化技术中可提高物质的传递速率,加速光氧化速率,改善降解效果。超声波技术本身也是一种处理废水的有效手段,使用的超声波频率范围一般为 $2\times10^4 \sim 1\times10^7$ Hz。采用光氧化技术与超声技术联合降解处理有机物,其降解效率往往比单独采用光氧化技术或超声技术处理好。将超声波技术的"空化作用"配以紫外光辐射,可以增强氧化剂的氧化能力,加快反应速率,提高有机物的降解效果。UV-US 氧化技术在处理染料废水方面已被证明有很好的效果。

2. 光化学氧化系统

提高光化学氧化系统对污染物的去除能力主要表现在光源的选取、光学材料的应用以及反应器结构的改进三方面。

1) 光源

光源在物理学上指能发出一定波长范围的电磁波(包括可见光与紫外线、红外线和 X 光等不可见光)的物体,又称发光体。光是由于处在激发态的原子或分子失活产生的,物质在从激发态到基态的电子转移过程中伴随着光的产生。根据获得激发态的途径不同,光源可分四种不同的类型:弧光灯、白炽灯、荧光灯和激光。

弧光灯通过电极两端放电激活灯内的气体,气体原子通过与电弧自由电子的碰撞得到激发;白炽灯是通过灯丝通以电流被加热到一个很高的温度,产生热量来供给激发;荧光灯是通过气相放电提供能量使置于管壁上的荧光物质被激发;激光是一束有很高光强和很好方向性的连续的光。

在光化学合成中,用得最多的就是弧光灯和荧光灯,它们的功率在 $10 \sim 60\,000$ W 之间。汞弧光灯(即汞灯)是光化学中应用最多的光源。其在不同光谱段光线的相对强度由汞原子蒸气压力决定。根据蒸气压力的不同,汞灯可分为低压型、中压型和高压型三种类型。

低压汞灯,汞压力从 $0.133 \sim 133.322$ Pa,大部分发光区域集中在 253.7 nm 处。中高压汞灯,汞压力从 101.325 kPa 到近 10.1325 MPa,可在紫外区和可见光区域发射一系列的光谱。

2) 光学材料的应用

位于光路上的反应器壁必须能透过辐射反应物所选择的波长,因此,器壁和灯的冷却套管必须采用合适的玻璃制造,如对于紫外光,石英透光性比普通玻璃要好。利用滤光玻璃作为滤光器,可以得到特定波长的光。为了充分利用反射光线,可在反应器外壁附上铝箔或利用银沉积形成的银镜。随着光学制造技术的完善,各类光学材料广泛应用于反应器设计上,以提高辐射效率。

3) 光化学反应器

最简单的光化学反应器就是把一只灯管浸没到普通反应器中的混合液里,称之为浸没式光化学反应器。但是这种反应器存在严重的缺点,没有充分考虑光效率、灯管外壁沉淀等问题。

光化学反应器的设计首先需要考虑如何提高光效率。由于光化学反应仅在吸收了光的那部分体积中发生,增加有效反应体积可以提高光效率。同时,将灯管和反应液体隔离的器壁会产生沉淀(结膜),减弱进而阻止对反应混合物的辐射,因此需要考虑清洗或减少沉淀。

在光化学反应器中光源可以包围反应器，也可以反应器包围光源，根据几何光学的折射原理可以制造出各种高效反应器，下面介绍几种。

(1) 矩形光化学反应器：矩形光化学反应器如图 11-11 所示。反应器的一个平面用一管状光源照射，在其后面放置了一个抛物线式的反射器。

(2) 辐射网式光化学反应器：如图 11-12 所示，圆柱形反应器处于辐射场的中央，辐射场由安装了适当反射器的 2～16 只灯的一个环形装置产生。

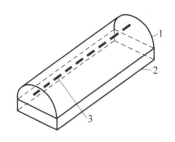
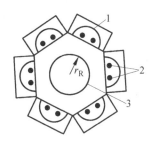

图 11-11　具有抛物面形发射器的矩形光化学反应器
1—抛物面发射器；2—反应器；3—灯源

图 11-12　辐射网式光化学反应器截面图
1—抛物面镜；2—灯源；3—圆柱形反应器

(3) 液膜光化学反应器：如图 11-13，灯源置于反应器中央。反应混合物从一个倒转的浸没式反应器顶部扩散进去，并在反应器外壁的内表面形成液相降膜，这样反应溶液和隔离灯管的器壁不直接接触，不会产生沉淀。

3. 光化学氧化应用

1) UV-H_2O_2 工艺的应用

UV-H_2O_2 工艺可以有效氧化难降解有机物，如二氯乙烯（TCE）、四氯乙烯（PCE）、三氯甲烷等；用于脱色处理，脱色对象具有较强的选择性，对单偶氮染料的处理效果最佳；用于去除水中天然存在的有机物；处理漂白纸浆及石油炼制的废水；处理纺织业废水等。

美国的 Calgon perox-pure™ 和 Rayox 的 UV-H_2O_2 工艺已商业化，如图 11-14 所示，该工艺由氧化单元、H_2O_2 供应单元、酸供应单元和碱供应单元四个可移动单元组成。氧化单元由 6 个连续的反应器组成，每个反应器装有一个 15 kW 的紫外灯，反应器总体积为 55 L。每个紫外灯安装在一个紫外光可透过的石英管内部，处在反应器的中央，水沿着石英管流动。在废水流进第

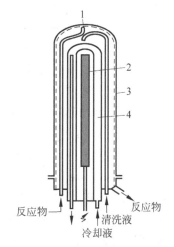

图 11-13　环形降膜光化学反应器
1—液体分布器；2—灯源；
3—降膜；4—冷却液

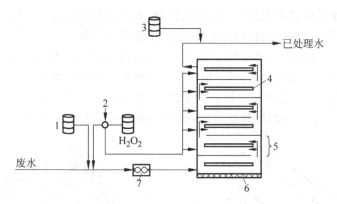

图 11-14　Calgon UV-H_2O_2 工艺流程图
1—硫酸；2—H_2O_2 分流器；3—氢氧化钠；4—UV 灯；
5—反应器；6—氧化单元；7—静态混合器

一个反应器前加入 H_2O_2，也可以用一个喷淋头同时给 6 个反应器投加 H_2O_2。根据需要，加酸以降低入水的 pH 值，去除碳酸氢根、碳酸根，防止其对 HO· 的捕获。加入 H_2O_2 后的废水经过一个静态混合器进入反应器。为了满足排放标准的需要，需在氧化单元出水中加入碱，以调整处理后废水的 pH 值。石英管上装备了清洗器，可以定期进行清洗，以减小沉积固体对反应的影响。

2) UV-O_3 工艺的应用

UV-O_3 作为一种高级氧化水处理工艺，不仅能对有毒的难降解的有机物、细菌、病毒进行有效的氧化和降解，而且还可以用于造纸工业漂白废水的脱色。同时，已有的研究表明，UV-O_3 工艺对饮用水中的三氯甲烷、四氯化碳、芳香族化合物、氯苯类化合物、五氯苯酚等有机污染物也有良好的去除效果。

从 20 世纪 80 年代开始，陆续有 UV-O_3 的工业化装置应用，如加拿大的 Solar Environmental System 中有 3 个使用了 UV-O_3 工艺。如图 11-15 所示，由两个同心石英卷筒组成的氙灯(外径 30 mm，内径 17 mm，辐射波长 250 nm)，安装在圆筒形反应器中心轴的位置上(外径 50 mm，长 300 mm)。圆筒反应器为 3 L，辐射溶液由泵形成间歇式循环。O_3 由恒定流速的 O_2 气流流经光源内管时辐射产生，与紫外光源协同对污水进行净化。利用该工艺处理 4-氯酚 ($5×10^{-4}$ mol/L) 的水溶液，TOC 矿化速度

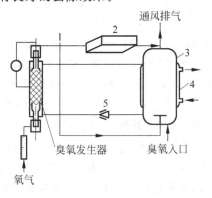

图 11-15　UV-O_3 工艺流程
1—三向阀；2—分光光度计；3—储罐；
4—温度控制；5—水泵

是单纯用 UV 或 O_3 的 2 倍。

3) UV-H_2O_2-O_3 工艺的应用

UV-H_2O_2-O_3 工艺在处理多种工业废水和受污染地下水方面的应用已有报道,可用于多种农药(如 PCP、DDT 等)和其他化合物的处理。在成分复杂的废水中,某些反应可能受到抑制时,UV-H_2O_2-O_3 显示出优越性,受废水中色度和浊度的影响程度较低,适用于更广的 pH 范围。

在美国 UV-H_2O_2-O_3 工艺已有了商业应用,工艺流程如图 11-16 所示,由 UV 氧化反应器、O_3 发生器、H_2O_2 供给池及催化 O_3 分解单元构成。反应器总体积 600 L,被 5 个垂直的挡板分成 6 个室。每室安装 4 盏 65 W 的低压汞灯,垂直置于反应器石英套管内。每个反应器底部设置有不锈钢曝气头,均匀地将 O_3 分散入水中。管道静态混合器用于废水和 H_2O_2 的混合。

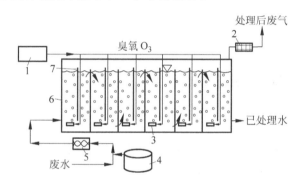

图 11-16 UV-H_2O_2-O_3 工艺流程

1—O_3 发生器;2—O_3 吸收单元;3—O_3 分布器;4—H_2O_2 供给槽;
5—静态混合器;6—反应器;7—UV 灯

11.5.3 均相光催化氧化

均相光催化氧化主要是指 UV-Fenton 氧化。1894 年 H. J. Fenton 发现由 H_2O_2 和催化剂 Fe^{2+} 构成的氧化体系具有很强的氧化性,后来称之为 Fenton 试剂。1964 年,H. R. Eisenhousdr 首次使用 Fenton 试剂处理苯酚及烷基苯废水,开创了 Fenton 试剂应用于废水处理的先例。

1. UV-Fenton 氧化的反应机理

Fenton 试剂的氧化机理主要是在酸性条件下,利用亚铁离子作为 H_2O_2 氧化分解的催化剂,生成反应活性极高的 HO·。HO·可以进一步引发自由基链反应,从而氧化降解大部分的有机物,甚至使部分有机物达到矿化。整个体系的反应十分复杂,其关键是通过 Fe^{2+} 在反应中起激发和传递作用,使链反应可以持续进行直至 H_2O_2 耗尽。

$$Fe^{2+} + H_2O_2 \longrightarrow Fe^{3+} + OH^- + HO \cdot \qquad (11-47)$$

$$Fe^{3+} + H_2O_2 \longrightarrow Fe^{2+} + HO_2 \cdot + H^+ \qquad (11-48)$$

1993 年 Ruppert 等人首次在 Fenton 试剂中引入紫外光对 4-CP 进行去除，发现紫外光和可见光都可以大大提高反应速率，随后 UV-Fenton 技术处理有机废水得到了广泛研究。

传统的 UV-Fenton 反应机理认为 H_2O_2 在 UV ($\lambda > 300$ nm) 光照下产生 HO·：

$$H_2O_2 + h\nu \longrightarrow 2HO \cdot \qquad (11-49)$$

Fe^{2+} 在 UV 光照下，可以部分转化成 Fe^{3+}，而所转化的 Fe^{3+} 在 pH=5.5 的介质中可以水解生成 $Fe(OH)^{2+}$，$Fe(OH)^{2+}$ 在紫外光照下又可以转化为 Fe^{2+}，同时产生 HO·：

$$Fe(OH)^{2+} \longrightarrow Fe^{2+} + HO \cdot \qquad (11-50)$$

由于上式的存在，使得 H_2O_2 的分解速率远大于 Fe^{2+} 或紫外光催化 H_2O_2 分解速率的简单加和。

2. UV-Fenton 氧化的反应特点

UV-Fenton 技术具有以下明显的优点：可降低 Fe^{2+} 的用量，保持 H_2O_2 较高的利用率；紫外光和 Fe^{2+} 对 H_2O_2 催化分解存在着协同效应；可以使有机物矿化程度更充分，因为 Fe^{3+} 与有机物降解过程的中间产物形成的络合物是光活性物质，可在紫外光作用下迅速还原为 Fe^{2+}。

影响 UV-Fenton 反应的因素有：污染物起始浓度、Fe^{2+} 浓度、H_2O_2 浓度和载气。污染物起始浓度越高，表观反应速率越小；Fe^{2+} 浓度需要维持在一定水平，过高对 H_2O_2 消耗过大，过低则不利于 HO· 的产生；保持一定浓度的 H_2O_2 可使反应维持较高水平；氧气作为载气最好。

3. UV-Fenton 氧化的应用

目前利用 UV-Fenton 氧化工艺降解的典型有机物包括除草剂 2,4-D、硝基酚、苯酚、苯甲醚、甲基对硫磷等，也有将 UV-Fenton 氧化工艺用于处理垃圾渗滤液的研究。但 UV-Fenton 处理废水的费用高，需要将该工艺与其他废水处理法联用以降低处理费用。如将 UV-Fenton 氧化和生物处理联合，利用 UV-Fenton 氧化提高废水的可生化性，然后利用生物对废水进一步处理。

11.5.4 非均相光催化氧化

非均相光催化氧化主要是指用半导体如 TiO_2、ZnO 等通过光催化氧化对有机污染物进行降解。1972 年，Fujishima 和 Honda 利用 Pt 电极和 TiO_2 电极在紫外光的照射下将水电解成 H_2 和 O_2，标志着光催化氧化技术研究的开始。自此，光催化氧化技术在环境领域的研究方兴未艾。

1. 非均相光催化氧化的原理

半导体能带结构与金属不同的是价带(VB)和导带(CB)之间存在一个禁带,在这个禁带里是不含有能级的。用作光催化剂的半导体大多为金属的氧化物和硫化物,一般具有较大的禁带宽度,有时称为宽带隙半导体。如被经常研究的 TiO_2,禁带宽度为 3.2 eV。

一般认为当光催化剂吸收一个能量大于禁带宽度(一般位于紫外区)的光子时,位于价带的电子(e^-)就会被激发到导带,从而在价带留下一个空穴(h^+),这个电子和空穴与吸附在催化表面的 OH^- 或 O_2 进一步反应,生成氧化性能很高的羟基自由基(HO·)和氧负离子自由基 O_2^-·,这些自由基和光生空穴共同作用氧化水中的有机物,使之变成 CO_2、H_2O 和无机酸。

$$\text{有机污染物} + O_2 \xrightarrow{\text{半导体、紫外}} CO_2 + H_2O + \text{无机酸}$$

与此同时,生成的电子和空穴又会不断地复合,同时放出一定的能量。作为一种有效的催化剂,这就要求电子和空穴的产生速率大于它们的复合速率。

2. 非均相光催化氧化的影响因素

影响光催化氧化的因素主要有无机盐离子干扰、催化剂表面金属沉积和入射光强,而 pH 值以及温度对其影响有限。

无机盐离子如硫酸根离子、氯离子、磷酸根离子会与有机物产生竞争吸附,另一些无机盐离子如 CO_3^{2-} 可以作为羟基自由基的清除剂,即发生竞争性反应。竞争吸附和竞争性反应都可以降低反应速率。

很多贵金属在 TiO_2 表面上的沉积有益于提高光催化氧化反应速率。水溶液中,光催化还原氯铂酸、氯铂酸钠或六羟基铂酸,可使微小铂颗粒沉积在 TiO_2 表面。细小铂颗粒成为电子积累的中心,阻碍了电子和空穴的复合,提高了反应速率。沉积量是很重要的因素,实际操作过程中存在一个最佳沉积量。当沉积量大于这个最佳沉积量时,催化剂活性反而会降低。其他贵重金属,如银、金,在 TiO_2 表面的沉积对催化活性也有类似的影响。

空穴的产生量与入射光光强成正比。入射光光强的选择,既要考虑能高效去除污染物,又要尽量地减少能耗,存在一个经济效益分析的问题。

pH 值对光催化氧化的影响包括:表面电荷和 TiO_2 的能带位置。在水中,TiO_2 的等电点大约是 pH=6。当 pH 值较低时,颗粒表面带正电;当 pH 值较高时,表面带负电荷。表面电荷的极性及其大小对催化剂的吸附性能影响较大。

半导体的价带能级是 pH 值的函数。在 pH 值较高时,对 OH^- 的氧化有利,而在 pH 值较低时,则对 H_2O 的氧化有利。所以不管在酸性还是碱性条件下,TiO_2 表面吸附的 OH^- 和 H_2O 理论上都可能被空穴氧化成 HO·。但在 pH 值变化很大时,光催化氧化速率的变化也不会超过 1 个数量级。因此,光催化氧化反应速率受 pH 值的影响较弱。

在光催化反应中,受温度影响的反应步骤是吸附、解吸、表面迁移和重排。但这些都不是决定光反应速率的关键步骤。因此,温度对光催化反应的影响较弱。

3. 非均相光催化剂

在光催化氧化中使用的催化剂大多为 n 型半导体,许多金属氧化物和硫化物都具有光催化性,包括 TiO_2、ZnO、CdS、Fe_2O_3、SnO_2、WO_3 等。由于 TiO_2 化学性质和光化学性质十分稳定,无毒价廉,货源充分,因此使用最为普遍。作为催化剂的 TiO_2 主要有两种晶型——锐钛矿型和金红石型。由于晶型结构、晶格缺陷、表面结构以及混晶效应等因素,锐钛矿型的 TiO_2 催化活性要高于金红石型。

实际应用中大多将催化剂固定后使用,主要有两种形式:固定颗粒体系和固定膜体系。固定颗粒体系是指将二氧化钛或二氧化钛前驱物负载于成型的颗粒上;固定膜体系是将二氧化钛或二氧化钛前驱物涂覆在基材上,从而在基材表面形成一层二氧化钛薄膜。

半导体的光催化特性已被许多研究所证实,但从太阳光的利用效率来看,还存在以下主要缺陷:一是半导体的光吸收波长范围狭窄,主要在紫外区,太阳光的利用比例低;另一是半导体载流子的复合率很高,因此量子效率较低。以下方法可以提高半导体光催化剂的性能:

(1) 半导体表面贵金属沉积 贵金属在半导体表面的沉积一般并不形成一层覆盖物,而是形成原子簇,聚集尺寸一般为纳米级,其对半导体的表面覆盖率很小。最常用的淀积贵金属是第Ⅷ族的 Pt,其次是 Pd、Ag、Au、Ru 等。这些贵金属的沉积普遍可以提高半导体的光催化活性,包括水的分解、有机物的氧化以及重金属的氧化等。

(2) 半导体的金属离子掺杂 在半导体中掺杂不同价态的金属离子可以改变半导体的催化性质,不仅可能加强半导体的光催化作用,还可能使半导体的吸收波长范围扩展至可见光区域。但只有一些特定的金属离子有利于提高光量子效率,其他金属离子的掺杂反而是有害的。

(3) 半导体的光敏化 半导体光催化材料的光敏化是延伸激发波长的一个途径,它是将光活性化合物通过物理或化学吸附作用吸附于半导体表面,从而扩大半导体激发波长范围,使更多的太阳光得到利用。

(4) 复合半导体 用浸渍法和混合溶胶法等可以制备二元和多元复合半导体,如 TiO_2-CdS、TiO_2-$CdSe$、TiO_2-SnO_2、TiO_2-PbS、TiO_2-WO_3、CdS-ZnO、CdS-AgI、CdS-HgS、ZnO-ZnS 等。这些复合半导体的光催化性质高于单个半导体。

4. 非均相光催化特点

与均相系统相比,非均相光催化氧化具有如下优点:

(1) 不需要消耗如 H_2O_2 和 O_3 这样的催化剂；

(2) 光催化剂在反应过程中不被消耗；

(3) 自然光，即太阳光能直接被加以利用。就 TiO_2 而言，其禁带宽度为 3.2 eV，其对应的波长为 387.5 nm。在地球表面，太阳光（波长大于 300 nm）中能激发光催化氧化反应的光大约占 4%。

尽管光催化氧化具有以上很多优点，但离实际应用还存在一定的距离，主要缺点有：

(1) 如采用紫外灯，能耗高。

(2) 很难将处理后的水与细小催化剂分离。为了使催化剂具有较高的活性，要求催化剂具有很大的比表面积，也就是要有很小的颗粒尺寸，这就给催化剂的分离带来了困难，目前研究较多的解决方法主要有膜分离、催化剂固定化等。

(3) 不宜处理高浓度废水。

(4) 尽管紫外线具有较高的能量，但其穿透能力很弱，对色度和浊度较高的废水，处理效果不好。

5. 非均相光催化反应器

光催化反应器是光催化处理废水的反应场所，高效光催化反应器的研制是提高光催化反应效率的关键措施之一。光催化反应器可以由不同的方面进行分类。

(1) 按光源的不同，可分为紫外灯光催化反应器和太阳能光催化反应器：目前通常采用汞灯、黑灯、氙灯等发射紫外线。紫外灯由于使用寿命不长，通常应用于实验室研究。太阳能光催化反应器节能，但应充分提高太阳光的采集量。

(2) 根据反应器中催化剂所处的物理状态不同，分为悬浮型光催化反应器和固定床型光催化反应器：早期光催化研究多以悬浮型光催化为主。此类反应器结构较简单，反应器用泵循环或曝气等方式使呈悬浮状的光催化剂颗粒悬浮在液相中，与液相接触充分，反应速率较高。但催化剂难以回收，活性成分损失较大，须采用过滤、离心分离、絮凝等手段来解决催化剂的分离问题，其实用性受到了限制。

固定床型光催化反应器是为解决悬浮催化剂分离回收而提出的有效途径。根据光催化剂固定方式的不同，又可分为非填充式固定床型和填充式固定床型光催化反应器。

非填充式固定床型光催化反应器使用最为广泛，根据聚光与否又可分为聚光式和非聚光式。

聚光式反应器只能利用太阳光的直射部分，然而太阳光的散射部分对催化作用也相当重要，尤其是在湿度大，或多云、阴天的条件下，可以使用非聚光式反应器。非聚光式反应器有箱式、管式、平板式等几种形式。平板式非聚光反应器如

图 11-17 所示。

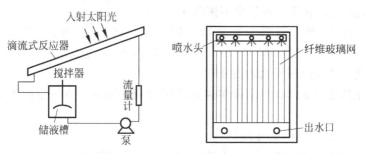

图 11-17 平板式光催化反应器

6. 光催化氧化的应用

光催化氧化技术由于具有能耗低、操作简便、反应条件温和、无二次污染等突出优点,在废水处理中的使用日益受到人们的重视。

目前工业化的光催化氧化装置有 Matrix Photocatalytic Technology 公司制造的 Matrix 系统,如图 11-18 所示。该装置由许多相同单元组成,每个单元长 1.75 m、外径 4.5 cm,波长为 254 nm 的紫外灯放置在轴向石英套筒内,石英套筒被 8 层负载了锐态型 TiO_2 的玻璃纤维网包围,反应单元的最外层是不锈钢外套,每个单元最大流量为 0.8 L/min。该系统用于处理受 VOC 污染的地下水,处理费用(包括设备和运行费用)为 7.6 美元/m^3。

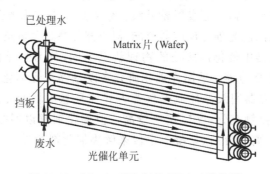

图 11-18 Matrix 系统每片(Wafer)结构图

11.6 湿式氧化与催化湿式氧化

11.6.1 概述

湿式氧化法(wet air oxidation,WAO)是在高温、高压下,利用空气将废水中的有机物氧化成二氧化碳和水,从而达到去除污染物的目的。因氧化过程在液相中进行,故称湿式氧化。与常规氧化方法相比,湿式氧化法具有适用范围广,处理效率高,二次污染低,氧化速率快,装置占地小,可回收能量等优点。

该工艺由美国的 F. J. Zimmermann 于 1958 年研究提出。20 世纪 70 年代以前主要用于城市污水处理厂污泥和造纸黑液的处理。此后,湿式氧化工艺得到快速发展,应用范围逐渐扩大。在国外,湿式氧化技术已实现工业化应用,主要用于各类高浓度废水及污泥处理,尤其是毒性大、难以用生化方法处理的农药废水、染料废水、制药废水、造纸黑液以及城市污泥及垃圾渗滤液等,也用于还原性无机物(如 CN^-、SCN^-、S^{2-})和放射性废物的处理。但湿式氧化法在实际应用中仍存在一定的局限性:①要求在高温高压下进行,其中间产物往往为有机酸,故要求设备能耐高温、高压,并耐腐蚀,因此设备费用高;②适用于高浓度小流量的废水处理,对低浓度大流量的废水则很不经济;③即使在高温高压条件下,对某些有机物如多氯联苯等的去除效果也不够理想,难以做到完全氧化。

为克服上述不足,研究人员在传统湿式氧化的基础上进行了一系列的技术改进。为降低反应温度和压力,同时提高处理效果,出现了催化湿式氧化(catalytic wet air oxidation,CWAO)技术。为彻底去除一些湿式氧化难以去除的有机物,出现了将反应温度和压力进一步提高至水的临界点以上,利用超临界水的良好特性来加速反应进程的超临界水氧化法(supercritical water oxidation,SCWO)。

以下将对湿式氧化法、催化湿式氧化法和超临界水氧化法的基本原理和应用特点作介绍。

11.6.2 湿式氧化法

1. 湿式氧化基本原理

湿式氧化法一般是指在高温(150~350℃)和高压(0.5~20 MPa)下,在液相中用氧气或空气作为氧化剂,氧化水中的有机物或还原态的无机物的一种处理方法,一般最终产物是二氧化碳和水。

在高温高压下,水及作为氧化剂的氧的性质都会发生变化。如表 11-7 所示,通常在室温到 100℃ 的范围内,氧的溶解度随温度升高而降低,但当温度大于 150℃ 时,氧的溶解度随温度的升高反而增大,且其溶解度大于室温状态下的溶解度。同时氧在水中的传质系数也随温度升高而增大,因此,有助于污染物在高温下的氧化反应。

湿式氧化过程大致可分为两个阶段。前半小时内,因反应物浓度高,氧化速率快,去除率增加快。此后,因反应物浓度降低或产生的中间产物更难以氧化,使氧化速率趋缓。

表 11-7 水和氧在不同温度下的物理性质

温度/℃	25	100	150	200	250	300	320	350
水								
蒸气压/atm[①]	0.033	1.033	4.854	15.855	40.560	87.621	115.112	140.045
粘度/(10^3 Pa·s)	0.922	0.281	0.181	0.137	0.116	0.106	0.104	0.103
密度/(g/mL)	0.944	0.991	0.955	0.934	0.908	0.870	0.848	0.828
氧($p_{O_2}=5$ atm, 25℃)								
扩散系数/(10^{-5} cm²/s)	2.24	9.18	16.2	23.9	31.1	37.3	39.3	40.7
亨利常数/(10^{-4} atm/mol)	4.38	7.04	5.82	3.94	2.38	1.36	1.08	0.9
溶解度/(mg/L)	190	145	195	320	565	1040	1325	1585

① 1 atm = 101.325 kPa。

据研究普遍认为,湿式氧化去除有机物所发生的氧化反应主要属于自由基反应,共经历诱导期、增殖期、退化期及结束期四个阶段。在诱导期和增殖期,分子态氧参与了各种自由基的形成。生成的 HO·、RO·、ROO· 等自由基攻击有机物 RH,引发一系列的链反应,生成其他低分子酸和二氧化碳。各阶段的反应如下:

诱导期:
$$RH + O_2 \longrightarrow R· + HOO· \tag{11-51}$$
$$2RH + O_2 \longrightarrow 2R· + H_2O_2 \tag{11-52}$$

增殖期:
$$R· + O_2 \longrightarrow ROO· \tag{11-53}$$
$$ROO· + RH \longrightarrow ROOH + R· \tag{11-54}$$

退化期:
$$ROOH \longrightarrow RO· + HO· \tag{11-55}$$
$$ROOH \longrightarrow R· + RO· + H_2O \tag{11-56}$$

结束期:
$$R· + R· \longrightarrow R-R \tag{11-57}$$
$$ROO· + R· \longrightarrow ROOR \tag{11-58}$$
$$ROO· + ROO· \longrightarrow ROH + R1COR2 + O_2 \tag{11-59}$$

湿式氧化可以作为完整的处理阶段,将污染物浓度一步处理到排放标准值以下。但是为了降低处理成本,也可以作为其他方法的预处理或辅助处理。常见的组合流程是湿式氧化后进行生物氧化。

2. 湿式氧化工艺过程

典型的湿式氧化工艺流程如图 11-19 所示。废水由高压泵从储存罐打入热交换器,与反应后的高温氧化液体进行换热,使温度上升到接近于反应温度后进入反应器。同时空气由空压机打入反应器。在反应器的高温高压下,废水中的有机物与氧发生反应,被氧化成二氧化碳和水,或低级有机酸等中间产物。反应后的气液混合物经分离器分离,液相经热交换器预热原废水,回收热能。高温高压的尾气首先通过再沸器(如废热锅炉)产生蒸汽或经热交换器预热锅炉进水,其冷凝水由第二分离器分离后通过循环泵再打入反应器,分离后的高压尾气送入透平机产生机械能或电能。在这一典型的湿式氧化工艺中,不仅处理了废水,而且对能量进行逐级利用,减少了有效能量的损失。

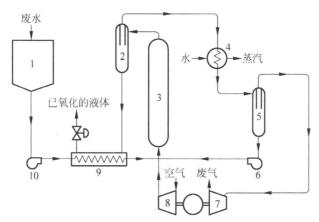

图 11-19 典型的湿式氧化工艺流程

1—储存罐;2、5—分离器;3—反应器;4—再沸器;6—循环泵;
7—透平机;8—空压机;9—热交换器;10—高压泵

湿式氧化系统的主体设备是反应器,除要求其耐压、防腐、保温和安全可靠外,同时要求在反应器内气液接触充分,并有较高的反应速率,通常采用不锈钢鼓泡塔。

3. 湿式氧化的主要影响因素

1) 温度

温度是湿式氧化过程中的主要影响因素。温度越高,反应速度越快,反应进行得越彻底。同时温度升高还有助于增加溶解氧及氧气的传质速率,减小液体粘度,降低表面张力,有利于氧化反应的进行。不同温度下的湿式氧化效果如图 11-20 所示。

从图 11-20 可知:

(1) 温度越高,时间越长,有机物去除率越高。当温度高于 200℃ 时,可达到较高的有机物去除率。当温度低于某个限值,即使延长氧化时间,去除率也不会显著提高。一般认为湿式氧化的温度不宜低于 180℃。

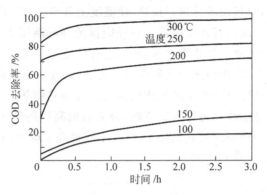

图 11-20　温度对湿式氧化效果的影响

(2) 达到相同的有机物去除率,温度越高,所需时间越短,相应地反应容积越小。但温度过高不经济,因此操作温度通常控制在 150～280℃。

2) 压力

控制总压的目的是保证湿式氧化维持在液相反应中进行,因此总压应不低于该温度下的饱和蒸气压,一般不低于 5.0～12.0 MPa。同时,氧分压也应保持在一定范围内,以保证液相中的溶解氧浓度足够高。若氧分压不足,供氧过程就会成为湿式氧化反应的限制步骤。

3) 反应时间

对不同的污染物,湿式氧化的难易程度不同,所需的反应时间也不同。为了加快反应速率,缩短反应时间,可以采用提高反应温度或投加催化剂等措施。

4) 废水性质与浓度

废水性质是湿式氧化反应的影响因素之一。研究表明,氰化物、脂肪族和卤代脂肪族化合物、芳烃(如甲苯)、芳香族和含非卤代基团的卤化芳香族化合物等易氧化;而不含非卤化基团的卤代芳香族化合物(如氯苯和多氯联苯)难氧化。

废水浓度影响湿式氧化工艺的经济性。一般认为湿式氧化适用于处理高浓度废水。研究表明,湿式氧化能在较宽的浓度范围内(COD 10～300 g/L)处理各种废水,具有较佳的经济效益。

4. 湿式氧化法的应用

1) 处理染料废水

染料废水中所含的污染物有以苯、酚、萘、蒽、醌为母体的氨基物、硝基物、胺类、磺化物、卤化物等,这些物质多数是极性物质,易溶于水,成分复杂,浓度高,毒性大,COD 浓度高,有时甚至高达数万 mg/L。而近年来抗氧化、抗生物降解型新染料的出现,使染料废水的处理难度日益增加,传统的物化和生化处理方法均难以有效治理。

研究表明,湿式氧化能有效地去除染料废水中的有毒成分,分解有机物,提高废水的可生化性。活性染料和酸性染料适合湿式氧化,而直接染料稍难以氧化。在 200℃,总压 6.0~6.3 MPa,进水 COD 浓度为 3 280~4 880 mg/L 的条件下,活性染料、酸性染料和直接耐晒黑染料废水的 COD 去除率分别为 83.6%、65% 和 50%。

2) 处理农药废水

农药废水的特点是水量小,浓度高,水质变化大,成分复杂,毒性大,用传统方法通常难以有效处理。

国外已有研究者采用湿式氧化对多种农药废水进行了处理,当温度在 204~316℃范围内,废水中烃类有机物及其卤化物的分解率达 99% 以上,氯化物如多氯联苯(PCB)、DDT 等通过湿式氧化,毒性也降低了 99%,大大提高了处理后出水的可生化性,使得后续的生物处理得以顺利进行。国内也有多人做过相关研究,如应用湿式氧化处理乐果废水,在温度为 225~240℃,压力为 6.5~7.5 MPa,停留时间为 1~1.2 h 的条件下,有机磷去除率为 93%~95%,有机硫去除率为 80%~88%,COD 去除率为 40%~45%。

3) 处理污泥

将湿式氧化用于城市污水处理厂剩余污泥的处理,可以强化对微生物细胞的破坏,提高可生化性,提高后续污泥的厌氧消化效果,改善脱水性能。

11.6.3 催化湿式氧化

由于传统的湿式氧化技术需要较高的温度和压力,相对较长的停留时间,因此自 20 世纪 70 年代以来,发展了催化湿式氧化技术,以使反应能在更温和的条件下和更短的时间内完成。

催化湿式氧化的基本原理是在传统的湿式氧化处理工艺中加入适宜的催化剂以降低反应所需的温度和压力,并提高氧化分解能力,缩短时间,防止设备的腐蚀并降低成本。应用催化剂加快反应速率的主要原因有:①降低了反应的活化能;②改变了反应历程。由于催化剂的选择性,有机化合物种类和结构不同,适应的催化剂也不同,因此需要对催化剂进行筛选评价。目前应用于湿式氧化的催化剂主要包括过渡金属及其氧化物、复合氧化物和盐类。催化剂可分为均相催化剂和非均相催化剂两类,催化湿式氧化也相应分为均相催化湿式氧化和非均相催化湿式氧化。

1. 均相催化湿式氧化

均相催化湿式氧化是通过向反应溶液中加入可溶性的催化剂,在分子或离子水平上对反应过程进行催化。均相催化的特点是反应温度更为温和,反应性能更专一,有特定的选择性。催化湿式氧化的最初研究集中在均相催化剂上。当前最受重视的均相催化剂都是可溶性过渡金属的盐类,其中铜盐效果较为理想。

2. 非均相催化湿式氧化

在非均相催化湿式氧化中,催化剂以固态存在,具有活性高,易分离,稳定性好等优点,因此,自 20 世纪 70 年代以后,催化湿式氧化研究的重点集中在高效稳定的非均相催化剂上。

非均相催化剂主要有贵金属系列、铜系列和稀土系列三大类。

在催化湿式氧化研究及应用方面,日本位于世界前列。其中大阪瓦斯公司的催化剂制备和应用技术已相当成熟。他们开发的催化剂以 TiO_2 或 ZrO_2 为载体,在其上负载百分之几的 Fe、Co、Ni、Ru、Rh、Pd、Ir、Pt、Au、Tu 中的一种或多种活性组分。催化剂有球形和蜂窝状两种,可用于处理制药、造纸、印染等工业废水。

贵金属系列的催化剂已得到实际应用。为降低价格,目前研究的重点为非贵金属催化剂。在非贵金属催化剂中,铜系列催化剂由于具有活性高、价格低的优点,是研究最多的。但由于在湿式氧化苛刻反应条件下的溶出问题至今尚未见到实际应用的报道。稀土系列催化剂可以减少溶出量,稳定性好,目前正在开展较多的研究。

11.6.4 超临界水氧化法

1. 超临界水氧化法的基本原理

1) 超临界流体及其特性

任何物质,随着温度、压力的变化,都存在固态、液态和气态三态。三态之间相互转化的温度和压力值称为三相点。此外,每种相对分子质量不太大的稳定的物质都具有一个固定的临界点(critical point)。该临界点的参数包括临界温度、临界压力和临界密度。当把处于气液平衡的物质升温升压时,热膨胀引起液体密度减小,而压力的升高又使气液两相的相界面消失,成为一均相体系,这一点即为临界点。当物质的温度和压力分别高于临界温度和临界压力时就处于超临界状态。流体在超临界状态下,其物理性质处于气体和液体之间,既具有与气体相当的扩散系数和较低的粘度,又具有与液体相近的密度和对物质良好的溶解能力,因此超临界流体是存在于气、液这两种流体以外的第三流体。

超临界流体具有许多特性,如扩散系数比一般液体高 10～100 倍,有利于传质和热交换;具有可压缩性,温度或较小的压力变化可引起超临界流体的密度发生较大变化。大量的试验研究表明,超临界流体的密度是决定其溶解能力的关键因素,改变超临界流体的密度可以改变超临界流体的溶解能力。由于超临界流体这些诱人的特性,近年来,超临界流体技术及其应用受到了人们的广泛关注。

在超临界流体技术的应用研究中,首先要选择合适的化学物质作为超临界流体。在环境保护方面,常用的超临界流体有水、二氧化碳、氨、乙烯、丙烷、丙烯等。由于水的化学性质稳定,且无毒、无臭、无色、无腐蚀性,因此应用最为广泛。

2) 超临界水及其特性

图 11-21 表示的是水的存在状态图。在通常条件下,水始终以蒸汽、水和冰三种状态之一存在。当将水的温度和压力升高到临界点($T_c=374.3℃$,$p_c=22.05\ \text{MPa}$)以上时,即处于超临界状态,该状态的水称为超临界水。在超临界状态下,水的特性发生了极大变化,其密度、介电常数、粘度、扩散系数、电导率和溶剂化性能都不同于普通水。

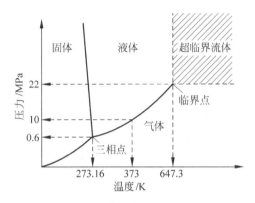

图 11-21 水的存在状态图

图 11-22 表示了水的密度随温度和压力的变化。根据该图可以确定达到一定密度所需要的温度和压力。在超临界条件下,温度的微小变化将引起临界水的密度大大减小,如在临界点,水的密度仅为 $0.3\ \text{g/cm}^3$。

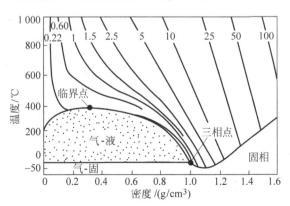

图 11-22 温度、压力对水的密度的影响
压力单位为 kbar,1 bar=10^5 Pa

在标准状态下,水因分子间存在大量氢键而具有较高的介电常数。但水的介电常数会随温度和压力的变化而变化,如图 11-23 所示。温度增加时介电常数减少,压力增加时介电常数增加,而其中温度的影响更为突出。当水在超临界状态时,如 673.15 K 和 30 MPa 时,其介电常数为 1.51,大大低于水在标准状态时的介电常数,与标准状态下一般有机溶剂的值大致相当。介电常数的变化会引起超临界水溶解能力的变化。此时的超临界水表现得更近似于非极性有机化合物,对非极性有机物的溶解能力增加,但对无机物质的溶解度则急剧下降,导致原来溶解在水中的无机物析出。

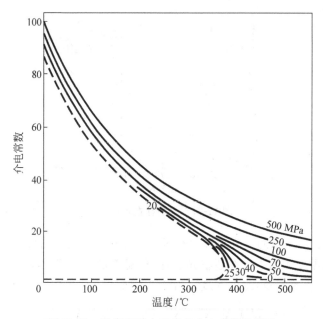

图 11-23　温度和压力对水的介电常数的影响

由于上述物性的变化,使得超临界水表现得像一个中等强度的极性有机溶剂。因此,超临界水能与非极性物质(如烃类)和其他有机物完全互溶,而无机物(特别是盐类)在超临界水中的溶解度却很低。此外,超临界水可以与空气、氮气、二氧化碳等气体完全互溶,这是超临界水作为氧化反应介质的一个重要条件。

3) 超临界水氧化原理

超临界水氧化的主要原理是利用超临界水作为介质来氧化分解有机物。在超临界水氧化过程中,由于超临界水对有机物和氧气都是极好的溶剂,因此有机物的氧化可以在富氧的均一相中进行,反应不会因相间转移而受限制。同时,高的反应温度也加快了反应速率。在几秒钟内即可实现对有机物的高度破坏。有机废物在超临界水中进行的氧化反应,概略地可用以下化学方程表示:

$$\text{有机化合物} + O_2 \longrightarrow CO_2 + H_2O \tag{11-60}$$

$$\text{有机化合物中的杂原子} \xrightarrow{[O]} \text{酸、盐、氧化物} \tag{11-61}$$

$$\text{酸} + NaOH \longrightarrow \text{无机盐} \tag{11-62}$$

超临界水氧化通常反应完全彻底。有机碳转化成 CO_2，氢转化成水，卤素原子转化为卤化物的离子，硫和磷分别转化为硫酸盐和磷酸盐，氮转化为硝酸根和亚硝酸根离子或氮气。目前对许多化合物，包括硝基苯、尿素、氰化物、酚类、乙酸和氨等进行试验，证明全都有效。

同时，超临界水氧化在氧化过程中释放出大量的热，一旦开始，反应可以自己维持，不需外界能量。

近年来研究认为，超临界水氧化反应机理还是基于自由基反应机理。认为自由基是由氧气进攻有机物分子中较弱的 C—H 键产生的：

$$RH + O_2 \longrightarrow R\cdot + HO_2\cdot \tag{11-63}$$

$$RH + HO_2\cdot \longrightarrow R\cdot + H_2O_2 \tag{11-64}$$

过氧化氢进一步分解成羟基：

$$H_2O_2 + M \longrightarrow 2HO\cdot \tag{11-65}$$

M 可以是均质或非均质介面。在反应条件下，过氧化氢也能热解为羟基。羟基具有很强的亲电性，几乎能与所有的含氢化合物作用：

$$RH + HO\cdot \longrightarrow R\cdot + H_2O \tag{11-66}$$

式(11-63)、式(11-64)和式(11-66)中生成的自由基（R·）能与氧气作用生成过氧化自由基。后者进一步获取氢原子生成过氧化物：

$$R\cdot + O_2 \longrightarrow ROO\cdot \tag{11-67}$$

$$ROO\cdot + RH \longrightarrow ROOH + R\cdot \tag{11-68}$$

过氧化物通常分解生成分子较小的化合物，这种断裂迅速进行直至生成甲酸或乙酸为止。甲酸或乙酸最终也转化为 CO_2 和水。

2. 超临界水氧化的工艺流程

超临界水氧化技术最早是由美国学者 Modell 在 20 世纪 80 年代中期提出的。图 11-24 是超临界水氧化的工艺流程示意图。首先，废水由泵打入反应器，在此与循环反应物直接混合而加热，以提高温度。然后，空压机将空气增压，通过循环用喷射泵把上述循环反应物一并打入反应器。有害有机物与氧在反应器的超临界水相中迅速反应，氧化释放出的热量足以将反应器内的所有物料加热至超临界状态。从反应器出来的物料进入固体分离器，将反应中生成的无机盐等固体物质从流体相中沉淀析出。固体分离器出来的物料一分为二：一部分循环进入反应器；另一部分作为高温高压流体先通过蒸汽发生器，产生高压蒸汽，再通过高压气液分离器,在此 N_2 及大部分 CO_2 气体得到分离,进入透平机,为空气压缩机提供动力。液体物料(主要是水和溶在水中的 CO_2)经减压阀减压,进入低压气液分离器,进一步分离气体(主要是 CO_2)后作为清洁水排放。

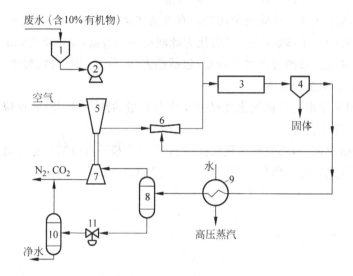

图 11-24　超临界水氧化的工艺流程

1—废水槽；2—废水泵；3—氧化反应器；4—固体分离器；5—空气压缩器；6—循环用喷射泵；7—透平机；8—高压气液分离器；9—蒸汽发生器；10—低压气液分离器；11—减压阀

3. 超临界水氧化法的评价

与其他技术相比,超临界水氧化法具有以下的优势:

(1) 效率高,处理彻底。有机物在适当的温度、压力和一定的停留时间下,能完全被氧化成二氧化碳、水、氮气以及盐类等无毒的小分子化合物。

(2) 由于超临界水氧化是在高温高压下进行的均相反应,反应速率快,停留时间短,可小于 1 min,反应器体积小。

(3) 不形成二次污染,适用范围广,可适用于各种有毒物质、废水和废物的处理。

(4) 当有机物含量超过 2% 时,可以依靠反应过程中自身氧化放热来维持反应所需的温度,而不需要额外供给热量,如果浓度更高,则放出的热量更多,并可以回收。

超临界水氧化与湿式空气氧化法以及传统焚烧法的对比见表 11-8。

尽管超临界水氧化技术具有很多优点,但其高温高压的特殊操作条件对设备材质提出了严格要求。在工程设计方面,有关防腐、盐的沉淀、热量传递等问题还需开展进一步的深入研究。

表 11-8 超临界水氧化与湿式氧化法以及传统焚烧法的对比

参数与指标	超临界水氧化	湿式氧化	焚烧法
温度/℃	400~600	150~350	2 000~3 000
压力/MPa	30~40	2~20	常压
催化剂	不需要	需要	不需要
停留时间/min	≤1	15~20	≥10
去除率/%	≥99.99	75~90	99.99
自热	是	是	不是
后续处理	不需要	需要	需要

11.7 化学还原

通过投加还原剂,将废水中的有毒物质转化为无毒或毒性较小的物质的方法称为还原法。常用的还原剂有铁屑、锌粉、硼氢化钠、亚硫酸钠、亚硫酸氢钠、水合肼($N_2H_4 \cdot H_2O$)、硫酸亚铁、氯化亚铁、硫化氢、二氧化硫等。

11.7.1 还原法除铬

电镀、制革、冶炼、化工等工业废水中含有剧毒的 Cr(Ⅵ)。在酸性条件下(pH<4.2),六价铬主要以 $Cr_2O_7^{2-}$ 形式存在;在碱性条件下(pH>7.6),主要以 CrO_4^{2-} 形式存在,两种形式之间存在以下转换:

$$2CrO_4^{2-} + 2H^+ \rightleftharpoons Cr_2O_7^{2-} + H_2O \tag{11-69}$$

$$Cr_2O_7^{2-} + 2OH^- \rightleftharpoons 2CrO_4^{2-} + H_2O \tag{11-70}$$

六价铬的毒性要比三价铬大 100 倍左右,国家规定,六价铬最高允许排放浓度为 0.05 mg/L。

通常还原法除铬分为两步:第一步还原反应是利用六价铬在酸性条件下氧化反应快的特性,用还原剂将 Cr(Ⅵ)还原为毒性较低的 Cr(Ⅲ)。一般如果要求反应时间小于 30 min,反应液的 pH 值要小于 3。第二步碱化反应是碱性条件下将 Cr(Ⅲ)$^+$生成$Cr(OH)_3$沉淀去除。常用的还原方法有以下几种。

1. 铁屑(或锌粉)过滤

查标准氧化还原电势可知,$E^{\ominus}(Fe^{2+}/Fe) = -0.44$ V,$E^{\ominus}(Zn^{2+}/Zn) = -0.763$ V,有较大的负电势,可作为较强的还原剂。工程上常用铁刨花(或锌粉)装入滤柱,处理含铬、含汞、含铜等重金属废水。含铬废水在酸性条件下进入铁屑滤柱后,铁放出电子,产生亚铁离子,可将 Cr(Ⅵ)还原成 Cr(Ⅲ)。

化学反应如下：

$$Fe = Fe^{2+} + 2e^- \tag{11-71}$$

$$Cr_2O_7^{2-} + 6e^- + 14H^+ = 2Cr^{3+} + 7H_2O \tag{11-72}$$

$$Cr_2O_7^{2-} + 6Fe^{2+} + 14H^+ = 2Cr^{3+} + 6Fe^{3+} + 7H_2O \tag{11-73}$$

随着反应的不断进行，水中消耗了大量的 H^+，使 OH^- 离子的浓度增高，当其达到一定的浓度时，产生下列反应：

$$Cr^{3+} + 3OH^- = Cr(OH)_3 \downarrow \tag{11-74}$$

$$Fe^{3+} + 3OH^- = Fe(OH)_3 \downarrow \tag{11-75}$$

氢氧化铁具有絮凝作用，将氢氧化铬吸附凝聚在一起，当其通过铁屑滤柱时，即被截留在铁屑孔隙中，这样使废水中的 $Cr(Ⅵ)$ 及 $Cr(Ⅲ)$ 离子同时被去除，达到排放标准。当铁屑吸附饱和丧失还原能力后，可用酸碱再生，使 $Cr(OH)_3$ 重新溶解于再生液中：

$$Cr(OH)_3 + 3H^+ = Cr^{3+} + 3H_2O \tag{11-76}$$

$$Cr(OH)_3 + OH^- = CrO_2^- + 2H_2O \tag{11-77}$$

如用 5% 盐酸作再生液，再生后的残液中含有剩余酸及大量 Fe^{2+}，可用来调整原水 pH 及还原 $Cr(Ⅵ)$，以节省运行费用。

目前还有铁碳还原法，处理效果比单用铁屑好。这是由于铁碳形成原电池，加速了氧化还原过程。

2. 硫酸亚铁-石灰还原法

硫酸亚铁-石灰还原法处理含铬废水处理效果好，费用较低。该法主要是利用 Fe^{2+} 还原性，在 pH 值小于 3 条件下将 $Cr(Ⅵ)$ 还原为 $Cr(Ⅲ)$ 同时生成 Fe^{3+}。反应式同式(11-71)。

当硫酸亚铁投加量大时，水解能降低溶液的 pH 值，可以不加硫酸。当 $Cr(Ⅵ)$ 浓度大于 100 mg/L 时，可按照理论药剂量 $Cr(Ⅵ):FeSO_4 \cdot 7H_2O=1:16$（质量比）投加；当 $Cr(Ⅵ)$ 浓度小于 100 mg/L 时，实际用量在 1:(25～32)。碱化反应用石灰乳在 pH 值 7.5～8.5 条件下进行中和沉淀。反应式如下：

$$2Cr^{3+} + 3SO_4^{2-} + 3Ca^{2+} + 6OH^- = 2Cr(OH)_3 \downarrow + 3CaSO_4 \downarrow \tag{11-78}$$

$$2Fe^{3+} + 3SO_4^{2-} + 3Ca^{2+} + 6OH^- = 2Fe(OH)_3 \downarrow + 3CaSO_4 \downarrow \tag{11-79}$$

该法最终沉淀物为铁铬氢氧化物和硫酸钙的混合物。泥渣量很大，回收利用率低，出水色度很高。容易造成二次污染。

3. 亚硫酸盐还原法

亚硫酸盐还原法是用亚硫酸钠或亚硫酸氢钠作为还原剂，在 pH=1～3 条件下还原 $Cr(Ⅵ)$，实际投药比为 $Cr(Ⅵ):NaHSO_3=1:(4～8)$。其处理含铬废水的反应式为

$$2Cr_2O_7^{2-} + 6HSO_3^- + 10H^+ = 4Cr^{3+} + 6SO_4^{2-} + 8H_2O \tag{11-80}$$

$$Cr_2O_7^{2-} + 3SO_3^{2-} + 8H^+ = 2Cr^{3+} + 3SO_4^{2-} + 4H_2O \tag{11-81}$$

Cr(Ⅵ)还原后用中和剂 NaOH、石灰,在 pH 值 7~9 之间以沉淀形式将 Cr^{3+} 去除:

$$2Cr^{3+} + 3SO_4^{2-} + 3Ca^{2+} + 6OH^- = 2Cr(OH)_3\downarrow + 3CaSO_4\downarrow \text{(用中和剂石灰)}$$
$$\tag{11-82}$$

$$Cr^{3+} + 3OH^- = Cr(OH)_3\downarrow \text{(用中和剂 NaOH)} \tag{11-83}$$

用 NaOH 作为中和剂生成的 $Cr(OH)_3$ 沉淀纯度较高,可以通过过滤回收,综合利用。石灰中和时生成的泥量较大,难于综合利用。

4. 其他方法

含铬废水处理中还有水合肼($N_2H_4 \cdot H_2O$)还原法,利用其在中性或微碱条件下的强还原性直接还原六价铬并生成 $Cr(OH)_3$ 沉淀去除。反应方程式为

$$4CrO_3 + 3N_2H_4 = 4Cr(OH)_3\downarrow + 3N_2\uparrow \tag{11-84}$$

11.7.2 还原法除汞

氯碱、炸药、制药、仪表等工业废水中常含有剧毒的 Hg^{2+}。主要的处理方法是将 Hg^{2+} 还原为 Hg 加以分离回收。目前主要的还原剂有硼氢化钠、比汞活泼的金属(铁屑等)和醛类。

1. 硼氢化钠还原法

用 $NaBH_4$ 处理含汞废水,可将废水中的汞离子还原成金属汞回收,出水中的含汞量可降到难以检出的程度。为了完全还原,有机汞化合物需先转换成无机盐。硼氢化钠要求在碱性介质中使用。反应如下:

$$Hg^{2+} + BH_4^- + 2OH^- = Hg + 2H_2\uparrow + BO_2^- \tag{11-85}$$

图 11-25 为某含汞废水的处理流程。将硝酸洗涤器排出的含汞洗涤水 pH 调整到 7~9,使有机汞转化为无机盐。将 $NaBH_4$ 溶液投加到碱性含汞废水中,在混合器中混合并进行还原反应(pH 值 9~11),然后送往水力旋流器,可除去 80%~90%的汞沉淀物(粒径约 10 μm),汞渣送往真空蒸馏,而废水从分离罐出来后送往孔径为 5 μm 的过滤器过滤,将残余的汞滤除。H_2 和汞蒸气从分离罐出来送到硝酸洗涤器,返回原水进行二次回收。每 1 kg $NaBH_4$ 约可回收 2 kg 的金属汞。

2. 金属还原法

用金属还原汞,通常在滤柱内进行。废水与还原剂金属接触,汞离子被还原为金属汞析出。可用于还原的金属有铁、锌、锡、铜等,以 Fe 还原为例,反应的方程式如下:

$$Fe^{3+} + Hg^{2+} = Fe^{2+} + Hg \tag{11-86}$$

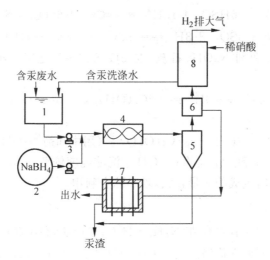

图 11-25　硼氢化钠处理含汞废水
1—集水池；2—硼氢化钠溶液槽；3—泵；4—混合器；5—水力旋流器；
6—分离罐；7—过滤器；8—硝酸洗涤器

$$2Fe + 3Hg^{2+} = 3Fe^{3+} + 3Hg \downarrow \tag{11-87}$$

控制反应的温度20～30℃。温度太高,容易导致汞蒸气逸出。铁屑还原效果与废水 pH 有关,当 pH 值低时,由于铁的电极电势比氢的电极电势低,则废水中的氢离子也将被还原为氢气而逸出：

$$Fe + H^+ = Fe^{2+} + H_2 \uparrow \tag{11-88}$$

结果使铁屑耗量增大,另外析出的氢包围在铁屑表面影响反应的进行,因此,一般控制 pH 在 6～9 较好。

11.7.3　还原法除铜

工业上含铜废水的还原法处理,一般用的还原剂有甲醛、铁屑等。甲醛还原法是利用甲醛在碱性溶液中呈强还原剂的特性,将 Cu^{2+} 还原成金属 Cu。反应式为

$$HCHO + 3OH^- = HCOO^- + 2H_2O + 2e^- \tag{11-89}$$

$$HCOO^- + 3OH^- = CO_3^{2-} + 2H_2O + 2e^- \tag{11-90}$$

$$Cu^{2+} + 2e^- = Cu \downarrow \tag{11-91}$$

图 11-26 是电镀含铜废水还原法处理工艺流程,药剂槽用于还原镀件析出铜离子。实际采用的还原剂为：甲醛(36%～38%)1 mL/L,氢氧化钾 1 g/L,酒石酸钾钠 2 g/L。该还原剂溶液 pH 值为 12 左右。氢氧化钾主要用以中和镀件带出的酸性溶液,酒石酸钾钠则用于络合 Cu^{2+},防止发生副反应 $Cu^{2+} + 2OH^- = Cu(OH)_2 \downarrow$,生成 $Cu(OH)_2$ 絮状沉淀。还原后的含铜废水经活性炭吸附,再用硫

酸溶液清洗,在有氧条件下,使 Cu 再氧化成硫酸铜回收利用。其反应式为

$$2Cu + 2H_2SO_4 + O_2 = 2CuSO_4 + 2H_2O \tag{11-92}$$

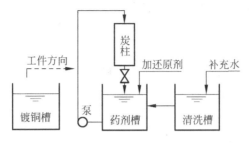

图 11-26　含铜废水还原法槽内处理工艺流程

11.8　电　　解

11.8.1　概述

1. 电解法的基本原理

电解质溶液在电流的作用下发生氧化还原反应的过程称为电解。按电势高低区分电极,与电源正极相连的电势高,称为电解槽的正极;与电源负极相连的电势低,称为电解槽的负极。若按电极上发生反应区分电极,与电源正极相连的电极把电子传给电源,发生氧化反应称为电解槽的阳极;与电源负极相连的电极从电源接受电子,发生还原反应称为电解槽的阴极。

利用电解法对废水进行处理的主要原理是,阳极发生的氧化反应使污染物被氧化;阴极的发生还原反应使污染物被还原。此外,还涉及电解凝聚和电解气浮。

1) 阳极氧化作用

在电解槽中,阳极与电源的正极相连,能使废水中的有机和部分无机污染物直接失去电子被氧化为无害物质,发生直接氧化作用。此外,水中的 OH^- 和 Cl^- 在阳极放电生成氧气和氯气,新生态的氧气和氯气均能对水中的有机和无机污染物进行氧化。

$$4OH^- - 4e^- = 2H_2O + O_2 \uparrow \tag{11-93}$$

$$2Cl^- - 2e^- = Cl_2 \uparrow \tag{11-94}$$

2) 阴极还原作用

在电解槽中,阴极与电源的负极相连,能使废水中的离子直接得到电子被还原,发生直接还原作用,还原水中的金属离子。此外,在阴极还有 H^+ 接收电子还原成氢气,这种新生态氢气也有很强的还原作用,使废水中的某些物质被还原。

$$2H^+ + 2e^- = H_2 \uparrow \tag{11-95}$$

3）电解混凝作用

电解槽用铁或铝板作阳极，通电后受到电化学腐蚀，具有可溶性。Al 或 Fe 以离子状态溶入溶液中，经过水解反应而生成羟基络合物，这类络合物可起混凝剂作用，将废水中的悬浮物与胶体杂质通过混凝加以去除。

4）电解气浮作用

电解时，在阴极和阳极表面上产生 H_2 和 O_2 等气体，这些气体以微气泡形式逸出，比表面积很大，在上升过程中可以粘附水中的杂质及油类浮至水面，产生气浮作用。

2. 法拉第电解定律

电解过程中的理论耗电量可以用法拉第定律进行计算。试验表明，电解时电极上析出或溶解的物质质量与通过的电量成正比，并且每通过 96 500 C 的电量，在电极上发生任一电极反应而改变的物质质量均相当于 1 mol。这一定律称为法拉第电解定律，是 1834 年由英国科学家法拉第（Faraday）提出的。

$$G = \frac{1}{nF}MQ = \frac{1}{nF}MIt \tag{11-96}$$

式中：G——析出或溶解的物质质量，g；

M——物质的摩尔质量，g/mol；

Q——电解槽通过的电量，C；

I——电流强度，A；

t——电解时间，s；

n——电解反应中析出物质的电子转移数；

F——法拉第常数，为 96 500 C/mol。

在电解实际操作中，由于存在某些副反应，所以消耗的实际电量往往比理论值大很多。真正用于目的物质析出的电量只是全部电量的一部分，这部分的百分率称为电流效率。

3. 分解电压与极化现象

为了使电解槽开始工作，电解时必须提供一定的电压。当电压超过某一阈值时，电解槽中才出现明显的电解现象。这个电压阈值为发生电解所需的最小外加电压称为分解电压。分解电压主要受理论分解电压、浓差电压和化学极化电压以及电解槽内阻的影响。

1）理论分解电压

电解槽本身相当于原电池，该原电池的电动势与外加电压的电动势方向正好相反，所以外加电压必须首先克服电解槽的这一反电动势。当电解质的浓度、温度已定，理论值可由能斯特方程计算，为阳极反应电势与阴极反应电势之差。实际电解发生所需的电压要比这个理论值大。

2）浓差极化和化学极化电压

电解过程中,离子的扩散运动使得在靠近电极的薄层溶液内形成浓度梯度,产生浓差电池,另外在两极电解时析出的产物也构成原电池,形成化学极化现象。它们形成电势差也与外加电压的方向相反。分解电压需要克服浓差极化和化学极化电压。浓差极化可采用搅拌使之减弱,但无法消除。

3）电解槽内阻

当电流通过电解液时,废水所含离子的运动会受到一定阻力,需要一定的外加电压予以克服。溶液电导率越大,极间距越小,溶液电阻越小,电压损耗越小。

实际上,影响分解电压的因素很多,电极性质、电极产物、电流密度、电极表面状况和温度等都对分解电压有影响。

4. 电解法特点

电解法的特点是:装置紧凑,占地面积小,节省一次投资;自动控制水平高,易于实现自动化;药剂投加量少,废液产量少;通过调节槽电压和电流,可以适应较大幅度的水量与水质变化冲击。但电耗和可溶性阳极材料消耗较大,副反应多,电极易钝化。

11.8.2 电解槽构造

电解槽在工业应用中一般多为矩形。按槽内的水流方式可分为回流式与翻腾式两种,如图 11-27 所示。

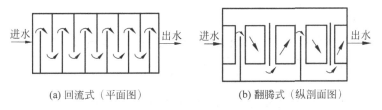

(a) 回流式（平面图）　　　　(b) 翻腾式（纵剖面图）

图 11-27　电解槽形式

回流式水流沿着极板间作折流运动,水流的流线长,死角少,离子能充分地向水中扩散,但这种槽型的施工、检修以及更换极板比较困难。翻腾式水流在槽中极板间作上下翻腾流动,极板采用悬挂式固定,极板与地壁不接触而减少了漏电的可能,施工、检修、更换极板都很方便。生产中多采用这种槽型。

按照极板电路的布置可分为单极式和双极式,如图 11-28 所示。单极式电解槽生产上应用较少,可能由于极板腐蚀不均匀等原因造成相邻两极板接触,引起短路事故。双极式电解槽电路两端的极板为单电板,与电源相连。中间的极板都是感应双电极,即极板的一面为阳极,另一面为阴极。在双极式电解槽中极板腐蚀较均匀,相邻极板相接触的机会少,即使接触也不致发生短路而引起事故。这样便于缩小极板间距,提高极板有效利用率,减少投资和节省运行费用等。

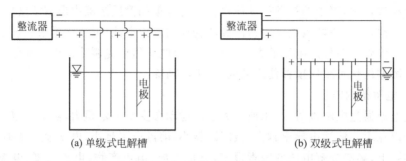

图 11-28 电解槽极板电路

电解槽极板间距的设计与多种因素有关,应综合考虑,一般在为 30～40 mm。间距过大则电压要求高,电损耗过大;间距过小,不仅材料用量大,而且安装不便。

电解槽电源的整流设备应根据电解所需的总电流和总电压进行选择,既取决于电解反应,也取决于电极与电源的连接方式。

11.8.3 电解法在水处理中的应用

1. 处理无机污染物

适合电解法去除的无机污染物主要包括有毒重金属离子、有毒无机盐,如氰化物、硫氰酸盐、砷和耗氧无机物,如亚硫酸盐、硫化物、氨等。这些无机污染物往往在高浓度时对生物处理有毒性。

1)含铬废水

电解法处理含铬废水常用翻腾式电解槽,电极采用铁电极。

在电解过程中,铁板阳极溶解产生亚铁离子:

$$Fe - 2e^- = Fe^{2+} \qquad (11\text{-}97)$$

亚铁离子是强还原剂,在酸性条件下,可将废水中的六价铬还原成三价铬:

$$Cr_2O_7^{2-} + 6Fe^{2+} + 14H^+ = 2Cr^{3+} + 6Fe^{3+} + 7H_2O \qquad (11\text{-}98)$$

$$Cr_2O_4^{2-} + 3Fe^{2+} + 8H^+ = Cr^{3+} + 3Fe^{3+} + 4H_2O \qquad (11\text{-}99)$$

从上述反应式可知,还原 1 个六价铬离子,需要 3 个亚铁离子,理论上阳极铁板的消耗量应是被处理六价铬离子的 3.22 倍(质量比)。

在阴极,氢离子获得电子生成氢气:

$$2H^+ + 2e^- = H_2 \uparrow \qquad (11\text{-}100)$$

此外,废水中的六价铬直接被还原成三价铬:

$$Cr_2O_7^{2-} + 6e^- + 14H^+ = 2Cr^{3+} + 7H_2O \qquad (11\text{-}101)$$

$$CrO_4^{2-} + 3e^- + 8H^+ = Cr^{3+} + 4H_2O \qquad (11\text{-}102)$$

从上述反应可知,随着反应的进行,废水中的氢离子浓度降低,废水碱性增加,三价铬和三价铁以氢氧化物的形成沉淀,参见式(11-72)和式(11-73)。

试验证明,电解时阳极溶解产生的亚铁离子是六价铬还原为三价铬的主要因素,而在阴极直接将六价铬还原为三价铬是次要的。

在电解过程中阳极腐蚀严重,阳极附近消耗大量的 H^+ 使 OH^- 浓度变大放电生成氧,容易氧化铁板形成钝化膜,这种不溶性的钝化膜的主要成分为 $Fe_2O_3 \cdot FeO$,其反应式如下:

$$OH^- - 4e^- == 2H_2O + O_2 \uparrow \quad (11\text{-}103)$$

$$3Fe + 2O_2 == FeO + Fe_2O_3 \quad (11\text{-}104)$$

上述两式的综合式为

$$8OH^- + 3Fe - 8e^- == Fe_2O_3 \cdot FeO + 4H_2O \quad (11\text{-}105)$$

钝化膜的形成阻碍亚铁离子进入废水中,从而影响处理效果。因此,为了保证阳极的正常工作,应尽量减少阳极的钝化,其主要方法有:①定期用钢丝清洗电极;②定期交换使用阴、阳极,利用电解时阴极产生 H_2 的撕裂和还原作用,去除钝化膜;③投加 NaCl 电解质,不仅可以增加电导率、减少电耗,生成的氯气可以使钝化膜转化为可溶性的氯化铁,NaCl 投加量为 $0.5\sim2.0$ g/L。

为了加速电解反应,防止沉渣在电解槽中淤积,一般采用压缩空气搅拌。空气用量为 $0.2\sim0.3$ m³/(min·(m³ 水))。电解生成的含铬污泥含水率高,电解槽后设置沉渣和脱水干化设备。干化后的含铬沉渣,应尽量综合利用,例如加工抛光膏,作为铸石原料的附加料。

电解法处理含铬废水的优点是:效果稳定可靠,操作管理简单,设备占地面积小。缺点是:需要消耗电能,消耗钢材,运行费用较高,沉渣综合利用问题有待进一步研究解决。

2) 含氰废水

电解法处理氰化物有直接氧化和间接氧化两种方式,优点在于能减少氧化剂的用量,避免二次污染,且可以同步回收溶解性金属离子。

(1) 直接氧化

在阳极上发生直接氧化反应:

$$CN^- \xrightarrow{pH \geq 10} OCN^- \longrightarrow CO_2 + N_2 \quad (11\text{-}106)$$

(2) 间接氧化的方法

氰化物的间接氧化主要是通过媒质进行,如投加氯化钠,电解时产生氯和次氯酸能把氰化物氧化。间接氧化的速率比直接氧化的电极反应速率要快,而且运行费用较低。

能有效去除氰化物的电极材料包括铜电极、不锈钢电极、镀铂钛电极、镁和石墨电极。但是这些电极易污染。污染后电极的氧化反应效率很低。早期的氰化物处理采用铜电极箱式电解器,运行温度很高,为100℃,电流强度为400 A/m^2,处理能使10 000~20 000 mg/L的氰化物降低到小于1 mg/L。但是电极的溶解速度很快。近年来,因镍作为阳极材料在碱性条件下有良好的抗腐蚀能力和高的电流效率而被广泛应用于氰化物的处理。

2. 处理有机污染物

电解处理有机物分为两大类。一种是有机物完全分解,即彻底氧化为二氧化碳和水,这种过程可以通过直接氧化和间接氧化完成,能耗较高,设备成本也较高。第二种是从经济考虑,只将生物难降解的有机污染物或毒性物质转化为可生物降解的物质,提高可生化性,再通过后续的生物法去除。目前电解法处理有机污染物主要在生物毒性和难降解有机物的去除方面。下面以染料废水、印染废水为例进行介绍。

在处理染料和印染废水时,可以用不溶性阳极氧化。阳极的氧化能力与电极的材料有很大的关系,氧化镁、氧化钴、石墨等外加钛涂层都很有效。另外通过投加氯化钠,产生的氯间接氧化作用,对含氮染料有很强的去除能力。也可以用溶解性阳极电凝聚。溶解性的阳极能形成有絮凝能力的氢氧化物,对染料吸附沉淀。常用的溶解性阳极材料为钢。

此外阴极可以直接还原染料达到脱色目的,这种还原能力比阳极氧化明显,但是此过程可能会产生胺类物质。

3. 电解消毒

电解消毒可以分为两大类:间接电解消毒和直接电解消毒。间接电解消毒是利用电解原理在消毒现场制造次氯酸钠或者氯气等消毒剂,然后投加于被消毒液体,进行消毒。直接电解消毒将被消毒液体直接通过特定的电解消毒装置达到消毒目的。

1) 间接电解消毒

间接电解氯消毒通常现场利用海水或者特制的盐水生产次氯酸钠,电解反应如下:

阳极:
$$2Cl^- - 2e^- = Cl_2 \tag{11-107}$$

阴极:
$$2H^+ + 2e^- = H_2 \tag{11-108}$$

水解反应:
$$H_2O + Cl_2 = HOCl + HCl \tag{11-109}$$

总反应:
$$NaCl + H_2O = NaOCl + H_2 \tag{11-110}$$

2) 直接电解消毒

直接电解消毒的作用机理,目前没有取得共识,综合起来有三种:①次氯酸杀菌:利用天然水体中都含有氯离子,电解反应能生成高效氯系消毒剂;②电场作用:能打破细胞膜,造成细胞水解死亡;③高效氧化剂消毒:电解过程阳极能生成高效的氧化剂,如游离自由基、过氧化物等。

习 题

11-1 如何运用氧化还原电势数值判断氧化还原反应的可行性?

11-2 离子交换反应和氧化还原反应的区别是什么?

11-3 试判断下列反应能否进行:

$$2Fe^{2+} + Cl_2 = 2Fe^{3+} + 2Cl^-$$

$$H_2S + Cl_2 = S + 2HCl$$

11-4 试判断 H_2S 是否能被 H_2O_2 氧化。各自的分反应如下:

$$H_2S = S + 2H^+ + 2e^- \quad E^\ominus = -0.14 \text{ V}$$

$$H_2O_2 + 2H^+ + 2e^- = 2H_2O \quad E^\ominus = +1.776 \text{ V}$$

11-5 用氯处理含氰废水时,为何要严格控制溶液的 pH 值?

11-6 如原水含 Fe^{2+} 3 mg/L 和 Mn^{2+} 2 mg/L,求曝气法氧化铁、锰时理论上所需的氧消耗量。

11-7 用碱性氯化法处理含氰废水,已知废水量为 300 m³/d,CN^- 浓度为 30 mg/L,若使出水浓度低于 0.05 mg/L,计算氯气的最小消耗量。

11-8 臭氧氧化的主要设备是什么?有什么类型?各适用什么情况?

11-9 比较光化学氧化和光催化氧化法的特点、应用范围。

11-10 某工厂拟用亚硫酸钠去除重铬酸根,已知废水量为 5 000 m³/d,$Cr_2O_7^{2-}$ 浓度为 10 mg/L,要求出水浓度达到 0.05 mg/L(均以六价铬计),试计算消耗的亚硫酸钠的量,并比较 NaOH 和 CaO(纯度为 50%)分别作为中和沉淀试剂所生成的沉淀物质量。

11-11 若采用电解法对习题 11-10 中的废水进行处理,试求每天消耗的电量(以 C 计)、铁板电极的消耗量以及生成的废渣量(理论值)。

11-12 比较湿式氧化和湿式催化氧化法的特点、应用范围。

11-13 试展望废水化学氧化技术的发展方向。

第12章　活性炭吸附

12.1　活性炭吸附原理

12.1.1　活性炭的制造与规格

活性炭分为颗粒活性炭（granular activated carbon,GAC）和粉末活性炭（powdered activated carbon,PAC）两大类，是用含有碳的原料制成的，其材料包括煤、果壳、木屑等。活性炭的基本制造工艺见图12-1。

图12-1　活性炭的基本制造工艺

其制造工艺说明如下：

（1）成型　把原料（煤、果壳、木屑等）破碎，筛分成一定粒度的颗粒（用果壳、煤块制造破碎炭），或者对粉状原料（煤粉）先加入适当粘合剂，直接压制成型（制造柱状炭），或是对大的压块再破碎筛分成所要求的粒度（制造压块炭）。

（2）炭化　在无氧条件下加热，温度400℃左右，烧去部分碳、氢，使原料形成碳原子六角晶格的片状堆积体。

（3）活化　加入水蒸气或二氧化碳气等还原性气体，并使温度升至800～900℃，进一步氧化碳氢物质，起到清孔扩孔的作用，在晶格片状体之间的孔隙中形成各种形状和大小的细孔，成为具有巨大吸附能力的多孔性物质，即活性炭。

活性炭孔隙丰富，孔隙率可达 0.6～0.9 cm^3/g。在炭的内部的孔隙中，存在着大量的微小孔隙，构成了巨大的比表面积，活性炭的比表面积在 700～1 200 m^2/g。

活性炭中的孔隙可以分成三类：

（1）微孔　孔的直径<4 nm，这部分孔的内表面积占到活性炭总的比表面积的 95%以上，是活性炭的主要吸附区。

（2）中孔（又称过渡孔）　孔径 4～100 nm，其表面积占总比表面积的 5%以下。中孔为吸附质进入微孔提供了通道，并可以吸附一些大分子有机物，但因其表面积较小,对大分子有机物的吸附能力有限。

(3) **大孔** 孔径>100 nm,占总表面积的不到1%,主要是为吸附质提供通道。

用于净水处理的活性炭的有关标准汇总在表12-1中。其主要指标为:碘吸附值(简称碘值,代表微孔的吸附容量)在900~1 200 mg/g,亚甲蓝吸附值(简称亚甲蓝值,亚甲蓝是一种染料,相对分子质量374,分子直径约1.0 nm,代表活性炭对相应分子质量有机物的吸附容量)在100~200 mg/g,强度(代表颗粒的硬度,强度高的颗粒活性炭可以长时间经受反复冲洗、空气冲刷和水力输送的磨损)大于85%。

表 12-1 净水处理用活性炭的有关标准

项 目	煤质颗粒活性炭标准 (GB/T 7701.4—1997)			木质颗粒活性炭标准 (GB/T 13803.2—1999)		粉末活性炭标准 (GB/T 13804—92)
	优级品	一级品	合格品	一级品	二级品	
碘吸附值/(mg/g)	≥1 050	900~1 049	800~899	≥1 000	900~1 000	800~1 000
亚甲蓝吸附值/(mg/g)	≥180	150~179	120~149	≥135	105~135	90~120
比表面积/(m²/g)	≥900			—		
强度/%	≥85			≥94	≥85	85~90
pH 值	6~10			5.5~6.5		7~11
水分/%	≤5			≤10		≤10
灰分/%	≤10	11~15	—	≤5		
堆积密度/(g/L)	380~500	450~520	480~560	450~550	320~470	≥320
粒度	粒度有多种规格,可在订货时商定			粒度有多种规格,可在订货时商定		200目筛通过率>95%

例如,太原新华化工厂生产的ZJ15活性炭是国内给水处理使用极为广泛的一种颗粒活性炭,该活性炭以煤为原料,加入适量粘合剂(水和煤焦油)压制成型,再经炭化和水蒸气活化制备而成。它的外形为柱状,炭粒直径$d=1.5$ mm,炭粒长度$L=3$~4 mm,碘值>800 mg/g,比表面积>900 m²/g。ZJ15活性炭孔隙结构发达,比表面积大,吸附性能优良,强度高,使用寿命长,被广泛用于饮用水净化处理、工业用水处理和废水处理中。

近年来在饮用水处理中,深度处理所用颗粒活性炭的粒径可以按照过滤对滤料的要求进行生产和选配,使颗粒活性炭在进行吸附的同时,还充分发挥颗粒炭颗粒介质的过滤功能,以提高对水的浊度的处理要求。对此,可采用压块颗粒活性炭,它以煤为原料,生产中先加入粘合剂压制成大块,再破碎筛分,颗粒大小和级配分布按照过滤滤料的要求,然后再进行炭化、活化生产活性炭。例如美国卡尔冈碳素公司(Calgon Carbon Corporation)的 Filtrasorb 系列颗粒活性炭,其性能为:碘值≥900 mg/g,亚甲蓝值≥200 mg/g,强度≥90%,颗粒粒度规格有以下几种型号,可根据对活性炭床过滤性能的要求选用:

(1) F300D 8～30 目,有效粒径 $d_{10}=0.8～1.0$ mm,均匀系数 K_{60}≤2.1。
(2) F400D 12～40 目,有效粒径 $d_{10}=0.55～0.75$ mm,均匀系数 K_{60}≤1.9。
(3) F816D 8～16 目,有效粒径 $d_{10}=1.3～1.5$ mm,均匀系数 K_{60}≤1.4。
(4) F820D 8～20 目,有效粒径 $d_{10}=1.0～1.2$ mm,均匀系数 K_{60}≤1.5。

12.1.2 可以被活性炭吸附的物质

活性炭是一种非极性吸附剂,对水中非极性、弱极性的有机物有很好的吸附能力,其吸附作用主要来源于物理表面吸附作用,吸附作用力为活性炭表面与吸附质分子之间的吸引力(类似于范德华力)。物理吸附的特性有:吸附的选择性低,可以多层吸附,吸附上的物质再脱附相对容易,这有利于活性炭吸附饱和后的再生。

活性炭所能吸附去除的有机物包括:芳香族类有机物,如苯、甲苯、硝基苯等;卤代芳香烃,如氯苯;酚与氯酚类、烃类有机物,如石油产品;农药、合成洗涤剂、腐殖酸类、水中致臭物质,如 2-甲基异莰醇、土臭素(2-甲基萘烷醇)等;产生色度的物质等。经过活性炭处理,可以大为降低水中的有机物含量,减少氯化消毒副产物的前体物,降低水的致突变活性,改善水的臭味和色度等指标。但是活性炭对低分子质量的极性有机物和碳水化合物的吸附效果不好,去除作用有限,如低分子质量的醇、醛、酸、糖类和淀粉等。

活性炭在高温制备过程中,炭的表面形成了多种官能团,这些官能团对水中的部分离子有化学吸附作用。因此活性炭也可以去除一些重金属离子,其作用机理是通过络合或螯合作用,它的选择性较高,属单层吸附,并且脱附较为困难。

12.1.3 活性炭吸附的影响因素

活性炭吸附可以分成为两大类:液相吸附和气相吸附。液相吸附属于固液吸附,如水处理中的活性炭吸附,是本书的主要论述对象;气相吸附属于固气吸附,如用活性炭进行工业有机废气处理、用于防毒面具等。本书仅讨论液相吸附,对气相吸附问题不做讨论。

活性炭吸附的影响因素如下。

1. 吸附质的化学性状

吸附质的极性越强,则被活性炭吸附的性能越差。例如,苯是非极性有机物,很容易被活性炭吸附；苯酚的结构与苯相似，也可以被活性炭吸附，但因羟基使分子的极性增大，被活性炭吸附的性能要弱于苯。有机物能否被吸附还与有机物的官能团有关，即与这些化合物与活性炭的亲合力大小有关。

2. 吸附质的分子大小

即吸附质分子大小与活性炭吸附孔的匹配问题。研究表明，对于液相吸附，活性炭中起吸附作用的孔直径（D）与吸附质分子直径（d）之比的最佳吸附范围在 $D/d=1.7\sim6$。$D=1.7d$ 的孔是活性炭中对该吸附质起作用的最小的孔，如 D/d 再小，则体系的能量增加，呈斥力；$D/d=1.7\sim3$ 时，吸附孔内只能吸附一个吸附质分子，这个分子四周都受到它与炭表面的范德华力的作用，吸附紧密；$D/d>3$ 以后，随着 D/d 的不断增加，吸附质分子趋于单面受力状态，吸附力也随之降低。相对分子质量为 1 000 的有机物，其平均分子直径约为 1.3 nm。由于活性炭的主要吸附表面积集中在孔径<4 nm 的微孔区，可以推断被活性炭吸附的主要物质的相对分子质量小于 1 000。对饮用水处理的实际测定发现，活性炭主要去除相对分子质量小于 1 000 的物质，最大去除区间的相对分子质量为 500～1 000（饮用水水源中相对分子质量<500 部分的有机物主要为极性物质，不易被活性炭吸附），相对分子质量大于 3 000 的有机物基本上不被去除，这与上述分析相吻合。

3. 平衡浓度

活性炭吸附的机理主要是物理吸附，物理吸附是可逆吸附，存在吸附的动平衡，一般情况下，液相中平衡浓度越高，固相上的吸附容量也越高。对于单层吸附（如通过化学键合作用），当表面吸附位全部被占据时，存在最大吸附容量。如是多层吸附，随着液相吸附质浓度的增高，吸附容量还可以继续增加。

4. 温度

在吸附过程中，体系的总能量将下降，属于放热过程。因此温度升高，吸附容量下降。温度的影响对气相吸附影响较大，因此气相吸附确定活性炭的吸附性能需在等温条件下测定（此为吸附等温线名称的由来）。对液相吸附，温度的影响较小，通常在室温下测定，吸附过程中水温一般不会发生显著变化。

12.1.4 吸附容量与吸附等温线

对特定吸附质的活性炭吸附容量一般用静态烧杯试验确定：取一定量的实际水样于烧杯中，加入不同质量的活性炭，搅拌吸附，待吸附平衡后，测定滤过液中吸附质的平衡浓度，计算吸附容量。所用活性炭为粉末炭时可以直接投加。对于颗粒炭，为加速吸附过程，先研磨成粉状，过 200 目或 325 目筛，用对应的粉末炭进行试验。达到吸附平衡的时间大约为 2 h。

1. 吸附容量

由吸附试验计算活性炭吸附容量的公式为

$$q = \frac{V(C_0 - C_e)}{m} \tag{12-1}$$

式中：q——吸附容量，mg/(mg 炭)；

V——液体体积，L；

C_0——初始浓度，mg/L；

C_e——平衡浓度，mg/L；

m——加炭量，mg。

2. 吸附等温线

各种吸附等温线的形式如图 12-2 所示。根据吸附等温线的不同形式，可以分别用三种吸附等温线的数学公式表达。

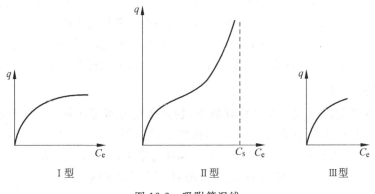

Ⅰ型　　　　　　　Ⅱ型　　　　　　　Ⅲ型

图 12-2　吸附等温线

1）朗格谬尔吸附等温式

朗格谬尔（Langmiur）吸附等温线的形式如图 12-2 中Ⅰ型所示。其数学表达式如下：

$$q = \frac{bq^0 C_e}{1 + bC_e} \tag{12-2}$$

式中：q^0——最大吸附容量；

b——系数。

朗格谬尔吸附等温式类型的吸附特性是：该公式是单层吸附理论公式，存在最大吸附容量（单层吸附位全部被吸附质占据）。等温线中参数回归的技巧是对式(12-2)取倒数，以 $\frac{1}{C_e}$ 为横坐标，以 $\frac{1}{q}$ 为纵坐标作图，用直线方程 $\frac{1}{q} = \frac{1}{q^0} + \frac{1}{bq^0}\frac{1}{C_e}$ 求参数。

2) BET 等温式

BET 吸附等温线是 Branauer、Emmett 和 Teller 三人提出的,等温线的形式如图 12-2 中 Ⅱ 型所示。其数学表达式是

$$q = \frac{Bq^0 C_e}{(C_s - C_e)\left[1 + (B-1)\dfrac{C_e}{C_s}\right]} \tag{12-3}$$

式中:C_s——饱和浓度;
B——系数。

BET 吸附等温式类型的吸附特性是:该公式是多层吸附理论公式,曲线中间有拐点,当平衡浓度趋近饱和浓度时,q 趋近无穷大,此时已到达饱和浓度,吸附质发生结晶或析出,因此"吸附"的术语已失去原有含义。此类型吸附在水处理这种稀溶液情况下不会遇到。

BET 等温线中参数回归的技巧是对式(12-3)取倒数,得到直线方程 $\dfrac{C_e}{(C_s-C_e)q} = \dfrac{1}{Bq^0} + \dfrac{B-1}{Bq^0}\dfrac{C_e}{C_s}$,以 $\dfrac{C_e}{C_s}$ 为横坐标,以 $\dfrac{C_e}{(C_s-C_e)q}$ 为纵坐标作图,作图时需先从图中目估 C_s,如 C_s 的估计值偏低,则试验数据为向上弯转的曲线,如 C_s 的估计值偏高,则试验数据为向下弯转的曲线,只有估计值正确时,才能得到一条直线,再从图中截距和斜率求得 B 和 q^0。

3) 弗兰德里希等温式

弗兰德里希(Freundlich)吸附等温线的形式如图 12-2 中 Ⅲ 型所示。其数学表达式是

$$q = KC_e^{\frac{1}{n}} \tag{12-4}$$

式中:K、n——系数。

弗兰德里希吸附等温线公式是经验公式。水处理中常遇到的是低浓度下的吸附,很少出现单层吸附饱和或多层吸附饱和的情况,因此弗兰德里希吸附等温线公式在水处理中应用最广泛。该等温线中参数回归的技巧是对式(12-4)取对数,以 $\lg C_e$ 为横坐标,以 $\lg q$ 为纵坐标作图,用直线方程 $\lg q = \lg K + \dfrac{1}{n}\lg C_e$ 求参数。

吸附等温试验是判断活性炭吸附能力的强弱、进行选炭的重要试验。在根据吸附容量试验求解吸附等温公式时应该先作吸附等温线原始形式图,由曲线形式确定所用表达式的形式,切忌直接采用某种表达式。此外对于实际水样,与原水浓度 C_0 相对应的吸附容量需用外推法求得(因为试验时,只要加炭,平衡浓度就要低于原始浓度,无法得到平衡浓度与原水浓度相同的点。当然,对于配水试验则无此问题)。

活性炭的吸附容量试验主要用于两种情况:一是设计中进行不同活性炭型号的性能比较与选择;二是用来计算粉末活性炭的投加量或颗粒活性炭床的穿透

时间。

对于饮用水颗粒活性炭吸附处理,因活性炭对水中各组分的吸附容量不同,并且存在各种吸附质之间的竞争吸附、排代现象、生物分解等作用,对于活性炭深度处理的长期正常使用,一般不用吸附容量来计算活性炭的使用周期,而是根据出水水质直接确定活性炭的使用周期。颗粒活性炭滤床的使用周期大约为1~2年,与原水被污染的程度和处理后水质的控制指标有关。

活性炭分为粉末活性炭和颗粒活性炭,粉末炭主要用于预处理和应急处理,颗粒炭主要用于深度处理,两者的运行方式与设备各不相同。

12.2 粉末活性炭预处理与应急处理

12.2.1 应用工艺

粉末活性炭的颗粒很细,颗粒粒径在几十微米,使用时像药剂一样直接投入水中,吸附后再在混凝沉淀过程中与水中颗粒物一起沉淀分离,随沉淀池污泥一起进行水厂污泥处理与废弃处置。

在给水处理中,粉末活性炭吸附可用于水源水季节性水质恶化的强化预处理,如原水在短期内含较高浓度的有机污染物、具有异臭异味等。也可用于水源水突发性污染事故中的应急处理。粉末活性炭吸附的优点是:除投加系统外,不需增加处理构筑物;使用灵活方便,可根据水质情况改变活性炭的投加量,在应对突发污染时可以采用大的投加剂量。不足之处是:因为在粉末炭吸附中,由于处理工艺的特性属于混合式反应器,活性炭吸附是与出水浓度平衡的,粉末炭的吸附容量要低于颗粒炭的吸附容量(颗粒炭采用固定床反应器,活性炭吸附是与进水浓度相平衡的,吸附容量较大);粉末炭难于回收,属一次性使用,长期使用的经济性要低于颗粒炭。

12.2.2 投加点与投加量

粉末活性炭吸附需要一定的吸附时间,其吸附过程可分为快速吸附、基本平衡和完全平衡三个阶段。粉末炭对硝基苯吸附过程的试验表明,快速吸附阶段大约需要 30 min,可以达到约 70%~80% 的吸附容量;1~2 h 可以基本达到吸附平衡,达到最大吸附容量的 90% 以上。再继续延长吸附时间,吸附容量的增加很少。

因此,对于取水口与净水厂有一定距离的水厂,粉末炭最好在取水口处提前投加,利用从取水口到净水厂的管道输送时间完成吸附过程,在水源水到达净水厂前实现对污染物的主要去除。对于取水口距净水厂距离很近,只能在水厂内混凝前投加粉末炭的情况,由于混凝的时间即为粉末炭的吸附时间,一般小于 0.5 h,造成粉末炭的吸附能力发挥不足,因此在净水厂内投加粉末炭时必须相应提高投加量。

粉末炭的处理效果和投加量应由烧杯试验确定。对于在水厂内投加的,试验时应采用与混凝相似的试验条件(混凝剂投加量、搅拌条件等)。由于水源水中同时存在多种有机物质,存在着竞争吸附现象,对于实际水源水所需的粉末炭投加量要大于用纯水配水试验所得的结果。

对于饮用水的预处理,粉末炭的投加量一般在 5~30 mg/L;水源污染事故应急处理时粉末炭的投加量可达几十 mg/L。粉末活性炭的价格约为 4 000 元/t,每 10 mg/L 投加量的相应成本约为 0.04 元/m^3。

由于活性炭对氯等氧化剂有还原脱氯作用,投加粉末炭后一般不再进行预氯化处理。

12.2.3 投加设备

粉末炭的投加方法有湿投法和干投法两种。

湿投法先把粉末炭配成浓度约 10% 的炭浆,再按容积计量投加,所需设备包括粉末活性炭储存库、储存仓、炭浆配制槽、加注泵等。干投法则用炭粉投加机直接计量投加粉末炭,再用水射器输送至投加点,所需设备包括粉末活性炭储存库、储存仓、炭粉投加机、水射器等。干投法省去了炭浆配置系统,适宜于大型水厂采用。

粉末炭的商品包装多为 20 kg 或 25 kg 的袋装,拆包投料时粉尘很大,必须采取防尘、集尘和防火设施,如采用吸尘装置、在负压条件下拆包等。

12.3 颗粒活性炭处理

12.3.1 应用工艺

在给水处理中,活性炭吸附或臭氧氧化-活性炭吸附属于深度处理工艺,适用于经过混凝、沉淀、过滤的常规处理工艺后,某些有机、有毒物质含量或色、臭、味等感官指标仍不能满足出水水质要求的净水处理。饮用水的深度处理工艺在欧洲已广泛采用,在我国目前仅少数水厂采用。但是可以预计,在我国目前水源受到污染,而人民群众对饮用水水质要求不断提高的情况下,必将有越来越多的水厂采用深度处理工艺。

颗粒活性炭吸附在饮用水处理中主要用于:水厂净水深度处理、优质直饮水或纯净水的生产。

采用颗粒活性炭的净水厂深度处理工艺有以下组合方式:

水源水→常规处理→活性炭→消毒→出厂水
水源水→常规处理→臭氧→活性炭→消毒→出厂水
水源水→常规处理→臭氧→生物活性炭→消毒→出厂水

对于水源污染情况不严重、深度处理以除臭除味为主要目的的水厂,可以在预处理中投加粉末炭,或是在常规处理后采用颗粒活性炭吸附进行深度处理。对于水源受到一定污染的情况,一般是在常规处理后增加臭氧与颗粒活性炭联合使用的深度处理工艺。

在臭氧-活性炭深度处理工艺中,臭氧氧化在氧化分解一部分污染物的同时,可以使水中一些原不易被生物降解的有机物变成可被生物降解的有机物,同时还可以提高水中溶解氧的含量(特别是以纯氧作为臭氧气源的),这些因素都可以促进炭床中微生物的生长。在适当的设计和运行条件下,在活性炭颗粒的表面生长有大量的好氧微生物,在活性炭对水中污染物进行物理吸附的同时,又充分发挥了微生物对水中有机物的分解作用和对氨氮的硝化作用,显著提高了出水水质,并延长了活性炭的再生周期。由于这种活性炭床具有明显的生物活性,后来被称为生物活性炭,并发展成为臭氧-生物活性炭深度处理工艺。目前臭氧-生物活性炭深度处理工艺已在欧洲的饮用水处理中得到广泛应用,我国大多数采用深度处理的水厂中,一般也都按照臭氧-生物活性炭的方式进行设计和运行。

在生物活性炭床中,活性炭起着双重作用。首先,它作为一种高效吸附剂,吸附水中的污染物质;其次是作为生物载体,为微生物的附着生长创造条件,通过这些微生物对水中可生物降解的有机物进行生物分解。由于生物分解过程比吸附过程的速度慢,因此要求炭床中的水力停留时间比单纯活性炭吸附的时间长。欧洲使用生物活性炭的饮用水处理厂一般采用 10~20 min 的水力停留时间。

根据实际运行经验,采用臭氧-生物活性炭深度处理工艺比单独使用活性炭吸附法具有以下优点:提高了出水水质,水中溶解性有机物的去除率可以提高;延长了活性炭的再生周期,再生周期可达 2~3 年;氨氮可以被生物转化为硝酸盐,出水需氯量低。

在优质直饮水或纯净水的生产中也需要使用颗粒活性炭,以吸附水中有机物,并对水进行脱氯预处理。优质直饮水或纯净水多以市政自来水作为原料水,自来水中的余氯会使膜分离技术所用的有机膜材料老化,因此先用颗粒活性炭脱氯。优质直饮水或纯净水的生产工艺如图 12-3 所示。

自来水→颗粒活性炭→安全过滤→超滤→反渗透→臭氧消毒→直饮水供水系统／装桶

图 12-3 优质直饮水或纯净水生产工艺

在废水处理中,活性炭吸附主要用于特种工业废水处理、废水深度处理或再生处理等。

炸药废水含有硝基苯类有机物,如三硝基甲苯(TNT)等污染物,因其生物降解性很差,难于采用生物处理,但硝基苯类有机物的活性炭吸附性能较好,可以采用活性炭吸附法处理。例如某 TNT 炸药废水处理,原水含 TNT 250 mg/L 和硫酸 0.5%,先经过沉淀池、调节池和砂滤器,然后用颗粒活性炭吸附柱去除 TNT,出水再经石灰石中和、CO_2 脱气池和沉淀池后排放,最终出水的 TNT<0.5 mg/L,pH 6~9,吸附饱和的活性炭用热再生炉再生。

颗粒活性炭用于废水深度处理或再生处理主要用于去除一般的生物处理和物化处理单元难以去除的微量污染物质。例如我国部分炼油与石化企业的废水处理,在隔油、气浮、生物处理的基础上,再增加砂滤和颗粒活性炭吸附处理,以提高处理水质,处理后的水作为工业用水进行回用。住宅小区的中水回用是一种重要的节水方式,在小区的中水处理工艺中也多需要使用活性炭吸附技术。不过,随着膜技术的日趋成熟与成本不断降低,在废水深度处理或再生处理中,作为活性炭吸附的替代技术,膜技术的采用将更为广泛。

12.3.2 处理设备

颗粒活性炭采用过滤的设备形式进行水处理,活性炭设备的类型分为固定床和移动床两大类。根据水在炭层中的流向,又分为降流式和升流式。

1. 固定床

按照活性炭吸附工艺的理论,炭床中炭层的工作状态,可以分为以下三部分:饱和层、吸附带、未工作层。以降流式固定床为例,进水首先与上部的炭接触,在吸附带中吸附质被吸附,随着吸附运行时间的增加,上部的饱和层不断加厚,吸附带逐步下移,未工作层逐渐变薄。当吸附带下边缘到达炭层底部时,炭床即将被穿透,需要对整个活性炭床进行再生。降流式固定床吸附中炭层工作状态和纵向浓度分布如图12-4所示。

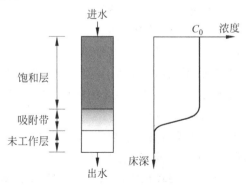

图 12-4 降流式固定床中炭层工作状态示意图

对于固定床活性炭吸附,再生前的炭床整体饱和率设计中一般控制在90%左右。如果过低,则造成炭床吸附能力的浪费。再生前炭床的整体饱和率E的计算式为

$$E = \frac{H - f\delta}{H} \tag{12-5}$$

式中：E——再生前的炭床整体饱和率,%；

H——炭层总高度,m；

δ——吸附带高度,m；

f——吸附带的未饱和分数。

吸附带高度δ与吸附传质速度和水的滤速有关,一般在0.5 m以内,如果吸附带高度过大,则应降低滤速,以免减低炭床的整体利用率。f是吸附带的未饱和分数,其值一般在0.4~0.5,有关书籍中有f值的理论计算方法,不过在工程应用中,假设$f=0.5$已能满足工程设计的精度要求。

以上对炭床分层的分析是基于单一吸附质的,适用于高浓度工业废水处理。在实际的饮用水处理中,活性炭吸附面临的往往是低浓度、多组分的吸附,存在竞争吸附和排代现象(排代现象是指炭上已被吸附的弱吸附质被水中强吸附质所取代,造成弱吸附质脱附的现象),并且由于吸附周期很长,要多次进行炭床的反冲洗,炭层经常被混层。在此种运行条件下,炭床中的炭并无明显的吸附能力分层。对于自来水厂深度处理所用活性炭,炭的再生周期应根据出水水质是否超过预定的水质目标确定。当出水水质不能满足要求时,或者是活性炭的吸附性能已大为下降,通常碘吸附值小于600 mg/g、亚甲蓝吸附值小于85 mg/g时,即被认定为活性炭已经失效,需要再生或更换新炭。对于采用生物活性炭方式运行的,也可以采用COD_{Mn}、UV_{254}的去除率作为活性炭是否失效的参考指标。

固定床活性炭吸附的设备形式有活性炭滤池、活性炭滤罐及活性炭吸附塔。在给水处理中,活性炭滤池用于给水厂,活性炭滤罐主要用于小型给水和工业给水,均采用降流式,即水向下过滤通过颗粒活性炭层。废水处理由于炭的再生周期较短,需要频繁再生,一般使用活性炭吸附塔。

活性炭滤池的形式与常规处理的滤池基本相同,只是把砂滤料换成了颗粒炭,并且炭层厚度大于砂滤层,所用池型可以是V型滤池、普通快滤池、虹吸滤池等。活性炭滤罐的设备形式与压力滤罐相同,只是滤料改为颗粒活性炭,并且炭层厚度要高于砂滤层。

饮用水处理颗粒活性炭过滤的设计参数为：炭层厚度1.0~2.5 m,滤速(空床流速)8~20 m/h,处理水与炭床的空床接触时间6~20 min。如采用生物活性炭的运行方式,在以上参数中应采用较长的接触时间(较厚炭层和较低滤速),以满足生物反应的要求。活性炭滤池的反冲洗周期一般在3~6 d,冲洗的膨胀率要低于砂

滤料,一般在20%。因炭的密度较小,需注意防止冲洗时跑炭流失。为提高冲洗效果,可以采用气水联合冲洗(先气后水)。为了避免反冲洗时活性炭的过量磨损,可以平时低强度冲洗,定期再大强度冲洗一次(膨胀率约30%),去除炭粒上的粘附物。

活性炭固定床的优点是设备简单,缺点是炭床饱和后换炭不方便,尽管有专用的炭池换炭水力抽吸设备,大多数情况下仍需要人工清挖更换。

2. 间歇式移动床

间歇式移动床的设备形式见图12-5。该设备采用下部为锥斗形的升流式吸附罐,水从下部流进,上部流出,因此总是下部的炭先饱和。所谓间歇式移动床是定期从下部锥斗排除部分饱和炭去再生,并从上部补充相应量的再生炭。该设备的优点是总用炭量少,缺点是设备较复杂。目前间歇式移动床主要用于废水的深度处理,在饮用水处理中只用于个别处理场所。

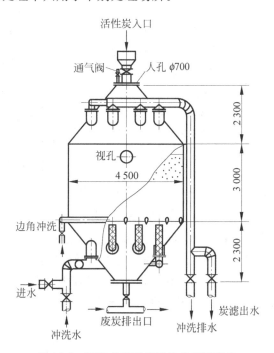

图 12-5 间歇式移动床活性炭吸附设备

12.3.3 活性炭再生

吸附饱和失效的活性炭通过再生可以恢复炭的吸附能力。活性炭再生方法有热再生法、溶剂再生法、蒸汽再生法等。其中,热再生法的适用范围最广,饮用水处理和废水深度处理的失效炭的再生都是采用热再生法。溶剂再生法和蒸汽再生法主要用于少数高浓度、单组分、有回收价值的工业废水的活性炭吸附处理。

热再生法的方式有燃气或燃油加热式、放电加热式、远红外加热式等。其中燃气或燃油加热式适合于大中型炭再生设备，放电加热式和远红外加热式只适合于小型炭再生设备。

热再生法的原理是在高温下把已经吸附在炭内的有机物烧掉（高温分解），使炭恢复吸附能力。失效炭的再生工艺是：饱和炭→脱水→干燥→炭化→活化→冷却→再生炭，与活性炭的生产工艺基本相似，只是用"脱水→干燥"代替了生产中的"成型"。活性炭再生的损失率约 5%（由于烧失与磨损，其损失部分需用新炭补充），炭吸附能力恢复率大于 90%。常用的活性炭热再生设备有立式多段再生炉、卧式回转炉等。

立式多段再生炉的设备示意图见图 12-6。该再生炉的工作方式是：失效活性炭由炉顶连续加入，由炉内旋转的耙式推移器将炭逐渐向下层推送，由上至下共 6 层。在第 1～3 层进行干燥，停留时间约 5 min，温度约 700℃；在第 4 层焙烧，停留时间 15 min，温度约 800℃；在第 5 层和第 6 层活化，停留时间 10 min，温度 850～900℃。采用天然气直接加热，采用蒸汽活化。

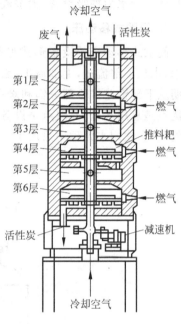

图 12-6　立式多段活性炭再生炉

采用活性炭的大型给水厂可以自行设置活性炭再生设备，但是再生设备及其运行较为复杂。目前流行的做法是委托活性炭生产厂家把失效炭运回生产厂家进行再生，或是委托有关厂家进行商业化再生，水厂内不再设置活性炭再生设备。

对于大型废水再生处理厂和工业废水处理，因活性炭的再生较频繁，可以设置厂内再生装置。颗粒活性炭的吸附与再生系统如图 12-7 所示。

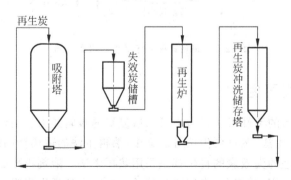

图 12-7　颗粒活性炭的吸附与再生系统

12-1 什么物质易被活性炭吸附?什么物质难于被吸附?

12-2 什么叫吸附等温线?

12-3 水温 20℃时活性炭对水中 COD 去除的数据如下,试证明水中有机物在活性炭上的吸附服从朗格谬尔等温方程式,并求吸附常数。

C_e/(mg/L)	1.048	3.460	6.250	8.850	14.706
q/(mg/(mg 炭))	0.011 0	0.034 4	0.055 6	0.077 3	0.123 1

12-4 水温 25℃下,活性炭吸附水中某种污染物质的平衡数据如下表,试判断吸附类型,并求吸附常数。

污染物浓度/(mg/L)	0.534	3.20	11.20	24.53
q/(mg 色素/(mg 炭))	0.100	0.20	0.30	0.35

12-5 采用活性炭吸附对某有机废水进行处理,对两种活性炭进行静态吸附试验,吸附平衡数据如下表。试判断吸附类型,计算吸附常数,并比较两种活性炭的优劣。

COD 平衡浓度/(mg/L)	100	500	1 000	1 500	2 000	2 500	3 000
A 炭吸附容量/(mg/(g 炭))	55.6	192.3	227.8	326.1	357.1	378.8	394.7
B 炭吸附容量/(mg/(g 炭))	47.6	181.8	294.1	357.3	398.4	434.8	476.2

12-6 吸附静态试验数据同习题 12-4,现采用粉末活性炭投加法吸附水中污染物质,原水浓度为 20 mg/L,要求出水浓度≤0.5 mg/L,水量 50 m³/h。计算所需粉末活性炭的投加量(kg/h)。

12-7 采用粉末活性炭应急处理技术吸附水源突发性污染事故中的硝基苯。通过试验已得到吸附等温线为:$q=0.399\,4C^{0.832\,2}$(式中:q 为吸附容量,mg/(mg 炭);C 为硝基苯平衡浓度,mg/L)。

(1) 水源水硝基苯浓度 0.008 mg/L,要求吸附后硝基苯浓度基本低于检出限(<0.000 5 mg/L),计算所需粉末炭的投加量(mg/L);

(2) 水源水硝基苯浓度 $C_0=0.050$ mg/L(硝基苯的标准限值为 0.017 mg/L,该值约超标 2 倍),采用粉末炭投加量 15 mg/L,求吸附后水中的硝基苯浓度。

12-8 对于取水口距离净水厂有一定距离的情况，为何粉末炭的投加点推荐设在取水口处？

12-9 简述粉末活性炭投加系统的组成。

12-10 采用活性炭固定床处理废水时，采用两个吸附柱，并联运行，流量 $Q=50\ m^3/h$，采用空床滤速 $v=10\ m/h$，在此滤速下的活性炭吸附带高度 $\delta=0.3\ m$，吸附带的饱和分数 $f=0.5$，要求吸附周期结束时吸附柱的整体饱和率 $E=90\%$，求床内炭层的高度和吸附柱的直径。

12-11 列举颗粒活性炭用于饮用水深度处理的两种工艺流程。

12-12 简述活性炭移动床的优缺点。

第13章 其他物化处理方法

13.1 离心分离

13.1.1 原理

高速旋转物体能产生离心力,利用离心力分离水中杂质的方法称为离心分离法。

含悬浮物(或乳化油)的水在高速旋转时,由于颗粒和水的质量不同,因此受到的离心力大小也不同,质量大的颗粒向外运动被甩到外围,质量小的水则留在内圈,通过不同的出口分别导引出来,从而回收了水中的悬浮颗粒(或乳化油),并净化了水。

离心力场中,水中颗粒受到的净离心力 F_c 为

$$F_c = (\rho_s - \rho)\Delta V \frac{v^2}{r} = (\rho_s - \rho)\Delta V \omega^2 r \tag{13-1}$$

式中：F_c——颗粒在水中所受的净离心力,N;

ρ_s——颗粒的密度,kg/m^3;

ρ——水的密度,kg/m^3;

ΔV——颗粒的体积,m^3;

v——颗粒圆周运动的线速度,m/s;

r——旋转半径,m;

ω——角速度,s^{-1}。

颗粒在水中所受的净重力 F_g 为

$$F_g = (\rho_s - \rho)\Delta V g \tag{13-2}$$

式中：F_g——颗粒在水中所受的净重力,N;

g——重力加速度,m/s^2。

定义分离因数 α 为净离心力与净重力之比,从而得到分离因数的计算式：

$$\alpha = \frac{F_c}{F_g} = \frac{(\rho_s - \rho)\Delta V \dfrac{v^2}{r}}{(\rho_s - \rho)\Delta V g} = \frac{v^2}{rg} = \frac{\omega^2 r}{g} \approx \frac{m^2}{900} \tag{13-3}$$

式中：α——分离因数；

n——转速，r/min。

式(13-3)中最后一个等式的推导如下。

因为

$$v = \omega r, \quad 且 \quad \omega = \frac{2\pi n}{60} = \frac{\pi n}{30}$$

所以

$$\frac{v^2}{rg} = \frac{\pi^2 n^2 r}{900 g} \approx \frac{rn^2}{900} \quad (式中 \ \pi^2 = 9.87, g = 9.81 \ \text{m/s}^2)$$

即

$$\alpha = \frac{v^2}{rg} \approx \frac{rn^2}{900}$$

在离心分离中，α 值远大于 1，即离心力远大于重力。例如，对于 $r=0.1$ m，$n=1\,800$ r/min 的离心力场，分离因数 $\alpha=360$。因此在离心场中悬浮液或乳化液的分离过程被大大强化了。

13.1.2 悬浮颗粒离心分离径向运动速度

水中的颗粒在净离心力 F_c 的作用下产生径向加速度运动。随着颗粒运动速度的增加，颗粒所收到的来自流体的阻力 F_D 也随之增加：

$$F_D = C_D \frac{\pi d^2}{4} \rho \frac{u^2}{2} \tag{13-4}$$

式中：F_D——颗粒运动所受阻力，N；

C_D——阻力系数，与雷诺数 Re 有关，见第 5 章中颗粒的沉淀速度部分；

d——颗粒直径，m；

ρ——水的密度，kg/m³；

u——颗粒的径向运动速度，m/s。

当 F_c 与 F_D 相等时，颗粒径向运动速度保持稳定不变。根据颗粒的受力关系：

$$F_c = F_D$$

即

$$(\rho_s - \rho) \frac{1}{6} \pi d^3 \omega^2 r = C_D \frac{\pi d^2}{4} \rho \frac{u^2}{2}$$

可以得到颗粒径向运动速度的通式：

$$u = \sqrt{\frac{4}{3} \frac{\omega^2 r}{C_D} \frac{\rho_s - \rho}{\rho} d} \tag{13-5}$$

对于 $Re<1$ 的颗粒运动，存在关系 $C_D = \frac{24}{Re}$，代入上式可以得到颗粒径向运动速度计算式：

$$u = \frac{1}{18} \frac{\rho_s - \rho}{\mu} \omega^2 r d^2 \tag{13-6}$$

式中：μ——水的粘度，Pa·s。

把式(13-6)与重力沉淀的颗粒沉淀速度公式(Stokes 公式)相比较，可以得到离心分离与重力沉淀的速度比值就等于分离因数。对于 α 远大于 1 的离心处理，颗粒的离心分离速度远大于重力分离。

$$\frac{u_{离心}}{u_{重力}} = \frac{\frac{1}{18}\frac{\rho_s - \rho}{\mu}\omega^2 r d^2}{\frac{1}{18}\frac{\rho_s - \rho}{\mu}g d^2} = \frac{\omega^2 r}{g} = \alpha \tag{13-7}$$

对于其他 Re 条件下的离心颗粒运动，由相应的 C_D 关系，也可求得对应的离心条件下颗粒的径向运动速度计算式。

13.1.3 设备

离心分离设备按离心力产生的方式可分为三种类型：
(1) 离心机 依靠转鼓的高速旋转产生离心力；
(2) 压力式水力旋流器 水在压力下由切线方向进入设备，造成旋转运动来产生离心力；
(3) 重力式水力旋流器 水在重力下由切线方向进入设备，造成旋转运动来产生离心力。

1. 离心机

离心机可用于固液分离、液液分离，其种类很多。水处理常用的离心机按分离因素 α 分类，有低速离心机($\alpha<1\,500$)、中速离心机($\alpha=1\,500\sim3\,000$)和高速离心机($\alpha>3\,000$)。

离心机的种类有：间歇式过滤离心机、涡旋式离心机、管式离心机、盘式离心机等，可根据需要选用定型产品。

间歇式过滤离心机的结构是：在立式外桶内设有一个绕垂直轴旋转的转鼓，转鼓壁上有很多圆孔，转鼓内衬以过滤布。污泥或沉渣由上部投入鼓内，在离心力的作用下冲向鼓壁，水穿过滤布流出鼓外，固体颗粒则被滤布截留在鼓内，从而完成固液分离过程，停机后可将滤渣从鼓内取出，见图 13-1。

用于污泥脱水的离心脱水机采用的也是离心分离的原理，其结构与特点见《废水生物处理的原理与工艺》一书。

盘式离心机是一种用于固液分离或液液分离的设备，运行时连续进料，连续出料，机内设有多层分离盘，其原理与斜板沉淀池的原理相似，可以提高分离效率。盘式离心机的结构示意图见图 13-2。

2. 压力式水力旋流器

压力式水力旋流器的构造是：上部为圆筒形，下部为锥形，中心设一个中心连

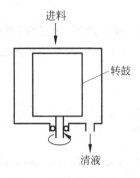

图 13-1 间歇式过滤离心机

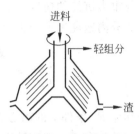

图 13-2 盘式离心机

通管,进水管与上部的圆筒部分相切接入。其结构与工作原理见图 13-3。

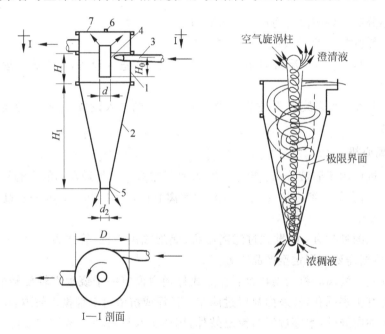

图 13-3 压力式水力旋流器
1—圆筒;2—圆锥体;3—进水管;4—上部清夜排出管;
5—底部浓液排出管;6—放气管;7—顶盖

压力式水力旋流器的运行方式:水泵将水由逐渐收缩的管口沿切线方向高速(约 6~10 m/s)射入水力旋流器上部的圆筒,水沿器壁先向下旋转运动(称为一次涡流),然后再向上旋转(称为二次涡流),通过中心连通管,再从上部清液排出管排出澄清液。密度比水大的悬浮颗粒在离心力的作用下随一次涡流被甩向器壁,并在其本身重力的作用下沿器壁向下滑动,随浓液从底部排出。旋流器的中心还上下贯通有空气旋涡柱,空气从下部进入,从上部排出。

压力式水力旋流器内水的旋转动量由进口管压力水的流速所提供,由于过高流速条件下的水力损失很大,进水管口的流速一般在 6~10 m/s。根据式(13-3),在旋转流速确定的条件下,离心力与旋转半径成反比,因此,压力式水力旋流器的直径一般在 500 mm 以内。

压力式水力旋流器可用于纸浆、矿浆、洗毛废水的除砂处理,轧钢废水的除氧化铁皮处理等。压力式水流旋流器单台设备的处理水量大,但处理能耗较高,且设备内壁磨损严重。

3. 重力式水力旋流器(水力旋流沉淀池)

重力式水力旋流器又称为水力旋流沉淀池。废水由切线方向靠重力进入池内,形成一定的旋流,在离心力及重力作用下,比水重的颗粒物向池壁和池底运动,并在池底集中,定期用抓斗抓出。水力旋流沉淀池的构造见图 13-4。

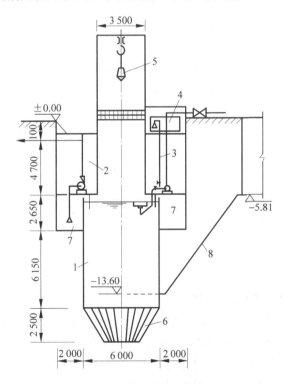

图 13-4 水力旋流沉淀池
1—重力式水力旋流器;2—水泵室;3—集油槽;4—油泵室;5—抓斗;
6—护壁钢轨;7—吸水井;8—进水管(切线方向进入)

水力旋流沉淀池是约定俗成的名称,通过对该池型的离心分离因数的计算可以发现,该池中的离心作用有限,分离作用主要是靠重力沉淀。

13.2 中　和

中和处理的目的是中和废水中过量的酸或碱,使中和后的废水呈中性或接近中性,以满足下一步处理或外排的要求。

13.2.1 酸性废水与碱性废水

化工厂、化学纤维厂、金属酸洗车间、电镀车间等制酸或用酸过程中,都会排出酸性废水。酸性废水含有无机酸(硫酸、盐酸)或有机酸(醋酸等),并可能同时含有其他杂质,如悬浮物、金属盐类、有机物等。

造纸厂、化工厂、炼油厂等常排出含碱废水。

酸性废水或碱性废水会腐蚀管道,破坏废水生物处理系统的正常运行,排入水体会危害渔业生产,毁坏农作物。在排放前必须进行处理。

对高浓度酸碱废水(3%～5%以上),首先要考虑回用和综合利用。例如,较高浓度的金属酸洗废水(含 H_2SO_4 3%～5%,$FeSO_4$ 15%～25%)可回收和综合利用,金属酸洗废水生产硫酸亚铁的工艺如图 13-5 所示。

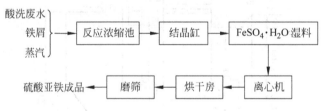

图 13-5　金属酸洗废水生产硫酸亚铁的工艺图

13.2.2 酸性废水中和方法

1. 用碱性废水或碱渣中和法

当工厂有条件应用碱性废水或碱渣时应优先考虑,以节省处理费用与药剂消耗。碱渣包括电石渣(含 $Ca(OH)_2$)、碳酸钙碱渣等。

当两种废水互相中和时,由于水量及浓度难以保持稳定,会给操作带来困难,在此情况下,往往需设置两种废水的均化池和混合反应池。

2. 投药中和法

此法可用于处理各种酸性废水,中和过程容易控制,容许水量变动范围较大。常用的中和剂是石灰或 NaOH;Na_2CO_3 也可用于中和,但因价格贵,一般不用。

采用石灰对酸进行中和的反应式为

$$CaO + H_2O = Ca(OH)_2 \tag{13-8}$$

$$2H^+ + Ca(OH)_2 = 2H_2O + Ca^{2+} \tag{13-9}$$

水中一些过量金属离子,如铅(Pb^{2+})、锌(Zn^{2+})、铜(Cu^{2+})、镍(Ni^{2+})等,中和后会生成金属的氢氧化物沉淀,其反应的通式为(以 M^{2+} 代表二价的金属离子)

$$M^{2+} + Ca(OH)_2 = M(OH)_2 \downarrow + Ca^{2+} \tag{13-10}$$

投加石灰时应考虑这部分反应增加的消耗量。

投加石灰的方式主要有干投法和湿投法两种。干投法的设备简单,但反应不易彻底,渣量大。湿投法需配制成石灰乳投加,但设备较多。石灰投加法的缺点是劳动条件差,沉渣多。采用 NaOH 可以避免这些缺点,但药剂费用较高。

3. 过滤中和法

使酸性废水流过具有中和能力的滤料而得以中和的方法,称为过滤中和法。

1) 中和滤料

过滤中和法所用滤料有石灰石、白云石、大理石等。石灰石与酸的中和反应如下:

$$2H^+ + CaCO_3 = H_2O + CO_2 \uparrow + Ca^{2+} \tag{13-11}$$

石灰石的主要成分是 $CaCO_3$,只能中和 2% 以下的低浓度硫酸,因为所生成的 $CaSO_4$ 的溶解度较低,如进水硫酸浓度过高,生成的硫酸钙超过溶解度,析出的 $CaSO_4$(石膏)将覆盖在石灰石表面,使其无法继续与水中的酸反应。

白云石是 $CaCO_3$ 和 $MgCO_3$ 的混合物,可以中和 4~5 g/L 以下浓度的硫酸,这是因为白云石中的 $MgCO_3$ 与酸反应生成的 $MgSO_4$ 溶解度高,产生的 $CaSO_4$ 的量比石灰石少。

由于中和盐酸生成的 $CaCl_2$ 的溶解度较高,石灰石可以用于较高浓度盐酸废水的过滤中和。

在过滤中和处理中会产生大量的二氧化碳,使出水中二氧化碳过饱和,pH 值一般在 4 左右,需后接吹脱处理。

2) 中和设备

过滤中和设备主要有重力式中和滤池、等速升流式膨胀中和滤池和变速升流式中和滤池几种。

重力式普通中和滤池采用的滤料粒径较大(30~80 mm),滤速很低(<5 m/h)。当进水酸浓度较大时,易在滤料颗粒表面结垢,且不易冲洗,因此效果较差,现已很少采用。

等速升流式膨胀中和滤池由于采用的滤料粒径小(0.5~3 mm),滤速高(50~70 m/h),水流由下而上流动,使滤料互相碰撞摩擦,表面不断更新,故处理效果较好,沉渣量也少。缺点是:下部大颗粒滤料因不易膨胀而易产生结垢,上部的小颗粒易随水流失。

变速升流式膨胀中和滤池是目前使用最为广泛的过滤中和设备,它的结构为倒锥形变速中和塔(见图 13-6),滤料粒径为 0.5～3 mm,由于中和塔的直径下小上大,使下部的大粒径滤料在高滤速(130～150 m/h)条件下工作,上部的小滤料在较低滤速(40～60 m/h)条件下工作,从而使滤料层中不同粒径颗粒都能均匀地膨胀,使大颗粒不结垢或减少结垢,小颗粒不致随水流失。

变速升流式膨胀中和滤池的基本参数是:石灰石或白云石滤料直径 $d=0.5\sim 3$ mm,膨胀率 $e=12\%\sim 20\%$,水头损失 1～1.5 m,出水 pH 值 4.2～4.5,吹脱后 pH 值可升至 6～6.5,中和 1 t 硫酸消耗白云石滤料 1～1.2 t。其优点是:操作简单,处理费低,出水稳定,工作环境好,沉渣远比石灰法少。缺点是:废水的硫酸浓度不能过高,需要定期倒床清除惰性残渣。

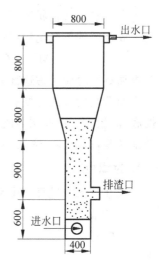

图 13-6 变速升流式膨胀滤池

13.2.3 碱性废水中和方法

碱性废水的中和方法有以下几种。

(1) 用酸性废水或废弃的酸液中和。

(2) 采用硫酸(98%工业 H_2SO_4)中和,但成本较高。

(3) 用酸性的烟道气体(含 CO_2、SO_2)中和。例如以碱性废水用作烟道气湿法除尘器的喷淋水,该法的处理成本低,但处理后水中悬浮物、硫化物、色度等升高,需进行补充处理后才能排放。

13.3 吹 脱

13.3.1 原理

吹脱法可以用来脱除水中的溶解气体和某些极易挥发的溶质,如 CO_2、NH_3、H_2S、HCN 等,也可脱除化学反应中形成的溶解气体,如过滤中和法产生的 CO_2 气体。

气体在水中溶解度与气体性质、水温有关,并服从亨利定律(气体在水中的溶解度与该气体的分压成正比)。当该气体在空气中的分压大于该气体在水中实际溶解浓度相对应的分压时,该气体由气相进入液相(吸收);反之,则气体由液相进入气相(解吸)。

吹脱法的传质原理是:让水与新鲜空气充分接触,使水中的溶解性气体和易挥发的溶质以分压差为推动力,通过气液相界面向气相传质,把水中溶解的气体由液相传递到气相中(解吸),随空气排出,从而达到脱除污染物的目的。

13.3.2 吹脱设备

1. 吹脱池

吹脱池通常是在池内设置穿孔管,进行曝气吹脱,如图13-7所示。为了强化吹脱作用,有的池型的进水管由设在池面上的众多喷水管口组成,进水先进行喷洒吹脱,再在池中曝气吹脱。

吹脱池多用于酸性废水过滤中和后的吹脱处理,酸性废水经石灰石过滤中和后,水中含有大量的过饱和二氧化碳,pH值在4左右,经吹脱池去除游离CO_2,pH值上升到6～6.5,可满足后续生物处理要求。例如,北京维尼纶厂中和滤池后的吹脱池,水深$H=1.5$ m,水力停留时间(吹脱时间)30～40 min,池的曝气强度25～30 $m^3/(m^2 \cdot h)$,气水比5 m^3气/(m^3水),进水游离CO_2浓度700 mg/L(pH=4.2～4.5),出水游离CO_2浓度120～140 mg/L(pH=6～6.5)。

2. 吹脱塔

吹脱塔采用了传质效率较高的设施,比吹脱池的效率更高,并便于回收或处理尾气中的挥发性物质,防止对地面附近空气产生二次污染。

吹脱塔的设备形式有:填料塔(如瓷环填料、栅板等)、筛板塔(如穿孔筛板塔等)等。图13-8为填料吹脱塔的系统图。

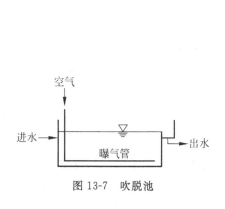

图13-7 吹脱池

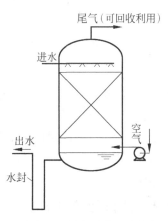

图13-8 填料吹脱塔的系统图

填料吹脱塔的计算主要是根据吹脱任务和填料特性计算所需填料面积,基本计算式为

$$F = \frac{G}{K \Delta C} \tag{13-12}$$

式中：F——填料表面积,m^2；

G——吹脱量,kg/h,计算式为 $G=Q(C_0-C)$；

Q——水量,m^3/h；

C_0、C——进水、出水中的溶解气体的浓度,kg/m^3；

ΔC——平均推动力,kg/m^3,其计算式为

$$\Delta C = \frac{C_0 - C}{2.3 \lg \frac{C_0}{C}} \tag{13-13}$$

K——吹脱系数,由试验或参考相似工程与设计手册获得。

填料塔的缺点是塔体较庞大,传质效率不够高,处理含悬浮物较多的废水易使填料堵塞。筛板塔的传质效率要高于填料塔,塔体占地面积比填料塔小,堵塞的可能性也小,但设备费用和水的提升高度较大。

13.3.3 影响因素

吹脱处理的影响因素主要有：

1. 温度

水中挥发性气体的溶解度一般随温度上升而降低,增加水的温度有利于水中挥发性物质的解吸吹脱。

例如,NaCN 在水中水解生成 HCN：

$$CN^- + H_2O \Longleftrightarrow HCN + OH^- \tag{13-14}$$

在水温高于 40℃时,HCN 的吹脱效率相应迅速提高。

2. 气液比

采用吹脱塔时,空气量过小,气液两相接触不够；空气量过大,将造成液泛,即废水被气流带走,破坏了操作。最好使气液比接近液泛极限(超过此极限的气流量将产生液泛),这时,气液相在充分湍流条件下,传质效率最高。吹脱塔的气液比一般采用液泛极限时气液比的 80%。

3. pH 值

在不同的 pH 值条件下,挥发性物质的存在状态可能不同。只有游离态的物质才能被吹脱,电离后呈离子态(如 S^{2-}、CN^-、NH_4^+ 等)则难以吹脱。对于 H_2S、HCN 等气体的吹脱必须在偏酸性条件下进行(表 13-1 为游离 H_2S 或 HCN 在硫

化物或氰化物总量中的百分含量与 pH 值的关系),而 NH₃ 则必须在偏碱性条件下进行。

表 13-1 游离 H_2S 或 HCN 在硫化物或氰化物总量中的百分含量与 pH 值的关系

pH	5	6	7	8	9	10
游离 H_2S/%	100	95	64	15	2	0
游离 HCN/%		99.7	99.3	93.3	58.1	12.2

4. 悬浮物、油类

废水中悬浮物及油类物质会阻碍水中挥发性物质向气相扩散,而且会阻塞填料,影响吹脱,应在预处理中除去。

13.3.4 吹脱尾气的最终处置

吹脱尾气中含有解吸的气体,尾气的最终处置方法有以下三种:
(1) 向大气排放,注意,只有对环境无害的气体才允许向大气排放;
(2) 送至锅炉内燃烧热分解;
(3) 回收利用。

回收尾气中解吸气体的基本方法如下:
(1) 用碱溶液吸收酸性气体,或是用酸溶液吸收碱性气体。例如,用 NaOH 溶液喷淋,吸收尾气中的 HCN,产生 NaCN;吸收 H_2S,产生 Na_2S。用硫酸溶液喷淋,吸收尾气中的 NH_3,产生 $(NH_4)_2SO_4$。然后再把吸收液蒸发结晶,进行回收。
(2) 用活性炭吸附有机挥发性气体,活性炭饱和后用溶剂解吸再生。

13.4 化 学 沉 淀

化学沉淀法是向水中投加化学药剂,使它与水中的某些溶解状物质发生化学反应,形成难溶的沉淀物,再从水中沉淀分离出来。

水处理中化学沉淀法可用于去除:重金属离子,如汞、镉、铅、锌等;碱土金属离子,如钙、镁等;某些非金属离子,如砷、氟、硫、硼等。

13.4.1 基本原理

在一定温度下,难溶盐在溶液中同时存在着离子的析出沉淀反应和固体的溶解反应。如以 M^{n+} 代表价态为 n 的阳离子,以 N^{m-} 代表价态为 m 的阴离子,以 M_mN_n 表示其沉淀物,则溶解沉淀反应的通式可以表示为

$$M_mN_n \rightleftharpoons mM^{n+} + nN^{m-} \tag{13-15}$$

其中,由离子析出固体物 M_mN_n 的沉淀析出速率 v_1 为

$$v_1 = k_1[M^{n+}]^m[N^{m-}]^n S \tag{13-16}$$

由固体物 M_mN_n 溶解为离子的溶解速率 v_2 为

$$v_2 = k_2 S \tag{13-17}$$

式中：v_1——沉淀速率；

v_2——溶解速率；

k_1——沉淀速率常数；

k_2——溶解速率常数；

S——沉淀物固体表面积；

[ ]——物质的量浓度。

对于饱和溶液,固体的溶解与析出处于平衡状态,即

$$v_1 = v_2$$
$$k_1[M^{n+}]^m[N^{m-}]^n S = k_2 S$$

经整理,得到

$$[M^{n+}]^m[N^{m-}]^n = \frac{k_2}{k_1} = K_{sp} \tag{13-18}$$

式(13-18)中 K_{sp} 称为溶度积常数,可作为溶液中是否有沉淀产生的判别依据:

(1) 当 $[M^{n+}]^m[N^{m-}]^n < K_{sp}$ 时,溶液未饱和,无沉淀析出；

(2) 当 $[M^{n+}]^m[N^{m-}]^n = K_{sp}$ 时,溶液处于刚好饱和的状态,无更多沉淀物析出；

(3) 当 $[M^{n+}]^m[N^{m-}]^n > K_{sp}$ 时,溶液处于过饱和状态,将有沉淀物析出。

在水处理中,为去除金属离子 M^{n+},可以投加具有 N^{m-} 的化合物作为沉淀剂,产生 M_mN_n 沉淀,以有效去除 M^{n+}。对于金属离子 M^{n+} 的化学沉淀处理,是否能产生 M_mN_n 沉淀,以及 M^{n+} 的处理程度,由 $[M^{n+}]^m[N^{m-}]^n$ 与 K_{sp} 的比较来决定,与难溶盐的溶解度无关,此点请在学习时注意。

水中某些难溶盐的溶度积常数(25℃)见表 13-2。

表 13-2　水中某些难溶盐的溶度积常数(25℃)

分子式	溶度积	分子式	溶度积
$Al(OH)_3$	1.3×10^{-33}	$CaSO_4$	2.5×10^{-5}
$BaCO_3$	5.1×10^{-9}	CaF_2	4.0×10^{-11}
$BaCrO_4$	1.2×10^{-10}	$Cu(OH)_2$	5.0×10^{-20}
$CaCO_3$	4.8×10^{-9}	$Cd(OH)_2$	2.2×10^{-14}
$Ca(OH)_2$	5.5×10^{-6}	CdS	7.9×10^{-27}

续表

分子式	溶度积	分子式	溶度积
CuS	6.3×10^{-36}	$Mg(OH)_2$	1.8×10^{-11}
$Cr(OH)_3$	6.3×10^{-31}	$Ni(OH)_2$	2×10^{-15}
$Fe(OH)_2$	1×10^{-15}	$PbCO_3$	1×10^{-13}
$Fe(OH)_3$	3.2×10^{-38}	$Pb(OH)_2$	1.5×10^{-15}
FeS	3.2×10^{-18}	PbS	2.5×10^{-27}
$Hg(OH)_2$	4.8×10^{-26}	$ZnCO_3$	1.5×10^{-11}
Hg_2S	1×10^{-45}	$Zn(OH)_2$	7.1×10^{-18}
HgS	4×10^{-53}	ZnS	1.6×10^{-24}
$MgCO_3$	1×10^{-5}		

13.4.2 化学沉淀方法

1. 氢氧化物沉淀法

许多金属离子的氢氧化物是难溶于水的,铜、镉、铬、铅等重金属氢氧化物的溶度积一般都很小,因此可采用氢氧化物沉淀法去除废水中的重金属离子。常用沉淀剂有石灰、氢氧化钠、碳酸氢钠等。以 M 代表 n 价的金属阳离子,其反应通式为

$$M(OH)_n \rightleftharpoons M^{n+} + nOH^- \tag{13-19}$$

金属离子与 OH^- 离子能否生成难溶氢氧化物沉淀,取决于溶液中金属离子浓度和 OH^- 离子浓度。根据金属氢氧化物 $M(OH)_n$ 的沉淀溶解平衡:$[M^{n+}][OH^-]^n = K_{sp}$,以及水的离子积:$K_w = [H^+][OH^-]$(在室温下,通常采用 $K_w = 1 \times 10^{-14}$),可得到:

$$\begin{aligned} K_{sp} &= [M^{n+}][OH^-]^n \\ \lg K_{sp} &= \lg[M^{n+}] + n\lg[OH^-] \\ &= \lg[M^{n+}] - npOH \\ &= \lg[M^{n+}] - n(14-pH) \\ &= \lg[M^{n+}] - 14n + npH \end{aligned}$$

即

$$\lg[M^{n+}] = \lg K_{sp} + 14n - npH \tag{13-20}$$

式(13-20)中,$\lg[M^{n+}]$ 与 pH 为直线关系,$(\lg K_{sp}+14n)$ 为截距,$(-n)$ 为斜率。由式(13-20)可见,对于同一种金属离子,其在水中的剩余浓度,随 pH 值增高而下降;对于 n 价金属离子,pH 值每增大 1,金属离子的浓度降低 10^n 倍。例如,在氢氧

化物沉淀中,pH 值增加 1,二价金属离子的浓度可降低 100 倍,三价金属离子的浓度可降低 1 000 倍。

注意,某些金属离子的氢氧化物(如 $Zn(OH)_2$),在高 pH 值时可能重新溶解,产生羟基络合物(如 $Zn(OH)_4^{2-}$、$Zn(OH)_3^-$)。因此,对这些金属离子,在化学沉淀处理操作中要避免 pH 值过高。

2. 硫化物沉淀法

许多金属硫化物的溶度积都很小,因此常用硫化物从废水中去除重金属离子。溶度积越小的物质,越容易生成硫化物沉淀析出,主要金属硫化物的难溶顺序如下:

$$Hg^+ > Ag^+ > As^{3+} > Cu^{2+} > Pb^{2+} > Cd^{2+} > Zn^{2+} > Fe^{3+}$$

硫化物沉淀法采用的沉淀剂有硫化钠、硫化氢等,当使用硫化氢时,应注意防止硫化氢气体逸出而污染大气。

例如,硫化法处理含汞废水,选用硫化钠作为沉淀剂:

$$2Hg^+ + S^{2-} = Hg_2S = HgS\downarrow + Hg\downarrow \qquad (13-21)$$

$$Hg^{2+} + S^{2-} = HgS\downarrow \qquad (13-22)$$

注意:硫化法除汞主要适用于无机汞,对有机汞必须先用氧化剂(如氯)氧化成无机汞,再用硫化物沉淀法处理。若废水中存在氰化物,CN^- 离子和 SCN^- 离子会与 Hg^{2+} 离子生成络合离子而不利于汞的沉淀,应先把上述离子除去。

3. 碳酸盐沉淀法

此法是通过向水中投加某种沉淀剂,使其与金属离子生成碳酸盐沉淀物。对于不同的处理对象,碳酸盐法有三种不同的应用方式。

(1) 投加可溶性碳酸盐,使水中金属离子生成难溶碳酸盐沉淀析出,这种方式可除去水中重金属离子和非碳酸盐硬度。

(2) 投加难溶碳酸盐,利用沉淀转化原理,使水中重金属离子生成溶解度更小的碳酸盐而沉淀析出。

(3) 投加石灰,使之与水中碳酸盐硬度生成难溶的碳酸钙和氢氧化镁而沉淀析出。此方式可去除水中的碳酸盐硬度,主要用于工业给水的软化处理,称为石灰软化法。

下面只对处理重金属废水的某些应用作简要介绍。

(1) 除锌 对于含锌废水,可采用碳酸钠作沉淀剂,将它投加入废水中,经混合反应,可生成碳酸锌沉淀物而从水中析出。沉渣经清水漂洗,真空抽滤,可回收利用。

(2) 除铅 对于含铅废水,可采用碳酸钠作沉淀剂,使与废水中的铅反应生成碳酸铅沉淀物,再经砂滤,在 pH 值为 6.4~8.7 时,出水的总铅含量为 0.2~

3.8 mg/L,可溶性铅为 0.1 mg/L。

(3) 除铜　用化学沉淀法处理含铜废水时,可用碳酸钠作沉淀剂,当废水 pH 值在碱性条件下,通过下式化学反应,使铜离子生成不溶于水的碱式碳酸铜而从水中分离出来:

$$2Cu^{2+} + CO_3^{2-} + 2OH^- = Cu_2(OH)_2CO_3 \downarrow \quad (13\text{-}23)$$

4. 石灰软化法

用于工业给水软化处理的石灰软化法属于化学沉淀法。其原理是向水中加入石灰乳,石灰乳是碱性药剂,与水中的重碳酸根发生反应,生成碳酸根。碳酸根再与水中的钙离子生成难溶的碳酸钙,沉淀去除。水中的镁离子,则与石灰乳所产生的氢氧根生成难溶的氢氧化镁,沉淀析出。从而实现去除水中钙、镁离子,对水进行软化的目的。

石灰软化反应的化学反应式如下:

$$CaO + H_2O = Ca(OH)_2 \quad (13\text{-}24)$$

$$CO_2 + Ca(OH)_2 = CaCO_3 \downarrow + H_2O \quad (13\text{-}25)$$

$$Ca(HCO_3)_2 + Ca(OH)_2 = 2CaCO_3 \downarrow + 2H_2O \quad (13\text{-}26)$$

$$Mg(HCO_3)_2 + Ca(OH)_2 = MgCO_3 + CaCO_3 \downarrow + 2H_2O \quad (13\text{-}27)$$

$$MgCO_3 + Ca(OH)_2 = Mg(OH)_2 \downarrow + CaCO_3 \downarrow \quad (13\text{-}28)$$

式(13-24)是石灰的消解反应,式(13-25)是去除水中的游离二氧化碳的反应,式(13-26)、式(13-27)和式(13-28)是去除钙、镁离子的反应。注意,1 mol 的 Mg^{2+} 的去除需要 2 mol 石灰,其反应为式(13-27)和式(13-28)。

石灰软化法的石灰用量可以用下面的计量式计算:

$$CaO = 56\{[CO_2] + [Ca(HCO_3)_2] + 2[Mg(HCO_3)_2]$$
$$+ 1.5[Fe] + 1.5K + a\} \quad (13\text{-}29)$$

式中:CaO——石灰投加量,mg/L;

56——CaO 的摩尔质量;mg/mmol;

[ ]——物质的量浓度,mmol/L;

[Fe]——原水中的总铁浓度,mmol/L;

K——铁盐混凝剂的投加量,mmol/L;

a——保证软化效果的石灰过量投加量,一般为 0.2~0.4 mmol/L。

这个投加计算式是理论计算的耗量,它小于实际的耗量。因为所投加的石灰在一般情况下不会百分之百地参加反应,只有一部分得到利用,故除投加过剩量外,还应考虑石灰的有效利用率。有效利用率与石灰的质量和投加条件有关,一般为 50%~80%。

石灰软化法的特点是:只能去除碳酸盐硬度,不能去除非碳酸盐硬度;软化后,水中阳离子浓度、阴离子浓度和总含盐量均降低;处理后残余硬度较高,其原因是:水中可能存在非碳酸盐硬度,对应于所形成的沉淀析出物总有少量以溶解状存在,沉淀效率也不可能是百分之百。

石灰软化的设备包括:石灰乳配置系统和混凝沉淀过滤系统。石灰软化的混凝沉淀设备与给水处理设备基本相同,处理流程见图13-9和图13-10。

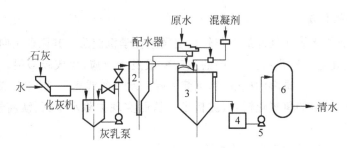

图13-9 石灰软化系统(澄清过滤)流程
1—石灰乳贮槽;2—饱和器;3—澄清池;4—水箱;5—泵;6—压力过滤器

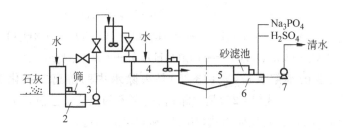

图13-10 石灰软化系统(平流沉淀池)流程
1—化灰桶;2—灰乳池;3—灰乳泵;4—混合池;5—平流式沉淀池;6—清水池;7—泵

5. 化学沉淀法除磷

磷是植物生长的营养元素,生活污水和部分工业废水中含有磷,排入水体环境易产生水体富营养化问题。废水除磷技术有生物除磷和化学除磷两大类,其中化学除磷的原理为化学沉淀法。

废水中的磷主要以正磷酸盐 PO_4^{3-} 的形式存在。常用的沉淀剂有:

(1) 铁盐 以三氯化铁、硫酸亚铁等铁盐为沉淀剂,生成磷酸铁沉淀,注意亚铁要先氧化成三价铁(活性污泥法可在曝气池前投加亚铁混凝剂,用溶解氧氧化二价铁为三价铁),才能生成磷酸铁沉淀。钢铁企业的含铁酸洗废液可以作为铁盐沉淀剂用于城市污水化学法除磷。

(2) 铝盐 以三氯化铝、硫酸铝等铝盐为沉淀剂,生成磷酸铝沉淀。

(3) 钙盐 以石灰为沉淀剂,生成磷酸钙沉淀。

废水化学除磷一般与废水处理的主要构筑物结合进行。对于活性污泥法污水处理工艺,铁盐或铝盐除磷沉淀剂一般在曝气池中或二沉池前投加,所形成的磷酸铁、磷酸铝沉淀物在二沉池中与活性污泥共沉淀,最终以剩余污泥形式排出。如在初沉池前投加,因铝盐或铁盐又是混凝剂,所需投加量较大,产生污泥量大,且除磷效果不如在后面投加。部分生物除磷与化学除磷相结合的城市污水处理系统需单独设置除磷池,详见《废水生物处理的原理与工艺》。石灰法因 pH 值过高,需单独设置处理系统。

化学沉淀除磷法只适用于去除正磷酸盐,对于以聚磷酸盐和有机磷形式存在的磷,需先转化为正磷酸盐后才能化学沉淀去除。

13.5 其 他

13.5.1 萃取

萃取是向水中加入不溶于水的溶剂(萃取剂),与水充分接触,使水中的溶质转溶于萃取剂中,直到溶质在两个液相中达到平衡,然后净置,靠重力差把萃取剂与水分离,萃取剂再生后重复使用,废水则得到净化并回收了有用物质。

萃取法的关键是选择适宜的萃取剂和萃取设备。

1. 萃取剂的选择

选择萃取剂的原则如下。

(1) 萃取剂对被萃取物有较高的溶解度,即应具有较大的分配系数。达到平衡状态时,溶质在萃取剂中的浓度与在水中的浓度的比值称为分配系数:

$$K = \frac{C_{溶}}{C_{水}} \tag{13-30}$$

式中:K——分配系数;

$C_{溶}$——溶质在溶剂中的平衡浓度;

$C_{水}$——溶质在水中的平衡浓度。

对于稀溶液,该比值理论上为常数。对于实际萃取情况,由于离解、络合等原因,比例关系常随浓度的增加而降低,其关系可表达如下:

$$K' = \frac{C_{溶}}{C_{水}^{n}} \tag{13-31}$$

式中:K'——实际溶液的分配系数;

n——参数。

(2) 萃取剂应不溶或难溶于水,以减少萃取剂的流失,避免产生新污染。

(3) 萃取剂应便于与水分离,如萃取剂与水的密度差要大、粘度较低等。

(4) 萃取剂要易于再生,再生的方法有化学沉淀法、蒸馏或蒸发法等。

(5) 萃取剂要有足够的化学稳定性,不与被处理物质起化学反应,不易挥发,对设备的腐蚀性小,毒性小。

(6) 来源方便,价格低。

2. 萃取工艺设备

萃取工艺分为连续萃取和间歇萃取两大类,其中工业化的实用工艺多采用连续萃取。萃取设备属于化工定型设备,可根据需要选用。

连续萃取多用塔式萃取装置,包括填料塔、筛板塔、脉冲筛板塔、脉冲填料塔、离心萃取机等。图13-11为脉冲筛板塔,图13-12为离心萃取机。这种操作方式主要用于溶质浓度很高,具有回收价值的废水,如焦化高浓度含酚废水的萃取脱酚预处理。

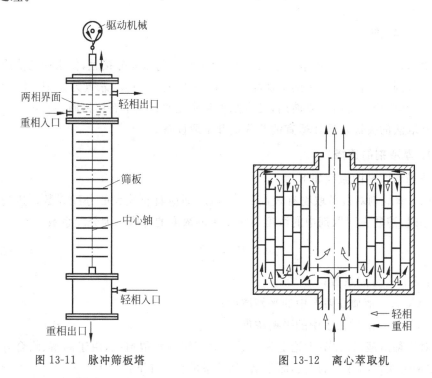

图 13-11　脉冲筛板塔　　　　图 13-12　离心萃取机

间歇萃取一般采用多段逆流方式(见图13-13),使新鲜废水与接近饱和的溶剂相遇,而新鲜溶剂则与稀浓度废水接触,这样可以节省溶剂用量,同时有效提高萃取效率。

经过 n 段萃取后,根据物料平衡关系可推导出废水中溶质的残余浓度:

$$C = \frac{C_0}{1 + Kb + (Kb)^2 + \cdots + (Kb)^n} \tag{13-32}$$

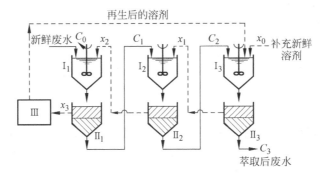

图 13-13 多段逆流萃取流程图

式中：C_0——废水中溶质的原始浓度；

C——出水中溶质的残余浓度；

K——分配系数；

b——溶剂量/废水量；

n——萃取段数。

13.5.2 磁分离技术

磁分离技术的基本原理就是通过外加磁场产生磁力,把废水中具有磁性(如磁铁)或顺磁性(如铁屑)的颗粒吸出,使之与废水分离,达到去除的目的。对于水中非磁性或顺磁性的颗粒,还可以利用投加磁种(铁粉)和混凝剂的方法,形成顺磁性的絮体,再用磁分离设备去除。

进行磁分离的水处理设备主要为高梯度磁分离器,它用直流电通过电磁铁产生磁场,内部装有钢毛,形成很高的磁场梯度,水高速穿过磁分离器,流速在 $300\sim500\ m/h$,磁性或顺磁性颗粒则被吸留在钢毛孔隙中,磁分离器定期断电(使磁场消失)用水反冲洗,除去器内截留的杂质颗粒,其结构示意图见图 13-14。

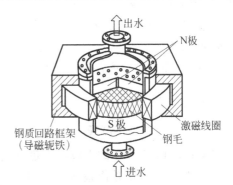

图 13-14 高梯度磁分离器结构示意图

1. 应用

1) 用于钢铁工业废水处理

钢铁工业是目前磁分离技术应用最多而且最成功的领域。由于钢铁工业废水中含有大量顺磁性微粒(氧化铁皮、铁屑等),可直接用该方法去除。

2) 用于城市给水处理

低温低浊水源水的混凝沉淀处理难度较大,改用磁分离技术可以有效提高处理效果。此方法在投加混凝剂的同时加入铁粉(磁种),形成顺磁性矾花絮体,再用高梯度磁分离器代替沉淀池去除,出水再进砂滤池过滤。磁分离器截留絮体中的铁粉可以回收再用。

3) 用于其他水处理

利用投加磁种和混凝剂的方法,磁分离技术还可以用来处理工业冷却循环水、原子能发电厂的冷凝水、重金属废水、纺织印染废水、造纸废水、放射性废水、食品工业废水、油漆废水、玻璃工业废水等。

2. 磁处理技术的特点

根据磁分离技术的作用原理,利用磁分离水处理技术具有以下优点:

(1) 磁分离设备体积小,占地少。

(2) 磁分离技术具有多功能性和通用性。在原水中通过投加磁种和混凝剂,使得悬浮物和胶体颗粒在高梯度磁场中得到高效去除。

(3) 磁分离技术处理水量大(高梯度磁分离器的过滤速度相当于沉淀池表面负荷的 100 倍),适合在寒冷地区进行室内处理。

磁分离技术也存在着一定的技术难度和局限性,从而影响着它的广泛应用:

(1) 介质的剩磁使得磁分离设备在系统反冲洗时,难以把所吸附的磁性颗粒冲洗干净,因而影响着下一周期的工作效率。

(2) 磁种的分离与再利用是磁分离技术发展的瓶颈,磁种的选择与生产也有一定难度。

(3) 高梯度磁分离器的电气设备较大。

13.5.3 超声波技术

1. 超声波的工作原理

频率高于 20 kHz 的声波称为超声波。1927 年超声波的化学效应由美国学者 Richards 和 Loomis 首次报道。20 世纪 80 年代以后,超声波化学作为一门边缘学科兴起,它是利用超声波加速化学反应、提高化学反应速率的一门新兴的交叉学科。对于快速分解水中的化学污染物,尤其是针对难降解有机物的处理,超声波空化技术是一种潜在的处理方法。

超声波对水中有机物的降解反应基于以下两个理论。

1) 空化理论

超声波辐射加速有机物的氧化分解,主要是因为超声波的空化作用。在超声的作用下,液体中的微小泡核被激化,在声波的负压作用下,形成许多微泡(空穴),

随后受声波正压作用,微泡迅速瞬间破裂。即在超声波的作用下,水中产生了空穴的震荡、生长、收缩乃至崩溃等一系列过程。空穴在破裂的瞬间产生很大的冲击波,在液体内部产生了异常的高温(5000 K)和高压(高于30 MPa)的局部环境,在这样的条件下,有机物可以发生化学键断裂、水相燃烧等降解反应。

2) 自由基理论

在空化时伴随发生的高温、高压,进入微泡中的水分子的化学键发生断裂,可以产生 H· 和 HO·:

$$H_2O \longrightarrow H\cdot + HO\cdot \tag{13-33}$$

$$O + H_2O \longrightarrow HO\cdot + HO\cdot \tag{13-34}$$

$$HO\cdot + HO\cdot \longrightarrow H_2O_2 \tag{13-35}$$

$$H\cdot + H\cdot \longrightarrow H_2 \tag{13-36}$$

空穴崩溃产生的冲击波和射流,使 HO· 和 H_2O_2 进入整个溶液中,与水中有机物发生反应。HO· 是已发现的仅次于 F 的强氧化剂,氧化还原电势达到 2.8 V,性质极为活泼,可以与几乎所有物质发生反应,可以使常规条件下难分解的有机污染物降解。

超声波空化技术降解有机物与其他方法相比较,具有成本低,无污染的优点,具有良好的应用前景。目前超声波水处理技术尚属于研制和小规模试用阶段,应用的方式有:①单独采用超声波;②超声波与臭氧联用;③超声波与催化剂联用等。

2. 影响因素

(1) 超声波功率强度 超声波降解反应的速率随功率强度的增大而增加。

(2) 超声波频率 HO· 的产率随声源频率的增加而增加。

(3) 超声波反应器结构 反应器中发生超声波的工作方式分为间歇式和连续式两种,超声波发生元件可以置于反应器的内部或外部。对于采用多个超声波发生器的装置,超声波可以是同频的或是异频的。这些都能影响其混响强度和空化效果。

(4) 溶解气体的影响 溶解气体对空化气泡的性质和空化强度有重要影响。

(5) 液体的性质 液体的性质如表面张力、粘度、pH 值及盐效应都会影响溶液的超声空化效果。

(6) 温度 温度对超声空化的强度和动力学过程具有非常重要的影响,从而造成超声降解的速率和程度的变化。

13-1 水力旋流器的直径对离心力的影响如何?

13-2 从水力旋流器和各种离心机产生离心力的大小来分析它们适合于分离何种

性质的颗粒。

13-3　简要推导分离度公式 $\alpha = \dfrac{rn^2}{900}$。

13-4　已知：水力旋流器的进水流速 $v=8$ m/s，直径 $D=400$ mm，求该水力旋流器的 α 值。

13-5　某化工厂排出硫酸废水 90 m³/d，含硫酸 8 mg/L。厂内软水站用石灰乳软化河水，每天产生软化水 2 000 m³，软化中产生的碳酸钙沉淀物可以用来中和酸性废水。已知河水的重碳酸盐硬度为 228.16 mg/L（以 $CaCO_3$ 计），试考虑废水的中和问题。

13-6　比较投药中和法与过滤中和法的优缺点。

13-7　含盐酸废水量 100 m³/d，其中盐酸浓度为 5 g/L，用石灰进行中和处理，石灰的有效成分占 50%。试求石灰的用量。

13-8　投药中和法中石灰石投加的方式有哪几种？并比较其优缺点。

13-9　废水中什么物质适宜用吹脱法去除？对某些盐类物质，例如 NaHS、KCN 等，能否用吹脱法去除？要采取什么措施？

13-10　影响吹脱的因素有哪些？为什么？

13-11　什么情况下吹脱出来的挥发性物质需要处置或回收？方法有哪些？

13-12　采用石灰沉淀法处理含氟废水，废水排放标准为氟化物最高容许浓度 10 mg/L（以 F 计）。试计算达到此排放标准时水中应保持的最低 Ca^{2+} 浓度（以 mg/L 计）。

13-13　高含氟水源水能否用石灰沉淀法进行饮用水处理，已知饮用水中氟化物最高容许浓度为 1.0 mg/L（以 F 计）。

13-14　有 Na_2CO_3 溶液 1 L，浓度为 1.2×10^{-3} mol/L，另有 $CaCl_2$ 溶液 1 L，浓度为 1×10^{-3} mol/L。若把两溶液混合，判断是否会产生 $CaCO_3$ 沉淀。

13-15　投石灰以去除水中的 Zn^{2+} 离子，生成 $Zn(OH)_2$ 沉淀。当 pH=7 和 9 时，问溶液中 Zn 离子的浓度各有多少 mg/L？

13-16　用氢氧化物沉淀法处理含镉废水，若欲将 Cd^{2+} 浓度降到 0.1 mg/L，问需要将溶液的 pH 值提高到多少？

13-17　什么是萃取过程的分配系数？

13-18　简述萃取剂选择的原则。

13-19　总结磁分离技术的应用范围。

13-20　试述磁分离技术的优点。

13-21　简述超声波技术的主要原理。

第14章 循环水的冷却与处理

在很多工业部门中,大量的水被用作冷却介质去冷却生产设备和产品。水作为冷却介质的优点是:水的资源丰富,热容量大,便于管道输送,化学稳定性好等。

工业冷却水的供水系统一般可分为直流式、循环式和混合式三种。为了节约资源,常采用循环冷却水系统。根据在冷却中冷却水与被冷却介质的接触情况,又分为间接冷却和直接冷却两种情况。间接冷却循环水系统的水不与被冷却的介质接触,水质较好,换热设备的热效率高。直接冷却循环冷却水主要用于冶金、电力行业,化工行业也有少量应用,如煤气清洗水、造气洗涤水、轧钢冷却水等。由于直接冷却中水与被冷却的介质接触,水质较差,含有多种有害物质,因此也被称为浊循环水系统。

为了保证循环冷却水系统的正常运行,必须同时采用下列技术措施:

(1) 采用冷却构筑物降低水温,把在换热过程中已经升高了的水温降低,以便水的循环使用。

(2) 进行水质处理,对沉积物、腐蚀及微生物加以控制,在循环使用中保持水质的稳定,防止循环水在设备内产生过量的结垢、沉积或者设备腐蚀作用。

本章内容包括循环水的冷却和循环冷却水水质处理两部分。

14.1 水 的 冷 却

14.1.1 冷却构筑物类型

冷却构筑物类型很多,大体可分为水面冷却池、喷水冷却池和冷却塔三类。在这些冷却构筑物中冷却塔形式最多,构造也最复杂。

1. 水面冷却池

水面冷却池是利用水体自然水面向大气中传质、传热的方式来进行冷却的敞开式水体,水体一般分为两种:

(1) 水面面积有限的水体——包括水深小于3 m的浅水冷却池(池塘、浅水库、浅湖泊等)和水深大于4 m的深水冷却池(深水库、深湖泊等)。浅水冷却池内水流以平面流为主,深水冷却池内有明显和稳定的温差异重流。

(2) 水面面积很大的水体—包括绝对水面面积很大或相对冷却水量来说水面面积很大的水体(河道、大型湖泊、水湾等)。

在冷却池内(图 14-1),根据水流情况可分为三个区:主流区、回流区和死水区。高温水(水温 t_1)由排水口排入湖内,在缓慢流向下游取水口(水温 t_2)的过程中,由于水面和空气接触产生的自然对流及蒸发作用使水冷却。冷却效果以主流区最佳,死水区最差。

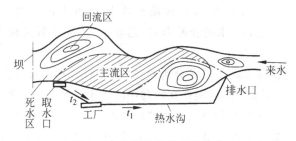

图 14-1 水面冷却池水流分布

在深水冷却池中由于高温水与水池水的温差,在主流区形成了良好的温差异重流,使高温水上浮,低温水下降。上下两层的对流,更有利于热水的表面散热冷却。

表面冷却池中,水面的散热是蒸发、对流和水面辐射三种水面散热的综合作用,用水面综合散热系数表示,指在单位时间内水面温度变化 1℃ 时,水体通过单位表面散失的热量变化量,是计算水面冷却能力的基本参数。水面综合散热系数可通过试验确定。在近似估算冷却池表面积时,参考水力负荷为 $0.01 \sim 0.1$ m³/(m²·h),可估算所需池面积的大小。

2. 喷水冷却池

喷水冷却池是利用喷嘴喷水进行冷却的敞开式水池(图 14-2),在池上布置配水管系统,管上装有喷嘴,压力水经喷嘴(喷嘴前压力 $49 \sim 69$ kPa)向上喷出,喷散成均匀散开的小水滴,使水和空气的接触面积增大;同时使小水滴在以高速(流速 $6 \sim 12$ m/s)向上喷射而后又降落的过程中,有足够的时间与周围空气接触,改善了蒸发与传导的散热条件。

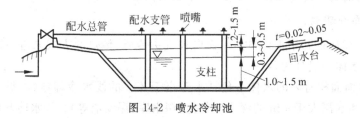

图 14-2 喷水冷却池

影响喷水池冷却效果的因素是：喷嘴形式和布置方式、水压、风速、风向、气象条件等。

喷水池由两部分组成：一部分是配水管及喷嘴，配水管间距为 $3\sim3.5\ m$，同一支管上喷嘴间距为 $1.5\sim2.2\ m$，最外侧喷嘴距池边不宜小于 $7\ m$。另一部分是集水池和溢流井，池宽不宜大于 $60\ m$；池中水深宜为 $1\sim2\ m$，保护高不应小于 $0.25\ m$。喷水池的淋水密度应根据当地气象条件和工艺要求的冷却水温确定，一般可采用 $0.7\sim1.2\ m^3/(m^2\cdot h)$。

3. 湿式冷却塔

冷却塔按循环水系统中循环水与空气是否直接接触，又可分为湿式(敞开式)、干式(密闭式)和干湿式(混合式)三种冷却塔，其中形式最多、最常用的是湿式冷却塔。

湿式冷却塔的分类见图14-3，各类湿式冷却塔的构造示意见图14-4。

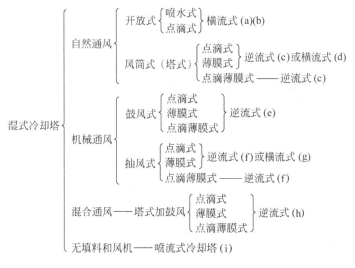

图 14-3　湿式冷却塔分类图
(注：图中括号内所示为图 14-4 中小图对应的编号)

从图14-4中可看出，在大部分类型的湿式冷却塔内，热水从上向下喷散成水滴或水膜，空气由下而上或水平方向在塔内流动，在流动过程中，热水与空气间进行传热和传质，以使热水冷却，温度下降。而对于喷流式冷却塔，在热水通过喷嘴喷入冷却塔内的同时，也把大量冷空气吸入了塔内，由于热水与冷空气在塔内的充分混合直接进行的蒸发散热作用，使热水得到了冷却。

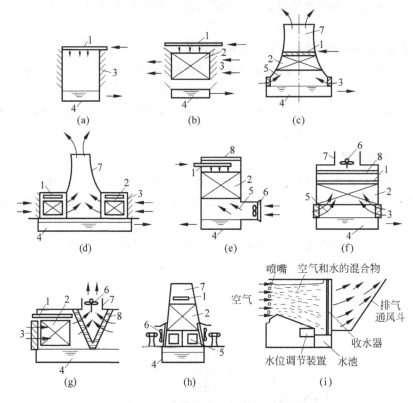

图 14-4 各类湿式冷却塔的示意图
(注:图中湿式冷却塔的类型编号见图 14-3 中最后一列)
1—配水系统;2—淋水填料;3—百叶窗;4—集水池;5—空气分配区;
6—风机;7—风筒;8—除水器

14.1.2 湿式冷却塔的工作原理及构造

1. 冷却塔的组成部分

冷却塔的组成部分包括:
(1) 配水系统
(2) 淋水填料
(3) 风机
(4) 风筒
(5) 空气分配装置
(6) 除水器
(7) 集水池
(8) 塔体

2. 机械通风冷却塔

在湿式冷却塔中,机械通风冷却塔较为常用,而其中又以抽风式逆流冷却塔和抽风式横流冷却塔最为常用,分别见图 14-5 和图 14-6。

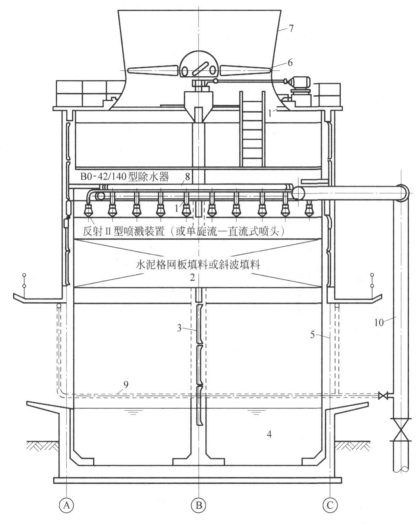

图 14-5 抽风式逆流冷却塔
1—配水管;2—淋水填料;3—挡风墙;4—集水池;5—进风口;
6—风机;7—风筒;8—除水器;9—化冰管;10—进水管

机械通风冷却塔的主要构造包括:配水系统、淋水填料、风机、通风筒、空气分配装置、除水器、集水池及塔体等。各组成部分分述如下。

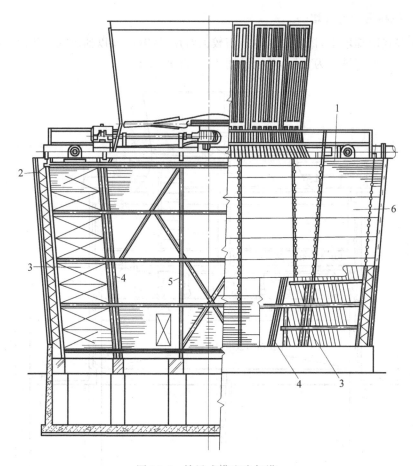

图 14-6 抽风式横流冷却塔
1—配水系统；2—进风百叶窗；3—淋水填料；4—除水器；5—支架；6—围护结构

1) 配水系统

配水系统的作用是将热水均匀地分配到冷却塔的整个淋水面积上。应满足的基本要求是：在一定的水量变化范围内(80%~110%)保证配水均匀且形成微细水滴，系统本身的水流阻力和通风阻力小，便于维修管理。配水系统可分为管式、槽式和池(盘)式三种，简要介绍如下。

(1) 管式配水系统

① 固定管式配水系统

该系统由配水干管、支管以及支管上接出短管安装喷嘴组成。喷嘴可分为离心式和冲击式(图 14-7)两类。配水管道可布置成环状或树枝状(图 14-8)。该系统施工安装方便，适合在大、中型冷却塔中应用。

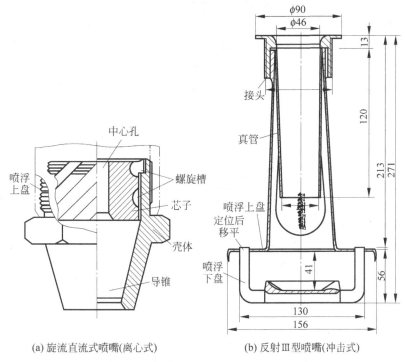

(a) 旋流直流式喷嘴(离心式)　　(b) 反射Ⅲ型喷嘴(冲击式)

图 14-7　喷嘴形式

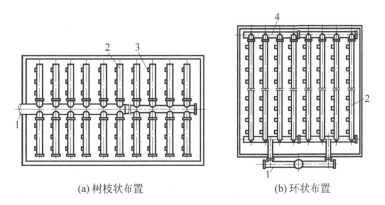

(a) 树枝状布置　　(b) 环状布置

图 14-8　配水管系布置

1—配水干管；2—配水支管；3—喷嘴；4—环形管

② 旋转管式配水系统

旋转管式配水系统由给水管、旋转体和配水管组成的旋转布水器布水(图 14-9)。水流通过旋转体四周沿辐射方向等距接出的若干根配水管上小孔喷出，推动配水管与出水反方向旋转，从而将热水均匀地喷洒在填料上，由于旋转而形成的间歇配水更有利于冷却效率的提高,该系统比较适合用于小型逆流冷却塔。

(2) 槽式配水系统

槽式配水系统通常由配水总槽、配水支槽和溅水喷嘴组成(图 14-10)。热水经总槽、支槽,再经反射型喷嘴溅射成分散水滴均匀地洒在填料上。该系统维护管理较为方便,适合用于大型塔或水质较差、供水余压较低的循环冷却水系统中。

图 14-9　旋转管式配水装置

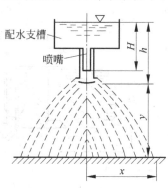

图 14-10　槽式配水系统组成

(3) 池式配水系统

池式配水系统主要由进水管(带流量控制阀)消能箱和配水池(带配水孔)组成(图 14-11)。热水经流量控制阀由进水管、消能箱进入配水池,再通过池底配水孔(或管嘴)配水至填料上。该系统供水压力低,维护也较为方便,适合用于横流式冷却塔。

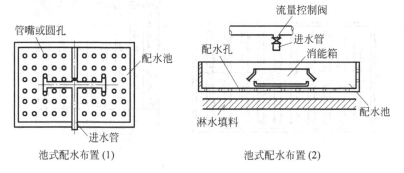

图 14-11　池式配水系统

2) 淋水填料

淋水填料的作用是将配水系统溅落的水滴,经多次溅射成微小水滴或水膜,增大水和空气的接触面积,延长接触时间,从而保证空气和水的良好热量与质量交换作用。应满足的基本要求是:具有较高的冷却能力(水与空气的接触面积大、时间长);填料的亲水性强,通风阻力小,材料易得,结构形式易加工;价廉,质轻,耐用,并便于维修。

淋水填料可分为点滴式、薄膜式和点滴薄膜式三种。

(1) 点滴式淋水填料

点滴式淋水填料主要依靠水在填料上溅落过程中形成的小水滴进行散热。常见的点滴式淋水填料横剖面形式有：角形、三角形、矩形、弧形、L形、M形、T形、十字形等，材质有钢丝水泥、水泥、石棉水泥、塑料等，布置形式也较为多样，图14-12所示为各种点滴式淋水填料，图14-13为水在板条间的溅散过程。

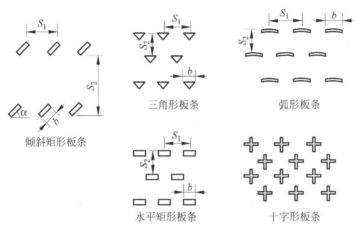

图 14-12　点滴式淋水填料

(2) 薄膜式淋水填料

薄膜式淋水填料的特点是：利用间隔很小的格网，或凹凸倾斜交错板，或弯曲波纹板所组成的多层空心体，使水沿着其表面自上而下形成薄膜状的缓慢水流，有些沿水流方向还刻有阶梯形横向微细印痕，从而具有较大的接触面积和较长的接触时间。冷空气经多层空心体间的空隙自下向上（或从侧面）流动与水膜接触，吸收水所散发的热量。

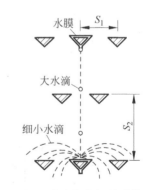

薄膜式淋水填料有多种类型，如斜波交错、梯形斜波、塑料折波及斜梯波淋水填料等（图14-14）。

图 14-13　水在板条间的溅散过程

(3) 点滴薄膜式淋水填料

点滴薄膜式淋水填料是利用多层方格状或六角形管状填料多层交错排列叠放，以使热水通过水膜和溅射两种方式进行散热，主要类型有水泥格网板填料（图14-15）、塑料格网板、蜂窝填料（图14-16）等。水泥格网板大多做成50 mm×50 mm方形格子板，板高50 mm，壁厚5 mm，边框10 mm，上缘宽8 mm，用镀锌铁

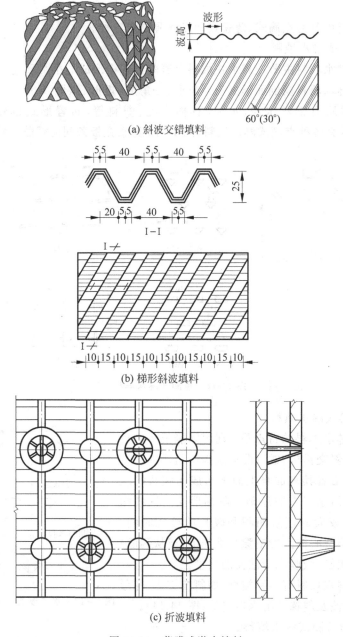

图 14-14 薄膜式淋水填料

丝水泥砂浆制成。水泥网格板共布置 10~20 层,层间距 50~300 mm,搁置在横梁上,各层板的接缝在垂直方向上相互错开。塑料格网板用聚丙烯等材料注成,规格尺寸随生产厂家而异,用不锈钢管将塑料格网板悬吊于塔内。蜂窝填料仅适用于逆流式冷却塔,填料直接搁置在钢支架上,多层填料垂直连续叠放。

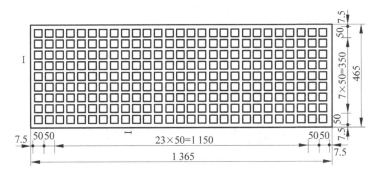

图 14-15 水泥格网板填料

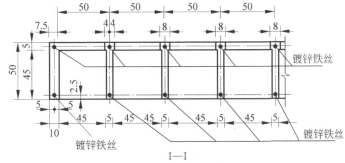

图 14-16 蜂窝填料

3) 通风及空气分配装置

(1) 风机

风机的作用是在机械通风冷却塔中提供空气流动的条件。机械通风冷却塔设有轴流风机,根据风机与填料的相对位置,冷却塔风机可分为鼓风式和抽风式两种。当冷却水有较大腐蚀性时,为了避免风机腐蚀,可采用鼓风式。一般冷却塔多采用抽风式,风机水平设置,与鼓风式相比可降低塔高度,对周边环境的不利影响也较小。

风机一般由叶轮、传动装置和电机三部分组成。叶轮上的叶片可由高强度环氧玻璃钢模压而成,也可用铝合金等轻质金属制成,叶片数 4~8 片,安装角度 2°~

22°,叶轮转速为 127~240 r/min。传动装置包括减速齿轮箱、传动轴和联轴器三部分。减速器为二级传动,传动轴和联轴器分别由优质钢管和优质钢法兰制成。电机一般采用低速电机。图 14-17 所示为某冷却塔风机。

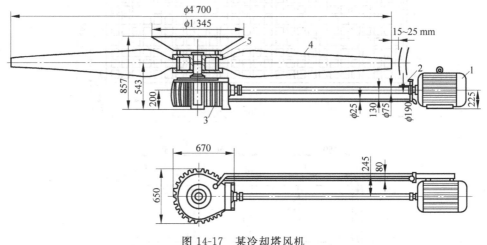

图 14-17 某冷却塔风机
1—电机;2—联轴器;3—齿轮箱;4—叶片;5—轮毂

(2) 通风筒

通风筒的作用是进行空气导流,并消除出风口处的涡流区。自然通风冷却塔,通风筒很高,利用冷却换热后热空气与环境空气的密度差,产生抽力,使冷却塔获得良好的自然通风,如双曲线自然通风冷却塔,具体结构要求与计算详见有关设计手册。

机械抽风冷却塔的通风筒包括进风收缩段、风筒和出风口(上部扩散筒),为了保证进风平缓和消除风筒出口的涡流区,风筒进口一般做成流线形喇叭口,图 14-18 所示为抽风式冷却塔的风筒及其风机(ϕ4.7 m)位置示意图。

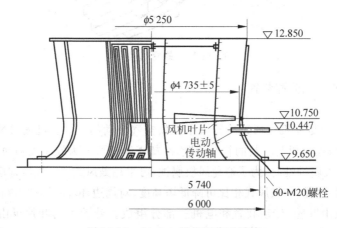

图 14-18 ϕ4.7 m 风机回收型风筒

自然通风冷却塔的通风筒很高,如双曲线自然通风冷却塔,见图 14-19。

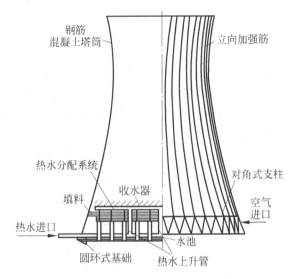

图 14-19　双曲线自然通风冷却塔

(3) 空气分配装置

空气分配装置的作用是使塔内空气分布均匀,减少进风口的涡流。在逆流塔中空气分配装置包括进风口和导流装置,在横流塔中仅指进风口。单塔的进风口常采用四面进风,多塔排列时采用相对两面进风。为改善气流条件,防止水滴溅出,在横流塔及小型逆流塔进风口常设置向塔内倾斜、与水平成 45°角的百叶窗(图 14-20)。

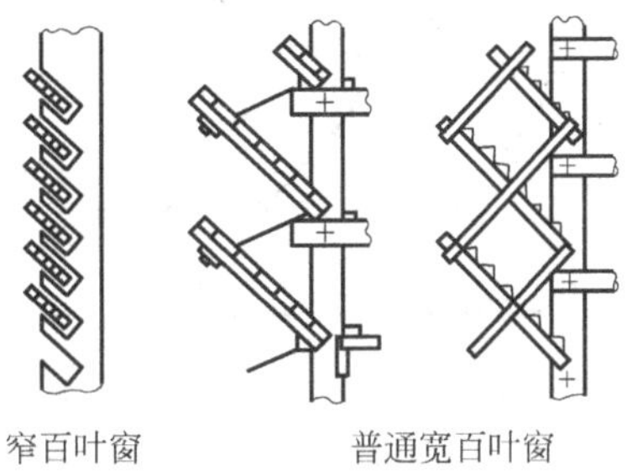

4) 其他装置

(1) 除水器

除水器的作用是分离回收冷却塔出风中夹带的雾状小水滴,减少逸出水量损失和对周围环境的影响。除水器一般是由一排或两排倾斜布置的板条或弧形叶板组成,一般采用塑料和玻璃钢材质,小型冷却塔多采用塑料斜板,大中型冷却塔多采用弧形除水片,安装在塔内配水系统的上面。除水器应满足除水效率高、通风阻力小、经济耐用、便于安装的基本要求。弧形片尺寸见图 14-21。

窄百叶窗　　普通宽百叶窗

图 14-20　百叶窗布置

(2) 集水池

集水池的作用是储存和调节水量,必要时还可作为循环泵的吸水井。集水池深度一般不大于 2 m(小型塔常采用集水盘),集水池内设有集水坑及排空管、溢流管、补水管、出水管等,出水管前设有格栅池,周围应设有回水台(宽 1.0~3.0 m,坡度为 3‰~5‰),池壁的保护高不小于 0.2~0.3 m,小型机械通风冷却塔不得小于 0.15 m,集水池容积应根据需要确定。

(3) 塔体

塔体的作用是对整个塔的支撑和封闭围护。对于塔体的主体结构和填料的支架,大中型塔可用钢筋混凝土或防腐钢结构,小型塔一般采用防腐钢结构,也有全玻璃钢结构。塔体外围一般采用混凝土砌块或玻璃钢轻型装配结构。塔体平面形状可有圆形、方形、矩形等。

3. 喷射式(喷流式)冷却塔

喷射式冷却塔是湿式冷却塔中的另一种形式。喷射式冷却塔的工作原理是:热水通过压力喷嘴喷向塔内,成为散开的喷流体,同时将大量冷空气带入塔内,热水与冷空气在塔内充分混合,通过接触和蒸发散热作用,使热水得到冷却。

喷射式冷却塔按工艺构造可分为喷雾通风型和喷雾填料型,其构造包括:分水器、喷管和喷嘴、集水槽、过滤器、出水管、收水器、塔体等,喷雾填料型塔内还设有淋水填料,见图 14-22。

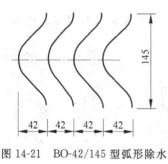

图 14-21 BO-42/145 型弧形除水器的弧形片尺寸

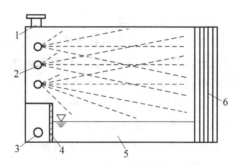

图 14-22 喷射式冷却塔构造
1—分水器;2—喷管和喷嘴;3—出水管;
4—过滤器;5—集水槽;6—收水器

喷射式冷却塔各组成部分的作用与机械通风冷却塔类同,其工艺构造与机械通风冷却塔主要不同处为无电力风机和无填料(喷雾填料型喷射式冷却塔有少量填料),因此喷射式冷却塔具备了结构简单、无振动、噪声低等特点,但由于该设备要求较高的水压和水质,并且喷雾通风型冷却塔存在占地面积较大、塔体偏高、喷嘴易堵塞、旋转部件易卡死等缺点,因此,在目前阶段与机械通风冷却塔相比,在节能、售价及运行管理方面尚无明显的综合优势,也暂没有得到很广泛的应用。

14.1.3 干式冷却塔的工作原理及构造

干式冷却塔可以采用自然通风,也可以采用机械通风。按其是否直接冷却工艺流体又可分为间接冷却和直接冷却两类。间接冷却是指先用冷却塔冷却工艺设备所需的冷却水,然后再用这已被冷却了的水去冷却工艺流体;直接冷却是将需要冷却的工艺流体用管道引入冷却塔进行冷却。

在干式冷却塔中,机械通风冷却塔较为常用,图 14-23 为这种冷却塔的工艺构造。

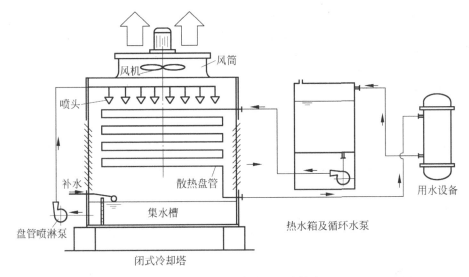

图 14-23　干式冷却塔的工艺构造

干式冷却塔主要由散热盘管、风机、风筒、空气分配装置及塔体等组成。有的干式冷却塔在散热盘管上还设有淋水装置,包括喷淋配水系统、过滤器、集水槽、喷淋水泵等,以提高换热效果。

与湿式塔主要不同之处为,干式冷却塔热介质(冷却工艺设备所需的水或工艺流体本身)在密闭状态下在散热盘管内被冷却,不与空气接触。冷却塔外的空气在散热盘管外由下而上流经散热盘管,热空气由冷却塔顶部的风机排入大气;而热介质(冷却工艺流体所需的水或工艺流体本身)在冷却塔的散热盘管内流动,热介质因接触传热作用而得到冷却,已被冷却的介质经工艺设备后带出热量,再由循环泵送至冷却塔的散热盘管内继续冷却,如此往复循环。

干式(密闭式)冷却塔具备以下特点:

(1) 介质(循环冷却水或工艺流体)与空气不会相互污染,不产生水垢、泥渣等物质,水质稳定,无需投药,使冷却塔、配管及用水设备的性能不会因此而逐渐减弱而引起故障,安全性较高。所以适合于运行环境恶劣的场合,也适合用于对循环冷却水水质要求高的场合。

(2) 无淋水系统的干式冷却塔没有循环冷却水或工艺流体的损失,适合在极度缺水地区使用。

(3) 介质(循环冷却水或工艺流体)的冷却主要靠接触传热,冷却极限为空气的干球温度,因此效率较低,冷却水温较高。设有盘管淋水装置的密闭式冷却塔这方面的情况要好一些。

(4) 干式(密闭式)冷却塔中的散热盘管需要用大量的金属管(铝管、铜管、钢管、不锈钢管等),因此造价为同容量湿式冷却塔的数倍。

综上所述,因干式(密闭式)冷却塔有后两点不利因素,所以在无特殊需要时,有条件的地区仍应尽量采用湿式冷却塔。

14.1.4 水冷却的原理及冷却塔热力计算的基本方法

1. 湿空气的性质

湿空气是干空气与水蒸气所组成的混合气体。大气中的空气一般都含有一定量的水蒸气,实际上都是湿空气。为简化起见,以下把湿空气简称为空气。

与水的冷却有关的空气的主要性质有:

1) 压强(P)

空气的压强就是常指的当地的大气压强。按照气体分压定律,空气的总压强为干空气的分压和水蒸气的分压之和。

2) 含湿量(x)

单位质量的干空气中所含的水蒸气质量称为空气的含湿量,单位为 kg 水蒸气/(kg 干空气)(一般注为 kg/kg)。空气的饱和含湿量计为 x'',与温度有关,即空气中水蒸气的分压达到该温度下的饱和蒸气压时的含湿量。

3) 相对湿度(ϕ)

相对湿度表示空气中含湿量达到饱和的程度,其公式为

$$\phi = \frac{x}{x''} \tag{14-1}$$

空气的含湿量、相对湿度和温度之间的关系见图 14-24。例如由图查出,对于温度 25℃、相对湿度 0.8 的空气,含湿量为 $x=0.016$ kg 水蒸气/(kg 干空气)。

4) 湿球温度(τ)

湿球温度是重要的气象参数,湿球温度与干球温度的差值反映了空气的含湿情况,差值越大说明空气的相对湿度越低。

湿球温度用湿球温度计测定,它是在温度计的水银球上包上一薄层湿纱布,纱布上的水分补充通过一条纱布带的毛细作用,把水从水银球下面的一个小容器中传递上来,以保持纱布的湿润。湿球温度应在通风条件下测定,为了保持一定的风速,一些标准的湿球温度计还配有专用的小风扇。此时在湿球温度计上所显示的

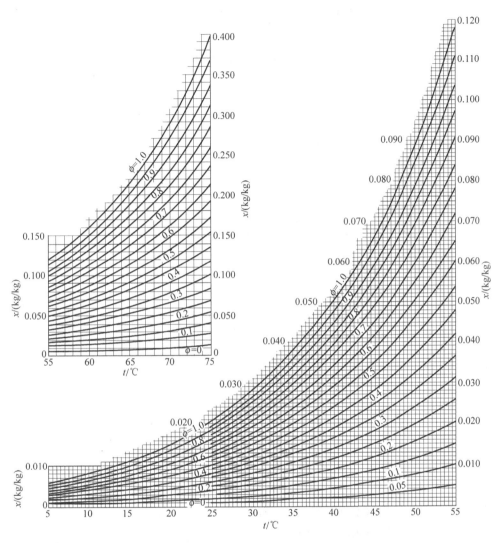

图 14-24　空气含湿量曲线图

大气压力 $P=99.32\,\text{kPa}(745\,\text{mmHg})$，温度范围 $5\sim75℃$

温度为湿球温度 τ，当时的气温则称为干球温度 θ。

由湿球温度可以从图 14-24 中查出所测空气的含湿量。例如实测某空气的干球温度 $\theta=25℃$，湿球温度 $\tau=21℃$。由图 14-24 中温度 21℃和 $\phi=1.0$（湿球温度的测定条件即为保持相对湿度为 $\phi=1.0$）的曲线交汇点得到该空气的含湿量为 $x=0.016\,\text{kg/kg}$；再根据干球温度 $\theta=25℃$ 和含湿量 $x=0.016\,\text{kg/kg}$，查出该空气的相对湿度为 $\phi=0.8$。

5) 空气的比热容(C_{sh})

使含有 1 kg 干空气的湿空气(包括 1 kg 干空气和其中所含的 x kg 水蒸气,总质量为 $(1+x)$ kg)的温度升高 1℃所需的热量,称为湿空气的比热容,单位为 kJ/((kg 干空气)·℃),一般写为 kJ/(kg·℃)。

$$C_{sh} = C_g + C_q x$$
$$= 1.005 + 1.842x \text{ (kg/(kg·℃))} \tag{14-2}$$

式中：C_{sh}——湿空气约比热容,kJ/(kg·℃);

C_g——干空气的比热容,kJ/(kg·℃),在常压、温度小于 100℃的条件下,$C_g = 1.005$ kJ/(kg·℃);

C_q——水蒸气的比热容,kJ/(kg·℃),$C_q = 1.842$ kJ/(kg·℃)。

在冷却计算中,一般采用 $C_{sh} = 1.05$ kJ/(kg·℃)。

6) 空气的焓(i)

空气含热量的大小称为空气的焓,是 1 kg 干空气和其中 x kg 水蒸气的含热量之和,单位为 kJ/(kg 干空气),一般表示为 kJ/kg。

焓的大小是个相对值,其度量以温度为 0℃的干空气和液体水的含热量为零作为基准点,因此,温度为 θ、含湿量为 x 的空气的焓为

$$\begin{aligned} i &= i_g + i_q x \\ &= C_g \theta + (\gamma_0 + C_q \theta) x \\ &= (C_g + C_q x)\theta + \gamma_0 x \\ &= C_{sh}\theta + \gamma_0 x \\ &= (1.005 + 1.842x)\theta + 2500x \text{(kJ/kg)} \\ &= 1.05\theta + 2500x \text{(kJ/kg)} \end{aligned} \tag{14-3}$$

式中：i——空气的焓,kJ/kg;

i_g——单位质量干空气的焓,kJ/kg;

i_q——单位质量水蒸气的焓,kJ/(kg 水蒸气);

θ——温度,℃;

γ_0——水的汽化热,即 0℃的水转化为 0℃的水蒸气所需的热量,$\gamma_0 = 2500$ kJ/kg。

空气的焓的数据可以用理论公式计算,也可以从空气含热量图(图 14-25)查出。

图 14-25 的查图方法示于图 14-26。注意,图 14-25 中大气压力的单位为毫米汞柱,换算为标准单位 Pa 需乘以 133.32;空气含热量的单位为 kcal/kg,换算为标准单位 kJ/kg 需乘以 4.19。查表举例：已知 $P = 630$ mmHg, $\phi = 0.48$, $\theta = 26$℃。由图查出该空气的焓为 $i = 13.9$ kcal/kg × 4.19 kJ/kcal = 58.2 kJ/kg。

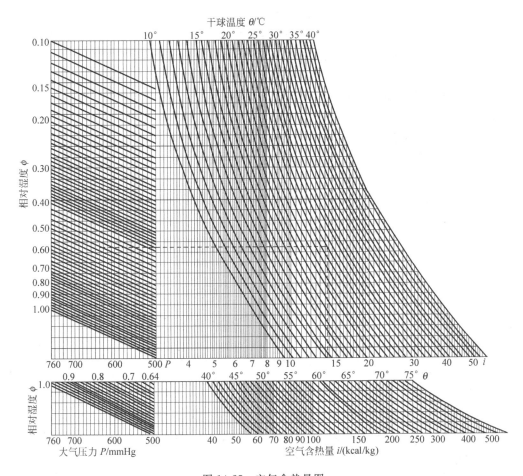

图 14-25 空气含热量图

注：1 mmHg=133.3224 Pa，1 cal=4.184 J；温度范围 10～75℃

2. 水冷却的原理

当热水水面和空气直接接触时，如水的温度与空气的温度不一致，将会产生传热过程，水温高于空气温度时，水将热量传给空气，并使水得到冷却，这种现象称为接触传热，水面温度 t_f 与远离水面的空气温度 θ 之间的温度差 $(t_f-\theta)$ 是水和空气间接触传热的推动力。接触传热量 H_a 可以从水流向空气，也可以由空气流向水，其流向取决于两者温度的高低。

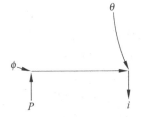

图 14-26 空气含热量图的查图方法示意图

对于湿式冷却，水与空气接触，在接触传热的同时，还会因水的蒸发产生蒸发传热。即当热水表面直接与未被水蒸气所饱和的空气接触时,水分子的热运动将引起水的表面蒸发,热水表面的水分子不断化为水蒸气,在此过程中,将从热水中吸收热量,使水得到冷却,这种现象称为蒸发传热。蒸发传热量可以用空气中水蒸气的分压来计算。在水与空气交界面附近,空气边界层中的空气温度与水温相同,由于水分子在水与空气边界层之间的热运动使这薄层空气的含湿量呈饱和状态,因此其水蒸气压为对应于水温 t_f 的饱和蒸气压 P_q''。周围环境空气的水蒸气分压为 P_q,蒸发传热的推动力是 P_q'' 与 P_q 之间的分压差 ΔP_q。只要 $P_q'' > P_q$,水的表面就会蒸发,而且蒸发传热量 H_β 总是由水流向空气的,与水面温度 t_f 高于还是低于水面上空气温度 θ 无直接关系。

综上所述,水的冷却过程是通过接触传热和蒸发传热实现的,其总传热量 H 为接触传热量 H_α 与蒸发传热量 H_β 之和,而水温变化则是两者共同作用的结果。

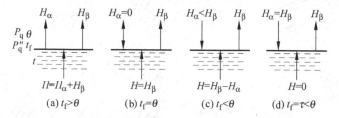

图 14-27　不同温度下的蒸发传热和接触传热

图 14-27 为在不同温度下水的散热情况:

(1) 当 $t_f > \theta$ 时,蒸发和接触传热都朝一个方向进行,使水冷却。单位时间内从单位面积上散发的总热量为 $H = H_\alpha + H_\beta$,见图 14-27(a)。

(2) 当 $t_f = \theta$ 时,接触传热的热量 $H_\alpha = 0$,此时只有蒸发传热,$H = H_\beta$,见图 14-27(b)。

(3) 当 $t_f < \theta$ 时,H_α 从空气流向水,见图 14-27(c),这时只要表面蒸发所损失的热量 H_β 大于向水接触传回的热量 H_α,水温仍会继续降低,此时 $H = H_\beta - H_\alpha$。

(4) 当 $t_f = \tau$(τ 是空气的湿球温度)时,水温停止下降,这时蒸发传热和接触传热的热量相等,但方向相反,水的热量处于动平衡状态,见图 14-27(d),即 $H_\alpha = H_\beta$,则总热量传递 $H = 0$,水的温度达到蒸发散热冷却的极限值。

由湿球温度计测量湿球温度的原理可知,湿球温度代表了在当地的气温条件下,水通过湿式冷却所能冷却到的最低极限温度。对于循环冷却水系统,所要求的冷却塔出水温度 t_2 越接近 τ,则需要的冷却构筑物就越大,也越不经济。在实际的机械通风冷却塔设计中,一般采用 $(t_2 - \tau)$ 不小于 4℃。

冷却塔的实际运行状态一般多为图 14-27 所示的第(a)种情况,即在冷却过程中同时存在蒸发传热和接触传热两种使水冷却的作用,但在不同季节两者的贡献有所不同。冬季气温很低,$(t_f - \theta)$ 值很大,所以接触传热量可占 50% 以上,甚至达

70%左右。夏季气温较高,$(t_i-\theta)$值很小,接触传热量甚小,因此蒸发传热占主要地位,其传热量可占总传热量的80%~90%。

3. 冷却塔热力计算的基本方法

冷却塔的热力计算分为理论公式计算方法和经验计算方法两大类。

理论公式计算方法是根据冷却塔内水和空气之间的热交换和物质交换过程,按蒸发理论推导出的理论公式进行热力计算,是本书的重点。

经验计算方法是根据经验公式、图表或同样构造冷却塔的实例经验曲线来进行计算的。经验计算所用的曲线和公式有其特定的使用条件,一般比较适合于自然通风冷却塔的设计计算,在本书中不做介绍,可参考有关设计手册。

逆流式冷却塔,包括机械通风式和自然通风式,是应用最广泛的冷却塔形式。以下推导逆流式冷却塔的热力计算方法。

1) 冷却塔的热力平衡关系

图 14-28 所示为逆流式冷却塔中空气与水的换热过程。空气从下向上流动,进塔空气的特性为:温度 θ_1、焓 i_1、空气流量 G;出塔空气的特性为:温度 θ_2、焓 i_2、空气流量 G(注意,冷却塔计算空气量均以干空气为单位计,G 保持不变,以避免在塔中因传质含湿量增加而使计算复杂化)。进塔冷却水的特性是:水温 t_1、水流量 Q;出塔冷却水的特性是:水温 t_2、水流量 Q(实际上由于有水的蒸发,出塔的水流量略有减少,但由于蒸发量远小于冷却水量,蒸发量可忽略不计,冷却水量在塔内保持不变)。塔总高度为 Z。假设横断面上水、气分布均匀,各项性质相同。

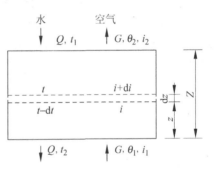

图 14-28 逆流式冷却塔中空气与水的换热过程

对高度 z 处厚度为 dz 的微元层进行热量平衡分析:

(1) 空气吸热量

$$空气吸热量 = 空气热含量的增量$$

即

$$dH = Gdi \tag{14-4}$$

式中:H——传热量,kW/m^3;

G——空气流量,kg/s;

i——空气的焓,kJ/kg。

(2) 水散失热量

$$水散失热量 = 进水热量 - 出水热量$$

即
$$dH = C_w Qt - C_w(Q - dQ_u)(t - dt)$$
$$= C_w Q dt + C_w t dQ_u \tag{14-5}$$

式中：C_w——水的比热容，$C_w = 4.19 \text{ kJ/(kg·℃)}$；

　　　Q——冷却水流量，kg/s；

　　　dQ_u——冷却水蒸发减量，kg/s；

　　　t——水温，℃。

注，在式(14-5)中略去了二阶微分增量。

式(14-5)中的第一项为水温降低的热量，第二项是蒸发减少的水量带走的热量。为简化计算，引入蒸发水量带走的热量系数 K，把式中的两项合并成一项：

$$dH = \frac{C_w Q}{K} dt \tag{14-6}$$

式中：K——蒸发水量带走的热量系数。

在下面对 K 值计算公式的推导中，把冷却水的蒸发减量以空气含湿量的增量表示，把总传热量以空气的焓的增量表示，并代入含湿量的增量与焓的增量之比为汽化热的关系，可以得到：

$$K = \frac{C_w Q}{dH} dt = 1 - \frac{C_w t dQ_u}{dH}$$
$$= 1 - \frac{C_w t G dx}{G di} = 1 - \frac{C_w t}{\gamma} \tag{14-7}$$

式中：γ——水的汽化热，kJ/kg。

由于在塔中冷却水水温和相应的汽化热的数值变化不大，因此在设计中把 K 作为常数处理，一般取：

$$K = 1 - \frac{C_w t_2}{\gamma_m} \tag{14-8}$$

式中：t_2——出水温度，℃；

　　　γ_m——对应于进出水平均水温的汽化热，kJ/kg。

或采用经验公式计算：

$$K = 1 - \frac{t_2}{586 - 0.56(t_2 - 20)} \tag{14-9}$$

(3) 热量平衡

空气吸热量 = 水散失热量

即

$$G di = \frac{C_w}{K} Q dt \tag{14-10}$$

2) 冷却塔传热方程——焓差方程

根据冷却原理可知,在单位时间内水与空气单位接触面积(dF)上所散发的总热量 dH 等于接触传热量 dH_α 和表面蒸发传热量 dH_β 之和:

$$dH = dH_\alpha + dH_\beta \tag{14-11}$$

其中,接触传热量与水和空气的温度差和传热面积成正比;蒸发传质量与水面饱和含湿量与空气中的含湿量之差和传质面积成正比,蒸发传热量是传质量与汽化热的乘积。因一定量的填料体积有相应的接触面积,为了计算方便,用填料体积参数代替接触面积参数后可得:

$$\begin{aligned}dH &= dH_\alpha + dH_\beta \\ &= \alpha(t_f - \theta)dF + \gamma_0 \beta_x(x'' - x)dF \\ &= \alpha_V(t_f - \theta)dV + \gamma_0 \beta_{xV}(x'' - x)dV\end{aligned} \tag{14-12}$$

式中:H——传热量,kW/h;

H_α——接触传热量,kW/h;

H_β——蒸发传热量,kW/h;

α——接触传热系数,kW/(m²·℃);

α_V——容积接触传热系数,kW/(m³·℃);

β_x——含湿量传质系数,kg/(m²·s);

β_{xV}——容积含湿量传质系数,kg/(m³·s);

t_f——水面的温度,℃;

θ——空气的温度,℃;

dF——水和空气接触的微元面积,m²;

dV——水和空气接触的微元体积,m³;

γ_0——汽化热,$\gamma_0 = 2\,500$ kJ/kg;

x''——与水温 t_f 相应的饱和空气含湿量,kg/kg;

x——温度为 θ(℃)时空气的含湿量,kg/kg。

根据实验测定,在一般条件下冷却塔中接触传热系数与传质系数之比近似等于湿空气的比热容 C_{sh},即

$$C_{sh} = \frac{\alpha}{\beta_x} = \frac{\alpha_V}{\beta_{xV}} \tag{14-13}$$

式中:C_{sh}——湿空气的比热容,$C_{sh} = 1.05$ kJ/(kg·℃)。

把式(14-13)的关系带入式(14-12),并用空气的焓代替空气温度 θ 和含湿量 x,经推导可得:

$$\begin{aligned}dH &= dH_\alpha + dH_\beta \\ &= \alpha(t_f - \theta)dF + \gamma_0 \beta_x(x'' - x)dF\end{aligned}$$

$$= \alpha_V(t_f - \theta)dV + \gamma_0 \beta_{xV}(x'' - x)dV$$

$$= \beta_{xV}\left[\frac{\alpha_V}{\beta_{xV}}(t_f - \theta) + \gamma_0(x'' - x)\right]dV$$

$$= \beta_{xV}[(C_{sh}t_f + \gamma_0 x'') - (C_{sh}\theta + \gamma_0 x)]dV$$

$$= \beta_{xV}(i'' - i)dV \tag{14-14}$$

式中：i''——与水温相应的饱和空气焓，kJ/kg；

i'——与水温相应的空气焓，kJ/kg。

此方程称为麦克尔焓差方程，即

$$dH = \beta_{xV}(i'' - i)dV \tag{14-15}$$

麦克尔焓差方程表示，塔内某点（微元）处的总传热量与塔内该点水温的饱和空气焓(i'')与该点的空气焓(i)之差成正比，其比例系数为一个综合反映填料特性的容积传质系数 β_{xV}，以此为基础的冷却塔计算方法称为焓差法。

3) 冷却塔焓差法计算基本方程

由微元的水散失热量(式(14-6))等于微元的传热量(式(14-15))，得到

$$\frac{C_w}{K}Qdt = \beta_{xV}(i'' - i)dV \tag{14-16}$$

整理，并积分得到

$$\frac{C_w}{K}\frac{dt}{i'' - i} = \frac{\beta_{xV}}{Q}dV$$

$$\int_{t_2}^{t_1}\frac{C_w}{K}\frac{dt}{i'' - i} = \int_0^V \frac{\beta_{xV}}{Q}dV$$

$$\frac{C_w}{K}\int_{t_2}^{t_1}\frac{dt}{i'' - i} = \frac{\beta_{xV}}{Q}V \tag{14-17}$$

式中：t_1——冷却塔进水水温，℃；

t_2——冷却塔出水水温，℃；

V——填料体积，m³。

式(14-17)的计算结果为一个无量纲数，其左半部分反映了冷却任务的情况，它与冷却前后的水温、冷却水量与风量（以气水比表示）和气象条件有关，称为冷却数，用 N 表示：

$$N = \frac{C_w}{K}\int_{t_2}^{t_1}\frac{dt}{i'' - i} \tag{14-18}$$

式(14-17)的右半部分反映了冷却塔的特性，即冷却塔的冷却能力，它与填料特性（淋水装置的形式、构造、尺寸、体积、散热性能等）和冷却水量与风量有关，称为冷却塔的特性数，用 N' 表示：

$$N' = \frac{\beta_{xV}}{Q}V \tag{14-19}$$

对于工作中的冷却塔，其工作点的冷却数与特性数相等，即

$$N = N' \tag{14-20}$$

4) 冷却数的计算方法

塔内空气焓 i 随着换热而逐渐增加,其变化情况可按下式计算:

$$i = i_1 + \frac{C_w}{K\lambda}(t - t_2) \tag{14-21}$$

式中:λ——冷却塔的气水比,计算式为

$$\lambda = \frac{G}{Q} \tag{14-22}$$

冷却塔中气水换热关系如图 14-29 所示。其中 i'' 为空气饱和焓与温度关系的曲线;塔中空气的焓 i 的变化按式(14-21)计算,称为冷却塔的空气操作线。

冷却数中的积分式从几何学上看是求焓差倒数 $\left(\dfrac{1}{i''-i}\right)$ 曲线下的面积,如图 14-30 所示。

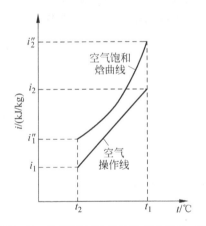
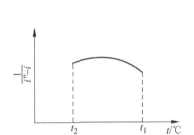

图 14-29　冷却塔中气水换热关系图(i-t 图)　　图 14-30　冷却数中积分的几何意义示意图

此积分可以采用辛普森近似积分法或其他方法求解。当采用辛普森近似积分法求解时,对于水温 t_1 至 t_2 的积分区域宜分为不少于 4 的等份;当水温差小于 15℃时,水温 t_1 至 t_2 的积分区域可以分成 2 等份。也可以采用求抛物线下面积的近似公式求解:

$$N = \frac{C_w \Delta t}{6K}\left(\frac{1}{i''_1 - i_1} + \frac{4}{i''_m - i_m} + \frac{1}{i''_2 - i_2}\right) \tag{14-23}$$

式中:$i''_1 - i_1$——进塔空气的饱和焓(对应于冷却塔出水水温 t_2)与焓的差值,kJ/kg;

$i''_2 - i_2$——出塔空气的饱和焓(对应于冷却塔进水水温 t_1)与焓(对应于出塔空气)的差值,kJ/kg;

$i''_m - i_m$——对应与进出水平均温度的塔中空气的饱和焓与焓的差值,

kJ/kg。

式(14-23)中焓差值计算所用的饱和焓 i_1''、i_m''、i_2'' 由空气含热量图(图 14-25)查得。注意，由于塔内空气与水是逆流的，冷却塔空气参数的下标方向与冷却水参数的下标方向是相反的。由冷却塔出水水温 t_2 查出对应的冷却塔进塔空气的饱和焓 i_1''，由冷却塔进水水温 t_1 查出对应的冷却塔出塔空气的饱和焓 i_2''。

焓 i_1 根据进塔空气的干球温度和相对湿度由空气含热量图查出。焓 i_m 和 i_2 用下式计算：

$$i_2 = i_1 + \frac{C_w}{K\lambda}(t_1 - t_2) \tag{14-24}$$

$$i_m = i_1 + \frac{C_w}{K\lambda}(t_m - t_2) \tag{14-25}$$

5）冷却塔特性数的计算

冷却塔的特性用冷却塔特性数 N' 表示，冷却塔特性数与填料的冷却特性和冷却水量与风量有关，一般情况下厂家会按下列形式给出特定型号冷却塔或冷却填料的特性数：

$$N' = \frac{\beta_{xV} V}{Q} = A g^m q^n = A \lambda^m \tag{14-26}$$

式中：N'——冷却塔特性数；

V——填料体积，m^3；

g——空气流量密度，$kg/(m^2 \cdot s)$；

q——淋水密度，$kg/(m^2 \cdot s)$；

A、m、n——参数，当 $m=n$ 时，用最右边的公式形式表示。

4. 冷却塔热力计算

1）基础资料

冷却塔热力计算所需的基础资料如下：

(1) 冷却水量 Q(kg/s)

(2) 冷却水进水温度 t_1(℃)

(3) 冷却水出水温度 t_2(℃)

(4) 气象参数

① 干球温度 θ_1(℃)

② 相对湿度 ϕ 或湿球温度 τ_1(℃)

③ 大气压力 P(Pa)

④ 风速、风向

⑤ 冬季最低气温

(5) 淋水填料试验和运行资料，包括淋水填料热力特性和空气阻力特性

2) 冷却塔热力计算的设计任务

冷却塔热力计算的设计任务有两类：

(1) 冷却塔面积计算

在规定的冷却任务下,即已知冷却水量 Q,冷却前、后水温 t_1、t_2 和当地的气象条件 $(\tau、\theta、\phi、P)$,通过计算确定所需冷却塔及其填料的大小(塔的淋水密度)以及运行气水比等。

(2) 冷却塔运行状态计算

已知冷却塔的各项条件(如平面尺寸、竖向尺寸、淋水填料形式规格、风机型号等),对于不同气象条件 $(\tau、\theta、\phi、P)$,按照给定的气水比 λ 和水量 Q,验算冷却塔出水温度 t_2。

3) 冷却塔面积计算

要求:根据冷却任务,确定机械通风逆流式冷却塔的面积。

已知条件:热水流量 Q、冷却塔进水水温 t_1 和所要求的出水水温 t_2。当地气象条件:空气温度 θ、相对温度 ϕ、气压 P。已知选用冷却塔的冷却特性数公式和阻力特性等。

计算步骤:

(1) 由于冷却数 N 的计算必须要知道气水比 λ,因此先假定几个气水比 λ_i,分别求解冷却数 N_i,再画出 λ 与 N 值的关系曲线。

(2) 把冷却塔填料的特性数曲线 N' 也画在同一个图上。

(3) 两曲线的相交点满足 $N=N'$ 条件,即为冷却塔的设计工作点,对应的气水比为 λ_0,如图 14-31 所示。

对于冷却塔的运行,如气水比过大,则所选冷却塔偏小,风机运行电费偏高;如气水比过小,则所选冷却塔偏大,塔的基建费偏高。在设计中,适宜的 λ_0 在 0.8~1.5 的范围内。

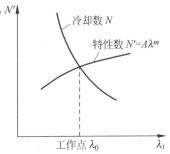

图 14-31　冷却塔工作点的确定

(4) 求塔的尺寸

根据冷却塔的工作点气水比、冷却塔风机的风量或自然通风冷却塔中淋水填料的平均风速 v_m、冷却水量,计算出相应的塔总面积。也可选定单个定型塔型后,再确定所需塔数。

【例 14-1】　已知冷却塔进水温度 $t_1=35℃$,当地气象条件:$\theta=25℃$,$\phi=0.65$,$P=745$ mmHg。采用机械通风逆流式冷却塔,$N'=0.46\lambda^{0.5}$。要求冷却后

水温 $t_2=35℃$，求工作点 λ_0。

【解】

(1) 由式(14-9)求 K：

$$K = 1 - \frac{t_2}{586 - 0.56(t_2 - 20)}$$

$$= 1 - \frac{30}{586 - 0.56(30 - 20)}$$

$$= 0.95$$

(2) 假设三个不同的 λ_i，列表计算。

表 14-1 冷却数计算表

项目	单位	计算	$\lambda_1=0.5$	$\lambda_2=1.0$	$\lambda_3=1.5$
i_1''	kJ/kg	由塔出水水温 $t_2=30℃$ 查空气含热量图得到	101	101	101
i_2''	kJ/kg	由塔进水水温 $t_1=35℃$ 查空气含热量图得到	131	131	131
i_m''	kJ/kg	由塔平均水温 $t_m=32.5℃$ 查空气含热量图得到	115	115	115
i_1	kJ/kg	由气象条件 $\theta=25℃$ 和 $\phi=0.65$ 查空气含热量图得到	57	57	57
i_2	kJ/kg	$i_2 = i_1 + \frac{C_w}{K\lambda}(t_1 - t_2)$	101	79	72
i_m	kJ/kg	$i_m = i_1 + \frac{C_w}{K\lambda}(t_m - t_2)$	79	68	64
Δi_1	kJ/kg	$\Delta i_1 = i_1'' - i_1$	44	44	44
Δi_2	kJ/kg	$\Delta i_2 = i_2'' - i_2$	30	52	59
Δi_m	kJ/kg	$\Delta i_m = i_m'' - i_m$	36	47	51
N		$N = \frac{C_w \Delta t}{6K}\left(\frac{1}{i_1''-i_1} + \frac{4}{i_m''-i_m} + \frac{1}{i_2''-i_2}\right)$	0.614	0.467	0.434
N'		$N' = 0.46\lambda^{0.5}$	0.325	0.460	0.563

(3) 由计算结果绘制 N-λ_i、N'-λ_i 的曲线图，如图 14-32 所示。根据 $N=N'$ 的关系，得到工作点在 $\lambda_0=1.0$ 附近。

4) 冷却塔运行状况计算

要求：对于已选定冷却塔，计算在不同气象条件下的冷却后水温 t_2。

已知条件：已选定冷却塔的各项参数：进水水温 t_1、风量 G、塔面积 F、冷却水

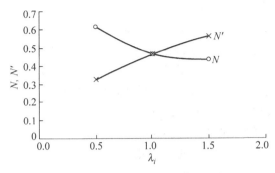

图 14-32 N-λ_i、N'-λ_i 的关系图

量 Q、选用冷却塔的冷却特性数公式和阻力特性等。当地气象参数：空气温度 θ、相对温度 ϕ、气压 P。

计算步骤：

(1) 求气水比 λ_0

由冷却水量 Q 和风量 G（塔面积 F、风机性能），可以求得冷却塔的工作点的气水比 λ_0。

(2) 求冷却塔特性数 N'_0

采用冷却塔的冷却特性数关系公式，由 λ_0 求得工作点的特性数 N'_0。

(3) 作 N-t_2 关系曲线

由于冷却数的计算必须要知道出水温度 t_2，因此先假定若干个 t_{2i}（3~4 个，每个温差 2~3℃），根据气象资料、进水温度 t_1 和 λ_0，分别求解冷却数 N_i 值，再画出 N-t_2 关系曲线，见图 14-33。

(4) 求冷却后的实际水温 t_2

在 N-t_2 关系曲线上，由于冷却塔的特性数 N'_0 为一确定的数值，它与特性数 N 曲线交点所对应的 t_2，即为所求冷却塔出水的实际水温 t_2。

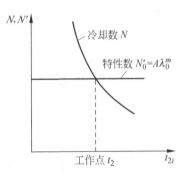

图 14-33 N-t_{2i}、N'-t_{2i} 的关系图

大型逆流式机械通风冷却塔的典型数据为：填料高度 3~4 m，点波式或斜波交错式填料的淋水密度 10~15 m³/(m²·h)，点滴式或薄膜式的淋水密度 3~8 m³/(m²·h)，风阻 100~150 Pa，风速 1.5~3 m/s，风机直径 4~10 m，冷却水降温可在 10℃ 以上（与水温和气象条件有关）。

5. 冷却塔的其他计算

冷却塔的其他计算有空气动力计算和水力计算。

1) 空气动力计算

冷却塔的空气动力计算的主要内容是确定在所需空气流动的条件下,冷却塔的空气流动阻力,并据此配备适宜的机械通风设备或自然通风设施。

冷却塔的空气阻力包括淋水填料阻力和塔体阻力两部分。不同形式淋水填料的阻力由生产厂家根据试验数据整理。塔体阻力主要由空气流经塔的各部位的局部阻力组成。具体数据和计算方法详见有关设计手册。

机械通风冷却塔的风机选择需满足冷却对风量和风压的要求。

对于风筒式冷却塔,进塔空气量是由空气的密度差和塔高度而产生的抽力决定的。进塔的空气因温度低而密度较大,而在塔内由于吸收了热量使空气的密度变小,空气变轻,产生向上运动的力,使空气不断进入塔内。进出塔空气的密度差和塔高度产生的抽力与塔内的空气流动中所产生的阻力相等,即抽力与阻力相等,从而保持了塔内空气的不断流动。

风筒式冷却塔设计计算的主要任务是确定工作点所需的空气流量或风筒的高度。图 14-34 为风筒式冷却塔的计算示意图。

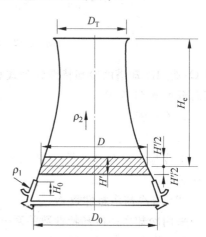

图 14-34　风筒式冷却塔的计算示意图

抽力的计算式为

$$Z = H_e(\rho_1 - \rho_2)g \tag{14-27}$$

式中:Z——自然抽力,Pa;

H_e——冷却塔通风筒有效高度,m,等于从淋水填料中部(或上缘)到塔顶的高度;

ρ_1——冷却塔进口处的空气密度,kg/m³;

ρ_2——配水系统上部的空气密度,kg/m³;

g——重力加速度,$g = 9.81$ m/s²。

阻力的计算式为

$$\Delta P = \xi \rho_m \frac{v_m^2}{2} \tag{14-28}$$

式中:ΔP——阻力,Pa;

ξ——塔的总阻力系数;

v_m——淋水填料中平均风速,m/s;

ρ_m——淋水塔中的平均空气密度,$\rho_m = \dfrac{\rho_1 + \rho_2}{2}$,kg/m³。

风筒式冷却塔的总阻力系数 ξ 常按下式计算：

$$\xi = \frac{2.5}{\left(\frac{4H_0}{D_0}\right)^2} + 0.32 D_0 + \left(\frac{F_m}{F_T}\right)^2 + \xi_P \tag{14-29}$$

式中：H_0——进风口高度，m；

D_0——进风口直径，m；

F_m——淋水填料面积，m²；

F_T——风筒出口面积，m²；

ξ_P——淋水填料的阻力系数，由试验确定。

根据塔对空气的抽力等于空气流通的阻力的关系（$Z_0 = \Delta P$），得到

$$H_e(\rho_1 - \rho_2)g = \xi \rho_m \frac{v_m^2}{2} \tag{14-30}$$

可以在空气风速确定（v_m 一般为 0.6～1.2 m/s）的条件下求所需风筒的高度：

$$H_e = \xi \frac{\rho_m}{\rho_1 - \rho_2} \frac{v_m^2}{2g} \tag{14-31}$$

或者在风筒高度确定的条件下求塔内风速：

$$v_m = \sqrt{\frac{H_e g(\rho_1 - \rho_2)}{\xi \rho_m}} \tag{14-32}$$

和相应的进塔风量：

$$G = \frac{\pi D^2}{4} \sqrt{\frac{H_e g(\rho_1 - \rho_2)}{\xi \rho_m}} \tag{14-33}$$

式中：G——进塔风量，m³/s；

D——填料 1/2 高度处的塔直径，m。

一种典型的大型双曲线风筒冷却塔的数据是：塔高 100 m，塔底直径 85 m，冷却水量 27 000 m³/h，点滴薄膜式填料高度 2 m，淋水密度 6 m³/(m²·h)，风阻约 30 Pa，风速约 1 m/s，冷却水温降一般在 10℃ 以下（与水温和气象条件有关）。

2）水力计算

水力计算的目的主要是确定配水管渠尺寸、配水喷嘴个数、布置、计算全程阻力，并为选择循环水供水泵提供数据，详见有关设计手册。

14.1.5　循环冷却水系统的设计

1. 循环冷却水系统的构成

敞开式系统是应用最为广泛的循环冷却水系统。敞开式循环冷却水系统一般由冷却水用水设备（如换热器、制冷机、空压机、注塑机等）、冷却塔、集水设施（集水池或集水塔盘）、循环水泵、循环水管、循环水处理装置（加药装置、旁滤器等）、补充水管、排污管、放空装置及温度显示控制装置等组成，见图 14-35。

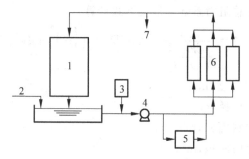

图 14-35　循环冷却水系统构成
1—冷却塔；2—补充水管；3—加药装置；4—旁滤器；
5—循环水泵；6—冷却水用水设备；7—排污管

在多台冷却水用水设备的情况下，循环冷却水系统一般可有单元制、干管制和混合制三种组成形式。单元制由单个冷却塔和一组换热设备组成一个系统，干管制由多个冷却塔并联运行为多个换热设备服务，混合制为以上两种系统的组合。单元制、干管制及混合制三种形式各有优缺点，选用何种形式要根据冷却水用水设备的数量、重要性及系统设置的场地条件等因素综合考虑，工业循环冷却水一般采用干管制，建筑空调循环冷却水有时采用单元制。需要指出的是：干管制虽然具有管道单一、设备间可以相互备用等优点，但采用时应采取一些辅助措施（如设水流指示器、流量计、调压阀等），以便做到配水均匀，保证冷却效果和设备用水要求。

在工业循环冷却水中，循环水泵一般设置在换热用水设备之前（前置水泵式）。在建筑空调循环冷却水系统中，循环水泵可以设在换热用水设备之前，也可以设在之后（后置水泵式）。其中前置水泵式的优点是冷却塔位置不受限制，设在地面或建筑物的屋顶均可；缺点是运行水压较大。后置水泵式缺点是冷却塔位置受限制，只能设在屋顶，同时还要求其位差能满足用水设备及其连接管的水头损失要求。

2. 循环冷却水系统的设计原则

循环冷却水系统在设计时总的方面应符合下列原则：

（1）设计应符合安全生产、经济合理、保护环境、节约能源、节约用水和节约用地的要求，并便于施工、运行和维修。

（2）设计应在不断总结生产实践经验和科学试验的基础上积极开发和认真采用新技术。

（3）循环水冷却设施的类型选择应根据生产工艺对循环水的水量、水温、水质和供水系统的运行方式等使用要求，并结合下列因素，通过技术经济比较确定：

① 当地的水文、气象、地形和地质等自然条件；

② 材料、设备、电能和补给水的供应情况；

③ 场地布置的条件和施工条件；

④ 循环冷却水系统各冷却水设施与周围的环境相互影响。

(4) 设计中各冷却水设施应靠近用水场所、用水设备、并避免修建过长的管沟和复杂的水工构筑物。

(5) 循环冷却水系统的设计应执行《工业循环水冷却水设计规范》、《工业循环冷却水处理设计规范》，并符合有关的国家现行强制性标准和规定。

3. 冷却塔的技术指标

在循环冷却水系统中，当冷却塔采用配套的系列定型产品时，定型冷却塔产品的技术指标是冷却塔选型的重要依据。

(1) 热负荷（H）——冷却塔每平方米有效面积上单位时间内所散发的热量，kW/m^2。

(2) 水负荷（q），也称为淋水密度——冷却塔每平方米有效面积上单位时间内所能冷却的水量，$m^3/(m^2 \cdot h)$。

(3) 冷却水温差，也称为冷幅宽（Δt）——冷却前后水温 t_1、t_2 之差，$\Delta t = t_1 - t_2$。Δt 表示温降的绝对值大小，但不表示冷却效果与外界气象条件的关系。设计中冷却水的设定水温 t_2 应根据生产工艺的要求确定。

(4) 冷幅高（$\Delta t'$）——冷却后水温 t_2 与当地湿球温度 τ 之差，$\Delta t' = t_2 - \tau$。τ 值是水冷却所能达到的最低水温，也称为极限水温。$\Delta t'$ 越小，即 t_2 越接近 τ 值，冷却效果越佳。

(5) 冷却塔效率系数（η）——冷却塔的效率通常用效率系数（η）来衡量：

$$\eta = \frac{t_1 - t_2}{t_1 - \tau} = \frac{1}{1 + \frac{t_2 - \tau}{\Delta t}} \tag{14-34}$$

当 Δt 一定时，效率系数 η 是冷幅高（$\Delta t' = t_2 - \tau$）的函数。$\Delta t'$ 越小，即 t_2 越接近理论冷却极限 τ 值，式(14-34)中的分母越小，则效率系数 η 值越高。

(6) 气象条件与冷却效果的保证率。根据《工业循环水冷却设计规范》规定，冷却塔设计计算一般以每年最热时期（一般以三个月计）频率为 5%～10% 的昼夜日平均气象条件作为设计计算条件，气象资料应为近期连续不少于五年的每年最热时期三个月（一般为 6、7、8 三个月）的日平均值（每天 2:00、8:00、14:00、20:00 四次数据的平均值）。当产品或设备对冷却水温的要求极为严格或要求不高时，根据具体要求也可以适当提高或降低气象条件标准。

冷却塔通常按夏季的气象条件计算。如果采用较高的 τ 值，则塔的尺寸很大，而高 τ 值在一年中只占很短时间，其余时间冷却塔并未充分发挥作用；反之，如采用较低的 τ 值，塔体积虽然小了，但冷却效果经常不能满足要求。每年最热时期按 6、7、8 三个月计共 92 天，对于采用最热 10 天的 τ 值，则最热时期的保证率为 90%；如采用最热 5 天，则保证率为 95%。

4. 冷却塔工艺设计计算

冷却塔工艺设计计算主要包括热力计算、空气动力计算及水力计算三部分。当根据用水要求、气象条件及技术指标选用系列定型产品时一般可不做设备细部计算。

5. 机械通风冷却塔的选用与布置

1) 选用原则

机械通风冷却塔一般适合于中、小型规模的循环冷却水系统。目前中小型冷却塔大多数已作为产品供应,在选用时应满足下列要求:

(1) 冷却塔塔型的选择应根据使用要求、气象条件、运行经济性、场地布置等情况综合考虑确定。

(2) 厂方提供的冷却塔热力特性曲线及相关数据、资料等应符合设计使用要求,若为模拟塔数据则应予修正,修正系数一般为 0.8~1.0。

(3) 选用的冷却塔应该冷效高、电耗低、重量轻、体积小,安全维护简单,并符合国家和地方有关标准和规定。

(4) 塔体结构应有足够的强度和稳定性,组装精良,材料应耐腐、耐老化。

(5) 配水部分应配水均匀,壁流少,除水器除水效果正常,飘水少。

(6) 冷却塔应具有良好的阻燃性能,符合防火要求。

(7) 运行噪声较低,符合环境保护要求。

(8) 风机与电机匹配,动平衡性好,无异常震动和噪声,叶片有足够强度并且耐水侵蚀性好。

(9) 冷却塔的数量宜与用水设备的数量及运行控制相适应。

(10) 设计水量不足冷却塔额定水量的 80% 时,应校核冷却塔的配水系统。

(11) 在高温高湿地区(如 $t>28℃, t_2-\tau<4℃$)应核算所选成品冷却塔的气水比 λ 值是否足够。

(12) 冷却塔的设置位置和平面布置不能满足布置要求时应对塔的热力性能进行校核,并采取相应的技术措施。

2) 布置要求

机械通风冷却塔除了在选用上应符合选用原则外,其位置和平面布置也非常重要,这不仅涉及冷却塔效能的充分发挥,而且还涉及冷却塔与周围环境的相互影响,因此冷却塔位置的确定和布置应符合下列要求:

(1) 气流应通畅,湿热空气回流影响小,且应布置在建筑物的最小频率风向的上风侧。

(2) 冷却塔不应布置在热源、废气和烟气排放口附近,不宜布置在高大建筑物中间的狭长地带上。

(3) 冷却塔与相邻建筑物之间的距离，除满足冷却塔的通风要求外，还应考虑噪声、飘水等对建筑物的影响。

(4) 有裙房的高层建筑，当机房在裙房地下室时，宜将冷却塔设在靠近机房的裙房屋面上。

(5) 冷却塔如布置在主体建筑屋面上，应避开建筑物主立面和主要入口处，以减少其外观和水雾对周围的影响。

(6) 冷却塔宜单排布置。当需多排布置时，塔排之间的净距离不小于塔的进风口高度的4倍，每排长度与宽度之比不宜大于5∶1。

(7) 单侧进风塔的进风面，宜面向夏季主导风向，双侧进风的塔宜平行于夏季主导风向。

(8) 根据冷却塔的通风要求，塔的进风侧与障碍物的净距不应小于塔进风口高的2倍。

(9) 周围进风的塔间净距不应小于冷却塔进风口高的4倍。

(10) 冷却塔周边与塔顶应留有检修通道和管道安装位置，通道净距不宜小于1.0 m，塔顶应设安全栏杆。

14.2 循环冷却水水质处理

14.1节中已经介绍循环冷却水系统可分为密闭式和敞开式两种，敞开式循环冷却水系统是应用最广泛的系统。

在水质处理方面，密闭式循环冷却水系统除渗漏外并无水量损失，也不存在与外界接触而产生的水质污染问题，系统中水的含盐量及所投加的药剂几乎不变，虽存在腐蚀问题，但水质处理仍较为简单。

敞开式循环冷却水系统则不同，由于冷却水直接与空气接触，不仅产生水量损失，还存在盐分浓缩和受外界空气污染的问题，在运行过程中水质变化也比较大，因此敞开式系统水质处理比较复杂，是本节的主要讨论对象。

对于直接冷却的浊循环水系统，则需要根据冷却水质要求和水中杂质成分进行沉淀、过滤等处理。

14.2.1 循环冷却水水质特点和处理要求

1. 循环冷却水的水质特点

敞开式循环冷却水具有下列特点：

(1) 循环冷却水的浓缩作用

循环冷却水在循环过程中会产生蒸发、风吹、渗漏及排污四种水量损失，其中蒸发损失随着水蒸气的散失使水中含盐量增加，造成水的浓缩。

由于水的蒸发浓缩使水的含盐浓度增大,一方面使水的导电性增大而使循环冷却水系统腐蚀过程加快,另一方面使某些盐类超过饱和浓度而沉积出来,造成循环冷却水系统的结垢。

(2) 循环冷却水中的 CO_2 的散失和 O_2 的增加

水在冷却塔内淋洒过程中 CO_2 的散失加重了水中 $CaCO_3$ 的沉淀。而水中 O_2 的增加(达到接近该温度与压力下氧的饱和浓度)则增大了循环水的腐蚀性。

(3) 循环冷却水的水质污染

循环冷却水在循环过程中受到多方面的污染:

① 大气中的多种污染——尘埃、悬浮固体及溶解气体 SO_2、H_2S、NH_3 等。

② 冷却塔本体的污染——风机漏油及塔内填料、水池等结构材料的腐蚀、剥落物等。

③ 系统内微生物的污染——微生物繁殖及其分泌物形成的粘性污垢等。

在上述各种污染物中,由无机盐因其浓度超过饱和浓度而沉积出来的称为结垢,由微生物繁殖所形成的称为粘垢,由尘埃悬浮物、腐蚀剥落物及其他杂质形成的称为污垢,三种垢统称为沉积物。

(4) 循环冷却水的水温变化

循环冷却水在换热设备中经历升温过程,水温升高时重碳酸盐不稳定,使水中钙、镁离子易于结垢。反之,循环水在冷却构筑物中经历降温过程,水温降低时,水中平衡 CO_2 的需要量也降低,则水中的 CO_2 含量可能过量,使水具有腐蚀性。

综上所述,循环冷却水的特点就是:具有腐蚀性,会产生沉积物,有微生物繁殖。因此循环冷却水处理要解决的问题主要是:腐蚀控制、沉积物控制和微生物控制。

2. 循环冷却水的水质要求

循环冷却水的水质要求应根据换热设备的结构形式、材质、工况条件、污垢热阻值、腐蚀速率以及所采用的水处理配方等因素综合确定,并且应符合《工业循环冷却水处理设计规范》的规定,其中间接冷却敞开式系统循环冷却水的水质标准见表 14-2。

表 14-2 间接冷却敞开式系统循环冷却水水质标准

(《工业循环冷却水处理设计规范》(GB 50050—2007))

项 目	单位	要求或使用条件	许用值
浊度	NTU	根据生产工艺要求确定	≤20
		换热设备为板式、翅片管式、螺旋板式	≤10
pH	—	—	6.8~9.5

续表

项　目	单位	要求或使用条件	许用值
钙硬度＋甲基橙碱度（以 $CaCO_3$ 计）	mg/L	碳酸钙稳定指数≥3.3	≤1 100
		传热面水侧壁温大于 70℃	钙硬度小于 200
总 Fe	mg/L	—	≤1.0
Cu^{2+}	mg/L	—	≤0.1
Cl^-	mg/L	碳钢、不锈钢换热设备，水走管程	≤1 000
		不锈钢换热设备，水走壳程，传热面水侧壁温不大于 70℃，冷取水出水温度小于 45℃	≤700
$SO_4^{2-}+Cl^-$	mg/L	—	≤2 500
硅酸（以 SiO_2 计）	mg/L	—	≤175
$Mg^{2+}\times SiO_2$（Mg^{2+} 以 $CaCO_3$ 计）	mg/L	pH≤8.5	≤50 000
游离氯	mg/L	循环回水总管处	0.2～1.0
NH_3-N	mg/L	—	≤10
石油类	mg/L	非炼油企业	<5
		炼油企业	≤10
COD_{Cr}	mg/L	—	≤100

反映循环冷却水水质稳定处理效果的两个基本指标是腐蚀速率和污垢热阻值，它们反映了腐蚀、结垢和微生物所造成的影响。

1) 腐蚀速率

腐蚀速率一般以金属每年的平均腐蚀深度表示，单位为 mm/a。腐蚀速率一般可用失重法测定，即将金属材料试件挂于热交换器冷却水中一定部位，经过一定时间，由试验前、后试片质量差计算出年平均腐蚀深度，即腐蚀速率 C_L：

$$C_L = 8.76\frac{P_0 - P}{\rho F t} \tag{14-35}$$

式中：C_L——腐蚀速率，mm/a；

　　　P_0——腐蚀前金属质量，g；

　　　P——腐蚀后金属质量，g；

　　　ρ——金属密度，g/cm³；

　　　F——金属与水接触面积，m²；

t——腐蚀作用时间，h。

对于局部腐蚀，如点蚀（或坑蚀），通常以"点蚀系数"反映点蚀的危害程度。点蚀系数是金属最大腐蚀深度与平均腐蚀深度之比。点蚀系数越大，对金属危害越大。

经水质处理后使腐蚀率降低的效果称缓蚀率，以 η 表示：

$$\eta = \frac{C_0 - C_L}{C_0} \times 100\% \tag{14-36}$$

式中：C_0——循环冷却水未处理时的腐蚀速率；

C_L——循环冷却水经处理后的腐蚀速率。

《工业循环冷却水处理设计规范》(GB 50050—2007)规定，对于间接冷却敞开式循环冷却水系统换热器，碳钢设备传热面水侧腐蚀速率应小于 0.075 mm/a，铜合金和不锈钢设备传热面水侧腐蚀速率应小于 0.005 mm/a。

2）污垢热阻

污垢热阻是热交换器传热面积上因沉积物沉积而导致传热效率下降程度的数值，单位为 $m^2 \cdot K/W$（注，单位中 K 是热力学温度单位，也可以使用摄氏温度单位℃代替）。此处的"污垢"是一个习惯用语，它包括了污垢、水垢、粘垢的综合作用，并非单指悬浮物的污垢一项。

热交换器的热阻值为其传热系数的倒数。热交换器在不同时刻由于垢层不同而有不同的热阻值，污垢热阻表示的是由于污垢所附加的热阻，其值为经 t 时间运行后的热阻值和开始时热交换器表面未沉积污垢时的热阻值之差：

$$R_t = \frac{1}{K_t} - \frac{1}{K_0} = \frac{1}{\psi_t K_0} - \frac{1}{K_0} \tag{14-37}$$

式中：R_t——污垢热阻值，$(m^2 \cdot K)/W$；

K_0——开始时，传热表面清洁时所测得的总传热系数，$W/(m^2 \cdot K)$；

K_t——经 t 时间循环水运行后所测得的总传热系数，$W/(m^2 \cdot K)$；

ψ_t——积垢后传热效率降低的百分数。

《工业循环冷却水处理设计规范》(GB 50050—2007)规定，对于间接冷却敞开式循环冷却水系统，换热设备传热面水侧污垢热阻值应小于 3.44×10^{-4} $m^2 \cdot K/W$。

3. 循环冷却水水质稳定性判别

由于循环冷却水水温较高，一般情况下存在结垢问题。即使是在总体平衡的状态下，因系统中水温的差异，也可能会出现在热水管段结垢，冷水管段腐蚀的情况。

循环冷却水水质稳定性，即是否存在结垢腐蚀问题的判别方法主要有下列三种：

1) 饱和指数法

$$I_L = pH_0 - pH_s \tag{14-38}$$

式中：I_L——饱和指数（朗格利尔指数）；

pH_0——水的实测 pH 值；

pH_s——水的碳酸钙溶液饱和平衡时的 pH 值。

式(14-38)中的 pH_s 是水中碳酸钙处于饱和平衡时的 pH 计算值，与水温、钙离子浓度、碱度、含盐量等有关，详细计算方法可以参见有关设计手册。

根据饱和指数 I_L，可对水质的稳定性进行判断：

- 当 $I_L > 0$ 时，水中 $CaCO_3$ 处于过饱和状态，有结垢倾向；
- 当 $I_L = 0$ 时，水中 $CaCO_3$ 刚好处于平衡状态，不腐蚀，不结垢；
- 当 $I_L < 0$ 时，水中 CO_2 过饱和，有腐蚀倾向。

饱和指数法的不足是仅能指出结垢腐蚀的倾向，不能表示问题的严重程度。为此，又发展了稳定指数法。

2) 稳定指数法

$$I_R = 2pH_s - pH_0 \tag{14-39}$$

利用稳定指数，可根据表 14-3 对水的结垢腐蚀特性进行判断。

表 14-3 水的结垢腐蚀稳定指数判别表

稳定指数	水的倾向	稳定指数	水的倾向
4.0~5.0	严重结垢	7.0~7.5	轻度腐蚀
5.0~6.0	轻度结垢	7.5~9.0	严重腐蚀
6.0~7.0	基本稳定	9.0 以上	极严重腐蚀

3) 临界 pH 值法

用试验方法测得刚刚出现结垢时水的 pH 值，称为临界 pH 值，用 pH_c 表示。当水的实际 pH 值 $> pH_c$ 时，循环水有结垢倾向，不腐蚀；当水的实际 pH 值 $< pH_c$ 时，循环水有腐蚀倾向，不结垢。

pH_c 相当于饱和指数中的 pH_s，但与 pH_s 不同的是 pH_c 是实测值，比计算值 pH_s 更能反映真实情况。

14.2.2 循环冷却水水质处理

循环冷却水处理的目的主要为保护换热器及循环冷却水系统的正常运行。前面已经提及，循环冷却水处理要解决的主要问题是对腐蚀、沉积物和微生物的控制。需要说明的是，由于这几者间存在着相互影响，因此实际中需采用综合方法进行处理。

1. 腐蚀控制

防止循环冷却水系统腐蚀的方法很多,如阴极保护法、阳极保护法、提高水的 pH 值、用防腐涂料涂复、投加缓蚀剂等。而其中最主要的方法是投加缓蚀剂,使金属表面形成一层薄膜将金属覆盖起来,从而与腐蚀介质隔绝,防止金属腐蚀。

根据缓蚀剂所形成的膜的类型,缓蚀剂有氧化膜、沉淀膜和吸附膜三种类型。表 14-4 为形成各种类型膜的典型缓蚀剂及其特点。除了表中所列缓蚀剂外,铬酸盐是原有使用较多的缓蚀剂,近年来从防止排污水产生铬酸盐污染的环保角度考虑,铬酸盐缓蚀剂已不再提倡使用。

表 14-4 常用缓蚀剂

系列	种类	特性	pH 值范围	温度范围	投加浓度	备注
磷系(聚磷酸盐、有机膦酸盐),生成磷酸钙沉淀膜,属阴极缓蚀剂,详见下面的阻垢剂表						
钼酸盐	钼酸钠 杂聚钼酸盐	氧化膜型,低毒,毒性比铬酸盐约低1 000倍,不会引起微生物滋生	8~8.5	温度80℃时仍有90%缓蚀率	复合使用量 100 mg/L	与有机缓蚀剂复合可减少剂量,$Cl^- + SO_4^{2-}$ ≤400 mg/L
锌盐	硫酸锌 氯化锌	沉淀膜型阴极缓蚀剂,成膜快	不大于8		2~4 mg/L	对水生物有毒性,pH>8 有沉淀,复合使用有明显增效作用
硅酸盐	硅酸钠	沉淀膜型阳极缓蚀作用,成膜慢,无毒	6.5~7.5		开始用较高浓度,正常维持30~40 mg/L(以 SiO_2 计)	当镁硬度>250 mg/L 时一般不用,要求有一定浓度的 SiO_2(20 mg/L 以上),但要小于 175 mg/L
巯基苯并噻唑(MBT)	杂环化合物	沉淀膜型,与铜表面产生螯合作用,形成保护膜,是铜及铜合金最有效的缓蚀剂	3~10		1~2 mg/L	在磷系配方中要加锌,否则会损害聚磷酸盐的缓蚀作用,氧化剂氯和铬酸盐会破坏 MBT,用碱性水溶液投加

续表

系列	种类	特性	pH值范围	温度范围	投加浓度	备注
苯并三氮唑（BZT）	杂环化合物	沉淀膜型，与铜表面产生螯合作用，其负离子和亚铜离子形成极稳定的络离子，并吸附在金属表面上，形成稳定而有惰性的保护膜，耐氧化	5.5~10		1 mg/L	加氯会使缓蚀率降低，不损害聚磷缓蚀作用，价格贵，货源少
苯并三唑（BTA）甲基苯并三唑（TTA）	杂环化合物	沉淀膜型，不但能抑制设备基体的铜溶解进入水中，还能使进入水中的铜离子钝化，耐氧化作用	6~10			水中游离氯会使缓蚀率降低，但游离氯消耗后，缓蚀作用恢复，价格较高

2. 结垢控制

结垢控制是避免循环水在换热器表面生成过量水垢，以致大幅降低换热器的效率。控制结垢的途径主要有三条：

(1) 降低水中结垢离子的浓度，使其保持在允许的浓度范围内；

(2) 稳定水中结垢离子的平衡关系；

(3) 干扰所结水垢的结晶长大过程。

结垢控制的具体方法有：

(1) 软化、除盐

去除水中产生结垢的成分，如软化、除盐等。这种方法因费用较高，仅适合补充水水质很差或必须采用很高浓缩倍数的情况，一般情况下不需采用。

(2) 酸化法

采用向补充水中投加酸的方法，使碳酸盐硬度(暂时硬度)转变成溶解浓度较高的非碳酸盐浓度(永久硬度)。例如，把水中的重碳酸钙转化为硫酸钙，因硫酸钙的溶解度要大得多，从而避免生成碳酸钙水垢。此法操作简单，费用低，适用于补充水的碳酸盐硬度较大的场所，应用较广泛。酸化法通常使用工业硫酸；盐酸因其中氯离子的腐蚀性远比硫酸根的腐蚀性强，且费用高，因此很少采用。使用酸化时应严格控制投酸量,需经常监测碳酸盐硬度、pH 值等。

(3) 投加阻垢剂

投加阻垢剂是循环冷却水水质处理的最主要的方法,阻垢剂种类很多,有天然成分的和人工合成的,其阻垢原理包括螯合、分散、高分子絮凝等。很多阻垢剂(如聚磷酸盐)还具有阻垢和缓蚀的双重作用。表 14-5 给出常用的阻垢剂种类和特性。

表 14-5 常用阻垢剂

系列	种类	特性	pH 值范围	温度范围	投加浓度	备注
聚磷酸盐	六偏磷酸钠 三聚磷酸钠	有阻垢、缓蚀双重作用;有明显的表面活性;易与钙生成络合物;是阴极缓蚀剂,在金属阴极表面以电沉积生成耐久的保护膜	<7.5	<50℃	用于阻垢为 1～5 mg/L;用于缓蚀为 20～25 mg/L	易水解成正磷酸盐;作缓蚀剂使用要控制钙离子浓度大于 50 mg/L;是微生物营养源
有机膦酸(盐)	氨基三甲叉膦酸(ATMP) 乙二胺四甲叉膦酸(EDTMP) 羟基乙叉二膦酸(HEDP)	有缓蚀、阻垢的双重作用;有良好的表面活性、化学稳定性和耐高温性;不易水解和降解;用药量小;作为缓蚀剂是阴极性缓蚀剂,作为阻垢剂是和许多金属离子形成络合物;无毒	7.0～8.5	50℃	用于阻垢为 1～5 mg/L;用于缓蚀为 15～20 mg/L	与聚磷酸盐同时使用有增效作用;由于使用中 pH 值偏高,水结垢倾向性增加,要注意阻垢、分散剂的配合;铜制换热器要注意加强缓蚀措施
聚羧酸类聚合物	聚丙烯酸 聚甲基丙烯酸 聚马来酸(PMA)	系金属离子优异的螯合剂;对碳酸钙有分散作用,耐温度性能好;无毒	7.0～8.5	45～50℃	1～3 mg/L	要控制一定的相对分子质量范围,聚丙烯酸以 1 000 左右为好;PMA 与锌盐复合使用阻垢性能好,且沉积物是软垢

3. 缓蚀阻垢剂的复合配方

在现今的循环冷却水处理中,广泛采用各种水处理复合配方,同时控制腐蚀和结垢问题。

采用复方药剂的优点是：能充分发挥各种药剂之间存在的协同作用或增效作用，提高处理效果，减少药剂用量，简化投药过程；可同时控制腐蚀与沉积物的形成或同时控制多种金属材质的腐蚀；便于综合考虑对腐蚀、沉积物和微生物的控制。

以下所列为几种具有代表性的缓蚀阻垢剂复合配方：

（1）聚磷酸盐-锌盐；

（2）聚磷酸盐-有机膦酸(盐)-聚羧酸盐；

（3）锌盐-膦羧酸-分散剂；

（4）锌盐-多元醇酸酯-磺化木质素；

（5）有机膦酸(盐)-聚羧酸盐-唑类；

（6）钼酸盐-正磷酸盐-唑类。

4. 污垢控制

污垢控制主要是控制循环水中的悬浮物，循环水中污垢的成分主要是：尘埃悬浮物、投加阻垢剂后形成的水垢析出物、结垢剥落物等固体杂质和油类。

对于固体杂质悬浮物一般可用过滤或混凝沉淀的方法去除，其中行之有效的方法是采用旁滤装置或旁滤池。旁滤流量一般为循环水量的1%～5%，过滤去除水中产生污垢的悬浮物质。

5. 微生物控制

微生物的繁殖会生成粘垢，而且微生物又与腐蚀有关，因此控制微生物的繁殖也是循环冷却水水质处理的一个重要方面。

微生物的控制方法也很多，如防止日光照射，采用旁滤装置，加强补充水预处理，采用杀生涂料，对系统定期清洗，投加杀生剂等。但其中以投加杀生剂最常用、最有效。

常用的杀生剂按化学成分可分为无机杀生剂和有机杀生剂，按杀生机理可分为氧化型、非氧化型和表面活性型三类。

氧化型杀生剂主要有液氯、二氧化氯、臭氧、次氯酸钠等。

非氧化型杀生剂主要有铜盐、氯酚类杀生剂等。其中氯酚类杀生剂对水生动物和哺乳动物有危害，不易被其他微生物迅速降解，排入水体易造成环境污染，应慎重使用，并在使用时停止循环水系统排污，待氯酚在系统中充分降解后再排放。

表面活性杀生剂也属于非氧化型杀生剂，主要以季铵盐类化合物为代表，如十二烷基二甲基苄基溴化铵(新洁尔灭)等。

表14-6给出冷却水常用的杀生剂及其特点。

表 14-6 冷却水常用杀生剂

杀生剂	细菌				真菌	藻类	特点
	粘泥形成菌		铁沉积细菌	腐蚀性细菌			
	形成芽孢的	不形成芽孢的					
氯	+	+++	+++	○	+	+++	氧化性,搬运时有危险,对金属有腐蚀性,能破坏冷却塔木结构的木质素,高pH值时杀生性能降低
季铵盐	+++	+++	+++	++	+	++	有泡沫生成,阳离子型表面活性剂
有机锡化合物－季铵盐	+++	+++	+++	+++	++	+++	有泡沫生成,阳离子型表面活性剂
二硫氰基甲烷	+++	+++	++	+++	+	+	pH<7.5时无效,非离子型
异噻唑啉酮	+++	+++	++	++	+	+++	搬运时有危险,非离子型
铜盐	+	+	+	○	+	+++	将有铜析出在钢设备上,引起电偶腐蚀
溴的有机化合物	+++	+++	+++	++	○	+	水解,必须直接从桶中加入
有机硫化合物	++	+++	++	++	++	○	排污水有毒,使铬酸盐还原,阴离子型

注:+++特别好;++很好;+尚好;○无效。

6. 物理法循环水水质处理器

近年来研究开发了数种物理法循环水水质稳定处理器,包括:高压静电场的静电水处理器,利用低压静电场的电子水处理器,利用磁场的磁化水处理器。上述几种水处理器具有除垢、杀菌灭藻功能,易于安装,便于管理,运行费用较低。但是与化学药剂法比较,这些物理处理方法存在缓蚀、阻垢效果不明显,处理效果不够稳定等弱点。因此,该法多用作化学水质稳定处理的辅助措施,或在小水量、水质以结垢型为主、浓缩倍数小的条件下采用,但应严格控制适用条件,见表14-7。

表 14-7　各种物理法水处理器的适用条件

参数	类型		
	电子水处理器	静电水处理器	磁化水处理器
水温	$\leqslant 105$℃	$\leqslant 80$℃	$\leqslant 80$℃
适用水质	总硬度 <550 mg/L(以 $CaCO_3$ 计)	总硬度 <550 mg/L(以 $CaCO_3$ 计)	总硬度 <550 mg/L(以 $CaCO_3$ 计)

注：(1) 上述三种水处理器用于除垢时，主要适用于结垢成分是碳酸盐型水，当水中含有磷酸盐时要慎用，水中主要结垢成分是磷酸盐、硅酸盐时则不宜使用。
(2) 磁化水处理器选用前，宜先做除垢效果试验。

各种物理法水处理器的选用与安装要求见表 14-8。

表 14-8　各种物理法水处理器的选用与安装要求

水处理器类型	选用与安装要求
电子水处理器 静电水处理器	(1) 垂直安装； (2) 设备周围应留有一定的巡检区间； (3) 设备至较大容量电器（>20 kW）的最小间距为 5～6 m，如无法满足时，则应在中间设置屏蔽和接地装置； (4) 设备可装在系统总干管上，宜靠近冷冻机组，应设旁通管； (5) 设备应与系统同步运行； (6) 重视排污，排污量为 0.5%～1.0%，当处理水量为中等以上时，应设旁滤水处理； (7) 合理选择电子水处理器的高频值； (8) 定期清洗电极； (9) 系统运行浓缩倍数宜小于 3； (10) 选用的产品应符合 HG/T 3133—1998 行业标准
磁化水处理器	(1) 可水平或垂直安装，但不应设在系统总干管上，以防在系统减少流量时设备内流速降低而影响处理效果； (2) 磁化器前应设置过滤器； (3) 定期排污，宜连续排污（排污水量为循环水量 0.5%）； (4) 隔 1～2 年要检查磁场强度，当降低至设计强度的 40% 左右，就应调换永久磁铁后再使用； (5) 磁水器应避免振动，以免磁化效应减弱； (6) 磁水器安装在金属管道上时，应接跨越导线，以免杂散电流干扰磁场； (7) 安装位置应避免靠近其他磁场设备（如电机），小于 1.0 m 时，应对设备屏蔽处理； (8) 选用产品应符合 DJ/T 3066—1997 行业标准

全程水处理器是综合采用物理法来解决循环水系统中腐蚀、结垢、菌藻、水质恶化问题的一种新开发的综合性水处理设备，可在小型循环冷却水系统中采用。

全程水处理器的选用和安装要求如下：

(1) 垂直安装；

(2) 设备可装在系统总干管上；

(3) 设备以旁通形式与管道连接，以便在停机状态下排污及维修；

(4) 禁止在无水状态下长时间开启设备；

(5) 当设备进出口压力表显示压力差大于 0.03~0.06 MPa（或根据系统选择压差）时，即应停机并反冲洗、排污。

7. 旁滤水处理

为保证循环冷却水中悬浮物含量控制在要求范围内，应设置旁滤设施，当采用过滤去除悬浮物时，过滤水量宜为循环冷却水量的 1‰~5‰。

对大、中型循环冷却水系统，宜用无阀滤池等砂滤池进行旁滤水处理，对小型循环冷却水系统可采用蜂房滤芯过滤器或全自动水力清洗过滤器等进行过滤。

8. 循环冷却水系统设备的清洗与预膜处理

尽管采用了水质稳定处理措施，在长期的运行中冷却设备的金属表面仍会产生一定的沉积物（由所结水垢、泥垢、粘垢等组成），这些沉积物降低了热传递效率，并妨碍了缓蚀剂的缓蚀作用，使垢下金属表面易于产生腐蚀。因此，循环冷却水系统必须定期进行除垢清洗。

新的冷却设备在制造、加工、运输及贮存期间可能会发生锈蚀，并带有油脂、碎屑、泥砂等杂物，也需先进行清洗。

在新的循环冷却水系统投入运行前的清洗和运行中每次除垢清洗后，尤其是在酸洗后，新鲜金属表面处于活化状态，或者是原有的金属保护膜在清洗中受到严重损害，此时的金属极易腐蚀。为了提高金属换热设备的抗腐蚀能力，在循环冷却水系统清洗后再投入正常运行前，需对其进行预膜处理，即在金属设备表面预先形成一层完整的耐腐蚀保护膜，简称预膜。在形成保护膜的基础上，在循环冷却水的正常运行中再通过水质稳定处理，进行腐蚀、沉积物和微生物的控制，保证冷却设备的正常运行。

1) 冷却水系统及其设备的清洗

冷却水系统的清洗包括化学清洗和物理清洗两大类方法，常相互配合使用。

(1) 化学清洗

化学清洗是通过化学药剂的使用，使被清洗设备中的沉积物溶解、疏松、脱落或剥离的方法。

化学清洗的主要方法有：

① 酸洗

常用盐酸为清洗剂，清洗浓度 5%~15%，对碳酸钙一类的硬垢和氧化铁一类的腐蚀产物效果显著。为了提高对硅酸盐水垢的清洗效果，可以加入一定量的氟化物。为了减轻酸洗时的金属腐蚀,必须在盐酸溶液中加入酸洗缓蚀剂,如苯胺、乌洛托品(六亚甲基四胺)等。

酸洗的具体做法是对所要清洗的设备接上清洗槽和循环泵,形成清洗闭合回路,用酸洗液对其进行循环清洗数小时,使壁面沉积物在化学作用和水力冲刷作用下溶解脱落。

② 碱洗

碱洗以强碱性和碱性药剂为清洗剂,用于:①清洗新设备中的油脂;②与酸洗交替使用,去除硅酸盐垢等酸洗难于去除的沉积物;③在酸洗后用于中和系统中残留的酸,降低其腐蚀性。

因碱对铝和锌有腐蚀,对于含有铝和镀锌钢件的系统应慎用碱洗。

③ 络合剂清洗

络合剂清洗常用的药剂有聚磷酸盐、柠檬酸、乙二胺四乙酸(EDTA)等。络合剂清洗的腐蚀小,但费用较高,对某些垢清洗不彻底,多用于循环冷却水定期停产检修清洗之间的不停车清洗。

(2) 物理清洗

物理清洗一般在化学清洗后进行,对于轻微结垢的设备也可直接采用物理清洗。常用的物理清洗方法有:捅刷、吹气、冲洗、反冲洗、高压水力冲洗、刮管器清洗、胶球清洗等。

2) 循环冷却水系统的预膜处理

需要采用预膜处理的情况包括:

(1) 在循环冷却系统第一次投产运行之前;

(2) 在新换热器或管束投入运行之前;

(3) 在每次大修、小修之后;

(4) 在任何机械清洗或酸洗之后;

(5) 在系统发生特低 pH 之后;

(6) 在运行过程中某种意外原因有可能引起保护膜损坏等情况。

一些循环冷却水所用的缓蚀剂可以用来作为预膜剂,但所用浓度远大于用于系统正常运行时的浓度,也可以采用专门的预膜剂配方。预膜过程所需时间较短,一般可在数小时内完成。

14.2.3 循环冷却水的水量损失与补充

1. 水量损失

敞开式循环冷却水系统在运行过程中有蒸发、风吹、渗漏和排污四种水量损失。为保证系统的正常运行,必须补充新鲜水。补充水量为各种损失水量之和,即

$$Q_m = Q_e + Q_w + Q_f + Q_b \tag{14-40}$$

式中：Q_m——补充水量；

Q_e——蒸发损失水量；

Q_w——风吹损失水量；

Q_f——渗漏损失水量；

Q_b——排污水量。

上述各种损失水量的关系一般用损失率来计算。损失率即损失水量占冷却循环水量 Q_R 的百分比，因此有：

$$P = P_e + P_w + P_f + P_b \tag{14-41}$$

式中：P——补充水率，%；

P_e——蒸发损失水率，%；

P_w——风吹损失水率，%；

P_f——渗漏损失水率，%；

P_b——排污水率，%。

1）蒸发损失水量

循环冷却水的蒸发损失可以通过热力学计算，用冷却塔进出空气的含湿量之差进行精确计算。但在实际中，循环冷却水系统的蒸发损失率用以下公式估算即可满足要求：

$$P_e = K_{ZF} \Delta t \tag{14-42}$$

式中：P_e——蒸发损失率，%；

Δt——进水与出水的水温差，℃；

K_{ZF}——与环境温度有关的系数，1/℃。

根据《工业循环水冷却设计规范》，冷却塔和喷水池的 K_{ZF} 值可采用表 14-9 的数据，环境气温为中间值的可用内插法计算。

表 14-9 冷却塔和喷水池的蒸发损失系数 K_{ZF}

环境气温/℃	−10	0	10	20	30	40
$K_{ZF}/(1/℃)$	0.08	0.10	0.12	0.14	0.15	0.16

对于水面冷却系统，如冷却水库、河道等，蒸发损失量包括水面的自然蒸发量和冷却的附加蒸发量。水面的自然蒸发量可以用当地气象数据确定。附加蒸发损失率仍采用前述公式计算，但 K_{ZF} 值有所不同，见表 14-10。

表 14-10 水面冷却系统的附加蒸发损失系数 K_{ZF}

进入冷却池水温/℃	5	10	20	30	40
$K_{ZF}(1/℃)$	0.000 8	0.000 9	0.001 1	0.001 3	0.001 5

2) 风吹损失水量

风吹损失包括冷却塔出塔空气中所带出的水滴、散落到冷却水水池外的水滴等。风吹损失与冷却塔的类型、配水喷嘴型式、淋水填料、风速、冷却水量等有关,影响因素较多,且不易测定。一般情况下风吹损失率 P_w 可用表 14-11 所列数据估算。

表 14-11　风吹损失率　　　　　　　　　　　　　　　　%

冷却构筑物	机械通风冷却塔	风筒式冷却塔	开放式冷却塔	喷水池
有除水器	0.2~0.3	0.1		
无除水器		0.3~0.5	1.0~1.5	1.5~3.5

3) 渗漏损失水量

良好的循环冷却水系统、管道连接、泵的进出口和水池都不应该有渗漏,但若管理不善、安装不好时则会有少量渗漏。在考虑补充水量时,应根据具体情况决定补充渗漏量的大小。天然冷却水池的渗漏水量可根据水文地质条件和水工建筑物的型式等因素确定,必要时应采取防渗漏措施。

4) 排污水量

在敞开式循环冷却水系统中,由于蒸发使部分水量损失,而把这部分水中的盐分留在了循环水系统中,会使循环水的含盐量增加。为了使循环水的含盐量维持在一定的浓度,运行中排出一定比例的循环水,以增加补充新鲜水的量。

2. 浓缩倍数

浓缩倍数是指循环水的含盐量与补充水的含盐量之比:

$$N = \frac{C_R}{C_M} \tag{14-43}$$

式中:N——浓缩倍数;

C_R——循环水的含盐浓度,mg/L;

C_M——补充水的含盐浓度,mg/L。

对于直流水冷却系统,浓缩倍数 N 等于 1。敞开式循环冷却水系统由于存在水量的蒸发损失使盐量富集,浓缩倍数 N 一定大于 1。

根据含盐量的平衡关系,当系统处于平衡状态时,补充水带入系统的盐量等于损失水量带出系统的盐量(注意,其中的蒸发损失只蒸发水,并不带走盐量),即

$$C_M P Q_R = C_R (P - P_e) Q_R$$

由此关系,可以得到浓缩倍数与补充水率、蒸发损失率的关系为

$$N = \frac{C_R}{C_M} = \frac{P}{P - P_e} = \frac{\dfrac{P}{P_e}}{\dfrac{P}{P_e} - 1} \tag{14-44}$$

循环冷却水的浓缩倍数由蒸发水量占补充水量的比例所决定,蒸发水量在补充水量中的比例越大,即蒸发水量越接近于补充水量,则该循环冷却水系统的浓缩倍数越高。浓缩倍数 N 与 P/P_e(补充水量为蒸发水量的倍数)的关系如图 14-36 所示。由于蒸发水量主要由当时的冷却任务和气象条件决定,所以循环冷却水系统的浓缩倍数随具体的补充水率所改变,采用不同的补充水率可以按不同的浓缩倍数运行。

由于循环冷却水系统的水量总容积是确定的,随着补充水量的增加,排污水量也相应增加。循环冷却水的排污一般从系统中设定的水位溢流口排出,运行中不必单

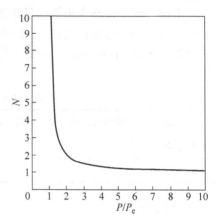

图 14-36　浓缩倍数 N 与 P/P_e(补充水量为蒸发水量的倍数)的关系图

独控制。在确定的浓缩倍数和冷却水系统的条件下,循环冷取水的排污率可按下式计算:

$$P_b = \frac{P_e}{N-1} - P_w - P_f \qquad (14\text{-}45)$$

提高循环冷却水的浓缩倍数,可以降低补充水的用量,从而节约水资源。但是如果过高地提高浓缩倍数,会使循环冷却水中的硬度、碱度、氯离子等的浓度过高,使水的结垢倾向大大增加,腐蚀性大为增强,极大地提高了水质稳定处理的难度和费用,所需缓蚀阻垢药剂量很大,并且某些缓蚀阻垢药剂(如聚磷酸盐)因在冷却水系统中停留时间过长而水解失效。

此外,对于大多数循环冷却水系统,当浓缩倍数小于 3 时,提高浓缩倍数的节水效果十分显著,而在浓缩倍数大于 5 以后,继续提高浓缩倍数的节水效果则极为有限(见图 14-36)。因此,浓缩倍数的确定应从节水和水质稳定处理难度、费用两个方面考虑,采用适宜的浓缩倍数。由于我国人均水资源比较贫乏,随着节水问题的日趋重要及水质稳定技术、管理水平的不断提高,适当提高循环冷却水的浓缩倍数是必然的趋势。为了推进节约用水,2007 年修订的《工业循环冷却水处理规范》(GB 50050—2007)中规定间接冷却敞开式系统的设计浓缩倍数不宜低于 5,且不应小于 3.0。

在实际运行中,用来监测循环冷却水浓缩倍数的测定项目应符合以下要求:所测物质在补充水和循环水中的浓度只随浓缩倍数的增加而成比例地增加,不受运行中其他条件的干扰(包括加热、曝气、沉积或结垢、投加水处理药剂等)。可供选择的测定项目有氯离子、二氧化硅、钾离子、含盐量、电导率等。其中,氯离子的

测定方法简单,但由于循环水处理多采用液氯或次氯酸钠作为微生物的杀生剂,引入了额外的氯离子,使所测浓缩倍数偏高。用二氧化硅计算浓缩倍数受到的干扰较少,但分析方法比测定氯离子复杂,并应注意当硅酸盐与镁离子浓度较高时可能生成硅酸镁沉淀,使所测结果偏低。钾离子受到的干扰较少,但因钾离子的测定需使用火焰光度法,测定较为复杂。用含盐量和电导率来确定浓缩倍数的准确性较差,一般不宜采用。

习 题

14-1 为什么湿式冷却比干式冷却效率更高?

14-2 试比较水面冷却池、喷水冷却池、湿式冷却塔的优缺点。

14-3 试述冷却塔各组成部分及其作用。

14-4 "湿式冷却塔冷却出水的最低极限温度为当时当地的空气温度",此论述是否正确?

14-5 什么叫湿球温度(τ)?为什么湿球温度是水冷却的理论极限?

14-6 什么叫冷却的冷却数 N?什么叫冷却塔的特性数 N'?简述冷却数与特性数的关系,冷却塔设计中,冷却塔的工作点是如何确定的?

14-7 在冷却塔中,水为什么会被冷却?蒸发传热量如何计算?

14-8 冷却塔的热力学计算的基本理论方法是什么?该方法是基于什么原理进行热力计算的?

14-9 通过饱和指数如何判别水质的稳定?饱和指数是根据 $CaCO_3$ 溶解平衡得出的,为什么也可以用来作为判别结垢与腐蚀是否发生的指标?

14-10 有甲、乙两种水质。甲:$pH_s=6.0$,$pH=6.5$;乙:$pH_s=10.0$,$pH=10.5$。试判别它们是属结垢型还是属腐蚀型的水质。它们是否属同一类型水质?

14-11 试述缓蚀剂的类型与缓蚀原理。

14-12 试述阻垢剂的类型与阻垢原理。

14-13 在循环冷却水系统中,控制微生物有何作用?如何控制微生物?

14-14 循环冷却水系统的水量损失包括哪些途径?蒸发损失率如何计算?

14-15 某冷却水系统,$Q_{循}=10\ 000\ m^3/h$,$Q_{补}=200\ m^3/h$,浓缩倍数 $N=2$。如减少排污,改为 $N=3$ 运行,问可节水多少?

参考文献

1. 张自杰. 环境工程手册 水污染防治卷. 北京:高等教育出版社,1996
2. 张自杰. 排水工程(下). 北京:中国建筑工业出版社,2000
3. 严煦世,范瑾初. 给水工程(第四版). 北京:中国建筑工业出版社,1999
4. 顾夏声,等. 水处理工程. 北京:清华大学出版社,1985
5. 唐受印,汪大翚,等. 废水处理工程. 北京:化学工业出版社,1998
6. 邵刚. 膜法水处理技术及工程案例. 北京:化学工业出版社,2002
7. Marcel Mulder 著. 膜技术基本原理. 李琳,译. 北京:清华大学出版社,1999
8. 陈观文,徐平. 分离膜应用及工程案例. 北京:国防工业出版社,2007
9. 刘茉娥,等. 膜分离技术. 北京:化学工业出版社,1998
10. 雷乐成,汪大翚. 水处理高级氧化技术. 北京:化学工业出版社,2001
11. 孙德智. 环境工程中的高级氧化技术. 北京:化学工业出版社,2002
12. 高廷耀,顾国维. 水污染控制工程 下册(第二版). 北京:高等教育出版社,1999
13. 高俊发. 水环境工程学. 北京:化学工业出版社,2003
14. 罗固源. 水污染物化控制原理与技术. 北京:化学工业出版社,2003
15. 王燕飞. 水污染控制技术. 北京:化学工业出版社,2001
16. 蒋展鹏. 环境工程学. 北京:高等教育出版社,1991
17. 周本省. 工业水处理技术. 北京:化学工业出版社,1997
18. 胡勇有,刘绮. 水处理工程. 广州:华南理工大学出版社,2006
19. 徐晓军,等. 化学絮凝剂作用原理. 北京:科学出版社,2005
20. 许保玖,龙腾锐. 当代给水与废水处理原理. 北京:高等教育出版社,2000
21. 李海,孙瑞征,陈振选,等. 城市污水处理技术及工程实例. 北京:化学工业出版社,2002
22. Davis M L, Cornwell D A 著. 环境工程导论(第4版). 王建龙,译. 北京:清华大学出版社,2010
23. 上海市政工程设计院.《给水排水设计手册》第二版第3册城镇给水. 北京:中国建筑工业出版社,2004
24. 华东建筑设计研究院有限公司.《给水排水设计手册》第二版第4册工业给水处理. 北京:中国建筑工业出版社,2002
25. 北京市市政工程设计研究总院.《给水排水设计手册》第二版第5册城镇排水. 北京:中国建筑工业出版社,2004
26. 北京市市政工程设计研究总院.《给水排水设计手册》第二版第6册工业排水. 北京:中国建筑工业出版社,2002
27. Metcalf & Eddy, Inc. Wastewater Engineering: Treatment and Reuse. Fourth Edition. 北京:清华大学出版社,2002
28. Droste R L. Theory and Practice of Water and Wastewater Treatment. John Wiley & Sons Inc., 1997
29. Eckenfelder W W. Industrial Water Pollution Control. Third Edition. 北京:清华大学出版社影印,2001